普通高等教育"十三五"规划教材

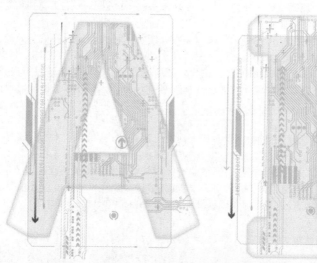

基于智能信息处理的
人工智能
基础教程

主编 秦明

副主编 李雁星 胡婧 向前 赵凤怡

U0279428

华中科技大学出版社
http://www.hustp.com
中国·武汉

内 容 简 介

本书对人工智能的理论基础——智能信息处理方法逐一进行了介绍,着重讲解了各种智能算法的思想渊源、流程结构、改进方法及其相关应用。

相比于其他的 AI 类图书,本书的最大特点是在介绍每一种类型的智能信息处理方法之前几乎都追溯了算法设计的思想渊源,因此,本书具有较大的启发性,读者在阅读时需要对此认真体会。本书精心地选择了当前人工智能领域中最具代表性的内容,主要包括绪论、模糊计算、机器学习算法、分类算法、聚类算法、遗传算法、蚁群优化算法、粒子群优化算法以及复杂网络方法等。本书不仅将基础理论与实践应用集于一身,同时还提供了一些与人工智能领域相关的经典参考书籍,以便为读者进一步深入地学习和研究 AI 算法和技术提供帮助。

对于那些完全没有了解和接触过 AI 技术并对此有兴趣的广大读者,本书无疑是适合阅读的入门级教程或参考书。本书也适于作为高等院校计算机科学、智能科学、数据科学等相关专业的高年级本科生和研究生教程,还可以作为人工智能、计算智能、数据挖掘等领域的研究人员的理论参考书和工具书。

为了方便教学,本书还配有电子课件等教学资源包,任课教师和学生可以登录“我们爱读书”网(www.ibook4us.com)注册并浏览,任课教师还可以发邮件至 hustpeiit@163.com 索取。

图书在版编目(CIP)数据

人工智能基础教程/秦明主编. —武汉:华中科技大学出版社,2019.8(2024.8重印)

普通高等教育“十三五”规划教材

ISBN 978-7-5680-5562-8

Ⅰ.①人…　Ⅱ.①秦…　Ⅲ.①人工智能-高等学校-教材　Ⅳ.①TP18

中国版本图书馆 CIP 数据核字(2019)第 184623 号

人工智能基础教程　　　　　　　　　　　　　　　　　　　　　秦明　主编
Rengong Zhineng Jichu Jiaocheng

策划编辑:康　序
责任编辑:康　序
封面设计:孢　子
责任监印:朱　玢

出版发行:华中科技大学出版社(中国·武汉)　　　电话:(027)81321913
　　　　　武汉市东湖新技术开发区华工科技园　　　邮编:430223

录　排:武汉三月禾文化传播有限公司
印　刷:武汉开心印印刷有限公司
开　本:787mm×1092mm　1/16
印　张:16.5
字　数:419 千字
版　次:2024 年 8 月第 1 版第 3 次印刷
定　价:58.00 元

当前,人工智能(artificial intelligence,AI)已经成为计算机科学基础理论研究的热点和前沿研究领域,这部分源于不久以前由 Google 公司研制的智能围棋机器人 AlphaGo 的技惊四座的表现,而 AlphaGo 的优异表现源于以 Hinton 教授为首的三位从事人工智能领域中一个重要研究方向——深度学习(deep learning)的计算机科学家的开创性工作。这三位学者也因此摘得了 2018 年图灵奖(Turing Award)。事实上,自从阿兰·图灵(Alan Turing)提出图灵测试这个在人工智能诞生的过程中具有重要里程碑意义的方法至今,使计算机从一个仅仅只能用于科学计算的工具变成具有类似于人的思维能力的智能工具一直是计算机科学家追求的最高目标。由于人工智能所涉及的学科领域极为广泛,是真正意义上的跨学科领域,因此本书也仅仅只能展现这个计算机专业前沿领域的冰山一角。尽管如此,作者还是根据人工智能领域基础理论支撑的力度,并且结合当前这一研究领域的热点,精心选择了模糊计算、演化计算、机器学习(包括深度学习)、复杂网络以及数据挖掘(只涉及最核心的基础理论)作为讲授内容。这样做一方面是为了给读者打下坚实的人工智能理论学习基础,另一方面是考虑到应该尽可能地避免挂一漏万。

作为人工智能理论基础的智能信息处理方法是通过从自然界中各类生物的生存方式、行为以及人类智慧中所蕴含的丰富哲理获得一定的启发而设计出来的一类模拟算法的总称。随着科学和技术的不断发展,在科学研究和工程实践中遇到的问题越来越复杂,使用传统的算法来求解往往将会导致计算复杂度越来越高、计算时间越来越长等瓶颈问题。尤其是对于一些NP-hard(non-deterministic polynomial hard)问题,传统的算法几乎不可能在可以被接受的时间以内求出精确的解。因此,为了在求解精度和求解时间之间取得平衡,计算机科学家发明了许多具有启发式特性的智能信息处理方法。这些智能算法包括模拟生物演化行为和过程的遗传算法、模拟生物群体自组织行为的群智能算法以及模拟人的大脑思维和学习过程的机器学习算法等各种智能算法。这些算法的最主要特征体现为它们都能够在可被接受的时间之内求得可被接受的解(不一定是精确解),尽管不一定能得到精确解,但是这些算法的最大优势在于它们能够大大地减少计算时间。

但是,我们也必须承认,当前的智能信息处理方法仍然处于不断的发展和完善的过程中。其主要原因在于这些算法与传统算法不同,它们中有一部分目前仍然没有找到严格的数学理论依据。尽管如此,这些算法还是建立在比较可靠的哲学基础之上。因此,人工智能无论是从其基础理论研究还是从其应用领域研究来说,发展速度都非常迅速。目前,人工智能技术已经在模糊推理、图像处理、模式识别、自然语言处理、经济管理、生物医学、自动控制等诸多应用领域获得了相当丰富的成果。与此同时,相关的国际会议和学术期刊也为人工智能领域的研究和发展营造了良好的研究环境和学术氛围。因此,理解并掌握智能信息处理方法不仅已成为计算机专业学子的必备专业技能,而且也应成为广大理工科学子的迫切要求。熟练地运用这些算法去解决现实中遇到的许多复杂计算问题也日益成为广大科学工作者以及工程技术人员的必备能力。正是由于以上种种需求,因此,需要有一本既适合于大学课堂教学又有利于读者自学的从基础理论到应用实践全方位系统介绍人工智能的图书。

这本书的主要特点是在介绍每一种智能信息处理方法之前几乎都追溯了算法设计的思想渊源。这主要是因为每一种智能算法设计背后所依据的思想都是十分深刻的,如果不深入细致地琢磨、理解、领悟这些思想,甚至根本不知道这些思想,我们就不可能理解这些算法背后的本质,甚至根本不理解什么是人工智能、它和人类智能的区别究竟在何处,以至于对人工智能陷入盲目崇拜的地步。通过对本书的阅读,读者不仅能够非常透彻地理解人工智能这个学科,而且甚至可能激发其对全新的智能算法的设计与研究热情,因为这本书中具有十分浓厚的启发性元素。除此以外,为了增强实践性,本书在每一章中,几乎都配有将人工智能算法应用到实践领域中解决实际问题的具体案例,非常适合读者自学。最后,为了便于教学,在全书的最后(附录部分),附上了书中部分章节可以开设的相应实验以及与之相应的参考源程序,供教师教学参考。

全书内容总共分为9章。第1章是绪论,主要对人工智能的发展历程以及背景知识,人工智能算法的分类与理论、研究与发展、特征与应用等进行简要介绍;第2章主要介绍模糊理论;第3章主要介绍机器学习算法,包括深度学习算法的简要介绍;第4章和第5章主要介绍人工智能技术中必备的两种基本方法——分类和聚类;第6章主要介绍遗传算法;第7章和第8章分别介绍基于自组织系统的群智能算法——蚁群优化算法和粒子群优化算法;第9章主要介绍目前应用最为广泛的两种复杂网络方法,即小世界网络模型和无标度网络模型。本书既可作为计算机科学、智能科学、数据科学等专业高年级本科生或研究生教材使用,也可作为对AI领域发展或AI技术有兴趣的广大读者了解或自学人工智能的辅助读物。如果作为教材,建议本书的理论授课学时数为60~70学时,上机实验学时数为10学时。如果学时数不够,可以根据各个学校相关专业发展的实际需要做相应的调整。

本书由文华学院秦明担任主编,由广西外国语学院李雁星、武汉晴川学院胡婧、武昌工学院向前、南开大学滨海学院赵凤怡担任副主编。全书由秦明审核并统稿。

本书在编著的过程中得到了文华学院信息科学与技术学部的大力支持和帮助,尤其是翁广安老师(博士),他在百忙之中就本书附录部分的上机实验以及参考源程序与编者进行了长期深入的交流,并提出了许多宝贵的意见和建议,在此一并表示衷心的感谢。同时对在编著成书的这段时间给予编者默默支持和帮助的家人和朋友表示感谢。

由于编者才疏学浅,人工智能又是一个新兴的高科技领域,因此在理解和认识上难免出现有失偏颇之处,恳请广大读者批评指正,将不胜感激。

为了方便教学,本书还配有电子课件等教学资源包,任课教师和学生可以登录"我们爱读书"网(www.ibook4us.com)注册并浏览,任课教师还可以发邮件至 hustpeiit@163.com 索取。

秦　明

2019 年 3 月

目 录

CONTENTS

第1篇

导论

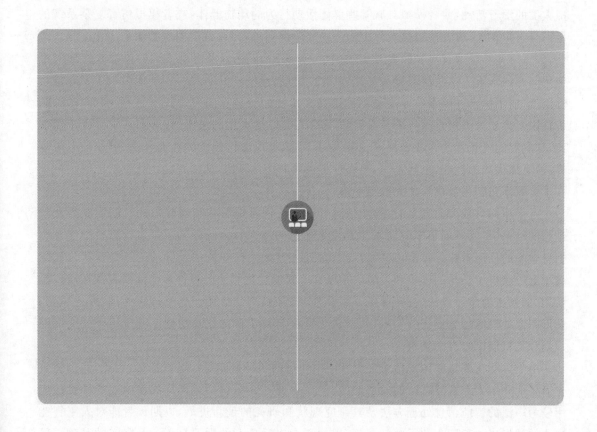

第 1 章　绪论

　　随着大数据时代的悄然而至,人们对高性能计算能力和海量信息(数据)处理能力的欲望和追求越来越高。随着科学和技术的迅猛发展,科学家在实验室里将不得不面临对大数据进行分析和处理的任务要求,工程师在工程实践中也将会遇到具有一定数据规模的最优化问题。当对这些具有相当规模数据的问题进行分析和处理时,如果依然使用传统的经典通用算法,就对其求解毫无意义,这是因为经典算法对于求解具有一定数据规模的应用问题来说,时间复杂度(通常是指数时间复杂度)较高,耗时很长。尤其对于一些 NP 难(non-deterministic polynomial hard)问题的求解来说,传统的经典算法几乎不可能在相对较短的时间以内求出问题的精确解。于是,为了在求解效率与获得最优解之间取得一个比较理想的权衡,计算科学家和数据科学家发明了许多带有启发性特色的智能算法,这些算法或者模拟人类的学习活动,或者模拟具有某些群体活动行为的动物群体,或者模拟仿真复杂系统的所谓自组织现象,或者模拟自然界中的一些复杂性现象,亦或者模拟生物体的演化过程。总而言之,这些算法通过对自然界和人类的学习、认知、记忆以及思维方式的模拟来完成对最优化问题的求解。这些智能算法都具有一个共同特点——几乎无一例外地引入了一些随机性因素(或不确定性因素),而这种不确定性在传统的经典算法中是找不到的。引入这种随机性因素源于人类对自然界中复杂性以及对人类思维本质的思考、理解和认识。也正因如此,这些智能优化算法在数据规模比较大时,才能表现出比传统的经典算法(例如动态规划算法)更加优异的性能,也就是说,相比较于经典的优化算法,这些智能优化算法能够更好地在求解效率与获得最优解之间取得平衡。

　　由于在面对较大数据量时,智能信息处理方法通常能够在相对较短的时间内获得比较理想的结果(尽管可能很多时候不能获得最理想的结果),因此得到了很多计算科学家和数据科学家的广泛青睐。目前,这些智能信息处理方法无论在算法设计理论还是在算法实际应用上皆获得了长足的进步和发展。甚至有些智能优化算法已被许多实际研究领域所广泛使用,例如机器学习算法(甚至深度学习算法)已经被广泛应用于自然语言处理、模式识别、图形图像处理等领域或相关领域;蚁群优化算法与粒子群优化算法则广泛应用于公交线路规划和飞机调度等有关领域。

　　由于本章主要从整体视角对人工智能中使用的各种智能算法进行掠影,因此,我们将首先简要地介绍人工智能算法的发展起源,然后扼要地介绍包括智能算法在内的各种目前应用较为广泛的智能信息处理方法及其研究现状和研究的最新进展,以期读者能对人工智能专业领域形成一种初步的了解与认识,以便于为以后各章的学习打下一个坚实的基础。目前正在研究和应用的智能信息处理方法有许多,本书所介绍的是应用得较为成熟和广泛的方法,主要包括模糊计算、机器学习算法(包括深度学习算法)、分类算法(包括决策树分类方法、贝叶斯分类方法等)、聚类算法(包括层次聚类方法、密度聚类方法等)、遗传算法、蚁群优化算法、粒子群优化算法以及复杂网络方法。

1.1　人工智能的产生和发展

早在 20 世纪 50 年代,英国著名的数学家兼逻辑学家阿兰·图灵(Alan Turing,1912年—1954 年)提出了后来以其名字命名的图灵测试(Turing testing),即判断任何一台计算机是否具有真正意义上的某种类似于人类智能水平的客观标准。下面,我们给出图灵测试的具体内容:一位测试者与两个被测试者(一个人和一台机器)隔开的情况下,通过一些装置(如键盘等)向被测试者随意提问,问过一些问题后,如果这位测试者不能确认被测试者 30%的答复哪个答案是人给出的回答,哪个答案是机器给出的回答,那么这台机器就通过了测试,并被认为具有人类智能(强人工智能)。换句话说,如果测试者分别向处于隔离状态的人和计算机随机提出了 10 个问题,只要其中有 3 个问题的回答无法判定究竟是人给出的还是计算机给出的(即对被测试者另外 7 个问题的答案完全可以判定哪些是人给出的,哪些是计算机给出的),就表明当前这台计算机已经通过了图灵测试,也就是说,这台计算机已经可以被认为具有了某种人类智能。当图灵在最初提出这个可以用于判定任何一台计算机是否具有人类智能的客观标准时,许多专家和学者都对计算机具有智能这件事信心满满,尽管在当时,具有真正意义的数字电子计算机 ENIAC 才刚刚问世没有多久。这主要是由于人们认为根据图灵测试,一台计算机具有人类智能的准入门槛很低,因此可以轻而易举地制造出来,甚至还有一些更乐观的学者认为随着当时科学技术水平的发展,在 10 年之内就可以研制出通过图灵测试的具有"人类智能"的计算机。但是,一方面,计算机毕竟是机器,而不是人,尽管其由于通过图灵测试而拥有"人类智能"的特性;另一方面,具有"人类智能"的计算机毕竟不能与一台普通的计算机同日而语。于是,学者们(包括当时世界著名的数学家、物理学家、哲学家)将这种能够通过图灵测试的计算机称为"人工智能"(artificial intelligence),用以区别没有通过图灵测试的普通计算机和真正的人类智能。并于图灵去世的第二年,这些学者(包括后来的图灵奖得主马文·明斯基、赫伯特·西蒙、爱德华·费根鲍姆)齐聚美国的达特茅斯学院(Dartmouth College),召开了首届世界人工智能会议。在这次会议上,学者们主要热议的话题是怎样使用计算机模拟人类智能的问题。正因如此,这一年(1956 年)也被认为是人工智能这门学科的诞生元年。当然,阿兰·图灵这位英年早逝的科学家也被誉为"人工智能之父"。然而,更具有讽刺意味的是,到目前为止,还没有一台计算机真正通过了图灵测试。这是为什么呢?

事实上,人工智能这门学科的进展并不是像当时的这些科学家们所想象的那么顺利,而是经历了一波三折的艰难发展历程。人工智能算法研究出现的第一次浪潮是在 1956 年到1974 年间。其代表性的事件包括 1957 年,以理查德·贝尔曼(Richard Bellman)为首提出的所谓增强学习模型,其中有一个以他本人名字命名的著名的贝尔曼公式;1958 年由计算机科学家提出的深度学习模型中的重要理论基础,即人工神经网络(ANN)的重要组成部件——感知器。甚至在不久之后的 60 年代,设计出了一台初步具有"人类智能"的计算机——代数应用题求解器。甚至在没过多久的时间里还设计出来了可以实现人机对话的机器人。因此,在当时人工智能这一新兴的研究领域弥漫着一种非常乐观的情绪,即认为以当前的人工智能发展的速度和态势,在不久的将来,人工智能真的就可以达到甚至超过人类智能。对人工智能的发展前景做出这种大胆预测的著名人物甚至包括马文·明斯基、赫伯特·西蒙这样的人工智能研究领域的缔造者。但是,事情的进展并不是他们所想象的那样顺利。

终于有一天,人工智能的研究者们发现他们以前所设计的这些模型(包括增强学习模型、感知器、代数应用题求解器等)只能用于完成某些专门的任务,一旦超越了所能描述的范围,这些模型都不适用了。也就是说,这些模型或计算机的应用范围非常有限。这种局限性主要体现在两个方面。一方面就是当时人工智能所能使用的数学模型和数学手段后来被发现是有理论缺陷的。例如,马文·明斯基与其同事写过专门的著作,揭示了认知器在模式识别中的局限性。另一方面的局限性表现为人工智能算法的局限性。著名的计算机科学家理查德·卡普以及他的同事库克曾经共同发现了在许多计算问题里都有可能产生计算复杂度的瓶颈,也就是说,它将导致在处理许多计算任务的过程中,通常是以指数量级的方式来增加计算复杂度(即著名的 NP 问题)。换句话说,在有限的计算资源条件下,使用当时的人工智能算法是不可能完成许多给定的计算任务的。正是这两个局限性,使得这些人工智能的先驱者们清醒地意识到,当下的人工智能不可能去实现当初所既定的目标,即人工智能在不久的将来会接近人类智能甚至超越人类智能。因此,人工智能的第一次严冬(1974 年—1980 年)很快到来了。

但是即便如此,这批早期从事人工智能领域研究的天才学者们还是继续艰难地前行着。经过这次人工智能的低潮期(寒冬时期)之后,他们还是重整旗鼓地完成了一些新的工作(1980 年—1986 年)。在这些工作中,比较有代表性的工作如下:首先,在 20 世纪 80 年代初,美国卡内基梅隆大学的一批从事人工智能领域研究的学者为 DEC 公司设计了现在被称为"专家系统"(expert system,简称 ES)的智能计算机,更可喜的是,这台专家系统每年可以为该公司节省 4000 万美元的决策支持费用,这主要是由于使用这种系统进行决策将会为 DEC 公司提供更有价值的内容。因此,专家系统的诞生标志着在人工智能领域出现了新的进展,因此获得了专家和学者的一致好评,从而获得了巨大的成功。与此同时,受到这种成功的鼓舞,很多国家(包括美国、日本等科技水平超一流的国家)都再次投入了许多研发经费开发所谓的第五代计算机(简称"五代机"),通常将其称为人工智能计算机。此外,一方面,我们在显性层面上也看到了可以与人类进行象棋博弈的高度智能化的计算机;另一方面,在数学工具和计算模型方面也有了一些接近于我们现在所使用工具的发明,例如一批专家和学者设计和发明了多层神经网络、Hopfield 网络等。同时还有另一批学者从事人工智能算法研究,例如在深度学习中所使用的核心算法——神经网络学习算法中的误差反向传播算法(BP 算法)也是当时发明的。在那时,许多从事人工智能领域研究的学者们通过非常艰苦的尝试,还是取得了不少相当令人印象深刻的成果,例如,自动识别信封上的邮政编码就是通过设计一个非常精妙的人工神经网络(ANN)来实现的。它的识别精度(准确度)在 99%以上,已经超过了普通人可以达到的识别水平,因此,学者们对未来人工智能的发展前景再一次产生了乐观情绪。

但就在人们对人工智能的前途抱以极大的热情和期待时,人工智能的第二次寒冬(1987年—1993 年)又一次不期而至。不过这次导致人工智能研究进入低潮期的原因与第一次不一样,主要应归因于政府和公众的兴趣发生了转移,甚至出现了一些强有力的竞争对手,例如苹果公司、IBM 公司、微软公司等 IT 业界的巨无霸开始推出台式机(微机),这直接导致了计算机以个人计算机(PC)的方式进入了寻常百姓家。这就使得台式机的费用远远低于专家系统所使用的计算机,这样一来,台式机就迅速地占领了计算机的销售市场。此外,学者们甚至发现专家系统已经变得相当古老陈旧,以至于它是一种使用起来极其不方便的机器。不仅如此,专家系统被认为非常难以维护,同时,其运维成本也非常高,并且不易被延展到新的任务上去。由于以上种种原因,专家系统经过了一段时间的使用之后,大家对人工智能的热情逐渐冷却下来,与此同时,政府对其研究的经费也开始下降,于是,人工智能的第二次寒冬来临了。

也正是由于产生了以上这些困境,人们开始再一次地冷静下来认真思考人工智能发展的下一步究竟向何处去。一个很自然的问题就是我们必须回答下面这个问题,即人们要实现什么样的人工智能。自从图灵提出了他的那个著名的"图灵测试"以来,我们一直没有认真严肃地讨论过这个本质问题。但是此时,学者们已经意识到当下是对这个问题展开讨论的最佳时候了,这是因为人们要在有限的计算资源下做最有意义的事(机器智能化)。因此,我们需要对以上的问题给予明确的回答。毫无疑问,人工智能存在着两种可能的实现途径,一种可能实现的途径就是向人类学习或向生物学习或向整个大自然学习,通过使用一种仿生的反向工程手段来制造一个与人脑结构原理尽可能相类似的计算智能机器。例如,达·芬奇在他生活的年代曾经做过尝试,他用非常精妙的方法制造了一只仿生鸟,甚至可以在这只鸟上再添加一些非常逼真的动作,惟妙惟肖。但是按照这种方法实现人工智能是比较困难的,这主要是由于我们对生物学原理并不了解,对生物体的工作机理也并不清楚,因此实现起来需要相当复杂的技术,并且由于这种工艺性、工程性的制造过程通常没有一个严格的数学模型支撑和辅助,导致很难对其效果进行分析,因此对其成功或失败很难做出一个既定量又准确的预测。另一种可能实现的途径就是类似于我们制造飞机的方法,也就是说,采用从抽象到具体的方法,例如从人的大脑思维活动或从生物界的本能中获得一些启发,但需要将其做一些简化,简化到可以使我们能够建立简单明确的数学模型或建立一个强劲的计算引擎,这样一来,我们可以使用简单的数学模型对一些复杂系统做出一定的(定量)分析,使得优化的途径变得比较容易。另一方面,我们可以直接利用人类工程学领域的很多成就来做一种类似于暴力堆砌或资源堆砌的手段,使得比赛或博弈具有某种非对称性,用以实现弯道超车式的效果,能够获得在某种不同路径上超过人的方法。

这批人工智能领域研究的前驱者对这一领域进行了以上这些认真严肃的反思之后,他们认为在当时的条件下,要想设计通过"图灵测试"的人工智能计算机是一件极其困难的事,甚至可以说是几乎无法实现的目标。于是,他们不得不开始重新调整人工智能整体研究的目标和方向,也就是说,他们将人工智能新的目标定位在实现一个应用型和功能型的人工智能计算机。因为一旦有了这样的目标,人们就至少可以明确知道需要研究哪些内容,这将使得人们(至少是人工智能领域的研究者)对其研究结果将会有一种比较严格的判断,这样就可以获得政府的研究经费资助,与此同时,也能够施展一些功能。因此,一个新的人工智能探索和研究的路径诞生了。正是由于产生出了这样一种对人工智能任务的目标明确化和简化,人工智能领域又迎来了一次新的繁荣。例如,在人工智能研究领域所需要使用的数学工具上找到了许多新的方法,包括已经存在于数学或其他学科文献中的方法被重新发掘出来或被重新发明出来用于人工智能领域的研究中。比较显著的一些成果包括最近获得图灵奖的计算机科学家 Pearl 教授的概率图模型、计算机科学家 Hinton 教授发明的卷积神经网络模型和以深度神经网络模型为核心的深度学习算法。这些模型也就是最近 15～20 年时间内发明出来的。另一方面,由于这些数学模型或计算模型是对自然世界规律的简化手段和方法,有相当明确清晰的数理逻辑,因此使得人们对其进行理论分析和证明成为可能。正因如此,我们可以开始去针对各种模型分析究竟需要多少数据或究竟需要多大的计算量(即对时间复杂度进行分析)才可能获得我们所预期的结果。事实上,这样的理论洞见对于开发系统来讲是相当有帮助的,不仅如此,更重要的还体现在我们终于可以把人工智能所需要实现的现实目标与人类其他工程技术方面的成就做一个非常密切的连接。众所周知,摩尔定律的实现使得数字电子计算机的计算能力越来越强大,但是,这些强大的计算能力很少被使用于人工智能的早期应用中,主要是由于在人工智能的早期,还没有出现处理效率很高的处理器,甚至在更早期,还没有大规模的集成电路。可是现在情况出现了显著的变化,主要归因于我们将人工智能定义为一个数学上的解题过程,这样一来,我们就可以把许多计算能力转移过来以便于提高人工智能的效果。

正是由于经历了以上所介绍的一系列突破性的发展,人工智能又迎来了一个新的繁荣期(1997 年至今),甚至在这一时期,人工智能研究领域还产生了一些惊人的突破。最早期的结果产生于 1997 年,在当时,IBM 公司研制的国际象棋智能机器人"深蓝"与国际象棋冠军卡斯帕罗夫进行了一场举世瞩目的国际象棋比赛,结果以机器人"深蓝"的胜利告终。当然,就在最近,我们也看到了类似的结果出现在围棋比赛中,甚至人们认为在更加通用型的功能中,例如在做智力竞赛题或是图片识别的比赛中,智能机器人也能够达到甚至超过人类的标准。智能机器人也因此将有更大的进步。也正是出现了这些惊人的突破,使得人们对人工智能未来的发展再一次充满了乐观的期待。同时,这也是一个幸运的时代。

总而言之,当前的人工智能仍然是处于弱人工智能阶段,即借助于模拟人类大脑的思维方式通过设计一些所谓智能软件实现对某些特定问题的求解。而真正意义上的强人工智能则体现在智能机器解决通用型的问题与人解决这些问题的能力不分伯仲,因此,要想实现真正的强人工智能,首先需要跨过"图灵测试"这道门槛。由此可知,将强人工智能从蓝图变为现实尚待时日。

1.2 最优化问题分类

由于作为人工智能理论基础的智能信息处理方法是求解各种最优化问题的既高效又较为精确的计算机通用型算法的总称,因此,我们首先需要理解什么是最优化问题。人类在从事科学研究或社会活动中所遇到的大部分问题都可以被视为最优化问题。人们所从事的一切生产劳动或社会实践皆可以被看作是有目的的行动,也就是说,这些行为总是受到特定的价值理念或审美取向的支配。于是,人们通常需要面临求解一个比较理想的甚至是最优的(系列)决策问题。为方便起见,通常人们将这些问题称为所谓的最优化问题(optimization problem)。

最优化问题的求解模型如下面的公式(1-1)所示:

$$\min f(x), x \in D \quad 或 \quad \max g(y), y \in T \qquad (1\text{-}1)$$

其中,集合 D 与集合 T 是最优化问题的所有可行解组成的集合,通常称为该问题的解空间,x 与 y 分别是解空间 D 和解空间 T 上的可行解。为了进一步简化起见,通常将解 x 或将解 y 表示为 $x=(x_1,x_2,\cdots,x_m),y=(y_1,y_2,\cdots,y_n)$,分别表示为一组决策变量。最优化问题就是在解空间中寻找一个可行的解 x 或 y(即一组最佳的决策变量),使得 x 或 y 所对应的函数值 $f(x)$ 或 $g(y)$ 为最小值或最大值。

根据决策变量 x_i 或 y_j 的取值类型(连续型、离散型、混合型),可以将最优化问题分为函数优化问题、组合优化问题、混合优化问题三大类。通常,我们将决策变量均为连续变量的最优化问题称为函数优化问题;如果一个最优化问题的全部决策变量均为离散变量,那么就将这种类型的最优化问题称为组合优化问题。当然,也有许多应用问题可以转化为混合优化问题,也就是说,针对这类问题所建立的数学模型的部分决策变量为连续型变量,部分决策变量为离散型变量。另一方面,根据最优化问题中的变量、约束条件、目标函数、时间因素、函数关系、问题性质等不同情况,最优化问题还可以分为其他各种类型,如表 1-1 所示。

表 1-1　最优化问题的分类

分类标志	决策变量数目	决策变量性质	约束条件	极值数量	目标数量	函数关系	时间因素	问题性质
类型	单变量	连续	无约束	单峰	单目标	线性	静态	确定性
		离散						随机性
	多变量	混合	有约束	多峰	多目标	非线性	动态	模糊性

◆ 1.2.1　函数优化问题

与函数优化问题相对应的决策变量皆为连续变量,如图 1-1 所示。最优化问题 f 的目标函数的最(小)值取决于相应的连续决策变量 $x_1,x_2,\cdots,x_n$ 的取值。

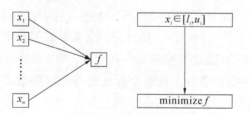

图 1-1　函数优化问题

许多科学实验拟合参数设置、线性规划问题、图形图像处理(如超分辨率图像放大处理问题)、自然语言处理(NLP)、模式识别(PR)、机器翻译等都属于这种类型的最优化问题。例如,在设计神经网络学习算法的过程中,需要确定多个神经元结点之间的网络连接的权值,从而使得当前神经网络的整体性能达到最优。在这种最优化问题中,由于需要进行优化的决策变量的取值是在实数范围内某个连续区间上的实数值,因此属于函数优化问题。各个决策变量之间有些是相互独立的,另一些是相互关联、互相制约的,它们的取值组合构成了问题的一个解。在这种情形下,由于决策变量是连续值,因此无法对每一个决策变量进行枚举。正因如此,我们必须借助于数学中通常使用的最优化方法(例如最小二乘法等)对这类函数优化问题进行求解。

◆ 1.2.2 组合优化问题

与函数优化问题不同,组合优化问题的决策变量是离散型变量,例如整数规划问题、旅行商问题(TSP)等。其中有许多离散组合优化问题都是从运筹学(operations research)中演化出来的,其所研究的问题涉及信息技术(IT)、经济管理、资源分配、交通运输、仓储物流等众多领域,在科学研究和社会生产实践中都发挥着极其重要的影响和作用。

其中最为经典的组合优化问题就是 0-1 背包问题(zero/one knapsack problem)和旅行商问题(traveling salesman problem)。这两个问题分别是基于一种二项取值的组合优化问题以及基于一种排序的组合优化问题。它们各自代表了组合优化问题的两大重要的经典类型。定义 1.1 和定义 1.2 分别给出了对这两类组合优化问题的描述以及最优化问题模型。

定义 1.1 0-1 背包问题(zero/one knapsack problem)

给定一个装载容量为 c 的背包以及 n 个价值与重量分别为 v_k 和 w_k 的物品($k=1,2,\cdots,n$)。现要向背包中放入物品,在不超过背包装载容量的条件下使得装载物品的总价值最大。如果我们将以上的这个有约束最优化问题用数学语言重新描述,就可以得到如下的数学公式(1-2)所给出的一个最大值问题:

$$z = \max \sum_{k=1}^{n} v_k x_k, x_k = 0 \quad 或 \quad 1 \tag{1-2}$$

约束条件:

$$\sum_{k=1}^{n} w_k x_k \leqslant c$$

其中,x_k 为物品的选择情况,即当 $x_k=1$ 时,表示选择第 k 件物品;当 $x_k=0$ 时,表示不选择第 k 件物品。

定义 1.2 旅行商问题(traveling salesman problem)

设有 n 个城市,任意两座城市之间的距离如 n 阶方阵 $D=(d_{ij})(i,j=1,2,\cdots,n)$ 所示,其中,d_{ij} 表示从城市 i 到城市 j 的距离。旅行商问题就是要寻找下面的旅行方案:旅行路线从预先指定的某座城市开始,经过每座城市一次且仅一次,最终返回到出发城市,使得旅行的总路线长度最短。如果我们将以上的这个最优化问题用数学语言重新描述,就可以得到如下的数学公式(1-3)所给出的一个最小值问题:

$$f = \min \sum_{i=1}^{n} d_{c(i)c(i+1)} \tag{1-3}$$

其中,$c(i)$ 表示旅行经过的城市序列中第 i 个城市的编号,并且有 $c(n+1)=c(1)$。

在通常情况下,旅行商问题都是所谓对称旅行商问题(symmetrical traveling salesman problem),即对于任意的 i,j 均有 $d_{ij}=d_{ji}$。而与之相反,如果存在某一组 i,j,使得 $d_{ij} \neq d_{ji}$,那么就称该问题为非对称旅行商问题(asymmetrical traveling salesman problem)。

从以上的定义 1.1 不难看出,对于一个需要处理 n 件物品的背包问题来说,若利用枚举的方法确定对每件物品的取舍,则将会产生 2^n 个可行解。而定义 1.2 则反映了对于一个具有 n 座城市的对称旅行商问题而论,若通过枚举的方法,将会产生 $(n-1)!$ 个可行解。无论是 2^n 还是 $(n-1)!$,它们皆可以看作是数据规模 n 的指数量级函数,乃至于当 n 比较大时,我们所面临的将会是数量相当巨大的解空间,因而导致求解时间非常长。因此,使用枚举的算法(暴力破解法)仅仅适用于求解一些数据规模比较小的组合优化问题,而对于数据规模很大的组合优化问题,我们只能借助于本课程所讨论的智能优化计算方法,方可在较为合理的时间以内求解得到令人满意的结果,从而可以满足社会生产实践的要求。

1.3 计算复杂性理论

1.3.1 计算复杂性概述

一般来说,人类面对的问题主要分为两类,一类是不可计算问题(例如停机问题等);另一类是可计算问题。当数据规模比较大时,最优化问题都是一些需要耗费很长时间用于计算求解的可计算问题,在计算科学中,我们通常把这类问题称为"计算困难"或"求解困难"的可计算问题。以上一小节给出的 0-1 背包问题和旅行商问题为例,尽管它们的定义非常简单,但是当面对大规模数据的最优化问题求解时,要想在合理的时间内得出每个问题的全局最优解绝非易事。具体来说,0-1 背包问题即是一个 0,1 二项取值问题,0 表示不选择当前的物品,1 则表示选择当前的物品,因此有 2^n 种可能的 0-1 序列,如果使用枚举法,需要进行 2^n 次枚举方可获得全局最优解;旅行商问题即可转换为 n 座城市的排序问题,如果对其使用暴力破解法进行枚举,需要执行 $(n-1)!$ 次枚举方可获得全局最优解。由此可见,对于这两个最优化问题,只有当数据规模比较小时,才可以选用枚举的方法。而当数据规模比较大时,由于问题的解空间随着数据规模的增加而呈现出指数量级的增长,因此几乎不可能使用枚举法在合理的时间内获得全局最优解,这样一来,我们只能寄希望于寻找其他行之有效的智能优化算法求解这类问题在大规模数据下的全局最优解。

在计算机科学中,我们通常使用计算复杂性(computational complexity)这一概念来描述算法的执行效率或者可计算问题的难易程度。而对于某种特定算法的计算复杂性,一般很容易进行判断。例如,使用暴力破解法(枚举法)求解 0-1 背包问题或者求解旅行商问题,皆是具有指数时间复杂度的计算复杂性算法。然而,如果要对一个可计算问题的计算复杂性进行判断却并非易事。

根据前面给出的两个例子不难看出,可计算问题的计算复杂性是可计算问题的数据规模的函数。因此,我们首先需要定义可计算问题的数据规模。例如对于方阵的运算,方阵的阶数可以被定义为可计算问题的数据规模。如果可计算问题的运算次数或步骤数是该问题中数据规模的指数函数(单元函数或多元函数),那么就称该问题是具有指数时间复杂性问题;如果可计算问题的运算次数或步骤数是该问题中数据规模的多项式函数(单元函数或多元函数),那么就称该问题是具有多项式时间复杂性问题。对于某个具体的可计算问题来说,其计算复杂性的上界即是已知求解该问题耗时最短算法的时间复杂度,而计算复杂性的下界则只能通过理论证明进行确立。证明一个可计算问题的计算复杂性的下界需要证明不存在任何计算复杂性低于此下界的算法。不难看出,确立下界要比确立上界困难很多。而对于任何一个可计算问题来说,确立其计算复杂性的下界要比确立其上界意义大得多。

例如,暴力破解法可以用于求解 0-1 背包问题和旅行商问题这两种类型的可计算问题。它们都是指数时间复杂度算法。因此,这两个可计算问题的计算复杂性的上界都被视为指数时间复杂度问题。那么,这两个可计算问题的计算复杂性的下界又是怎样的呢?我们目前尚未可知。这是因为，到目前为止，还没有找到一种多项式时间复杂度算法（运算时间远远小于指数时间复杂度算法）用于求解这两个问题。但是，不能因此而证明不存在多项式时间复杂度算法用于求解这两个问题。也就是说，我们尚不能证明或证伪下面这个命题——存在多项式时间复杂度算法用于求解这两个问题。因此，到目前为止，我们不能确立 0-1 背包问题和旅行商问题的下界。还有其他许多类似于这两个问题的可计算问题都是不能确定下界的，因此，为讨论方便起见，人们通常将这类可计算问题称为 NP 难（non-deterministic polynomial hard）问题，或者 NP 完全（non-deterministic polynomial complete）问题。

从发展趋势来讲，计算复杂性理论必将深入到计算机科学的各个研究方向（领域）中去。计算机科学的发展，尤其是新一代计算机系统、人工智能、大数据处理的研究又必将会给计算复杂性理论提出许多新的可研究课题。我们完全可以期待，可计算性和计算复杂性理论、数理逻辑、信息安全理论等诸多领域或学科将有可能更加密切地相互渗透、互相结合，得到有关信息加工或信息处理的一些更新或更加深刻的结论。

◆ 1.3.2 NP 理论概述

为了能够更好地研究可计算问题的计算复杂性，计算机科学家提出了与之相关的 NP 理论。下面，我们就 NP 理论中的一些最基本的概念——P 类问题、NP 类问题、NP 难问题以及 NP 完全问题展开解释与讨论。

任何一般的最优化问题皆可以转化为一系列的判定性问题。例如，我们可以将求某个网络中从结点 A 到结点 B 的最短路径长度这一最优化问题转化为以下的一系列判定性问题：从结点 A 到结点 B 是否存在长度为 1 的路径？从 A 到结点 B 是否存在长度为 2 的路径？一直问到从 A 到结点 B 是否存在长度为 i 的路径。只要当问到了长度为 i 的路径时，回答了"是（yes）"，就停止发问，此时，我们就可以得出以下的结论：从结点 A 到结点 B 的最短路径长度即为 i。因此，为了简化问题起见，以下我们只考虑一类最简单的问题——判定性问题，即提出一个问题，只需要回答"是（yes）"或者"否（no）"。

定义 1.3 P 类问题（polynomial problem）

P 类问题是指一类能够使用确定性算法在多项式时间内求解的判定性问题。事实上，在非正式的定义中，甚至可以将那些能够在多项式时间内求解的所有问题（判定性问题和非判定性问题）一律视为 P 类问题。

为了能够更清楚地定义 NP 类问题，我们需要首先引入一个不确定性算法（non-deterministic algorithm）的概念。

定义 1.4 不确定性算法（non-deterministic algorithm）

一个不确定性算法包含两个阶段，也就是说，它把一个判定性问题的实例 e 作为其输入，并且进行以下两步操作：

① 不确定（"假设"）阶段：产生一个任意符号串 S，并将其当作给定实例 e 的一个可选解。

② 确定（"验证"）阶段：确定性算法将当前的实例 e 以及给定的符号串 S 作为其输入，如果符号串 S 就是当前的实例 e 的一个解，那么就输出"是（yes）"。

如果一个不确定性算法在确定阶段的计算复杂性是多项式时间复杂度的，那么我们就将这种不确定性算法称为不确定性多项式算法。有了不确定性多项式算法的基本概念以后,我们就不难定义 NP 类问题这一概念了。

定义 1.5 NP 类问题(non-deterministic problem)

NP 类问题是指一类可以使用不确定性多项式算法求解的判定性问题。例如,与旅行商问题等价的判定性问题就是一个 NP 类问题。也就是说,到目前为止,尽管我们还无法找到一个多项式时间复杂度的确定性算法用于求解路程最短的旅行路线,但是可以使用一个多项式时间复杂度算法对任意生成的一条旅行路线判定是否合法,即可以判定该路线是否经过每座城市一次且仅一次。

如果我们将 P 类问题与 NP 类问题进行一个比较,就很容易得出下面这个结论:P ⊆ NP。但是 P＝NP 是否成立,也就是说,能否将所有的 NP 类问题转化为 P 类问题,至今还是计算机科学中亟待解决的问题。不过,由于类似于 0-1 背包问题和旅行商问题这种计算复杂性很高(计算很困难)的组合优化问题到目前为止也没有找到一种能转化为 P 类问题的方法,因此,人们更倾向于相信 P 是不等于 NP 的,也就是说,NP 类问题除了包含 P 类问题之外,还包含一类问题,这类问题与 P 类问题从本质上讲是完全不同的,为方便起见,我们通常将这类问题称为 NP 完全问题。在这里需要指出的是,NP 完全问题一定是 NP-hard 问题,而 NP-hard 问题则不一定是 NP 完全问题。换句话说,一个 NP-hard 问题至少跟一个 NP 完全问题一样计算困难(当数据规模大时,计算困难),甚至对某些 NP-hard 问题来说,其计算复杂性比 NP 完全问题更高。例如,在某些任意大的棋盘游戏中得到必胜的决策序列,就是一个 NP-hard 的问题,而不是一个 NP 完全的问题,这也就意味着这个问题的求解比 NP 完全问题的求解,其计算复杂性更高。

1.4 智能信息处理方法

随着科技的进步和劳动生产率的不断提高,无论是从科学理论的要求还是从社会生产实践领域的要求对可计算问题的高性能计算的挑战呈现越来越大的趋势。例如,现代物理学的发展已经迥然不同于以往的物理学家直接从实验室中获得实验结果了。特别是做高能粒子物理研究的物理学家,他们通常将大量的实验数据首先实时有效地存储在计算机的数据库中,然后,借助于计算机的强大的计算能力和对信息的实时处理能力对存储在数据库中的大量的物理实验数据进行高效的分析和处理,接下来对计算机处理结果进行进一步分析,从而可以在科学研究上取得新的突破和进展。又例如,经济学家需要通过计算机的高性能计算软件对存储在数据库中的大量的经济数据(如各种商品的进出口数量、股票指数、有价证券交易额度、大宗消费品价格等)进行处理,对得到的结果进行分析和判断,决定采取怎样的财政政策和货币政策来应对当前所面临的复杂经济态势。而对于数据规模量大的可计算问题,经典的确定性算法面临着计算复杂性高、计算时间长等问题,尤其是对于一些 NP 完全问题和 NP-hard 问题,设计用于求解这些问题的经典确定性算法(例如动态规划算法)通常由于这些问题具有指数量级的计算复杂性而更加令人无法忍受。对于这些计算复杂度巨大的可计算问题,当数据规模比较大时,使用经典的确定性算法几乎无法在可被接受的时间内求出解。因此,当对计算复杂度较高的可计算问题设计算法求解时,比较好的处理方法是在求解精度和求解时间上寻找一个最佳平衡点。为此,计算机科学家们发明了许许多多具有启发式特征的计算方法,这些计算方法或借助于模仿人类的思维、语言和记忆过程的特征,或借助于模仿自然界中的物理现象,或借助于模仿生物界的演化过程,或借助于模仿生物的生理构造和身体机能,或借助于模仿某些动物的群体行为,或将复杂系统发展过程中所包含的深刻规律通过数据建模的方式体现出来。总而言之,人们希望通过模拟人脑的工作过程或模拟自然界的变化规律对可计算的最优化问题进行求解,以期达到在可以接受的时间内获得可以接受的解(不一定是最优解)。这些算法统称为智能信息处理(intelligent information processing)方法。

智能信息处理方法是借助于自然界(包括人类和生物界)规律的启示,根据其规律,设计出的求解问题的算法。哲学、数学、物理学、化学、心理学、生理学、神经科学、脑科学、系统科学和计算机科学等学科所揭示的本质和规律都可能成为智能信息处理方法的基础或思想渊源。正因如此,人工智能成为一个跨学科领域。在这个领域从事研究和工作的学者的学术背景不尽相同。所以,不同的学者从自己专业角度对人工智能的理解也不完全相同。当前人工智能的主流学派主要有三家,即逻辑主义学派、联结主义学派和行为主义学派三大流派。

逻辑主义(logicism),又被称为符号主义(symbolicism)、心理学派(psychologism)或计算机学派(computerism),其原理主要为物理符号系统(或符号操作系统)假设与有限合理性原理。这一学派认为人工智能源起于数理逻辑。数理逻辑的奠基人是德国哲学家兼数学家莱布尼茨(Leibniz,1646—1716)。但是当时并没有在学术界产生巨大的反响。直到200年以后的19世纪末,数理逻辑这门学科才得以迅速发展,到了20世纪30年代开始用于描述智能行为。计算机出现以后,又在计算机上实现了逻辑演绎系统。其最有代表性的成果是启发式程序LT逻辑理论家,证明了38条数学定理,表明了可以通过使用计算机研究人脑的思维过程,进而模拟人类智能活动。也正是这些逻辑主义者早在1956年首先提出"人工智能"这一术语。以后又相继发展了启发式算法、专家系统、知识工程理论和技术,并在20世纪80年代取得了巨大发展。逻辑主义曾经一度处于鹤立鸡群的地位,为人工智能的发展做出了杰出贡献,特别是专家系统的成功发明与使用,对人工智能走向工程应用和实现理论联系实际具有特别重要的意义。逻辑主义学派认为人工智能的研究方法应为功能模拟方法,也就是说,通过对人类的认知系统所具备的机能和功能进行分析,然后通过计算机模拟这些功能,最终实现人工智能。在人工智能的其他学派出现以后,逻辑主义仍然是人工智能的主流派别。这个学派的代表性人物有纽厄尔、西蒙和尼尔森等。

联结主义(connectionism),又被称为生理学派(physiologism)或仿生学派(bionicisism),其原理主要为神经网络以及神经网络之间的连接机制与学习算法。这一学派认为人工智能源起于仿生学,尤其是对人类大脑的研究,包括对神经网络和模糊逻辑等的研究。它的代表性成果是1943年由生理学家McCulloch与数理逻辑学家Pitts创建的大脑模型,通常称为MP模型,开创了用电子器件模仿人脑结构和功能的新方法。它从神经元开始进而研究神经网络模型和大脑模型,从而开辟了人工智能的另一条新的发展道路。20世纪60—70年代,联结主义,尤其是以感知机(perceptron)为代表的大脑模型的研究曾经一度掀起了人工智能领域的研究高潮。但是,由于受到当时的理论模型、生物原型以及技术条件等的限制,大脑模型的研究在20世纪70年代后期到80年代初期落入低潮。直到Hopfield教授在1982年和1984年接连发表两篇重要的论文,提出用硬件模拟神经网络之后,联结主义才又一次回到学者们的视野中来。1986年,Rumelhart等一批学者共同提出多层神经网络中的反向传播(back propagation)算法。此后,联结主义卷土重来,从数学模型到计算方法,从理论分析到软件实现,为神经网络计算机走向市场奠定了基础。甚至计算机处理器芯片的头牌生产商英特尔公司曾经在这段时间生产过为多层神经网络模型量身定制的芯片。但是,不久以后人们就发现这种实现方法存在着一些致命的缺陷,主要体现在芯片设计的思路出现了一些问题,以至于当神经元数量较大或神经网络的层数较多时,数据处理的效率非常低,能量消耗非常大。因此,对神经网络的研究不可避免地又一次陷入低潮。直到最近十年以来,由于直到现在摩尔定律依然有效,因此处理器的性能已经不可同日而语了,尤其是计算机的并行计算能力相比以往有了显著的提高。正因如此,曾一度陷入低潮近 30 年之久的人工神经网络再一次卷土重来,不过这一次的重现已经与上一次有了根本性的区别,这一次重现是高调重返,其高光时刻主要表现在 2016 年由 Google 公司生产的围棋机器人 AlphaGo 以 4 ∶ 1 战胜了代表人类围棋顶级水平的韩国围棋九段棋手李世石。于是人们惊呼,一个伟大的时代——人工智能时代已经到来,甚至有人将 2016 年定为人工智能进入大众视野的元年。而这一切都要归因于以神经网络模型为基础设计的围棋机器人 AlphaGo 的惊艳表现。而设计 AlphaGo 机器人所使用的神经网络模型却早已不是 30 年前的基于反向传播的神经网络模型了,而是建立在深度学习算法基础之上的人工神经网络模型。现在,"深度学习"这个名词已经成了人工智能的代名词。

行为主义(actionism),又被称为控制论学派(cyberneticsism),其原理为控制论及感知-动作型控制系统。这一学派认为人工智能源起于控制论。控制论的思想早在 20 世纪 40—50 年代就成为时代思潮的重要部分,影响了早期的人工智能工作者。维纳和麦克洛等人提出的控制论和自组织系统以及钱学森等人提出的控制论和生物控制论影响了诸多领域。控制论将神经系统的工作原理与信息理论、控制理论、逻辑以及计算机联系起来。早期的研究工作重点是模拟人在控制过程中的智能行为和作用,例如,对于自适应、自寻优、自校正、自镇定、自学习和自组织等控制论系统的研究取得了一定进展,播下了智能控制和智能机器人的种子,并且在 20 世纪 80 年代诞生了智能控制和智能机器人系统。行为主义是 20 世纪末才以人工智能新学派的面孔出现的,引起许多人的兴趣。这一学派的代表作首推布鲁克斯(Brooks)的六足行走机器人,它被看作是新一代的"控制论动物",是一个基于感知-动作模式的模拟昆虫行为的控制系统。当前这一学派的产品主要分为无人机和无人自动驾驶车这两种类型。在这里,特别值得一提的是,2017 年诞生了首个用于情感交流的机器人"Sopher"。

本书将重点介绍人工智能这三大主流派别中的联结主义学派,也就是所谓的智能信息处理方法。该方法的一个重要组成部分就是计算智能算法(简称智能算法)。在本节中,我们首先对计算智能算法中目前应用最为广泛的算法的分类与理论、研究与发展、特征与应用这三个方面逐一进行概要的介绍,后面的相关章节将分别对各种典型的智能信息处理方法展开详细论述。

◈ 1.4.1 智能算法的分类与理论

智能算法在模拟人类大脑的联想、记忆、创造性思维、非线性推理、模糊计算等诸多方面表现得比传统的经典算法更加卓越,因此受到人们越来越广泛的关注,从而使得建立在智能算法基础之上的智能信息处理方法也得到了越来越多学者的研究和完善,并与相关的人工智能技术相互渗透,使得人工智能研究与应用呈现出蒸蒸日上的发展趋势。

智能算法主要包括模糊计算、人工神经网络(包括机器学习、深度学习)以及演化计算三大部分。这些计算智能算法都具有一个共同的特征,即通过模仿人类智能的某一部分(某一些)特殊功能而达到模拟人类智能的目的,进而将自然界中所揭示的变化规律、生物智慧等用计算机程序模拟出来,最后设计出最优化的一种智能信息处理方法。然而,由于这些使用计算智能算法的领域各有其不同的特点,因此,尽管它们具有模拟人类与其他生物智能的共同点,但是在具体实现方法上仍然存在着一些不同点。我们将智能算法的这三大部分以及各自所具有的特点列成了下表 1-2。

表 1-2　智能算法的主要研究方向与特征

研 究 领 域	主 要 特 征
模糊计算	模拟人类语言和思维中的模糊性概念,模拟人类的智慧
人工神经网络	模拟人脑的生理构造和信息处理的过程,模拟人类的智慧
演化计算	模拟生物演化过程和群体智能过程,模拟大自然的智慧

然而在目前这一阶段,智能信息处理方法的研究与发展仍然面临着严峻的挑战,其中一个重要的原因就是计算智能算法目前还缺乏比较严格的数学理论证明,正因如此,它还不能完全像物理、化学、天文学等学科那样自如地运用数学工具求解各种不同的计算问题。尽管人工神经网络(包括深度神经网络)具有比较完善的数学理论基础,但是像模糊计算,尤其是像演化计算等重要的计算智能算法并没有完善的数学基础。也就是说,对目前已经设计出的大部分智能算法的稳定性和收敛性的分析与证明目前尚处于研究阶段。

当前,通过数值计算实验分析方法和具体应用手段检验智能算法的正确性和高效性是研究智能算法的重要方法。就目前对智能算法研究的整体情况来讲,其所基于的主要理论基础包括数学基础、物理学基础、神经科学理论基础、复杂性科学理论基础、生物学基础、群体智能基础等。

◆ 1.4.2　智能算法的研究与发展

经历了半个多世纪的研究与发展,当前,智能算法在国内外已经得到了广泛的关注,已经成了人工智能和计算机科学的重要研究和发展方向。具体来说,智能算法大体上经历了三个发展阶段。第一阶段即是智能算法研究的起步阶段(1950 年—1969 年),20 世纪 50 年代,美国圣菲研究所研究复杂性科学的著名学者霍兰(Holland)创造性地提出了遗传算法的概念和理论,Rosenblatt 等学者提出了与神经网络相关联的感知器的概念和理论;到了 60 年代,由两位德国学者 Rechenberg 和 Schwefel 提出了所谓的演化策略,与此同时,美国学者 Fogel 提出了演化规划这一基本概念;以 Zadeh 为首的一批学者提出了模糊逻辑的基本概念和模糊计算的基本理论。第二阶段即智能算法研究的发展阶段(1970 年—1989 年),20 世纪 70 年代,Holland 在遗传算法的基本概念以及演化策略、演化规划的理论基础上不断完善和发展了遗传算法的基础理论,其中,支撑遗传算法的重要基础理论就是所谓的模式定理。80 年代初(1982 年),Hopfield 教授首次提出了前馈型神经网络结构,Rumelhart 教授紧随其后(1986 年)提出了后向传播学习算法,并将人工神经网络(ANN)的研究推向了一个新的高潮。第三阶段是智能算法研究的不断发展和逐渐完善的阶段(20 世纪 90 年代至今),遗传算法仍在持续不断地发展和完善,与此同时,20 世纪 90 年代初(1992 年),以 Dorigo 为首的一些学者提出了用于模拟自组织系统的规律的蚁群优化算法（ACO），为解决离散组合优化问题（例如旅行商问题）提供了重要的算法基础和工具；1995 年，由 Eberhart 和 Kennedy 两位学者提出了粒子群优化算法（PSO），该算法的主要优点表现为能对一些连续优化问题进行高效求解。到了 21 世纪初（2006 年），加拿大多伦多大学（University of Toronto）的计算机科学家 Hinton 教授发明了以卷积神经网络模型的设计和深度神经网络模型为核心的深度学习算法，将神经网络的研究引向了一个更高的层次。

尽管如此，智能算法研究仍然处于不断发展和完善的过程。对于大多数算法来说，目前尚未建立起牢固的数学基础，以至于至今仍有许多国内外的研究者仍在持续不断地建立智能算法的数学理论基础。与此同时，智能算法在自身的计算性能方面也在不断提高，其应用范围也在不断拓展。可喜的是，国内的通用型智能算法的研究及其应用，无论从研究队伍的规模、发表论文的数量来看，还是从网络上的数据共享环境建设以及信息资源的共享程度来看，发展速度都相当快，已经获得了国际学术界的广泛认可。相关的国际会议和学术期刊为计算智能的研究提供了良好的学术氛围和研究途径。

◆ 1.4.3 智能算法的特征与应用

智能算法主要使用启发式的随机搜索策略，在最优化问题的由可行解组成的解空间中进行搜索寻优，并且使其能够在可被允许的时间内获得全局最优解或者可接受解（局部最优解）。与传统的优化算法相比较而论，智能算法在求解最优化问题时，虽然对求解的问题不需要进行严格的数学推导，但是具有较好的全局搜索能力。与此同时，这些算法都是通用型算法，即具有普适性和健壮性。智能算法的主要特征可以归纳为下表 1-3。

表 1-3　智能算法的主要特征

主 要 特 征	具 体 特 点
智能性	算法具有自组织性、自适应性，算法不依赖于问题自身的特点，具有通用性
并行性	算法基本上是以群体协作的方式对问题进行优化求解，适合大规模并行处理
健壮性	算法具有较好的容错性，对初始条件不敏感，且能在不同条件下寻找最优解

当前，智能算法已经在优化计算、图像处理、模式识别、智能控制、机器学习、经济管理、智能医疗、仓储物流等诸多领域取得了成功的应用，应用领域涉及国防、经济、金融、网络、科学技术等各个方面。

 习题1

1. 试列举生活中所遇到的一些最优化问题。
2. 在计算复杂性和 NP 理论中，问题一般分为哪些类别？它们之间有怎样的关系？
3. 计算智能主要包括哪些研究领域？它们分别具有什么特征？
4. 简要描述计算智能领域的研究和发展历程。
5. 通过查阅相关期刊文献，了解当前计算智能在各个领域的应用情况。

第 2 篇
模糊理论

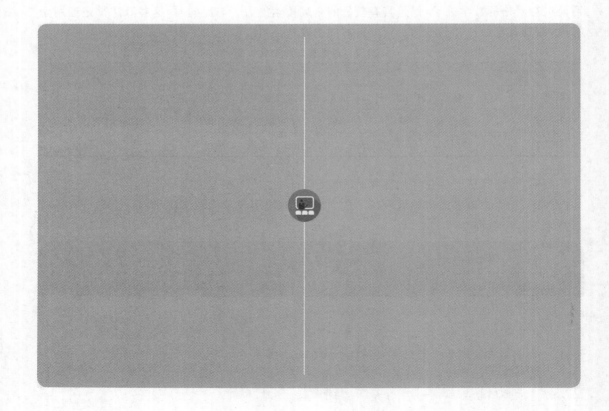

第 2 章　模糊信息处理

当我们在描述一些自然现象时,通常会使用一些带有模糊性的形容词。例如,当我们在描述气温时,通常会用到"热"或"冷"这样的不精确性词汇。类似地,在社会生活中,对于某个人的评价,我们通常也会使用带有模糊性的形容词。例如,我们通常会说"张三的表现优秀""李四的表现平庸"等。在这些表述中,有两个词语,即"优秀"和"平庸"就是带有模糊性的形容词。此外,我们在描述一些现象时,经常会使用一些表示程度的副词,而这些副词同样也具有某种模糊性。例如,当我们经过一个小区的建筑群附近时,我们通常会说"这幢楼很高";当我们经过一片不深的湖泊时,我们也会说"湖水比较浅"。在这两句话中,分别出现了一个表示程度的副词,即"很"和"比较"。这两个副词也是不精确的,换句话说,它们具有模糊性。另一方面,对于一些命题来说,不能直接用"真"或"假"对其进行判断,这是因为这些命题中既包含正确的因素,又包含错误的因素。也就是说,存在着某类命题,它们既不全为真,又不全为假。因此,我们不能笼统地对这类命题直接做"真"或"假"的二值判断。例如,对"癌症晚期的病人无药可救了"这一命题来说,我们不能直接判断其为"真"或为"假",这是因为许多癌症晚期的病人,他们在尘世的生活就是等待死亡,但是,也存在着少数癌症晚期的病人,他们经过医生或药物治疗之后,活了相当长的时间。对于这种命题,如果直接做"真"或"假"的二值判断,将会由于忽略了某些情况从而导致判断不精确。

因此,本章所介绍的模糊计算并非模模糊糊、不清不楚的计算,而是建立在一套崭新的逻辑体系(框架)下的完全精确的计算。为什么说这是一套崭新的逻辑体系呢?其主要原因在于这种逻辑并非传统意义上的二值逻辑(数理逻辑或形式逻辑)。二值逻辑中最核心的定律之一就是排中律,即"非此即彼",不允许出现"亦此亦彼"的情况。因此,能用于支持模糊计算的逻辑基础就不能选择二值逻辑,只能创立一种新的逻辑体系,这种逻辑体系既能描述"非此即彼"的情形,又能描述"亦此亦彼"的情形,这种逻辑体系就是本章接下来将要重点讨论的模糊逻辑。总而言之,模糊逻辑作为人工智能领域中的一种重要工具,为表示和处理自然语言和人类思维中所具有的模糊性提供了坚实的逻辑基础。

本章将主要针对逻辑计算进行介绍,首先介绍模糊逻辑的基本理论、研究和应用进展,然后介绍模糊集合、模糊推理,最后介绍模糊计算以及模糊计算的应用前景和发展现状。通过对模糊理论及其应用的介绍,为读者呈现了模糊理论的主要图景及其广泛的应用前景,并且通过一些具体的应用实例可以使广大读者对模糊逻辑和建立在模糊逻辑的基础之上的模糊计算有更加深刻的理解和认识。

2.1　模糊逻辑概述

◆ 2.1.1　模糊逻辑的基本理论

模糊逻辑（fuzzy logic，FL）是一种使用隶属度替代布尔值的全新逻辑，是建立模糊理论大厦的基石，在人工智能领域具有重要的意义和价值。与古典的二值逻辑不同，它并不完全使用截然不同的二值来判断任何一个命题的真值，而是使用隶属度来说明一个命题为真的程度，因此可以更精确地描述各种不同命题的真值，但是模糊逻辑包含古典的二值逻辑。换句话说，二值逻辑是模糊逻辑的特殊情形。由此不难看出，与二值逻辑相比较而言，模糊逻辑的应用范围更加广泛，目前，模糊逻辑已经在智能控制等领域获得了比较广泛的成功应用，并且产生了相当可观的实际效益。

模糊理论的创始人——美国加州大学伯克利分校的 L. Zadeh 教授曾经提出过一个所谓不相容原理，即当系统的复杂性不断增加时，人们对该系统的特性做出既精确又有效的描述能力就会随之相应下降，直到达到一个阈值。而一旦小于这个阈值，精确性和有效性将变成两个相互排斥的特性。也就是说，当系统的复杂性达到某种程度时，就不可能同时对该系统进行既精确又有效的描述。一方面，描述的精确性必将会损害描述的有效性；另一方面，描述的有效性也必将会牺牲描述的精确性。系统越复杂，这一现象就越明显。

大自然和人类社会中有许多复杂系统，传统的数学方法和人的思维使用两种截然不同的方式描述这些复杂系统：传统的数学方法试图通过建立精确的数学方程对这些系统体现出的规律进行描述（认识）；人的思维对复杂系统呈现的相关特性的描述通常带有模糊性，即没有精确的界限。特别是在处理一些问题时，由于精确性和有效性之间产生了矛盾，因此，建立在精确性基础之上的传统的数学方法通常将会失效，而与之相反，具有模糊性的人类思维却能够轻易解决这些问题。

模糊理论仍然是一种精确处理问题的数学方法，不过它并非传统意义上的数学方法，而是通过模拟人类思维中的模糊性建立的一套数学理论和方法。这种数学通常被称为模糊数学，其理论的基本出发点之一就是取消古典二值逻辑中的排中律。也就是说，除了表示二值逻辑中的两个极端（二值）状态之外，还要使用隶属度表示介于这二值之间的过渡状态。这种方法为进行不精确而有效的描述提供了一种使用数学方法的可能性，同时也为将符合人类思维习惯的模糊推理、模糊决策移植到计算机中提供了数学理论支持，也就是说，为本章最后一节将要介绍的模糊计算奠定了坚实的理论基础。在二值逻辑中，对任何一个命题的判断只有两种可能的真值，通常用 0 表示真值为假的命题，用 1 表示真值为真的命题。但在实际应用中，这种非此即彼的二值逻辑将会遇到不少问题。例如，"室温在 27 ℃是高温度"，这个命题的真值怎样呢？如果考虑到命题的实际意义，无论认为"是"还是"否"，其答案都过于极端。在模糊逻辑中的研究对象——命题分为两种类型，一类是非真即假的命题，例如"2是奇数"或"圆有无数条对称轴"；另一类是"部分为真"的命题，也就是说，在这类命题中只有部分（相对）的正确性，而没有完全（绝对）的正确性。模糊逻辑中使用了一个比较重要的数学概念——隶属度，取 [0,1] 区间之内的实数值，用于表示该命题的正确程度。也就是说，当这个实数值越接近于 1，表示该命题的正确性越高；与之相反，当这个实数值越接近于 0，表示该命题的正确性越低。特别地,隶属度可以取到区间的两个端点值,即 0 和 1。如果一个命题的隶属度取值为 0,就表示这个命题的真值为假,即完全错误;反过来,如果一个命题的隶属度取值为 1,就表示这个命题的真值为真,即完全正确。在人们的日常生产和社会生活中,对于绝大多数客体(对象)的认识都是从经验开始的,然后通过不断的完善得出结论,最后上升成新的理论。在这个认识事物的过程中,由于得出的结论不一定完全都是真理,因此这些结论(作为命题)中的大部分只具有部分真理性,而并非全部真理。如果我们使用经典的二值逻辑来判断这些命题,毫无疑问,这些命题的真值皆应为假,因为对于二值逻辑体系来说,只要当前的命题中包含不正确的因素,则该命题的真值必定为假。如果这样做,就忽略了该命题中所包含的正确性因素,导致对于该命题的判断不准确(不全面)。正因如此,我们必须将古典的二值逻辑推广到现代的模糊逻辑,对这些在人类生产和社会生活中,建立在大量的实践经验上所得到的命题的判断才有可能更加准确。回到前面的例子,即"室温在 27℃是高温度"就是一个在大量实践经验中得出的命题,因为"高温度"这种描述是建立在人的身体感觉基础之上的,所以这个命题的真理性(正确性)只能根据模糊逻辑中的隶属度来进行判断。譬如说,如果你是一个生活在莫斯科的居民,隶属度是 0.9;而如果你是一个生活在孟买的居民,隶属度将极有可能是 0.1(甚至更低)。

◆ 2.1.2 模糊逻辑与模糊系统的发展历程

早在 20 世纪 20 年代,波兰数学家 Jan Lukasiewicz 首创了多值逻辑(many-valued logic)这一新的逻辑概念。30 年代末,量子哲学家 Max Black 提出了不确切集合(vague set)这一概念。这些概念均为模糊逻辑的建立和发展奠定了思想来源和理论基础。美国加州大学伯克利分校的 L. Zadeh 教授于 1965 年提出了模糊集合(fuzzy sets),1973 年又提出了模糊逻辑。接着,L. Zadeh 教授又提出了一个著名的不相容原理,即当系统达到一定复杂度时,对该系统描述的精确性和有效性将变成两个相互排斥的特性。这一理论为模糊逻辑在社会生产实践中的有效性提供了支持。

模糊理论被提出后,曾经历过一段波折,但仍然在波折中不断发展,并且在社会实践中得到了更加广泛的应用。1974 年,第一个模糊控制蒸汽引擎系统和第一个模糊交通指挥系统诞生了。这两个基于模糊理论设计出来的模糊系统的设计者是英国伦敦玛丽皇后学院的 Ebrahim Mamdani 教授。他认为使用模糊理论的优点是可以利用经验法则,而不需要计算模型。到了 20 世纪 80 年代初,丹麦的史密斯公司(Smith Company)开始使用模糊控制操作水泥旋转窑,以控制煅烧温度、出口温度、旋转情况、冷却速度等。

1984 年,国际模糊系统协会(International Fuzzy System Association, IFSA)成立了欧洲、日本、北美、中国四个分会。三年以后的 1987 年,第二届模糊系统学大会在日本东京召开,并且展示了模糊自动控制系统应用于仙台市地铁的自动驾驶的成果。此后,模糊理论获得了更为广泛的关注和更进一步的发展。

进入 20 世纪 90 年代,模糊系统在日本电器行业得到了广泛应用,并且引起了大量研究者和相关领域的专家学者的广泛关注。然而,虽然模糊系统具有众多优点,对模糊系统的严格的数学论证分析方法仍然没有创立起来,也就是说,模糊系统的设计方法并没有系统化和成熟化。能够使用模糊系统求解的实际应用问题也没有得到严格的界定。针对这些困难,模糊理论的创始人 L. Zadeh 教授于 1993 年提出了所谓软计算(soft computing)的一般概念,试图建立人类的思维方式中所包含的模糊性和自然语言表达变量之间的关联,并且根据条件命题记录法则。

自 1965 年模糊集合论创立以来,在几十年中,与模糊系统相关的模糊理论及其应用均已得到广泛的关注并且取得了迅猛的发展。模糊逻辑与神经网络的结合、模糊逻辑与演化计算的结合以及模糊逻辑与其他智能信息处理方法的结合等为求解许多复杂的非线性问题提供了新的选择方法。当前,模糊逻辑已经在系统工程、自动控制、辅助决策、大数据处理、人工智能、生态系统、自然语言处理、实验心理学等诸多研究领域获得了广泛的成功,并且成为 21 世纪人工智能领域具有巨大潜力的方向之一。许多重量级的国际会议和国际学术期刊都对模糊逻辑方面的许多研究成果高度重视,收录了许多从事该领域研究的国内外学者的高质量且有影响力的学术论文。

2.2　模糊集合与模糊逻辑

本节主要介绍有关模糊集合、模糊逻辑、模糊关系等的基本概念和基础知识,为介绍后面的模糊推理和模糊计算做理论准备和理论铺垫,主要包括以下要点:模糊集合的概念、模糊集合的隶属度函数、模糊集合上的运算及其基本规律、模糊逻辑及其基本规律、模糊关系及其合成规律。

◆ 2.2.1　模糊集合与隶属度函数

根据朴素(古典)集合的定义,对于任意一个集合 A(A 是某论域的子集),其论域中的任何一个元素 x,或者属于 A,或者不属于 A,并且二者只居其一,没有中间情况存在。也就是说,没有既属于集合 A,又不属于集合 A 的元素。因此,论域内的任意元素与集合 A 之间的关系可以使用一个特征函数表达,与此同时,集合 A 也可以由其特征函数定义:

$$h_A(x) = \begin{cases} 1, x \in A \\ 0, x \notin A \end{cases} \tag{2-1}$$

在这种情况下,论域中的一个元素必须居于完全属于 A 和完全不属于 A 这两种情况中的一种,任何中间情况都不可能存在。这种非此即彼的现象只能用于描述(解释)一些简单系统,或用于表达数学中的一些比较简单的命题。但是,大自然中存在着的大量现象都不是所谓"黑白分明"或"泾渭分明"的简单现象,而是一种除了拥有"黑色地带"和"白色地带"之外,还存在着大量"灰色地带"的现象,例如量子涨落现象显然具有这种特征。类似地,对于许多复杂系统来说,使用非此即彼的这种简单方法对其进行描述也是缘木求鱼。不仅如此,即便是在我们的日常用语中所使用的一些概念,有许多都不是非常清晰的,例如"树林"这个概念就具有某种程度的模糊性。

我们讨论下面这个问题:"从一片树林中伐下一棵树,剩下的部分还能构成树林吗?"如果答案只能是"yes"或"no",从表面看上去,似乎只能选择"yes"。这是因为,在一般人的概念里,"树林"指的就是由许多棵树聚集在一起形成的事物,从中伐下一棵,自然还应该是一片树林。但是,这样一来,如果回答"yes",继续推理下去,就会掉入陷阱:因为从上次剩下的树林里再伐下一棵树,剩下的仍然还是一片树林,那么如此反复,即都是回答"yes",若当前树林中只有两三棵树甚至只有一棵树时,还仍然是一片树林,这显然是与常识相冲突的。

这里的问题就在于"树林"这一概念是模糊的,也就是说,没有一个清晰的界限将"树林"与"非树林"区分开来。我们没有办法明确指出,在这个不断伐树的过程中,什么时候当前的所谓"树林"不再是真正的树林。与"树林"相类似的模糊概念还有"高个子""大房子""老年人"等。如果用建立在经典二值逻辑基础之上的数学方法处理这些概念,其准确性几乎是无法保证的。因此,我们必须将经典集合扩展成模糊集合,以使其能更加准确地定义以上这些具有模糊性的概念。

模糊集合理论在一定程度上解决了这个问题。例如,当我们在回答是否是树林的问题时,可以不再仅仅使用"是"或"否"这两种可选择的答案,而是可以回答"部分的是",即给出对"树林"的隶属度。当我们使用这种方法来描述"树林""高个子""大房子""老年人"等集合时,由于这些集合不再具有明确的边界,因此,通常将其称为模糊集合。为了将其与古典集合从记号上区分开来,我们通常将模糊集合记作 $\overline{A}$。1965 年,L. Zadeh 教授最早创造性地提出了模糊集合的概念并且给出了它的定义,如下面的定义 2.1。

定义 2.1 设存在着一个古典集合 U,使得 U 到$[0,1]$区间的任意一个函数 μ_A 都能够确定集合 U 的一个模糊子集,称为 U 上的模糊集合 $\overline{A}$。其中,函数 μ_A 被称为模糊集合 $\overline{A}$ 的隶属度函数,对于集合 U 上的任意一个元素 u,$\mu_A(u)$ 叫作元素 u 对于模糊集合 $\overline{A}$ 的隶属度,亦可以将其表示为 $\overline{A}(u)$。

在这里,集合 U 通常被称为模糊集合 $\overline{A}$ 的论域,μ_A 为该模糊集合的隶属度函数。与古典集合不同的是,集合 U 上的任意元素 u 不再只有属于模糊集合 $\overline{A}$ 和不属于 $\overline{A}$ 这两种情况,即每个元素 u 都有对于模糊集合 $\overline{A}$ 的隶属度 $\mu_A(u)$。隶属度 $\mu_A(u)$ 表示元素 u 属于模糊集合 $\overline{A}$ 的程度,它的值越接近于 1,就表明 u 属于 $\overline{A}$ 的程度越高,特别地,当 $\mu_A(u)=1$ 时,表明元素 u 在集合 $\overline{A}$ 中;与之相反,它的值越接近于 0,则表明元素 u 属于 $\overline{A}$ 的程度越低,特别地,当 $\mu_A(u)=0$ 时,表明元素 u 不在集合 $\overline{A}$ 中。

因此,从这个意义上讲,古典集合可被看作是一种特殊的模糊集合,也就是说,论域中不属于该集合的元素的隶属度为 0,论域中的其余元素的隶属度为 1。

一般来说,表示模糊集合的方法有许多种,其中常用的方法有以下两种:

① Zadeh 表示法。

该表示法的根据是 L. Zadeh 教授对模糊集合的定义。当论域 U 为离散集合时,一个模糊集合 $\overline{A}$ 可以表示为以下的公式(2-2):

$$\overline{A} = \sum_{u \in U} \frac{\mu_{\overline{A}}(u)}{u} \tag{2-2}$$

当论域 U 为连续集合时,一个模糊集合 $\overline{A}$ 可以表示为以下的公式(2-3):

$$\overline{A} = \int_u \frac{\mu_{\overline{A}}(u)}{u} \tag{2-3}$$

需要指出的是,这里仅仅是借用了求和与积分的符号,并不表示真正的求和或积分。

② 序对表示法。

对于一个模糊集合来讲,如果给出了论域中的所有元素对其隶属度,也就相当于表示出了该集合。在这种思想的指引下,我们完全可以使用序对表示法将模糊集合 $\overline{A}$ 表示为以下公式(2-4):

$$\overline{A} = \{(u, \mu_{\overline{A}}(u)) \mid u \in U\} \tag{2-4}$$

下面,我们通过一个具体实例来说明怎样构造这种模糊集合。

在某校计算机系的一次人工智能考试以后,学生的成绩绩点为区间[0,5]上的实数。按照常理,绩点在 3 以下的显然不属于"优秀",绩点在 4.5 以上的则显然应属于"优秀",这是没有问题的。可是,绩点为 4.4 时该如何计算呢? 由于这个成绩非常接近 4.5,如果与绩点 3 一样,都不属于"优秀",未免对绩点为 4.4 的同学显得太不公平。现在我们完全可以使用模糊集合这个工具,3~4.5 就可以认为是一个"灰色地带",即介于"优秀"与"非优秀"之间。也就是说,绩点在 3~4.5 之间的成绩在一定程度上属于优秀这个模糊集合。

在这个例子中,如果我们设绩点"优秀"所描述的模糊集合为 $\overline{A}$,且其隶属度函数 $\mu_{\overline{A}}(u)$ 为以下公式(2-5):

$$\mu_{\overline{A}}(u) = \begin{cases} 0, & u \in [0,3) \\ \dfrac{2}{3}u - 2, & u \in [3,4.5) \\ 1, & u \in [4.5,5] \end{cases} \tag{2-5}$$

在这个例子中,绩点的论域是连续区间[0,5],模糊集合 $\overline{A}$ 用 Zadeh 表示法可以表示为下式(2-6):

$$\overline{A} = \int_{u \in [0,3)} \frac{0}{u} + \int_{u \in [3,4.5)} \frac{2u/3 - 2}{u} + \int_{u \in [4.5,5]} \frac{1}{u} \tag{2-6}$$

同样,用序对表示法可以将模糊集合 $\overline{A}$ 表示为下式(2-7):

$$\overline{A} = \{(u,0) \mid u \in [0,3)\} + \{(u,2u/3 - 2) \mid$$
$$u \in [3,4.5)\} + \{(u,1) \mid u \in [4.5,5]\} \tag{2-7}$$

这样一来,对于一个成绩绩点为 4.4 的学生来说,虽然他的绩点没有达到 4.5,对"优秀"的隶属度小于 1,但是,通过隶属度函数(2-5)计算得出他对"优秀"这个模糊集合的隶属度约为 0.93,这就说明,他的成绩绩点虽然没有达到"优秀",可还是比较接近"优秀"的。

对于模糊集合来说,隶属度函数是非常重要的。一个模糊集合可以被隶属度函数唯一定义。在以上所给出的例子中,隶属度函数是一个分段函数,每一段都是线性的,特别是在这里,介于"优秀"和"非优秀"之间的"灰色地带"的隶属度函数是线性函数,线性函数通常描述的是最简单的一种情况,即在连续区间[3,4.5)中所有学生的成绩绩点处于均匀分布的情况,如果不是均匀分布,而是高斯分布(或其他非均匀分布),那么我们必须将描述这种"灰色地带"的隶属度函数从线性函数转换为适当的非线性单调函数。事实上,隶属度函数的选择将会最终在模糊计算的结果上体现出来。对隶属度函数的选择通常需要依赖于相关领域的专家知识。

常用的隶属度函数的形式有许多种,例如梯形函数、三角形函数、Sigmoid 函数等。特别地,当隶属度函数为阶跃函数,即有若干个点的取值为 1,其余的点取值为 0 时,该函数所对应的模糊集合即是一个古典集合。

◆ 2.2.2 模糊集合上的运算

在正式讨论模糊集合之间的运算之前,我们首先必须介绍一个重要概念——模糊集合的子集概念。

定义 2.2 设有两个在论域 U 上的模糊集合 $\overline{A}$ 和模糊集合 $\overline{B}$,当且仅当对论域 U 上

的任意给定的元素 u，都有 $\mu_{\bar{A}}(u) \leqslant \mu_{\bar{B}}(u)$，则称模糊集合 $\bar{A}$ 为模糊集合 $\bar{B}$ 的子集。

由于集合 $\bar{A}$ 本身就是模糊集合，因此，为方便起见，有时也称其为模糊子集。在古典集合运算的定义中有并、交、补等运算，在模糊集合上，也存在着类似于古典集合上的并、交、补等运算，不过，需要将这些运算进行重新定义，定义中需要再次使用隶属度函数。设集合 $\bar{A}$ 与集合 $\bar{B}$ 是论域 U 上的模糊集合，则将模糊集合上的并、交、补等运算定义为以下公式(2-8)、公式(2-9)以及公式(2-10)。

并运算： $\quad \mu_{\bar{A} \cup \bar{B}}(u) = \max\{\mu_{\bar{A}}(u), \mu_{\bar{B}}(u)\}$ （2-8）

交运算： $\quad \mu_{\bar{A} \cap \bar{B}}(u) = \min\{\mu_{\bar{A}}(u), \mu_{\bar{B}}(u)\}$ （2-9）

补运算： $\quad \mu_{\bar{A}'}(u) = 1 - \mu_{\bar{A}}(u)$ （2-10）

在这里需要指出的是，以上这些模糊集合上的运算的定义都是到目前为止广泛公认的形式。但是，模糊集合上的并、交、补运算的形式并不是唯一的，可以根据所面对的实际问题求解需要定义与之相应的模糊集合上的并、交、补运算。本书为了保证叙述内容的前后一致性，按照以上的方式定义模糊集合上的这些基本运算。

可以看出，这些定义在模糊集合上的基本运算也满足下面一系列的定律，分别写成公式(2-11)至公式(2-18)。

等幂律： $\quad \bar{A} \cup \bar{A} = \bar{A}, \bar{A} \cap \bar{A} = \bar{A}$ （2-11）

交换律： $\quad \bar{A} \cup \bar{B} = \bar{B} \cup \bar{A}, \bar{A} \cap \bar{B} = \bar{B} \cap \bar{A}$ （2-12）

结合律： $\quad (\bar{A} \cup \bar{B}) \cup \bar{C} = \bar{A} \cup (\bar{B} \cup \bar{C})$ （2-13a）

$\quad\quad\quad (\bar{A} \cap \bar{B}) \cap \bar{C} = \bar{A} \cap (\bar{B} \cap \bar{C})$ （2-13b）

分配律： $\quad (\bar{A} \cup \bar{B}) \cap \bar{C} = (\bar{A} \cap \bar{C}) \cup (\bar{B} \cap \bar{C})$ （2-14a）

$\quad\quad\quad (\bar{A} \cap \bar{B}) \cup \bar{C} = (\bar{A} \cup \bar{C}) \cap (\bar{B} \cup \bar{C})$ （2-14b）

吸收律： $\quad (\bar{A} \cup \bar{B}) \cap \bar{A} = \bar{A}, (\bar{A} \cap \bar{B}) \cup \bar{A} = \bar{A}$ （2-15）

同一律： $\quad \bar{A} \cup \varnothing = \bar{A}, \bar{A} \cap \varnothing = \varnothing; \bar{A} \cup E = E, \bar{A} \cap E = \bar{A}$ （2-16）

对合律： $\quad (\bar{A}')' = \bar{A}$ （2-17）

德·摩根定律： $\quad (\bar{A} \cup \bar{B})' = \bar{A}' \cap \bar{B}', (\bar{A} \cap \bar{B})' = \bar{A}' \cup \bar{B}'$ （2-18）

需要指出的是，在以上给出的 8 个模糊集合运算性质中，集合 $\bar{A}$、集合 $\bar{B}$ 与集合 $\bar{C}$ 皆为模糊集合，并且皆为全集 E 的模糊子集。古典集合上也存在着与其相类似的运算性质。但是，在古典集合上成立的一条运算性质——互补律对于模糊集合来说是不成立的。

◆ 2.2.3 模糊逻辑

通过以上的介绍，可以看出，在模糊集合理论中，对于某个模糊集合 $\bar{A}$ 来说，论域中的任何一个元素 u 与该集合之间的关系不再只局限于 u 属于该集合或 u 不属于该集合这两种情况。同理，与之类似的模糊理论也可以用于将经典逻辑——二值逻辑作进一步的扩展。众所周知，经典逻辑是二值逻辑，也就是说，其中的一个命题的真值只能取"真"（通常用"1"表示）或"假"（通常用"0"表示）这两个值中的一个。波兰逻辑学家 J. Lukasiewicz 首次提出了多值逻辑这一概念，将二值逻辑扩展为三值逻辑。但是，他提出的这种三值逻辑中，命题的真值的取值仍然是离散的，也就是说，这三个值是界限分明的，取定了某个值之后，就不能再取另外两个值，这样一来，他所创立的三值逻辑从本质上讲仍未改变经典逻辑的精确性，难以体现所谓"亦黑亦白"的模糊性。与三值逻辑类似，模糊逻辑属于多值逻辑的另一种形式。

但是，与 J. Lukasiewicz 所创立的三值逻辑的不同之处在于，模糊逻辑恰恰改变了经典逻辑的本质，即从一种"非此即彼"的逻辑变成了一种"亦此亦彼"的模糊逻辑。在模糊逻辑中，命题的真值可以是连续区间 $[0,1]$ 上的任意实数。

设 P、Q 为两个命题（不是含有具体内容的命题，而是用于代表命题的符号），则根据模糊理论，模糊逻辑的基本运算可以定义成如下公式(2-19)到公式(2-23)：

否定运算： $\neg P = 1 - P$ (2-19)

合取运算： $P \wedge Q = \min(P, Q)$ (2-20)

析取运算： $P \vee Q = \max(P, Q)$ (2-21)

蕴含运算： $P \rightarrow Q = \neg P \vee Q$ (2-22)

等值运算： $P \leftrightarrow Q = (P \rightarrow Q) \wedge (Q \rightarrow P)$ (2-23)

设 P、Q、R 为三个命题，根据以上的定义，可以推导出模糊逻辑运算所具有的如下 8 条运算基本性质：

等幂律： $P \wedge P = P, P \vee P = P$ (2-24)

交换律： $P \wedge Q = Q \wedge P, P \vee Q = Q \vee P$ (2-25)

结合律： $(P \wedge Q) \wedge R = P \wedge (Q \wedge R)$ (2-26a)

                      $(P \vee Q) \vee R = P \vee (Q \vee R)$ (2-26b)

分配律： $(P \wedge Q) \vee R = (P \vee R) \wedge (Q \vee R)$ (2-27a)

                      $(P \vee Q) \wedge R = (P \wedge R) \vee (Q \wedge R)$ (2-27b)

吸收律： $(P \wedge Q) \vee P = P, (P \vee Q) \wedge P = P$ (2-28)

双重否定律： $\neg(\neg P) = P$ (2-29)

德·摩根定律： $\neg(P \wedge Q) = \neg P \vee \neg Q$ (2-30a)

                      $\neg(P \vee Q) = \neg P \wedge \neg Q$ (2-30b)

同一律： $0 \wedge P = 0, 1 \wedge P = P; 0 \vee P = P, 1 \vee P = 1$ (2-31)

与古典集合和模糊集合之间的关系相类似，经典二值逻辑中的排中律在模糊逻辑体系中也不成立。以上给出的全部运算性质皆可用于对一个较为复杂的模糊逻辑函数的化简。

◆ 2.2.4 模糊关系

与模糊逻辑相类似，模糊关系也可以被看作是经典逻辑关系的扩展。我们可以模仿模糊逻辑的定义方法给出逻辑关系的定义如下：

定义 2.3　设集合 X 和集合 Y 是两个古典集合，$X \times Y$ 是由集合 X 到集合 Y 的笛卡尔积。如果将笛卡尔积 $X \times Y = \{(x,y) \mid x \in X, y \in Y\}$ 作为一种特殊的模糊集合（经典的笛卡尔积），那么该笛卡尔积上的模糊关系即是笛卡尔积 $X \times Y$ 的一个模糊子集，记作关系 $\overline{R}$。

从通常的意义上来讲，$\overline{R}$ 的隶属度函数 $\overline{R}(x,y)$ 表示的是集合 X 中的元素 x 与集合 Y 中的元素 y 相关联的程度。不难看出，模糊关系也是一种模糊集合，且隶属度函数 $\overline{R}(x,y)$ 的取值范围是连续区间 $[0,1]$。特别地，当 $\overline{R}(x,y)$ 取区间端点的值（0 或 1），这种模糊集合就等价于经典集合，模糊关系也演变为经典关系的形式。当论域为古典有限集合时，模糊关系可以被表示成矩阵的形式，如同经典关系可以表示成关系矩阵一样。这样一来，我们就可以将模糊关系存储到计算机中，以便对其进行运算或处理。

下面，我们从两方面对经典关系和模糊关系作一个对比。一方面，经典关系可以被理解为是两个集合中的元素之间的一种直接的对应关系;与之相似,模糊关系也反映了两个集合中的元素之间的一种直接的对应关系程度。另一方面,如果要描述两个集合元素之间的间接关系,就可以使用经典关系的复合运算;类似地,在模糊理论中,若要描述两个集合元素之间的间接关系,则需要使用类似于求复合关系的一种运算,通常称其为模糊关系的合成运算。

设集合 X、Y 和 Z 为三个不同的论域,并且关系 $\overline{R}$ 是笛卡尔积 $X \times Y$ 上的模糊关系,关系 $\overline{S}$ 是笛卡尔积 $Y \times Z$ 上的模糊关系,模糊关系 $\overline{T}$ 是模糊关系 $\overline{R}$ 与模糊关系 $\overline{S}$ 的合成关系,简称合成,记作 $\overline{T} = \overline{R} \cdot \overline{S}$,其隶属度函数定义如下:

$$\overline{R} \cdot \overline{S}(x,z) = \bigvee_{y \in Y} (\overline{R}(x,y) * \overline{S}(y,z)) \tag{2-32}$$

在这里,"$\vee$"表示对所有 y 取最大值,"$*$"表示二项积算子,可以被定义为求最小值运算或者代数积运算等。需要指出的是,对于不同的问题,需要根据该问题具体的定义的异同,选择相应的模糊关系的合成运算。

在模糊推理系统中,通常使用的模糊关系的合成运算是所谓最大-最小合成运算,其计算公式为下式(2-33):

$$\overline{R} \cdot \overline{S}(x,z) = \bigvee_{y \in Y} (\min(\overline{R}(x,y), \overline{S}(y,z))) \tag{2-33}$$

通常,我们将使用这种模糊关系的合成运算公式进行的模糊推理称为最大-最小推理。

2.3　模糊逻辑推理

模糊逻辑推理可以被认为是一种不精确性的推理,是通过模糊规则将给定的输入转化为输出的过程。本节主要介绍模糊逻辑推理的基本概念和基本方法,并且通过具体应用实例说明模糊逻辑推理的过程。主要包括以下三大要点:模糊语言变量与模糊语言算子的基本概念、模糊规则的基本概念、模糊逻辑推理的基本概念和方法。

◆ 2.3.1　模糊规则

什么是模糊逻辑推理? 什么是模糊规则? 可以这么理解,模糊逻辑推理就是将输入的模糊集合通过模糊逻辑的方法对应到特定的输出模糊集合的计算过程。模糊规则就是在进行模糊推理时所依赖的规则,这种规则通常来自于社会实践经验或相关领域的研究者或专家学者给出的尚未经过数学严格证明的命题或结论,通常可以用自然语言进行描述。例如,"如果李四比较肥胖,那么李四需要比较大的运动量。"

为了能够进一步地理解什么是模糊规则,首先需要知道以下两个基本概念——模糊语言变量与模糊语言算子。

模糊语言变量对应于自然语言中的一个词语或者一个短语或一个句子,它的取值就是模糊集合。L. Zadeh 教授对模糊语言变量给出了以下的定义:

模糊语言变量由一个五元组 $(u, T(u), U, G, M)$ 描述。其中,u 为变量名,例如"李四";U 是变量 u 的论域,如 $[20 \text{ kg}, 100 \text{ kg}]$;$T(u)$ 是模糊语言变量取值的集合,如 ${瘦,中等,胖,\cdots}$,并且每个取值都是论域为 U 的模糊集合;G 为语法规则;M 为语义规则,用以产生各个模糊集合的隶属度函数。

在这里需要指出的是,这个五元组只是对语言中可以研究的对象进行描述,而对于不同领域的不同具体应用问题,定义语言变量的标准也存在异同。

在自然语言中,通常使用"可能""大约""稍微""比较""很""非常"等副词来进行修饰,表示可能性、近似性或程度。为了通过使用数学的方式尽可能精确模拟自然语言,更方便地将自然语言形式化与定量化,需要引入所谓模糊语言算子的概念,以便于对模糊集合进行修饰。模糊语言算子主要分为三类——语气算子、模糊化算子以及判定算子。本章主要介绍语气算子。

若现有模糊集合 F 和语气算子 H,则 HF 表示施加了语气算子之后的模糊集合。语气算子的一种比较常用的定义为:

① 当 H 为"极"时,$HF = F^4$,即对论域中每个元素的隶属度取 4 次方;
② 当 H 为"很"时,$HF = F^2$,即对论域中每个元素的隶属度取 2 次方;
③ 当 H 为"较"时,$HF = F^{0.5}$,即对论域中每个元素的隶属度取 0.5 次方;
④ 当 H 为"稍"时,$HF = F^{0.25}$,即对论域中每个元素的隶属度取 0.25 次方。

"如果-那么"规则(if-then 规则)是一种包含了模糊逻辑的条件陈述语句。基础的"如果-那么"规则表述如下:

If x is A then y is B(如果 x 是 A,那么 y 是 B)。

其中,A 与 B 皆是模糊语言变量的具体取值,即模糊集合,且不妨设 A 的论域为 U,B 的论域为 V,并且 x 和 y 均是变量名。"如果-那么"规则中的 x is A 又被称为前件,y is B 又被称为后件。在 if-then 规则"如果李四比较肥胖,那么李四需要比较大的运动量"中,x 即是"李四",y 即是"运动量",x 和 y 的取值分别是"比较肥胖"和"比较大"。

在这里需要指出的是,模糊集合 A 与 B 之间的关系是模糊蕴含关系,可以被记作 $A \rightarrow B$。关系 $A \rightarrow B$ 是笛卡尔积 $A \times B$ 的模糊子集,即其上的模糊关系。根据求解问题的要求,可以给出不同的定义方法。一般来说,通常使用的两种定义方法是最小运算 R_c 与积运算 R_p。它们的运算方法分别如下式(2-34):

$$R_c(x, y) = \mu_A(x) \wedge \mu_B(y), R_p(x, y) = \mu_A(x) * \mu_B(y) \tag{2-34}$$

◆ 2.3.2　模糊逻辑推理

模糊逻辑推理即是通过模糊规则将输入(input)转化成输出(output)的过程。众所周知,古希腊著名的哲学家亚里士多德(Aristotle,公元前 384—前 322)曾经在经典形式逻辑中提出过著名的三段论,即大前提是"所有的城市都有警察",小前提是"武汉是城市",结论是"武汉有警察"。

模糊逻辑推理也有相似的形式,但是与经典形式逻辑中的三段论并不完全相同。例如:作为模糊规则的大前提为"如果 x 是 A,那么 y 是 B",作为输入信息的小前提为"x 是 P",作为输出信息的结论为"y 是 Q"。

从这个例子中,我们可以注意到,在模糊逻辑推理过程中,一方面,小前提不一定需要与大前提的前件保持一致,即 A 与 P 不一定要完全相同;另一方面,结论也没有必要与大前提的后件保持一致,即 B 与 Q 也不一定需要完全相同。因此,这样一种逻辑推理通常被认为是一种不精确的逻辑推理。

在模糊逻辑推理中,大前提通常就是某种模糊规则,该模糊规则中的 A 与 B 都是模糊语言变量的取值,即模糊集合,例如"优秀""高""轻"等;小前提通常作为模糊逻辑推理系统的输入, P 也是一个模糊集合。特别地,在实际应用中, P 通常是由若干个精确的输入数据(信息)形成的经典集合,这时,集合 P 也相当于在某论域中若干个元素所对应的隶属度为1,该论域中其他的元素所对应的隶属度为0的特殊模糊集合;结论中的 Q 即可作为模糊逻辑推理的输出,并且这个输出仍然是一个模糊集合。

在模糊逻辑推理中,存在着两种关于模糊蕴含的推理方法。一种方法通常被称为肯定式的模糊推理方法;而另一种方法通常被称为否定式的模糊推理方法。这两种推理方法类似于经典二值逻辑中的原命题和逆命题。在经典逻辑中,原命题和逆命题是严格的不等价命题。但是,在模糊逻辑中,由于经典二值逻辑中的排中律是失效的,因此,原命题和逆命题是可以等价的。于是,就自然而然地产生了以上这两种模糊逻辑推理方法。为了方便起见,我们将这两种推理方法列成下表 2-1:

表 2-1 肯定式模糊推理和否定式模糊推理

项目	肯定式推理	否定式推理
输入(小前提)	x is A'	y is B'
规则(大前提)	If x is A then y is B	If x is A then y is B
输出(结论)	y is B'	x is A'

根据上表可以看出,肯定式模糊逻辑推理方法主要是运用输入中的模糊集合 A' 与模糊蕴含关系 $\overline{R} = A \rightarrow B$ 的合成计算得出结论 B';与之相似,否定式模糊逻辑推理方法主要是运用模糊蕴含关系 $\overline{R} = A \rightarrow B$ 与输入中的模糊集合 B' 的合成计算得出结论 A'。二者的计算公式分别为下式(2-35):

$$B' = A' \cdot \overline{R} \text{(肯定式模糊逻辑推理)} \tag{2-35a}$$

$$A' = \overline{R} \cdot B' \text{(否定式模糊逻辑推理)} \tag{2-35b}$$

以上公式中的合成运算(操作)将根据需要求解的实际应用问题进行不同的定义。通常使用的定义就是按照公式(2-33)所给出的运算方法做计算,因此,与之相应的模糊逻辑推理过程通常也被称为最大-最小推理。

下面,我们通过一个具体的应用实例来说明以上所述的模糊逻辑推理过程,为了描述方便起见,该例子中的论域皆为离散论域(类似于古典集合中的有限集合)。

例如,某公司对该公司每一位员工的工作业绩做年终考核,给出五档分数 $S_1 = \{62, 71, 80, 89, 98\}$,工作业绩的评定等级的取值范围 T_1(工作业绩) $= \{$稍好,较好,好非常好$\}$,并且 S_1 为"好""非常好"等模糊集合的论域, T_1 为模糊规则条件语句中的语言变量"工作业绩"的取值范围。该公司对每个员工根据对其全年的年终考核业绩发放的年终奖分为五档,即 $S_2 = \{2$万元,4万元,6万元,8万元,10万元$\}$,年终奖的论域由若干个模糊集合组成,即 T_2(年终奖) $= \{$稍高,较高,高,非常高$\}$,并且 S_2 为"高""非常高"等模糊集合的论域, T_2 为模糊规则条件语句中的语言变量"年终奖"的取值范围。

现假定模糊集合"好" $= \{(62, 0.2), (71, 0.3), (80, 0.5), (89, 0.8), (98, 0.9)\}$,等价的矩阵表示为 $[0.2, 0.3, 0.5, 0.8, 0.9]$。根据前面的定义,"非常好"这一模糊集合中的每一个元素的隶属度是"好"这个模糊集合中的所对应的元素的隶属度的平方(二次方)。又假定模糊集合"高" $= \{(2$万元,$0.1), (4$万元,$0.4), (6$万元,$0.6), (8$万元,$0.7), (10$万元,$0.9)\}$,等价的矩阵表示为 $[0.1, 0.4, 0.6, 0.7, 0.9]$。同理,根据前面给出的定义,"非常高"这一模糊集合中的每一个元素的隶属度是"高"这个模糊集合中的所对应的元素的隶属度的平方。

于是，我们可以定义出以下这条模糊规则：如果员工的工作业绩考核是"好"，那么他（她）所得到的年终奖就"高"。如果将其表示为蕴含式 $\overline{R}=A\rightarrow B$ 的形式，则以上的模糊规则可以叙述成"如果 A 是'好'，那么 B 是'高'"。

当使用最小运算 R_c 时，$R_c(x,y)=\mu_A(x)\wedge\mu_B(y)$，则这条模糊规则所对应的模糊关系矩阵写成下式（2-36）：

$$\overline{R}=A\rightarrow B=\begin{bmatrix} 0.1 & 0.2 & 0.2 & 0.2 & 0.2 \\ 0.1 & 0.3 & 0.3 & 0.3 & 0.3 \\ 0.1 & 0.4 & 0.5 & 0.5 & 0.5 \\ 0.1 & 0.4 & 0.6 & 0.7 & 0.8 \\ 0.1 & 0.4 & 0.6 & 0.7 & 0.9 \end{bmatrix} \tag{2-36}$$

接下来，我们需要使用以上的模糊规则，采用肯定式模糊逻辑推理的方法做最大-最小推理：

当 $A'=$"好"，即输入的模糊集合为"好"时，要想获得输出的结论（模糊集合 B'_1，需要利用公式 $B'_1=A'\cdot\overline{R}$ 进行计算。计算过程如下式（2-37）。

$$B'_1=A'\cdot\overline{R}=\begin{bmatrix} 0.2 & 0.3 & 0.5 & 0.8 & 0.9 \end{bmatrix}\cdot\begin{bmatrix} 0.1 & 0.2 & 0.2 & 0.2 & 0.2 \\ 0.1 & 0.3 & 0.3 & 0.3 & 0.3 \\ 0.1 & 0.4 & 0.5 & 0.5 & 0.5 \\ 0.1 & 0.4 & 0.6 & 0.7 & 0.8 \\ 0.1 & 0.4 & 0.6 & 0.7 & 0.9 \end{bmatrix}$$

$$=\begin{bmatrix} 0.1 & 0.4 & 0.6 & 0.7 & 0.9 \end{bmatrix} \tag{2-37}$$

其中，模糊集合 B'_1 所对应的模糊关系矩阵的第一个元素 0.1 这个值是通过 $[(0.2\wedge0.1)\vee(0.3\wedge0.1)\vee(0.5\wedge0.1)\vee(0.8\wedge0.1)\vee(0.9\wedge0.1)]$ 计算得出的，其余各个元素的值依次类推。从以上得出的模糊关系矩阵不难看出，B'_1 即是模糊集合"高"。因此表明，通过这种计算方法，可以得到与经典逻辑完全相吻合的结论。也就是说，通过这种方法，完全可以模拟形式逻辑中的精确推理过程。接下来，我们将会进一步认识到，使用这种计算方法不仅可以实现形式逻辑中的精确推理，亦可以实现所谓模糊逻辑推理过程。下面，我们介绍模拟这一推理过程的计算方法。

与之相似，当 $A'=$"非常好"，即输入模糊集合"非常好"时，要想获得输出的结论（模糊集合 B'_2），需要利用公式 $B'_2=A'\cdot\overline{R}$ 进行计算。计算过程如下式（2-38）。

$$B'_2=A'\cdot\overline{R}=\begin{bmatrix} 0.04 & 0.09 & 0.25 & 0.64 & 0.81 \end{bmatrix}\cdot\begin{bmatrix} 0.1 & 0.2 & 0.2 & 0.2 & 0.2 \\ 0.1 & 0.3 & 0.3 & 0.3 & 0.3 \\ 0.1 & 0.4 & 0.5 & 0.5 & 0.5 \\ 0.1 & 0.4 & 0.6 & 0.7 & 0.8 \\ 0.1 & 0.4 & 0.6 & 0.7 & 0.9 \end{bmatrix}$$

$$=\begin{bmatrix} 0.1 & 0.4 & 0.6 & 0.7 & 0.81 \end{bmatrix} \tag{2-38}$$

从模糊集合 B'_2 所对应的模糊关系矩阵来看，它并不是"非常高"这个模糊集合所对应的模糊关系矩阵，因为"非常高"所对应的模糊关系矩阵应为 $[0.01 \quad 0.16 \quad 0.36 \quad 0.49 \quad 0.81]$。但是，它也不是"高"这个模糊集合所对应的模糊关系矩阵。也就是说，不能由前面的模糊规则——如果员工的工作业绩考核是"好",那么他(她)所得到的年终奖就"高"推出如果员工的工作业绩考核是"非常好",那么他(她)所得到的年终奖就"非常高"这一结论。但是,这个计算结果也说明了另一个事实,也就是说,它也并不是模糊集合"高"所对应的模糊关系矩阵。因此,从这个计算结果来看,所发的年终奖应介于"高"与"非常高"之间。这究竟该怎样理解呢?这个结论合理吗?我们可以简单给出以下的分析。就这个结果(即所求得的模糊关系矩阵)而论,其与模糊集合"高"所对应的矩阵略有不同,其不同之处在于年终奖为 10 万元所对应的隶属度的值由 0.9 下降为 0.81,这也符合常理。由于模糊集合"高"所对应的模糊关系矩阵(隶属度矩阵)的最后一列表明年终奖为 10 万元作为年终奖为"高"的隶属度为 0.9,因此,模糊集合"非常高"所对应的模糊关系矩阵(隶属度矩阵)的最后一列表明年终奖为 10 万元作为年终奖为非常高的隶属度应小于 0.9,而通过以上计算方法得出的结果是 0.81,的确是小于 0.9 的,因此这个结果如果仅从这方面看是符合常理的。但是从另一方面来说,这个结果也不尽如人意,这是因为年终奖为其余四档的隶属度在模糊集合"高"与模糊集合"非常高"中没有任何区别。比较符合常理的结果应是,在模糊集合"非常高"中,年终奖为这四档的隶属度相较于在模糊集合"高"中也应相对减小。为什么会出现这一现象呢?这恰好表明了我们所选择的计算方法还有不完善之处。从刚才的计算过程来看,当我们在求模糊关系时,选择的运算是最小运算,但是,由公式(2-34)可知,求模糊关系时,还可以选择积运算甚至还可以选择其他的计算方法。究竟应选择哪种计算方法需要建立在对具体问题进行具体分析的基础之上,而不能随意选择,否则将会产生不尽如人意的结论。

2.4　模糊计算

在现实生产和社会实践中,经常会出现这样的情形:车间里的师傅积多年以来的工作经验总结成若干条规则,例如,"如果涡轮转速快,并且温度高,就应减少加热时间"等。现在,要求一个刚刚参加工作没有任何经验的学徒在没有现场指导的情况下,根据这些总结出来的经验规则和现场观察到的情况,决定究竟是增加加热时间还是减少加热时间,以及确定增加或减少多长时间。这种决策如果由计算机实现,就是一种模糊计算的过程。本节的主要内容就是介绍模糊计算的基本流程,主要包括以下三大要点:模糊计算的基本思想、模糊计算的基本流程、模糊计算的一个具体应用实例。

2.4.1　模糊计算的基本思想

在日常生活或社会生产实践中,经常会遇到这样的情形,即需要根据若干个参数(变量)的输入,以及一些模糊表述的模糊规则,来确定输出结果。例如,在灌溉问题中,要求根据温度、湿度等参数对灌溉量以及灌溉时间进行决策。其中,灌溉量以及灌溉时间的决策通常需要根据一些从以往的实践中所获得的经验。这些经验通常来自于相关领域内的研究人员、专家或学者,并以模糊规则的形式进行描述。例如:当温度高并且湿度小时,灌溉量大并且灌溉时间长。

模糊计算的方法即是根据模糊规则,从若干个控制参数(变量)的输入得到最终输出结果的过程。这个过程又可以划分为模糊规则库、模糊化、模糊推理方法以及去模糊化这四个阶段。

模糊规则库是专家或研究人员根据大量实践经验总结得出的模糊规则,在前面的例子中,在模糊规则库中包含了一些类似于"当温度高并且湿度小时,灌溉量大并且灌溉时间长"的模糊规则;模糊化是依据隶属度函数从具体的输入参数得到对相应的模糊集合隶属度的求解过程。由于模糊规则是通过带有模糊性的自然语言描述的,而输入参数是所谓精确的数值(并非没有任何误差的数值),即没有模糊化的过程,因此,使用模糊规则极其困难。模糊推理方法即是从模糊规则以及输入参数对相应的模糊集合隶属度得到所谓模糊结果的方法,这种通过模糊推理方法得出的模糊结果通常被称为推理结论,由于推理结论是用相对于模糊集合的隶属度表示的,因此该结论无法被实际应用。要想获得实际应用,必须经过去模糊化的阶段。所谓去模糊化即是将模糊结果转化为具体的、精确的输出结论的过程。

◆ 2.4.2　模糊计算的流程

下面,我们通过一个具体实例来说明模糊计算的流程。某自动控制系统需要根据设备内的温度以及设备内的湿度确定该设备的正常运转时间。在这里,输入参数(变量)是设备内的温度与湿度,输出为设备的正常运转时间。

温度的论域是$[0,100]$,单位为摄氏度,并且有三个模糊标记:低、中、高。湿度的论域是$[0\%,60\%]$,并且有三个模糊标记:小、中、大。运转时间的论域是$[0\text{ s},1000\text{ s}]$,并且有三个模糊标记:短、中、长。这些模糊标记在模糊规则中被使用。其中,与温度这个参数相应的三个模糊集合低、中、高的隶属度函数分别表示为下式(2-39)、式(2-40)以及式(2-41)。

$$\mu_{低温}(t)=\begin{cases}1-\dfrac{t}{40} & t\in[0,40)\\ 0 & t\in[40,100]\end{cases} \tag{2-39}$$

$$\mu_{中温}(t)=\begin{cases}0 & t\in[0,20)\\ 1-\dfrac{|t-50|}{30} & t\in[20,80)\\ 0 & t\in[80,100]\end{cases} \tag{2-40}$$

$$\mu_{高温}(t)=\begin{cases}0 & t\in[0,60)\\ \dfrac{1}{40}(t-60) & t\in[60,100]\end{cases} \tag{2-41}$$

与湿度这个参数相应的三个模糊集合小、中、大的隶属度函数分别表示为下式(2-42)、式(2-43)以及式(2-44)。

$$\mu_{小湿}(h)=\begin{cases}1-4h & h\in[0,25\%)\\ 0 & h\in[25\%,60\%]\end{cases} \tag{2-42}$$

$$\mu_{中湿}(h)=\begin{cases}0 & h\in[0,15\%)\\ 1-\dfrac{|20h-6|}{3} & h\in[15\%,45\%)\\ 0 & h\in[45\%,60\%]\end{cases} \tag{2-43}$$

$$\mu_{大湿}(h)=\begin{cases}0 & h\in[0,35\%)\\ 4h-1.4 & h\in[35\%,60\%]\end{cases} \tag{2-44}$$

并且,该自动控制系统的设计师给出了以下9条控制规则(模糊规则):

① 如果温度低并且湿度小,那么设备的正常运转时间适中;

② 如果温度适中并且湿度小,那么设备的正常运转时间长;

③ 如果温度高并且湿度小,那么设备的正常运转时间长;

④ 如果温度低并且湿度适中,那么设备的正常运转时间短;

⑤ 如果温度适中并且湿度也适中,那么设备的正常运转时间适中;

⑥ 如果温度高并且湿度适中,那么设备的正常运转时间适中;

⑦ 如果温度低并且湿度大,那么设备的正常运转时间长;

⑧ 如果温度适中并且湿度大,那么设备的正常运转时间短;

⑨ 如果温度高并且湿度大,那么设备的正常运转时间适中。

以上这些模糊规则可以整理成一张模糊规则表,如下表 2-2 所示。

表 2-2　专家提供的模糊控制规则表

湿度 ＼ 温度	低	中	高
小	中	长	长
中	短	中	中
大	长	短	中

现在假设该自动控制系统通过某种方法已经获取了输入参数的取值如下:设备内温度为 72 摄氏度,设备内湿度为 20%。输出结果的计算过程如下:

首先,需要将输入的两个参数——温度和湿度进行模糊化的处理并且激活相应的模糊规则。我们可以根据对给出的这两个参数所隶属的相应的模糊集合的隶属度通过式(2-39)到式(2-44)所给定的隶属度函数进行计算(省略具体计算过程),可以得出这两个参数,即温度和湿度对每个模糊集合的隶属度,如下表 2-3 和表 2-4 所示。

表 2-3　输入参数(温度)的隶属度

模 糊 标 记	隶 属 度
低	0
中	0.267
高	0.3

表 2-4　输入参数(湿度)的隶属度

模 糊 标 记	隶 属 度
小	0.2
中	0.333
大	0

由于温度这个参数对"低"这个模糊集合的隶属度为 0,并且湿度这个参数对"大"这个模糊集合的隶属度为 0,因此,前面给出的 9 条模糊规则(控制规则)中包含低温度或大湿度的规则不可能被激活。这样一来,9 条模糊规则中实际上真正被激活的模糊控制规则只有以下 4 条,即:

  ⅰ如果温度适中并且湿度小,那么设备的正常运转时间长;

  ⅱ如果温度高并且湿度小,那么设备的正常运转时间长;

  ⅲ如果温度适中并且湿度也适中,那么设备的正常运转时间适中;

  ⅳ如果温度高并且湿度适中,那么设备的正常运转时间适中。

  接下来,我们需要计算模糊控制规则的强度。在以上这4条实际真正被激活的模糊规则中,很显然,前件被满足的程度越高,则模糊控制规则的强度就越大,对输出结果将越有指导性作用。以模糊控制规则ⅰ为例,通过对已知的输入分析可知,温度72摄氏度对模糊集合"中"的隶属度为0.267,并且湿度20%对模糊集合"小"的隶属度为0.2,从定性的角度看,这条模糊控制规则的强度并不大。

  由于以上4条被激活的模糊控制规则中每一条的前件所包含的两个条件是用"并且"这个连词连接在一起的,因此使用取最小值的方法依次确定每条模糊控制规则的强度。

  由于温度72摄氏度对模糊集合"中"的隶属度为0.267,湿度20%对模糊集合"小"的隶属度为0.2,min(0.267,0.2)=0.2,因此,模糊控制规则ⅰ的强度为0.2;温度72摄氏度对模糊集合"高"的隶属度为0.3,湿度20%对模糊集合"小"的隶属度为0.2,min(0.3,0.2)=0.2,因此,模糊控制规则ⅱ的强度为0.2;温度72摄氏度对模糊集合"中"的隶属度为0.267,湿度20%对模糊集合"中"的隶属度为0.333,min(0.267,0.333)=0.267,因此,模糊控制规则ⅲ的强度为0.267;温度72摄氏度对模糊集合"高"的隶属度为0.3,湿度20%对模糊集合"中"的隶属度为0.333,min(0.3,0.333)=0.3,因此,模糊控制规则ⅳ的强度为0.3。

  最后得到输出结果,即在设备内温度为72摄氏度,设备内湿度为20%的情况下,该设备的正常运转时间为多长。根据前面可以被激活的4条模糊控制规则,不难看出,由于根据模糊控制规则ⅰ和模糊控制规则ⅱ推出的结论是设备正常运转时间长,而根据模糊控制规则ⅲ和模糊控制规则ⅳ推出的结论是设备正常运转时间适中。因此,设备正常运转时间对模糊集合"长"的隶属度应是模糊控制规则ⅰ的强度和模糊控制规则ⅱ的强度的较大者,即max(0.2,0.2)=0.2。类似地,设备正常运转时间对模糊集合"中"的隶属度应是模糊控制规则ⅲ的强度和模糊控制规则ⅳ的强度的较大者,即max(0.267,0.3)=0.3。于是,最终的输出结果为 $t=\dfrac{0.2\times1000+0.3\times500}{0.2+0.3}$ s=700 s。也就是说,当设备内温度为72摄氏度,设备内湿度为20%的情况下,该设备的正常运转时间是700秒。这是一个通过一系列模糊计算得到的精确值,而不是所谓的模糊结果。

  从以上的例子中,不难看出,首先需要从具体输入(参数)得到对模糊集合的隶属度,并且激活相关的模糊控制规则。从具体的输入参数得到对模糊集合隶属度的算子又被称为模糊化算子。接下来需要利用模糊规则进行推理得出结论,在不同的问题中,推理方法可能不尽相同。在以上的例子中,采用的是最小推理,即取条件中隶属度的最小值,这是一种简单的计算方法,但是会损失计算精度。最后需要综合前面的结论并从隶属度求得实际的输出值。从隶属度求得实际的输出算子又被称为去模糊化算子。有若干种去模糊化的方法,其中最常用的去模糊化方法有极值法、重心法以及等面积法。

  下图2-1显示了模糊计算的全部流程。在这里需要指出的是,本节所给出的实例仅仅涉及一组输入参数(变量),在实际问题中,当涉及多组输入参数时,计算量往往较大。当待求解的问题比较简单时,可以预先制作好控制表,使用时查询即可;而当待求解的问题比较复杂时,控制表也会占用较大的存储空间,甚至一些极其复杂的系统通常需要相关领域的专家或学者提供许多模糊规则(通过经验积累的结论),从而导致增加了系统设计的复杂性。为了解决这些问题,可以将模糊计算与人工神经网络(ANN)或深度神经网络的学习能力相结合,甚至可以将模糊计算与其他智能信息处理方法结合起来,这部分内容将在下一节展开讨论。

2.5 模糊计算的应用现状与发展前景

由于模糊逻辑推理的方法非常适合模拟复杂系统以及人的思维,因此,在此基础上形成的模糊数学(理论)被提出以后,在许多领域得到了广泛的应用,其潜力不容小觑。其应用的特点主要表现在以下两个方面。一方面,对于复杂的并且目前仍然没有完整数学模型的非线性问题,模糊数学理论建立了一套行之有效的求解方案,即在不知道具体的数学模型时通过经验规则(模糊规则)进行求解。另一方面,模糊逻辑推理方法与其他智能信息处理方法结合之后,能够实现优势互补,提供了将人类在识别、理解、决策等方面所具有的模糊性引入计算机以及自动控制的途径。目前,借助于这种思路形成的若干种混合算法在许多领域已经得到了广泛的应用。接下来,我们将就这些混合算法在相关领域中的应用做一简单介绍。

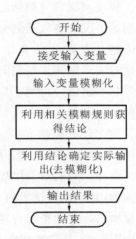

图 2-1 模糊计算的流程

人工神经网络是一种模仿人类大脑的神经系统学习能力的智能信息处理方法,是脑科学、神经科学与计算机科学相互渗透、互相结合的产物。模糊计算通常与人工神经网络或深度神经网络结合起来,用于求解比较复杂的非线性问题。

模糊计算与人工神经网络都是智能信息处理方法中所包含的重要智能算法,二者之间还存在着理论上的联系。1993 年,Buckley 等学者证明了模糊专家系统与前馈神经网络是等价的,也就是说,任意一个模糊专家系统都可以使用相应的前馈神经网络以任意精度近似模拟,反之亦然。2000 年,Li 等证明了模糊系统与三角波前馈神经网络是等价的,并且证明了非线性神经网络可以使用三角波神经网络等价描述,并进而得出模糊系统与前馈神经网络等价的结论。2005 年,Kolman 等学者进一步从数学理论上证明了 Mamdani 模型的模糊系统和标准前馈神经网络在数学上是等价的。2008 年,Mantas 等人证明了基于零阶 TSK 模糊规则的模糊系统与标准的前馈神经网络在数学上是等价的。但是,在实际应用中,模糊系统与前馈神经网络仍然存在着一些重要差别。例如,由于模糊系统的知识(模糊规则和隶属度函数)是预先提供的,因此,这些知识是显性的和带有主观性的经验知识,其来源是相关领域的专家。与之相反,人工神经网络或深度神经网络所得到的知识是通过学习算法得出的,隐含在神经网络的结构中,其来源是训练数据(下一章我们将会详细讨论)。当模糊规则的数量过大时,由相关领域的专家提供适用于模糊计算的全部规则将会变得不具有可操作性。这时,我们可以考虑将模糊系统与人工神经网络或深度神经网络相结合,即通过神经网络的自适应学习从而得到部分的模糊(经验)规则,这不失为一种较好的求解方法。

　　将人工神经网络与模糊计算相结合的工作是许多相关领域的专家和学者的关注点。Lin 等研究者提出了一种所谓递归模糊细胞神经网络，该系统能够同时自动对（深度）神经网络的结构以及训练参数进行学习；Liu 等人则提出了一种三层前馈型模糊神经网络的学习算法。甚至还有学者提出了一种用于解决一类非线性问题的自组织神经控制方法。

　　模糊计算适合于描述自然语言与人类思维中的模糊性，而（深度）神经网络具有学习、联想、记忆的能力。模糊计算与人工神经网络相互结合，实现了优势互补，除了人工神经网络的经典应用之外，其应用范围已经涵盖了图像处理、机械控制、电力系统等领域。

　　聚类问题和分类问题是人工神经网络的经典应用。其中，聚类问题是在不知道有哪些类别的情况下将数据划分为若干类的问题；而分类问题主要是将输入的数据归入正确类别的问题。于是，有学者在 21 世纪初使用了模糊最大-最小神经网络（简称模糊神经网络）很好地解决了这两类经典问题。此外，模糊神经网络在生态学、经济金融、自然语言处理、心理学等领域也已经得到了广泛的应用，在此不再一一详述，有兴趣的读者可以自行阅读相关材料。

　　演化计算算法包括遗传算法（Genetic Algorithm，GA）、蚁群优化算法（Ant Colony Optimization，ACO）、粒子群优化算法（Particle Swarm Optimization，PSO）等。关于这些算法将会在以后的章节中展开讨论。演化计算算法需要对某个种群进行维护，在解空间上进行搜索，其与模糊逻辑的结合大体上有两种途径：一种途径是在演化计算算法运行时利用模糊控制的方式调整群智能算法的参数；另一种途径即是在模糊计算的过程中引入演化计算算法来产生、挑选和优化模糊控制规则和隶属度函数。

　　目前，有许多研究已经说明演化计算算法的参数设置常常会对这类智能信息处理方法的表现产生比较大的影响，而当求解不同的问题或者当求解相同问题的不同阶段时，参数的最优设置通常是不同的，参数的这种动态自适应调整能力在某种程度上解决了这一问题，而模糊计算的基础——模糊逻辑为参数的调整提供了一种重要工具。

　　传统的模糊系统的模糊规则和隶属度函数通常是由相关领域的专家提供的。但是，当所研究的系统是极其复杂的非线性系统时，几乎无法保证这些模糊规则和隶属度函数是充足、有效并且是低消耗的。利用智能信息处理方法中的群智能算法能够对相应的模糊规则实施生成、筛选和优化的操作。例如，Chan 等人提出了一种使用稳态遗传算法产生模糊规则的计算方法，并将其应用到雷达目标跟踪问题；Tang 等人则利用一种分层遗传算法选择模糊规则库的最优子集，以便于减少模糊系统的计算能耗；Leng 等人设计了一种自组织的模糊神经网络，并且使用一种基于遗传算法的方法调整包括模糊规则数在内的相关参数；Liu 等人设计了一种基于语气修饰和遗传算法的模糊逻辑控制器，使之能够简化隶属度函数以及模糊规则。

　　当前，模糊计算与演化计算正在进一步融合，已经被广泛应用于项目地点分配问题、雷达目标跟踪问题等诸多问题中。

习题2

1. 请指出模糊逻辑与经典二值逻辑的异同。

2. 有人说,模糊逻辑就是一种不确定的逻辑,这种说法正确吗? 如果不正确,问题在何处?

3. 对于 2.3 节中给出的应用实例,如果模糊集合 $A'=$"较好",请重新计算最后的结果,并对求得的结果进行合理的解释。

4. 对于 2.4 节中给出的应用实例,如果两个输入参数变为如下形式,即设备内的温度是 64 摄氏度,湿度为 22%,重新计算最后的结果,即设备正常工作时间为多长?

5. 通过查阅相关文献,了解模糊计算在各个领域中的应用。

第 3 篇
机器学习

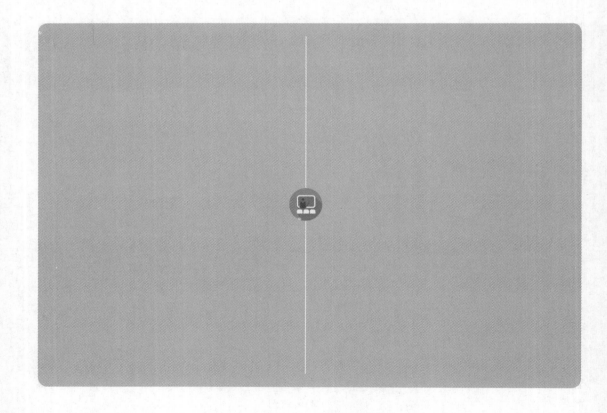

第**3**章 人工神经网络与机器学习

2016 年 3 月，由 Google 公司生产的围棋机器人 AlphaGo 以 4：1 战胜了代表人类围棋顶级水平的韩国围棋九段棋手李世石。此后(2016 年与 2017 年岁末年初)，这款机器人与中日韩数十位围棋高手连续进行快棋对决 60 局，均无一败局。紧随其后，于 2017 年 5 月，与当时围棋界世界排名第一的棋手柯洁对阵三局，最终以 3：0 的总比分获胜。值得一提的是，与一年以前的战况不同，这次比赛 AlphaGo 是以完胜告终，即未尝败绩地获得胜利。至此，围棋界已经不得不承认以下事实：围棋机器人 AlphaGo 的棋力已经超越了人类职业围棋的顶级水平。这个不争的事实足以震惊全球，于是许多人都惊呼，一个伟大的新时代——人工智能时代诞生了。但也有更多人对这一现象表达了些许担忧，因为凭借着 AlphaGo 的惊艳表现，他们担心按照人工智能这样的速度发展下去，迟早有一天人工智能将超越人类智能，这样，人类可能最终会被人工智能取代。持这种观点的绝不仅仅只是一些普通老百姓，甚至就连被誉为当代爱因斯坦的英国剑桥大学著名的物理学家兼卢卡斯讲席教授斯蒂芬·霍金(Stephen Hawking)也对此表达了一丝忧虑。这就自然而然地引出了下面一个问题：未来的人工智能究竟有没有可能达到甚至超越人类智能的水平呢？ 显然，这个问题就目前而论仍然是一个哲学问题，甚至是一个预言性的问题。

我们目前唯一可以做的工作就是将当前这款由 Google 公司生产的围棋机器人 AlphaGo 的原理以及所使用的关键技术介绍给读者，然后由广大读者自己得出结论。不可否认的是，自从这次人工智能和人类智能之间的世纪之战以来，"深度学习"这个专业术语在业界的使用频率不断提升，并成为媒体和大众耳熟能详的词汇，甚至在一段时间以来成为人工智能的代名词。于是读者们自然就会提出下面两个问题：什么是深度学习？ 深度学习能与人工智能画等号吗？ 要想得出答案，我们必须首先对深度学习的基础——机器学习有全面和深刻的认识和理解。这是本章所要实现的目标。不过，我们首先来回答什么是机器学习。简而言之，机器学习，就是通过使用计算机这种计算工具模拟人类学习的算法。因此，机器学习又可被称为机器学习算法。而机器人 AlphaGo 之所以有如此惊艳的表现，就是因为它的设计主要是基于机器学习算法的深度神经网络的设计，并且设计 AlphaGo 机器人所使用的神经网络模型早已不是 30 年前的基于反向传播的神经网络模型了，而是建立在深度学习算法基础之上的深度神经网络模型。如果我们将基于反向传播的神经网络模型称为神经网络模型的 1.0 版本，那么，设计 AlphaGo 机器人所需要使用的深度神经网络模型就是神经网络模型的 2.0 版本。

事实上，机器学习算法并不是什么特别新鲜的知识，它早在 30 多年前就已经产生了，当时之所以没有引起广泛关注主要是由于计算机的数据存储能力和信息处理能力不够强大，尤其是当时的处理器的信息处理能力比较弱,曾经有一批学者甚至尝试设计一种专门的神经网络处理器来实现机器学习算法,但仍然以失败告终。这样一来,这种机器学习算法在很长一段时间无法真正投入到实践应用领域。但是,另一方面,一大批从事机器学习算法研究的学者或研究者们并没有就此而放弃研究,而是刚好相反,他们在理论上做了大量的研究工作,逐渐夯实了机器学习算法的数学理论基础,甚至将机器学习算法发展为当前耳熟能详的深度学习算法,其中的杰出代表当属加拿大多伦多大学的计算机科学家 Hinton。正是他在2006 年首次提出深度学习(deep learning)这一目前在机器学习领域中应用极为广泛的概念。因此,他也被赞誉为"深度学习之父"。与此同时,计算机的数据存储能力和信息处理能力,特别是处理器的信息处理能力在这 30 年中也获得了长足的进步和发展,于是,Google 公司适时地抓住了这一难得的历史机遇,将这两者双剑合璧,生产了一款 AlphaGo 智能机器人,正是这款机器人在 2016 年和 2017 年用惊世骇俗的表现征服了全世界。因此,我们在本章中将主要介绍机器学习算法(包括深度学习算法)的设计思想、设计方法以及怎样使用这种算法解决实际应用问题。不过,在展开具体内容讨论之前,首先介绍一些预备知识。

3.1　预备知识

机器学习算法的核心是"学习",而学习这件事对于读者来说并不陌生,因为这是每个人的人生所必须经历的。学习又可以分为学习模式和学习方法这两个方面,而最容易使用计算机进行模拟的学习模式是模仿式学习。这种模仿式学习最主要的特征就是通过做海量的模拟试卷,将所需要掌握的知识点尽可能地死记硬背下来,以期在正式考试(例如中考、高考等)时获得最佳的成绩(失分最少)。一些研究者经过研究发现,这种模仿式的学习模式完全可以使用一种数学工具进行模拟,这种工具就是数据拟合。学习方法就是指能够不断提高识记能力的方法,类似地,我们也可以使用另一种数学工具对其进行模拟,这种工具就是梯度下降法。因此,为了便于后面的讨论,我们首先简要介绍一下数据拟合与梯度下降法这两个与机器学习算法直接相关的数学工具。

◆ 3.1.1　数据拟合

数据拟合又被称为曲线拟合,主要包括线性拟合(或称为线性回归)和非线性拟合(或称为非线性回归)。所谓线性拟合即是使用二维空间中的直线或高维空间(空间维数大于2)中的超平面拟合现存数据,即使得这些数据从整体上来看处于该直线或超平面的最近距离。相应地,非线性拟合即是使用二维空间中的曲线或高维空间(空间维数大于2)中的超曲面拟合现存数据,即使得这些数据从整体上来看处于该曲线或超曲面的最近距离。

当然,对现存数据做数据拟合的最终目的是不断预测新的数据点将出现在何处。正因如此,在做数据拟合之前我们首先需要对现存数据选择适当的曲线类型,即选择线性拟合或非线性拟合,当然,在完全没有领域知识背景的情况下,只能依靠观察已经给定的数据点在空间的分布情况进行选择。如果有一些领域知识背景,就可以将观察数据点的空间分布以及领域知识背景结合起来进行选择。但是,无论选择的是何种类型的数据拟合方法,其最终必须要通过预测效果而定。具体来说,如果当前所选择的曲线对于未知的数据拟合结果比较理想(未知数据与该曲线距离比较小),就继续选用当前的曲线(此时可以对当前曲线参数进行适当的调整);如果当前所选择的曲线对于未知的数据(通常有多个数据点)拟合结果不够理想(未知数据与该曲线距离比较大,甚至已经超过了误差范围),就不得不重新选择曲线类型。

相对来说,比较简单的数据拟合类型是线性拟合;比较复杂的数据拟合类型是非线性拟合。非线性拟合通常分为两类,一类是可以转化为线性拟合的数据拟合方法;另一类是不能转化为线性拟合的数据拟合方法。接下来,我们主要讨论线性拟合方法和可以转化为线性拟合的非线性拟合方法,首先介绍线性拟合。

线性拟合(线性回归)最基本的方法即是最小二乘法。下面,我们以二维空间上的直线拟合为例,简要介绍一下最小二乘法的基本原理。假设现有一系列的数据点 (x_i, y_i),其中,$i = 1, 2, \cdots, n$,其分布大致为一条二维空间上的直线。现作拟合直线 $y(x) = a + bx$,且该直线并不要求通过当前的所有数据点 (x_i, y_i),而是使得残差平方和 $F(a, b) = \sum_{i=1}^{n} (a + bx_i - y_i)^2$ 最小(等价于 2 范数最小)。于是,$F(a, b)$ 可被看作是关于变量 a 和 b 的函数。为了方便起见,通常将 a 和 b 称为拟合参数,每组数据与拟合曲线的残差如下式(3-1):

$$y(x_i) - y_i = a + bx_i - y_i, i = 1, 2, \cdots, n \tag{3-1}$$

根据最小二乘法原理,应分别取适当的拟合参数 a 与 b,使得二元函数 $F(a, b)$ 达到极小值,因此,拟合参数 a 与 b 应满足下式(3-2a)和(3-2b)所给出的条件:

$$\frac{\partial F(a, b)}{\partial a} = 2 \sum_{i=1}^{n} (a + bx_i - y_i) = 0 \tag{3-2a}$$

$$\frac{\partial F(a, b)}{\partial b} = 2 \sum_{i=1}^{n} (a + bx_i - y_i) x_i = 0 \tag{3-2b}$$

上式(3-2a)和(3-2b)经过化简整理可以很容易地得到如下式(3-3a)和(3-3b)所给出的关于拟合参数 a 和 b 的线性方程组:

$$na + (\sum_{i=1}^{n} x_i) b = \sum_{i=1}^{n} y_i \tag{3-3a}$$

$$(\sum_{i=1}^{n} x_i) a + (\sum_{i=1}^{n} x_i^2) b = \sum_{i=1}^{n} x_i y_i \tag{3-3b}$$

可以证明,该线性方程组的系数行列式不为零,因此,通过克莱姆法则求解方程组可以得到该方程组的唯一解并进而可以获得相应的拟合直线。下面,我们通过一个例子来说明。

例 3.1 设有某实验数据如下表 3-1:

表 3-1 某实验数据表

i	1	2	3	4
x_i	1.36	1.73	1.95	2.28
y_i	14.094	16.844	18.475	20.963

试用最小二乘法求以上数据的拟合函数。

解 将表 3-1 中所给出的数据绘到坐标纸上,将会看到数据点近似地分布在一条直线上,因此,不妨设待求的拟合直线为 $y(x) = a + bx$,并且记 $x_1 = 1.36, x_2 = 1.73, x_3 = 1.95, x_4 = 2.28, y_1 = 14.094, y_2 = 16.844, y_3 = 18.475, y_4 = 20.963$,因此可以得到下面的线性方程组(式(3-4a)与式(3-4b)):

$$4a + (\sum_{i=1}^{4} x_i)b = \sum_{i=1}^{4} y_i \tag{3-4a}$$

$$(\sum_{i=1}^{4} x_i)\, a + (\sum_{i=1}^{4} x_i^2)b = \sum_{i=1}^{4} x_i y_i \tag{3-4b}$$

其中，$\sum_{i=1}^{4} x_i = x_1 + x_2 + x_3 + x_4 = 7.32$，$\sum_{i=1}^{4} y_i = y_1 + y_2 + y_3 + y_4 = 70.376$，$\sum_{i=1}^{4} x_i^2 = 13.8434$，$\sum_{i=1}^{4} x_i y_i = 132.12985$。将这些数据代入以上的线性方程组并整理得：

$$4a + 7.32b = 70.376 \tag{3-5a}$$

$$7.32a + 13.8434b = 132.12985 \tag{3-5b}$$

解之得 $a = 3.9374$，$b = 7.4626$。

即待求的拟合直线（函数）为 $y(x) = 3.9374 + 7.4626x$。

通过这个例子，我们可以看出用最小二乘法求拟合直线的最主要的任务就是确定适当的拟合参数 a 和 b，使得残差平方和 $F(a,b)$ 达到极小值。二维空间上的直线拟合（线性拟合）是所有拟合函数中最简单的一种形式，因为它毕竟只需要求解两个待定参数。

线性拟合的一种较为复杂的形式是所谓超平面拟合，也就是说，已有数据分布在一个超平面上。什么是超平面呢？为了更加便于描述，我们首先复习一下什么是平面。平面是指二维的并且任何一点的曲率为零的表面。一般地，我们可以用一个方程 $ax + by + cz + d = 0$（a,b,c,d 为已知常数，并且 a,b,c 不能同时为 0）来描述一个三维 Euclid 空间中的平面。接下来，我们完全可以将平面的概念进行一般化的推广，也就是由二维平面扩展到多维平面，一般来说，将其扩展到 $n(n>2)$ 维平面，即在 n 维平面的任何一点的曲率仍为零，这样的平面被称为超平面。这样一来，超平面所对应的方程可以被描述为 $w_0 x_0 + w_1 x_1 + \cdots + w_n x_n + b = 0$，如果将一维列向量 $[w_0, w_1, \cdots, w_n]^{\mathrm{T}}$ 简记作 w，将一维列向量 $[x_0, x_1, \cdots, x_n]^{\mathrm{T}}$ 简记作 x，则超平面方程可以简化为 $w^{\mathrm{T}}x + b = 0$（w 不为零向量）。

如果已知（高维）数据分布在一个超平面附近，则怎样确定这个超平面方程中的各项拟合参数即是一个在高维空间下的线性拟合（回归）问题。将此问题转化为具体的数学问题描述如下：n 组带有标记的已知数据 $(x_{11}, x_{12}, \cdots, x_{1n}; y_1)$，$(x_{21}, x_{22}, \cdots, x_{2n}; y_2)$，$\cdots$，$(x_{n1}, x_{n2}, \cdots, x_{m}; y_n)$ 从整体上看分布在一个超平面附近，试求能够拟合以上数据的超平面。

这个超平面方程可以被描述成 $y = a_1 x_1 + a_2 x_2 + \cdots + a_n x_n + b$，即 $y - (a_1 x_1 + a_2 x_2 + \cdots + a_n x_n + b) = 0$。求解这个数学问题实际上即是要确定超平面方程中的 $a_1, a_2, \cdots, a_n, b$ 这 $n+1$ 个拟合参数。怎样求解呢？仍然使用类似于前面介绍过的平面上直线拟合的最小二乘法。在超平面拟合中，使得残差平方和（通常也被称为损失函数或代价函数）$F(a_1, a_2, \cdots, a_n, b) = [y_1 - (a_1 x_{11} + a_2 x_{12} + \cdots + a_n x_{1n} + b)]^2 + [y_2 - (a_1 x_{21} + a_2 x_{22} + \cdots + a_n x_{2n} + b)]^2 + \cdots + [y_n - (a_1 x_{n1} + a_2 x_{n2} + \cdots + a_n x_{m} + b)]^2$ 取最小值。

由于这个代价函数是一个凸函数，因此，这个函数取最小值之处应满足该函数对 $n+1$ 个变量 $a_1, a_2, \cdots, a_n, b$ 中的每一个偏导数皆为 0，可以描述为下列 $n+1$ 个方程构成的方程组，即 $\dfrac{\partial F}{\partial a_1} = 0, \dfrac{\partial F}{\partial a_2} = 0, \cdots, \dfrac{\partial F}{\partial a_n} = 0, \dfrac{\partial F}{\partial b} = 0$。

将以上的方程组展开并整理得到以下的线性方程组：

$$\sum_{i=1}^{n}\left(\sum_{k=1}^{n}x_{k1}y_{ki}\right)a_i+\left(\sum_{k=1}^{n}x_{k1}\right)b=\sum_{k=1}^{n}x_{k1}y_k$$

$$\sum_{i=1}^{n}\left(\sum_{k=1}^{n}x_{k2}y_{ki}\right)a_i+\left(\sum_{k=1}^{n}x_{k2}\right)b=\sum_{k=1}^{n}x_{k2}y_k$$

$$\cdots\cdots \qquad\qquad (3\text{-}6)$$

$$\sum_{i=1}^{n}\left(\sum_{k=1}^{n}x_{kn}y_{ki}\right)a_i+\left(\sum_{k=1}^{n}x_{kn}\right)b=\sum_{k=1}^{n}x_{kn}y_k$$

$$\sum_{i=1}^{n}\left(\sum_{k=1}^{n}x_{ki}\right)a_i+nb=\sum_{k=1}^{n}y_k$$

为了更进一步简化表示起见，我们可以将上式（3-6）的前 n 个公式统一表示成下式（3-7）：

$$\sum_{i=1}^{n}\left(\sum_{k=1}^{n}x_{kj}y_{ki}\right)a_i+\left(\sum_{k=1}^{n}x_{kj}\right)b=\sum_{k=1}^{n}x_{kj}y_k\ (j=1,2,\cdots,n) \qquad (3\text{-}7)$$

可以看出，由以上的 $n+1$ 个线性方程构成的线性方程组可以化简为如下式（3-8）所给出的形式：

$$\sum_{i=1}^{n}\left(\sum_{k=1}^{n}x_{kj}y_{ki}\right)a_i+\left(\sum_{k=1}^{n}x_{kj}\right)b=\sum_{k=1}^{n}x_{kj}y_k\ (j=1,2,\cdots,n) \qquad (3\text{-}8a)$$

$$\sum_{i=1}^{n}\left(\sum_{k=1}^{n}x_{ki}\right)a_i+nb=\sum_{k=1}^{n}y_k \qquad (3\text{-}8b)$$

可以证明，解式（3-8）所给出的线性方程组可以得到唯一解，通过求解该线性方程组即可获得唯一的一组拟合参数 $a_1,a_2,\cdots,a_n,b$ 的值（或解向量），最后即可获得一个最佳的超平面方程。这即是所谓超平面拟合。

值得一提的是，与直线拟合相比较而论，超平面拟合的应用范围更为广泛，因为它的拟合参数更多。

下面，我们讨论另一种数据拟合方法，即可以转化为线性拟合（直线拟合或超平面拟合）的非线性拟合方法。为叙述方便起见，首先讨论可以转化为直线拟合的非线性拟合方法。

由于某些非线性拟合曲线能够通过适当的变量替换方法转化为直线，因而可以使用线性拟合的方法对这些非线性曲线做数据拟合。对于一个实际应用中所遇到的曲线拟合问题，一般的求解步骤是，首先根据已知（二维）数据在直角坐标平面上描出数据点图，并根据该图判断一下数据点的分布与哪一类曲线（例如指数曲线、对数曲线、椭圆曲线、双曲线等）比较接近，或者与这些标准曲线组合起来的曲线比较接近，然后选择比较接近的曲线拟合以上的这些已知数据点；接着通过适当的变量替换转化为直线拟合问题；最后根据直线拟合的最小二乘法求出相应的拟合参数，还原为原始变量所表示的曲线拟合方程。下面我们通过一个例子（例 3.2）来说明。

■ 例 3.2　设有某实验数据如下表 3-2：

表 3-2　某实验数据表

i	1	2	3	4	5	6
x_i	0	0.5	1	1.5	2	2.5
y_i	2.0	1.0	0.9	0.6	0.4	0.3

试用最小二乘法求以上数据的拟合函数。

解 将已知数据点描绘到坐标系中,可以看出这些数据点呈现出指数函数分布,因而可以取指数函数 $y=ae^{bx}$ 作为拟合函数。对函数 $y=ae^{bx}$ 两边取对数得 $\ln y=\ln a+bx$,也就是说,如果以指数函数作为拟合函数,则在以 x 轴作为横轴,以 $\ln y$ 轴作为纵轴的平面直角坐标系上是一条直线,并且这条直线的斜率即是待拟合参数 b,截距是另一个待拟合参数 a 的自然对数,即 $\ln a$。因此,可以将上表 3-2 变换为下表 3-3:

表 3-3 拟合数据表

i	1	2	3	4	5	6
x_i	0	0.5	1	1.5	2	2.5
$\ln y_i$	0.6931	0.0000	-0.1054	-0.5108	-0.9163	-1.2040

对于上表 3-3 中的数据应使用直线拟合的最小二乘法,从而可以得到以下的线性方程组:

$$6\ln a + \left(\sum_{i=1}^{6} x_i\right)b = \sum_{i=1}^{6} \ln y_i \tag{3-9a}$$

$$\left(\sum_{i=1}^{6} x_i\right)\ln a + \left(\sum_{i=1}^{6} x_i^2\right)b = \sum_{i=1}^{6} x_i\ln y_i \tag{3-9b}$$

其中,$\sum_{i=1}^{6} x_i = 7.5$,$\sum_{i=1}^{6} \ln y_i = -2.0434$,$\sum_{i=1}^{6} x_i^2 = 13.75$,$\sum_{i=1}^{6} x_i\ln y_i = -5.7142$。将这些数据代入以上的线性方程组,并解之得 $\ln a = 0.5623$,$b = -0.7222$。因此,$a = 1.7547$,于是得到的最终拟合函数为 $y = 1.7547e^{-0.7222x}$。

类似地,我们也可以将一部分非超平面数据拟合问题转化为超平面数据拟合问题,然后使用最小二乘法求出拟合参数,最后,将这些拟合参数还原为原非超平面数据拟合问题中相应的拟合参数即可。

3.1.2 梯度下降法

梯度下降法是一种求多元连续函数极小值的最基本的计算方法。这种方法的基本思想是首先任意给定一个初始向量 $\boldsymbol{x}^{(0)}$,然后求出这个向量在当前位置的负梯度方向,接下来再确定沿着这个方向需要移动的步长,并且根据这个方向以及步长计算得出下一个向量 $\boldsymbol{x}^{(1)}$,依次这样迭代下去,直到最终到达不动点向量 $\boldsymbol{x}^*$ 为止。当然,在实际求解过程中,通常只要满足 $\boldsymbol{x}^{(k+1)}-\boldsymbol{x}^{(k)}$ 的范数(广义长度,通常表示为 $||\boldsymbol{x}^{(k+1)}-\boldsymbol{x}^{(k)}||$)不超过某个绝对值比较小的正实数 ε 即可。也就是说,此时将当前向量 $\boldsymbol{x}^{(k+1)}$ 近似作为不动点向量 $\boldsymbol{x}^*$。将向量 $\boldsymbol{x}^*$ 中的每一个坐标看作是当原多元连续函数取极小值时各个变元的相应取值。

下面,我们通过一个例子来说明。

例 3.3 试求四元连续函数 $f(x_1,x_2,x_3,x_4)$ 的最小值。其中,x_1,x_2,x_3,x_4 皆取实数,且 $f(x_1,x_2,x_3,x_4)=x_1-x_2-x_3+x_4+2x_{12}+x_{22}+x_{32}+2x_{42}+2x_1x_2+2x_3x_4$

解法一 由于函数 $f(x_1,x_2,x_3,x_4)$ 是凸函数,因此,原函数的最小值应出现在当 $\frac{\partial f}{\partial x_1}=0,\frac{\partial f}{\partial x_2}=0,\frac{\partial f}{\partial x_3}=0,\frac{\partial f}{\partial x_4}=0$ 时,这样,可以得到由以下四个线性方程组成的线性方程组:

$$1 + 4x_1 + 2x_2 = 0 \tag{3-10a}$$
$$-1 + 2x_1 + 2x_2 = 0 \tag{3-10b}$$
$$-1 + 2x_3 + 2x_4 = 0 \tag{3-10c}$$
$$1 + 2x_3 + 4x_4 = 0 \tag{3-10d}$$

解之得：$x_1 = -1, x_2 = 1.5, x_3 = 1.5, x_4 = -1$，即 $\boldsymbol{x}^* = [x_1 \quad x_2 \quad x_3 \quad x_4]^T = [-1 \quad 1.5 \quad 1.5 \quad -1]^T$。将其代入原函数，即可求得 $f(x_1, x_2, x_3, x_4)$ 的最小值为 $f(-1, 1.5, 1.5, -1) = -2.5$。

下面，我们利用梯度下降法重新求解这个问题。

解法二（梯度下降法）

首先任意给定初始向量 $\boldsymbol{x}^{(0)} = (0, 0, 0, 0)^T$，接下来计算原函数 $f(x_1, x_2, x_3, x_4)$ 在这一点 $\boldsymbol{x}^{(0)}$ 的梯度，即 $\nabla f(\boldsymbol{x}^{(0)}) = [\frac{\partial f}{\partial x_1}, \frac{\partial f}{\partial x_2}, \frac{\partial f}{\partial x_3}, \frac{\partial f}{\partial x_4}]^T|_{\boldsymbol{x} = \boldsymbol{x}^{(0)}} = [1 + 4x_1 + 2x_2, -1 + 2x_1 + 2x_2, -1 + 2x_3 + 2x_4, 1 + 2x_3 + 4x_4]^T|_{\boldsymbol{x} = \boldsymbol{x}^{(0)}} = [1 \quad -1 \quad -1 \quad 1]^T$，因此，当前搜索极小值的方向应是当前梯度所示方向的反方向，也就是梯度下降的方向，即为 $-\nabla f(\boldsymbol{x}^{(0)}) = [-1 \quad 1 \quad 1 \quad -1]^T$，再从 $\boldsymbol{x}^{(0)}$ 出发，沿着当前梯度下降的方向 $[-1 \quad 1 \quad 1 \quad -1]^T$ 作线性寻优，并且令步长变量为 λ，当前最优步长为 $\lambda^{(0)}$，则有 $\boldsymbol{x}^{(0)} - \lambda \nabla f(\boldsymbol{x}^{(0)}) = [-\lambda \quad \lambda \quad \lambda \quad -\lambda]^T$，将其代入原函数可得 $f(\lambda) = -\lambda - \lambda - \lambda - \lambda + 2\lambda^2 + \lambda^2 + \lambda^2 + 2\lambda^2 - 2\lambda^2 - 2\lambda^2 = 2\lambda^2 - 4\lambda = \varphi_0(\lambda)$，令 $\frac{d\varphi_0(\lambda)}{d\lambda} = 0$ 可解得 $\lambda = \lambda^{(0)} = 1$。即当前的最优步长为 1。于是，由初始向量 $\boldsymbol{x}^{(0)}$ 沿着当前梯度下降的方向 $[-1 \quad 1 \quad 1 \quad -1]^T$ 移动步长为 1，即可得到下一个点 $\boldsymbol{x}^{(1)}$ 的位置，即 $\boldsymbol{x}^{(1)} = \boldsymbol{x}^{(0)} - 1 \cdot \nabla f(\boldsymbol{x}^{(0)}) = [-1 \quad 1 \quad 1 \quad -1]^T$。求出 $\boldsymbol{x}^{(1)}$ 这一点所在位置之后，与前面的过程相类似（求梯度的反方向以及沿着这个反方向的步长），进行第二轮迭代：$\nabla f(\boldsymbol{x}^{(1)}) = [\frac{\partial f}{\partial x_1}, \frac{\partial f}{\partial x_2}, \frac{\partial f}{\partial x_3}, \frac{\partial f}{\partial x_4}]^T|_{\boldsymbol{x} = \boldsymbol{x}^{(1)}} = [1 + 4x_1 + 2x_2, -1 + 2x_1 + 2x_2, -1 + 2x_3 + 2x_4, 1 + 2x_3 + 4x_4]^T|_{\boldsymbol{x} = \boldsymbol{x}^{(1)}} = [-1 \quad -1 \quad -1 \quad -1]^T$，因此，搜索极小值的方向应是当前梯度所示方向的反方向，即为 $-\nabla f(\boldsymbol{x}^{(1)}) = [1 \quad 1 \quad 1 \quad 1]^T$，并且令步长变量为 λ，当前最优步长为 $\lambda^{(1)}$，则应有 $\boldsymbol{x}^{(1)} - \lambda \nabla f(\boldsymbol{x}^{(1)}) = [-1 \quad 1 \quad 1 \quad -1]^T + [\lambda \lambda \lambda \lambda]^T = [\lambda - 1 \quad \lambda + 1 \quad \lambda + 1 \quad \lambda - 1]^T$，将其代入原函数可得 $f(\lambda) = (\lambda - 1) - (\lambda + 1) - (\lambda + 1) + (\lambda - 1) + 2(\lambda - 1)^2 + (\lambda + 1)^2 + (\lambda + 1)^2 + 2(\lambda - 1)^2 + 2(\lambda^2 - 1) + 2(\lambda^2 - 1) = 10\lambda^2 - 4\lambda - 2 = \varphi_1(\lambda)$，令 $\frac{d\varphi_1(\lambda)}{d\lambda} = 0$ 可解得 $\lambda = \lambda^{(1)} = 0.2$，即当前的最优步长为 0.2。于是，由当前向量 $\boldsymbol{x}^{(1)}$ 沿着当前梯度下降的方向 $[1 \quad 1 \quad 1 \quad 1]^T$ 移动步长为 0.2 即可得到下一个点 $\boldsymbol{x}^{(2)}$ 的位置，即 $\boldsymbol{x}^{(2)} = \boldsymbol{x}^{(1)} - 0.2 \cdot \nabla f(\boldsymbol{x}^{(1)}) = [-1 \quad 1 \quad 1 \quad -1]^T + [0.2 \quad 0.2 \quad 0.2 \quad 0.2]^T = [-0.8 \quad 1.2 \quad 1.2 \quad -0.8]^T$，求出当前位置 $\boldsymbol{x}^{(2)}$ 以后，与前面的求解过程相类似，进行第三轮迭代：$\nabla f(\boldsymbol{x}^{(2)}) = [\frac{\partial f}{\partial x_1}, \frac{\partial f}{\partial x_2}, \frac{\partial f}{\partial x_3}, \frac{\partial f}{\partial x_4}]^T|_{\boldsymbol{x} = \boldsymbol{x}^{(2)}} = [1 + 4x_1 + 2x_2, -1 + 2x_1 + 2x_2, -1 + 2x_3 + 2x_4, 1 + 2x_3 + 4x_4]^T|_{\boldsymbol{x} = \boldsymbol{x}^{(2)}} = [0.2 \quad -0.2 \quad -0.2 \quad 0.2]^T$，因此，搜索极小值的方向应是当前梯度所示方向的反方向，即为 $-\nabla f(\boldsymbol{x}^{(2)}) = [-0.2 \quad 0.2 \quad 0.2 \quad -0.2]^T$，并且令步长变量为 λ，当前最优步长为 $\lambda^{(2)}$，则有 $\boldsymbol{x}^{(2)} - \lambda \nabla f(\boldsymbol{x}^{(2)}) = [-0.8 \quad 1.2 \quad 1.2 \quad -0.8]^T + \lambda [-0.2 \quad 0.2 \quad 0.2 \quad -0.2]^T = [-0.8 - 0.2\lambda \quad 1.2 + 0.2\lambda \quad 1.2 + 0.2\lambda \quad -0.8 - 0.2\lambda]^T$，代入原函数得 $f(\lambda) = (-0.8 - 0.2\lambda) - (1.2 + 0.2\lambda) - (1.2 + 0.2\lambda) + (-0.8 - 0.2\lambda) + 2(-0.8 - 0.2\lambda)^2 + (1.2 + 0.2\lambda)^2 + (1.2 + 0.2\lambda)^2 + 2(-0.8 - 0.2

$\lambda)^2+2(-0.8-0.2\lambda)(1.2+0.2\lambda)+2(-0.8-0.2\lambda)(1.2+0.2\lambda)=0.08\lambda^2-0.16\lambda-2.4=\varphi_2(\lambda)$，令 $\dfrac{\mathrm{d}\varphi_2(\lambda)}{\mathrm{d}\lambda}=0$ 可解得 $\lambda=\lambda^{(2)}=1$，即当前的最优步长为 1，于是，由向量 $\boldsymbol{x}^{(2)}$ 沿着当前梯度下降的方向 $[-0.2\ \ 0.2\ \ 0.2\ -0.2]^{\mathrm{T}}$ 移动步长为 1 即可得到下一个点 $\boldsymbol{x}^{(3)}$ 的位置，由此可得 $\boldsymbol{x}^{(3)}=\boldsymbol{x}^{(2)}-1\cdot\nabla f(\boldsymbol{x}^{(2)})=[-0.8\ \ 1.2\ \ 1.2\ \ -0.8]^{\mathrm{T}}+[-0.2\ \ 0.2\ \ 0.2\ -0.2]^{\mathrm{T}}=[-1\ \ 1.4\ \ 1.4\ \ -1]^{\mathrm{T}}$。与前面的求解过程相类似，进行第四轮迭代：可以通过计算解得，梯度下降的方向为 $-\nabla f(\boldsymbol{x}^{(3)})=[0.2\ \ 0.2\ \ 0.2\ \ 0.2]^{\mathrm{T}}$，当前最优步长为 0.2，由此可得，经过本轮迭代之后达到的位置是 $\boldsymbol{x}^{(4)}=\boldsymbol{x}^{(3)}-0.2\cdot\nabla f(\boldsymbol{x}^{(3)})=[-0.96\ \ 1.44\ \ 1.44\ \ -0.96]^{\mathrm{T}}$。与前面的求解过程相类似，进行第五轮迭代：可以通过计算解得，梯度下降的方向为 $-\nabla f(\boldsymbol{x}^{(4)})=[-0.04\ \ 0.04\ \ 0.04\ \ -0.04]^{\mathrm{T}}$，当前最优步长为 1，由此可得，经过本轮迭代之后达到的位置是 $\boldsymbol{x}^{(5)}=\boldsymbol{x}^{(4)}-1\cdot\nabla f(\boldsymbol{x}^{(4)})=[-1\ \ 1.48\ \ 1.48\ \ -1]^{\mathrm{T}}$。与前面的求解过程相类似，进行第六轮迭代：通过计算解得，梯度下降的方向为 $-\nabla f(\boldsymbol{x}^{(5)})=[0.04\ \ 0.04\ \ 0.04\ \ 0.04]^{\mathrm{T}}$，当前最优步长为 0.2，由此可得，经过本轮迭代之后达到的位置是 $\boldsymbol{x}^{(6)}=\boldsymbol{x}^{(5)}-0.2\cdot\nabla f(\boldsymbol{x}^{(5)})=[-0.992\ \ 1.488\ \ 1.488\ \ -0.992]^{\mathrm{T}}$。与前面的求解过程相类似，进行第七轮迭代：通过计算解得，梯度下降的方向为 $-\nabla f(\boldsymbol{x}^{(6)})=[-0.008\ \ 0.008\ \ 0.008\ \ -0.008]^{\mathrm{T}}$，当前最优步长为 1，由此可得，经过本轮迭代之后达到的位置是 $\boldsymbol{x}^{(7)}=\boldsymbol{x}^{(6)}-1\cdot\nabla f(\boldsymbol{x}^{(6)})=[-1\ \ 1.496\ \ 1.496\ \ -1]^{\mathrm{T}}$。与前面的求解过程相类似，进行第八轮迭代：通过计算解得，梯度下降的方向为 $-\nabla f(\boldsymbol{x}^{(7)})=[0.008\ \ 0.008\ \ 0.008\ \ 0.008]^{\mathrm{T}}$，当前最优步长为 0.2，由此可得，经过本轮迭代之后达到的位置是 $\boldsymbol{x}^{(8)}=\boldsymbol{x}^{(7)}-0.2\cdot\nabla f(\boldsymbol{x}^{(7)})=[-0.9984\ \ 1.4976\ \ 1.4976\ \ -0.9984]^{\mathrm{T}}$。与前面的求解过程相类似，进行第九轮迭代：通过计算解得，梯度下降的方向为 $-\nabla f(\boldsymbol{x}^{(8)})=[-0.0016\ \ 0.0016\ \ 0.0016\ \ -0.0016]^{\mathrm{T}}$，当前最优步长为 1，由此可得，经过本轮迭代之后达到的位置是 $\boldsymbol{x}^{(9)}=\boldsymbol{x}^{(8)}-1\cdot\nabla f(\boldsymbol{x}^{(8)})=[-1\ \ 1.4992\ \ 1.4992\ \ -1]^{\mathrm{T}}$。不难看出，经过九轮迭代之后，已经比较接近于原函数取最小值的不动点向量了，可以预测，再经过若干轮迭代之后，就将基本上停在不动点向量所指示的位置了。也就是说，对于这个求函数最小值的优化问题来说，使用梯度下降法也可以得出最小值。

3.2 人工神经网络模型

人类拥有的神奇的大脑无时不在吸引着脑科学家、神经科学家、信息生物学家、物理学家、心理学家、计算机科学家甚至是哲学家的兴趣。人类的大脑究竟是怎样工作的呢？可以通过计算机来模拟人类大脑工作的原理吗？经过长期研究，脑科学家们发现，人类大脑工作的基本单位是神经元，即神经细胞。神经元主要由细胞体、多个树突和一个轴突三部分构成，形成了大脑处理信息的基本单元。计算机科学家们一直都在致力于寻找一种能够模拟人类大脑工作方式的算法，神经网络学习算法作为人工智能算法的一个非常重要的分支，是一种对人脑的神经系统进行模拟，并且用于模拟人类学习行为的机器学习算法。机器学习算法所依赖的数学模型即是所谓人工神经网络（artificial neural network，ANN）模型，它是脑科学家们在对人类大脑中的神经元、神经系统等脑科学和生理学的研究获得了突破性的进展以及对人类大脑的结构、组成和基本工作单元有了更进一步认识的基础之上，通过借助于数学和物理的方法从信息处理的角度对人类大脑中的神经网络进行抽象之后建立的简化数学模型。因此,作为人工智能算法的一个极其重要的分支,人工神经网络(包括深度神经网络)目前已经成为一门非常热门的前沿交叉学科,它涉及了脑科学、神经科学、信息生物学、数学、物理学、计算机科学等诸多学科,有着十分广泛的应用前景。

在以下的内容中,我们将依次介绍神经网络的经典结构、神经网络的学习算法、反向传播学习的前馈型神经网络的典型结构及其基本原理以及深度神经网络的典型结构及其基本原理。

3.2.1 神经网络的基本工作原理

脑科学家和神经科学家对人类大脑中所包含的神经系统结构的一系列研究成果构成了人工神经网络的基础。神经系统结构的最基本的组成单位是神经元。绝大多数神经元是由一个细胞体(cell body)和突触(synapse)这两部分构成。其中,突触又分为两类,一类被称为树突(dendrite),另一类被称为轴突(axon),如下图 3-1 所示。

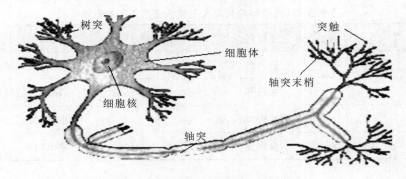

图 3-1 神经元的基本结构示意图

通过该图不难看出,轴突在神经元中是一个突出部分,其长度通常可以达到 1 米,它将神经元的输出信号发送至其他与之相连接的神经元。类似地,树突也是神经元中的突出部分,但与轴突不同的是,树突的长度通常较短,它与其余神经元的轴突相连接,以便于接收来自于其他神经元的输出信号。可以看出,正是树突和轴突的共同作用实现了不同的神经元之间的信息传输。通常,我们将轴突的末端与树突进行信号传递的界面称为突触,神经元通过突触向其他神经元传递信息。对某些突触的刺激可以促使神经元触发(fire)。只有当神经元的所有输入信号的总效应达到阈值电位时,当前的神经元才能开始工作。无论何时达到阈值电位,神经元都将能够产生一个全强度的输出窄脉冲,从细胞体经过轴突进入轴突分支。这时,神经元所处的状态就被称为被触发状态。越来越多的证据已经表明,学习过程发生在突触附近,并且突触通常能够将经过一个神经元轴突的脉冲转化为下一个神经元的兴奋信号或抑制状态。也就是说,当一个人在学习时,他的大脑中有些神经元处于被触发的状态(产生兴奋信号),另一些神经元处于未被触发的状态(抑制状态)。例如,当一个人在学习新的英语单词时,那些负责记忆这些新单词的神经元将会产生兴奋信号,而其他的神经元将处于抑制状态。由此例不难看出,学习过程的一种表现形式就是记忆。记忆的天然死敌就是遗忘。也就是说,人们希望尽可能地学习(包括记忆)更多的知识或信息,而遗忘的知识或信息尽可能少。但是,事实并非如此。神经科学的研究结果表明,遗忘现象即是人类大脑中的神经元从被触发状态转向抑制状态的过程。为什么会产生遗忘现象呢?正是因为人类要学习新知识，于是将有一些新的神经元产生兴奋信号，而其他的神经元（包括以前曾经产生兴奋信号的神经元）自然将会处于抑制状态，于是外显为遗忘。由此可知，"记忆"和"遗忘"好像是一对孪生兄弟，是相伴相生的，有记忆过程的发生，必然伴随着遗忘过程的产生。英语中的单词"forget"（遗忘）可被看作是由"for"和"get"这两个单词结合在一起的，这个单词对"记忆"和"遗忘"这两个现象之间的关系做出了最好的解释。

　　人工神经网络是由模拟神经元组成的。所谓模拟神经元就是指将生物神经元的工作方式通过某种数学的模型（通常使用函数）表示出来。具体来说，我们可以将人工神经网络（ANN）看作是以处理单元（processing element，PE）为结点，并且使用带权有向边（弧）相互连接而形成的带权有向图。其中，处理单元即是对生物神经元的模拟，而有向边则是对轴突-突触-树突对的模拟。每一条带权有向边上的权值表示两个处理单元之间相互作用的强弱。在浅层的人工神经网络模型中，为了简单和方便起见，通常使用权值和乘法器模拟突触的特性，用加法器模拟树突的互连作用，并且通过与阈值之间的比较来模拟神经元细胞体内的电化学作用产生的开关特性。这些关系对照表如下表 3-4。

表 3-4　生物神经元与人工神经元的关系对照表

生物神经元	人工神经元	作　用
树突	输入层	接收输入的信号（数据）
细胞体	加权和	加工和处理输入的信号（数据）
轴突	阈值函数（激活函数）	控制输出
突触	输出层	输出结果

　　人工神经网络中的人工神经元的结构及其功能的示意图如下图 3-2 所示。在该图中，x_i 表示来自其他人工神经元的输入信号，w_i 表示相应的人工神经网络的连接权值，每个输入信号乘以相应的权值，然后再累加求和。最后将总和与阈值电位 θ（通常被称为人工神经元的偏置）进行比较，只有当总和大于阈值（电位）时，其输出结果为 1；其余情况下，输出皆为 0。绝对值大的正权值表示对当前神经元给予比较强烈的刺激（兴奋）；而绝对值比较小的负权值表示对当前神经元给予较弱的抑制。

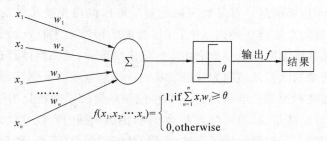

$$f(x_1, x_2, \cdots, x_n) = \begin{cases} 1, \text{if} \sum_{n=1}^{n} x_i w_i \geq \theta \\ 0, \text{otherwise} \end{cases}$$

图 3-2　人工神经元结构及其功能示意图

3.2.2　人工神经网络的研究历程

　　人工神经网络（ANN）是对人类大脑神经系统功能特性的一种模拟。它的形成和发展历程是脑科学、神经科学与计算机科学等学科相互渗透、综合发展的典范。1943 年，心理学家 McCulloch 和数理逻辑学家 Pitts 发表文章，首次提出了 MP 模型。这个模型总结了生物神经元的基本生理特性，并且建立了生物神经元的数学模型和神经网络的结构方法，这标志着神经网络计算时代的诞生。

虽然人工神经网络在早期发展中取得了一定的成功，例如在 1957 年，Frank Rosenblatt 定义了一个被称为感知器（perceptron）的人工神经网络结构。首次将人工神经网络从纯数学理论的探讨推进到了应用实践，并且开启了人工神经网络研究的热潮。并且已经在 IBM704 机器上证明了该人工神经网络模型有能力通过权值调整的学习方法（后面将会详细讨论）实现正确分类的结果。但是，Minsky 和 Papert 在 1969 年发表的论著 *perceptrons*（中文译本《感知器》）中指出，感知器的使用具有很大的局限性，主要表现在感知器仅仅只能求解一阶谓词逻辑，只能实现线性划分，而对于非线性分类或其他比较复杂的分类会面临诸多困难，甚至连比较简单的异或问题也解决不了。由此，人工神经网络的研究进入了第二个阶段——反思期。

直到 20 世纪 80 年代初，特别是到了 1982 年，Hopfield 提出的全连接神经网络模型才使得人们对人工神经网络产生了全新的认识。Hopfield 将李雅普诺夫函数（Lyapunov function）引入到了人工神经网络中，并且从数学上证明了该人工神经网络能够达到稳定的离散和连续两种情况，从而为人工神经网络的研究开辟了一条崭新的道路。与此同时，他进一步揭示了人工神经网络的研究已经没有理论死角，存在着无限的发展空间。此外，Rumelhart 等学者于 1986 年提出的反向传播算法（back propagation algorithm，BPA）使得 Hopfield 模型和多层前馈神经网络在一段短暂的时间内成为应用最广泛的人工神经网络模型。但是好景不长，很快人们发现这种神经网络结构以及机器学习算法在实践上仍然具有一定程度的局限性，主要体现在数据规模比较大的模式识别问题和自然语言处理问题的求解上。其主要原因是当时的处理器的信息处理能力比较弱，曾经有一批学者甚至尝试设计一种专门的神经网络处理器来实现机器学习算法，但仍然以失败告终。这样一来，这种人工神经网络模型以及辅之其上的机器学习算法在很长一段时间无法真正投入到广泛的实践应用领域。但是，另一方面，一大批从事机器学习算法研究的学者或研究者们并没有就此而放弃研究，而是刚好相反，他们在理论上做了大量的研究工作，逐渐夯实了机器学习算法的数学理论基础，甚至将这种机器学习算法发展为时下最流行的深度学习算法，其中的杰出代表当属加拿大多伦多大学的计算机科学家 Hinton。正是他在 2006 年首次提出深度学习（deep learning）这一目前在机器学习领域中应用极为广泛的概念。因此，他也被赞誉为"深度学习之父"。同时，计算机的数据存储能力和信息处理能力，特别是处理器的信息处理能力在这 30 年中也获得了长足的进步和发展，于是，世界上首个搜索引擎公司——Google 公司适时地抓住了这一难得的历史机遇，将这两者双剑合璧，生产了一款 AlphaGo 围棋智能机器人，正是这款机器人用惊世骇俗的表现征服了全世界。人工神经网络模型也就此由 30 年以前的浅层神经网络模型（人工神经网络模型 1.0 版）完全升级为当下的深度神经网络模型（人工神经网络模型 2.0 版）。目前，这种深度神经网络模型已经逐渐揭开了它神秘的面纱，人们正将其应用到基于大数据的模式识别、自然语言处理、基于大数据的图像处理（超分辨率的图像处理）等领域，已初见成效。

3.3　人工神经网络的经典结构

人工神经网络有多种不同的模型,通常可以按照以下几个原则进行分类:按照人工神经网络的结构进行分类,可以分为前向型神经网络和反馈型神经网络;按照学习算法进行分类,可以分为有监督学习(有导师学习)神经网络和无监督学习(无导师学习)神经网络;按照神经网络的性能进行分类,可以分为离散型神经网络和连续型神经网络或分为确定型神经网络和随机型神经网络;按照突触性质进行分类,可以分为一阶线性关联神经网络和高阶非线性关联神经网络;按照对生物神经系统的层次模拟进行分类,可以分为神经元层次模型、组合式模型、网络层次模型、神经系统层次模型以及智能型模型等。

一般来说,我们将更多地关注人工神经网络的互联结构。本节将根据人工神经网络的连接模式对人工神经网络的几种经典结构逐一加以介绍。

3.3.1　单层感知器神经网络

单层感知器是最早使用的,也是结构最为简单的神经网络,由一个或多个线性阈值单元组成,如下图 3-3 所示。可是由于这种神经网络的结构相对比较简单,其能力比较有限,因此极少使用。

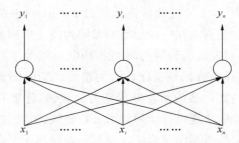

图 3-3　单层感知器神经网络示意图

作为最原始的以及最简单的人工神经网络结构,单层感知器可以作为其他许多复杂人工神经网络结构的基本单元。图 3-3 所示的这种单层感知器神经网络自身也是由许多个图 3-2 所示的人工神经元组合而成的。在前面的图 3-2 中不难看出,人工神经元所使用的激活函数即是二值离散神经元模型。但是这种激活函数对非线性关系的拟合能力是非常有限的。因此,除了这种阈值型激活函数之外,我们还采用了其他类型的激活函数。例如,可以使用"S"形状的激活函数(例如指数函数、对数函数、双曲正切函数、Sigmoid 函数等)或者是其他的分段线性函数。在浅层神经网络中使用得比较多的激活函数是 Sigmoid 函数。我们可以将其表达式写成下式(3-11)。

$$y = f(u) = \frac{1}{1 + e^{-u}} \tag{3-11}$$

其中,$u = \sum_{i=1}^{n} w_i x_i$。

但是,在目前使用较多的深度神经网络中的激活函数却并非 Sigmoid 函数,这主要是缘于 Sigmoid 函数在做反向传播算法时如果面对的是比较多的隐藏层(这个概念我们将在后面详细介绍),将会很快失去学习能力,这是所有机器学习算法绝对不能容忍的,因为机器学习算法必须要使得神经网络系统一直保持学习能力,直到获得其所需要的知识为止。因此,必须要寻找一种能够使得运用了机器学习算法的深度神经网络具有持续的学习能力的激活函数,这个函数就是 ReLU(rectified linear units)激活函数。这个函数的一种最通常的表达式可以写成下式 3-12。

$$y = f(u) = \max(0, u) \tag{3-12}$$

其中,$u = \sum_{i=1}^{n} w_i x_i$。

当然,最近在深度学习领域中使用了一种使得深度神经网络具有更加持久的学习能力的激活函数——PReLU 函数,其数学表达式可以被写成下式(3-13)。

$$y = f(u) = \begin{cases} au, u \leqslant 0 \\ u, 其他 \end{cases} \tag{3-13}$$

其中,$u = \sum_{i=1}^{n} w_i x_i$。

在这里需要指出的是,a 是一绝对值很小的参数,它可以在机器学习算法中不断调整改变,可以被看作是训练(学习)参数(这个概念我们将在后面做详细介绍)。

3.3.2 前馈型神经网络

前馈型神经网络的信号是由输入层向输出层单向传播的,每一层的神经元仅仅只与前一层的神经元相连接,并且仅仅只接收从它的前一层传输过来的信息。前馈型神经网络结构的示意图如下图 3-4 所示。

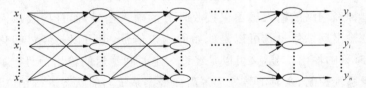

图 3-4　前馈型神经网络结构示意图

前馈型神经网络是使用最为广泛的人工神经网络结构,由于它本身的结构并不复杂,因此,学习和调整方案也比较容易操作。并且由于前馈型神经网络使用了多层的神经网络结构,因此,其求解问题的能力得到明显的提升,基本上可以满足使用需求。这种人工神经网络的信号由输入层传输到输出层的过程中,每一层的神经元之间没有横向的信息传输,每一个神经元都受到前一层的所有神经元的控制(任何相邻两层之间的神经元是全连接结构),控制能力由连接权值决定。

3.3.3 前馈型内层互联神经网络

这种人工神经网络从外部来看还是一个前馈型神经网络,但是内部有一些结点在层内互联,这种神经网络的结构如下图 3-5 所示。在通常的情况下,同一层之内的神经元的相互连接是自组织竞争神经网络的一个显著特征,神经元之间的激励和抑制是竞争的手段。

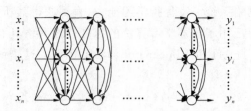

图 3-5 前馈型内层互联神经网络结构示意图

3.3.4 反馈型神经网络

这种人工神经网络结构在输入层和输出层之间还建立起了另外一种关系,即是这种神经网络的输出层存在一个反馈回路到输入层作为输入层的一个输入信号,并且这种反馈型神经网络自身仍然是前馈型的神经网络,这种神经网络结构如下图 3-6 所示。

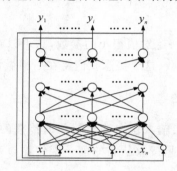

图 3-6 反馈型神经网络结构示意图

这种反馈型神经网络的输入层不仅接收外界的输入信号,而且接收该人工神经网络本身的输出信号。输出反馈信号既可以是原始的输出信号,也可以是经过转化之后的输出信号;既可以是该时刻的输出信号,又可以是经过一定时间延迟的输出信号。这种反馈型神经网络通常适用于系统控制、实时信号处理等需要根据系统当前状态进行相应调节的情况。

3.4 人工神经网络学习算法

机器学习算法的一个比较重要的分支即是人工神经网络学习算法。人们通过各种不同的方法设计出不同的人工神经网络结构,但是要想真正使用这些神经网络,必须要对其进行学习训练。正如人类大脑一样,如果不对其进行训练(或人不参与学习活动),那么,他的头脑将会缺乏思维能力。就好像一个人在当一名律师之前必须要对其大脑进行逻辑思维训练(一种学习训练),如果没有经过这种训练,就很难当一名称职的律师。

3.4.1 学习算法分类及简介

人工神经网络学习算法有很多种,按照有无监督进行分类,可以分为有监督学习(supervised learning,或被称为有导师学习)、无监督学习(unsupervised learning,或被称为无导师学习)以及半监督学习。

在有监督学习方式中,首先将人工神经网络的实际输出结果和期望的输出(通常可称为监督信号)进行比较,然后根据两者之间的差异调整整个人工神经网络的各处权值,最终使得差异逐渐变小。监督即是训练数据自身,不仅包括输入数据,而且包括在一定条件之下的输出。人工神经网络依据训练数据的输入与输出来依次调节整个神经网络的各处权值,使得神经网络的实际输出与监督信号相一致。在这种学习算法中,神经网络将监督信号序列与实际输出信号序列进行比较。该神经网络通过一些训练数据组的计算之后,最初随机设置于该网络每一条有向边上的权值经过整个神经网络的调整,使得实际的输出更加接近于应该的输出结果。因此,对于这种有监督学习算法来说,学习过程的目标即在于尽可能地减小当前神经网络的监督信号与实际输出信号之间的误差,而这就需要借助于不断调整整个人工神经网络各条有向边上的权值得以实现。

对于建立在有监督学习算法下的人工神经网络,要想投入具体的实际应用领域,就必须对其进行训练,这种训练神经网络的过程通常也被称为学习过程。学习过程是把一组输入数据和与之相应的输出数据输入神经网络,然后,神经网络依据这些数据对组(通常将输入数据和与之相应的输出数据看作是一个数据对)来调整整个神经网络中的所有权值,通常将这些数据对组称为训练(学习)数据组。在学习过程中,每当输入一组数据时,也应告诉该神经网络的输出数据(监督信号)应该是什么。当此人工神经网络经过一段时间的学习之后,如果认为该神经网络的输出数据与应该的输出数据(监督信号)之间的误差达到了误差允许范围之内,那么整个神经网络的权值就可以不再更改了,也就是说,该神经网络已经通过前面一段学习过程学会了应该掌握的知识。这时应该使用与训练数据不同的若干新数据(新的输入数据)对这个经过学习之后的人工神经网络的学习效果进行测试。测试阶段仍然采用带有标记的数据对组,即给定一组输入数据以及与每一组输入数据相对应的应该输出的一组数据(监督信号)组成数据对组,然后将每一组输入数据依次输入该人工神经网络(已经经过了学习阶段),从而可以依次得到每一组相应的输出数据,即实际输出结果(数据)。最后将实际输出数据与应该输出的那组数据进行比较,如果误差在可被接受的范围之内,那么就表明当前这个人工神经网络已经训练好了,可以投入实际应用领域;反之,如果误差超过了可被接受的范围,那么就说明当前的人工神经网络并没有完全学到它应学会的知识,需要继续学习(训练)。

不难看出,以上所描述的人工神经网络的学习过程与中国式高考的备考过程极为相似。中国式高考的每一门考试科目的每一道题(除了语文和英语这两科的作文题)都有标准答案。我们是怎么备考的呢?不妨就拿数学这个科目做一简要说明。首先要得到数学考试的考试大纲,即这门课程考试的全部考点,然后开始学习。学习过程大体分为两个阶段,第一阶段(训练阶段)是做一定数量(通常是大量的)带有标准答案的习题,以期尽可能全面地掌握考点。起初由于错误率很高,因此需要反复练习(学习),直到把这些习题的错误率降低到自己认为比较理想的水平。这时进入第二阶段(测试阶段),即真题模拟阶段,通过做一定数量的模拟试题(带有标准答案)测试自己掌握这门课程考点的情况。如果每次做模拟试题的成绩都比较理想,就说明自己对数学这门课程的考点已经掌握得比较好了,因此可以满怀信心地参加高考;但是,如果经过模拟试题的测试之后,发现成绩并不理想,就表明自己对数学这门课程的考点掌握得并不好,仍然需要返回第一阶段,继续学习(练习),直到尽可能全面地掌握所有的考点,最后才能期待在高考(实际应用领域)中考出比较理想的成绩。

对于建立在无监督学习(无导师学习)算法下的人工神经网络,当输入模式进入人工神经网络以后,该神经网络按照一种预先已经设定好了的规则(例如博弈规则等)自动地调整整个神经网络中每一条有向边上的权值,使得该神经网络最终拥有模式分类等功能。也就是说,在没有"导师"指导的学习过程中,由于神经网络中的训练(学习)数据应当只有输入数据,而没有输出数据,因此,该神经网络必须能够根据一定的判断标准自行调整整个神经网络中每一条有向边上的权值。在这种机器学习算法中,人工神经网络并不需要依靠外部的影响来调整整个网络的各处权值。也就是说,在整个神经网络的学习(训练)过程中,仅仅只需要提供输入数据而没有相应的输出数据。神经网络检查输入数据的规律或者倾向,应该根据该神经网络自身的功能进行调整,而并不需要告诉整个神经网络这种调整结果究竟是好还是不好。在这种没有"导师"指导的学习算法中,主要强调每一层信息处理单元组间的"协作"。如果输入数据能够使得某个处理单元组中的任何处理单元都被激活,那么整个处理单元组的活性就得以增强。然后,由当前的处理单元组将经过处理后的数据(信息)传输到下一层的处理单元组。

半监督学习算法则是介于有监督学习算法和无监督学习算法之间的一种机器学习算法。

◈ **3.4.2 学习规则**

人工神经网络学习算法的另一个重点即是学习(训练)规则,也就是说,通过一种怎样的学习方法能够获得比较理想的学习效果。众所周知,当人们在学习任何一门课程时,首先需要掌握这门课程的正确学习方法,方能学好这门课程。例如,当我们在学习数学时,正确的学习方法就是训练逻辑推理能力,当一个学生的逻辑推理能力达到了一定的程度,就能学好数学这门课程了。学习规则即是在所构建的人工神经网络上实施的一种正确的学习方法。使用得比较广泛的学习规则主要有下面七种。

1. Delta 学习规则

Delta 学习规则是最常用的学习规则,其要点是改变各个处理单元之间的连接权值来减小神经网络系统的实际输出结果与应该输出的结果(监督信号)之间的误差。这个规则也被称为 Widrow-Hoff 学习规则。这一规则首先在 Adaline 模型中应用,也被称为最小均方差规则。

由于 Delta 学习规则主要利用梯度下降法减少误差,因此,这种规则可以使得误差函数达到最小值。可是这种学习规则只能适用于线性可分函数,无法用于多层人工神经网络系统。另外,后面将要介绍的反向传播学习的前馈型神经网络(BP 神经网络)的学习算法通常被称为 BP 算法,它是在 Delta 学习规则的基础之上发展起来的,因此可以在多层神经网络系统上进行有效的学习。

2. 梯度下降学习规则

梯度下降学习规则是对减小实际神经网络系统的输出结果和应该输出的结果之间误差方法的一种典型算法。Delta 学习规则可被看作是梯度下降学习规则的一个范例。梯度下降学习规则的核心体现在学习过程中,保持误差曲线的梯度下降。误差曲线可能会出现局部的最小值(极小值)。在人工神经网络的学习过程中,应该尽可能地摆脱误差的局部最小值,而真正地获得误差的全局最小值,即真正的误差最小值。

3. 反向传播学习规则

反向传播(back propagation,BP)学习规则是当前应用非常广泛的神经网络学习规则。

神经网络实际的输出结果与应该输出的结果之间误差的反向传播方法通常使用 Delta 学习规则,这个学习过程通常分为两个步骤。第一步即正反馈,也就是说,当输入数据输入人工神经网络时,该神经网络从前向后依次计算各个处理单元的输出结果,并且将每个处理单元的输出结果与应该输出的结果进行比较,然后计算两者之间的误差;第二步是反向传播,即从后向前依次重新计算误差,然后根据误差修改相应的权值。只有当完成了以上两个步骤之后方能输入新的输入数据。反向传播学习规则通常用在三层到五层的人工神经网络系统中。对于输出层来说,如果已知每个处理单元的实际输出结果和应该的输出结果,就比较容易计算两者之间的误差,关键在于怎样调整处于隐藏层(中间层,既非输入层又非输出层)的各个处理单元相应的权值。

4. 概率式学习规则

从统计力学、分子热力学以及概率论与数理统计中关于物理系统稳态能量的标准出发,进行人工神经网络学习的方法通常称为概率式学习规则。在这种学习规则中,神经网络系统处于某一状态的概率主要取决于在该状态下系统的能量,即能量越低的状态出现的概率将会越大。除此以外,这一概率还取决于温度参数 T。也就是说,当温度 T 越大时,不同状态出现概率的差异也就变得越小,此时比较容易跳出能量的局部最小值点而尽可能地接近全局最小值点甚至达到全局最小值点(尽管从主观上仍然无法判断是否达到全局最小值);而与之相反,当温度 T 越小时,不同状态出现概率的差异也就变得越大。概率式学习规则的典型代表是玻尔兹曼机(Boltzmann machine,BM)学习规则。由于这种规则主要是基于模拟退火的统计优化方法,因此,它又可以被称为模拟退火式学习算法。

5. Hebb 学习规则

这个著名的学习规则是由 Donald Hebb 于 1949 年提出的。其基本规则可以简单地归纳为:如果一个处理单元从另一个处理单元接收到一个输入数据(信号),并且如果两个处理单元都处于高度活动状态,那么此时,这两个处理单元之间的连接权值就要被加强。

Hebb 学习规则是一种联想式的学习方法。联想是人脑形象思维过程的一种表现形式。例如,在时间和空间上相互接近的事物都非常容易在人类大脑中产生联想。生理学家 Donald Hebb 正是基于对生理学和心理学的研究,提出了学习行为的突触联系与神经群理论。这个理论认为,突触前和突触后二者同时兴奋,也就是说,当两个神经元同时处于激发状态时,它们之间的连接强度将会得到加强,这一论述的数学描述(表达)通常被称为 Hebb 学习规则。

在这里需要指出的是,Hebb 学习规则是一种没有导师指导的学习方法,它仅仅只根据神经元连接间的激活水平改变整个神经网络中每一条有向边上的权值,因此这种学习方法又被称为并联学习或相关学习。

6. Kohonen 学习规则

Kohonen 学习规则是由 Teuvo Kohonen 在研究生物系统学习的基础上提出的,该规则仅用于没有导师指导下学习的神经网络系统。在学习过程中,处理单元在竞争学习的时候,具有高输出的处理单元是胜利者,因此,它能够阻止其余的竞争者并且能够激发相邻的处理单元。只有胜利者才可能有输出数据(信号),也只有胜利者与其相邻的处理单元才能够调整权值。

在一次学习（训练）过程中，相邻处理单元的规模是可以变化的。通常的方法是从定义比较大的相邻处理单元起始的，在学习过程中不断减小相邻处理单元的范围，胜利处理单元可被定义为与输入模式最接近的处理单元。可以使用具有 Kohonen 学习规则的神经网络系统模拟输入数据的分配。

7. 竞争式学习规则

竞争式学习规则属于无监督学习方式。这种学习规则主要是运用人工神经网络系统中处于不同层的人工神经元之间产生兴奋性连接以及处于同一层以内距离比较接近的人工神经元之间产生同样的兴奋性连接，而距离比较远的人工神经元之间产生与之相反的抑制性连接。为方便起见，人们通常将在这种连接机制中引入竞争机制的学习规则称为竞争式学习规则，其本质体现在人工神经网络系统中处于较高层次的人工神经元对处于较低层次的人工神经元的输入模式使用竞争识别模式。

这种竞争式学习规则的基本思想来源于人类大脑的自组织能力。也就是说，大脑可以根据外界环境的变化实时地调整自身结构，从而能够自动地向外界环境学习，完成所需执行的功能。可以看出，在整个学习过程中，完全不需要导师指导学习。竞争式人工神经网络正是依据这种规则建立起来的，因此，我们通常将这种类型的神经网络称为自组织人工神经网络。

从以上的学习算法和学习规则中可以看出，要使建立的人工神经网络系统具有一定的学习能力，就必须要使得人工神经网络中所包含的知识结构不断发生变化。也就是说，要使得人工神经元之间的结合方式不断发生变化，这与用什么方法使连接权向量（值）可以不断发生变化是完全等价的。因此，所谓人工神经网络的学习算法，主要是指神经网络通过一种特定的学习算法实现对突触的结合强度（连接权值）的调整，使其具有记忆、识别、分类、数据分析、信息处理以及问题优化求解等功能。可以预见的是，随着人工神经网络结构的不断发展，将会不断涌现出新的学习规则。

3.5 基于反向传播学习的前馈型神经网络

3.5.1 学习算法的基本思想

根据人工神经网络结构的差异以及学习算法的区别，人工神经网络可以分为许多种不同的类型。其中有一种类型的人工神经网络——基于反向传播学习的前馈型神经网络（back propagation feed-forward neural network，BPFNN/BPNN）目前使用得比较广泛。下面，我们就以 BPFNN 作为例子，介绍人工神经网络的基本工作原理以及反向传播学习算法的执行步骤。

在 BPFNN 中，反向传播算法是一种学习算法，它主要体现在对于这种类型的神经网络的训练（学习）过程中。这种学习算法属于有监督学习算法。前馈型神经网络结构是诸多人工神经网络结构中的一种，主要体现于 BPFNN 的网络构架上，正如前面的图 3-4 所示。该图所示的人工神经网络结构即是一个典型的前馈型神经网络结构。由于这种神经网络具有结构清晰、使用简单、效率较高等优点，因此，这种网络结构在很多实际应用领域获得了广泛的青睐。反向传播学习算法通过迭代处理的方式，不断地调整连接人工神经元的神经网络中各条有向边上的权值,使得通过该神经网络最终的实际输出结果和应该输出的结果(监督信号)之间的误差达到最小。

如前所述,人工神经网络在投入实际应用之前可以划分为两个阶段,即学习(训练)阶段和测试阶段,基于反向传播学习的前馈型神经网络也不例外。学习阶段主要根据给定的学习(训练)样本,使用适当的学习算法(这里是指反向传播学习算法)不断地调整某种人工神经网络结构(这里是指前馈型神经网络结构)的网络参数(包括人工神经网络结构的层数、各层人工神经元的数目、整个神经网络的各处神经元之间的连接权值、神经元偏置等),使得参与学习(训练)的神经网络可以对已知的学习样本有非常好的拟合效果。测试阶段即使用已经学好(训练好)的神经网络对一些测试样本(数据)进行检测,也就是说,将这些测试样本中的输入数据输入到已经训练好了的神经网络的输入端,通过这个网络结构的依次计算,得到输出结果。然后将其与应该输出的结果进行比较,如果误差在可以接受的范围之内,测试阶段立即停止,表明该神经网络可以投入到相应问题的具体实际应用过程中去;如果在测试阶段通过神经网络的输出结果与应该输出的结果之间出现了很大的偏差,那么就必须重新回到第一个阶段——学习阶段调整相应的网络参数重新进入神经网络的学习过程。在这里需要指出的是,学习样本的选取以及学习样本的数量将会对人工神经网络的学习效果产生非常重大的影响,尤其是在学习(训练)参数(包括整个神经网络的各处人工神经元之间的连接权值、人工神经元偏置等)非常多的情况下,如果学习样本的数量太少,就有可能导致以下现象的产生:神经网络在学习阶段(第一阶段)的学习(训练)效果非常好,但该网络一旦进入到测试阶段(第二阶段),就将出现测试效果极差的局面。我们通常将这种现象称为神经网络在训练过程中的过拟合现象。之所以会产生这种现象,主要是由于相对于训练参数的数量来说,训练(学习)样本的数量偏少。只要有过学习经历的人就一定谙熟下面的情形:某学生平时在做某门课程的练习题时,如果习题数量太少,即使将每道习题都熟练掌握了,当他去做真正的模拟试题时仍有可能不会获得比较理想的成绩。这是为什么呢?因为就应试教育而论,仅有的少数习题几乎不可能囊括这门课程的全部考点。要想在测试阶段考出理想的成绩,必须要做大量的习题,并且这些习题要尽可能地囊括这门课程的全部考点。这对习题的选择也提出了比较高的要求,也就是说,如果选择的练习题没有囊括课程的全部考点,即使做了再多的练习,也于事无补。这个例子告诉我们,当我们在对基于反向传播学习的前馈型神经网络进行训练时,除了需要对神经网络的结构以及学习算法做一番精心的选择与设计之外,对训练数据(学习样本)同样也需要做一番精心的选择。这也是机器学习算法在设计过程中不同于其他算法(非学习算法)的明显标志,因为非学习算法(例如动态规划算法)在设计过程中,只需要对算法本身做精心的设计,而不需要对输入数据(信息)做精心的选择。

基于反向传播学习的前馈型神经网络是一种典型的人工神经网络,可以将其广泛地应用于各种分类系统,例如这种神经网络普遍应用于垃圾邮件的分类系统、图像识别领域等。对其进行训练的过程也可分为两个阶段——训练阶段与测试阶段。由于训练阶段是BPFNN能够投入使用的基础和前提,而测试阶段本身是一个非常简单的过程,即首先给出一组测试样本(数据),然后,BPFNN将会根据已经学好(训练好)的参数进行运算,从而可以获得输出结果,最后将通过该人工神经网络的实际输出结果与应该输出的结果进行比较即可确定是否需要重新回到训练阶段,因此,在这里我们仅仅只针对基于反向传播学习的前馈型神经网络的训练阶段说明该神经网络的学习(训练)过程。在这种人工神经网络中的前馈型神经网络结构指的即是当处理输入数据(样本)时,从人工神经网络的输入层输入信号(待学习的数据),向前将输入层的输出中间结果作为第一隐藏层的输入数据,然后,第一隐藏层上的每个人工神经元分别将接收到的信息(数据)进行处理,并且将经过处理之后的数据作为第一隐藏层的输出结果,这个输出结果作为该神经网络中的第二隐藏层的输入数据,以此类推,直到该神经网络的输出层输出结果为止。反向传播学习算法主要做的工作如下:首先将通过该神经网络的输出层所得到的输出结果与应该输出的结果(监督信号)进行比较,并且得到误差,然后通过相应的误差方程式调整最后一个隐藏层各个人工神经元到输出层的相应各个人工神经元之间的连接权值及其相应的学习(训练)参数,接着再从最后一个隐藏层开始向倒数第二个隐藏层进行误差反馈,也就是说,调整这两个处于不同隐藏层的人工神经元之间的连接权值及其相应的学习(训练)参数,以此类推,直到将处于输入层的各个神经元与第一隐藏层的各个神经元之间的连接权值及其相应的学习参数重新调整一遍为止。然后再将原始训练样本作为输入数据重新输入到网络连接权值及其相应的学习参数经过调整了一遍的 BPFNN 中,最后从输出层得到输出结果,并将其再与应该输出的结果进行比较,如果当前误差在可被接受的范围以内,就停止训练过程,如果当前误差仍处于可被接受的范围之外,就再进行第二次神经网络中网络连接权值及其相应的学习参数的调整,以此类推,直到最终从神经网络的输出层得到的输出结果与应该得到的结果之间的误差在可被接受的范围以内,就停止训练过程,此时表明,神经网络的第一阶段(训练阶段)宣告结束。

◆ 3.5.2 反向传播学习算法的基本流程

基于反向传播学习的前馈型神经网络的学习过程如下,与之相应的流程图和伪代码如下图 3-7 所示。

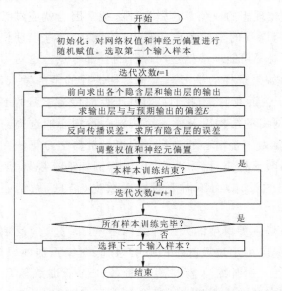
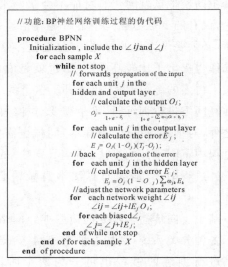

图 3-7 BP 前馈型神经网络学习阶段的算法流程图及其伪代码

步骤 1 初始化人工神经网络中不同层的人工神经元之间的连接权值。

在这个神经网络中处于不同层的两个人工神经元之间的连接权值 w_{ij} 被初始化为一个

绝对值非常小的随机数,例如可以选取区间[−1.0,1.0]上的实数或区间[−0.1,0.1]上的实数。至于究竟在哪个区间上进行选择需要视具体的问题本身的要求而定。与此同时,神经网络中每个人工神经元均设有一个神经元偏置 b_i,这个偏置也被初始化为一个随机数。

对于每一个学习样本(输入数据),按照下面的步骤 2 进行处理。

▌步骤 2　向前传播输入(前馈型神经网络)。

首先,根据学习样本 X 提供人工神经网络的输入层,通过计算得到每个人工神经元的输出信号(数据)。每个神经元的计算方法相同,都是通过其输入数据(信号)的线性组合得到,具体计算公式如下式(3-14):

$$O_j = \frac{1}{1 + \exp(-S_j)} = \frac{1}{1 + \exp[-(\sum_i w_{ij}O_i + b_j)]} \tag{3-14}$$

其中,权值 w_{ij} 表示由上一层的人工神经元 i 到本层人工神经元 j 之间的连接权值,O_i 表示上一层人工神经元的输出信号;b_j 表示本层人工神经元的偏置,用来作为神经元的阈值,可被用于模拟调整人工神经元的活性(使其兴奋或使其抑制)。从上面的公式(3-14)不难看出,人工神经元的输出信号取决于它的总输入信号,即 $S_j = \sum_i w_{ij}O_i + b_j$,然后根据激活函数 $O_j = \frac{1}{1 + \exp(-S_j)}$ 求得神经元最终的输出信号,通常将这个激活函数称为 Logistic 函数(逻辑斯蒂函数)或者 Sigmoid 函数(西格玛函数)。这个函数的主要作用即是能将比较大的输入值映射到区间[−1.0,1.0]上的某一个实数值。由于这个函数为非线性函数并且是处处连续和处处可微的,因此也使得反向传播的前馈型神经网络学习算法可以对线性不可分的分类问题进行建模(设计相应的人工神经网络结构),从而可以进一步地扩展人工神经网络的应用范围。

▌步骤 3　反向误差传播。

由步骤 2 一路向前,最终在输出层得到实际输出结果,并且将这个结果与应该输出的结果进行比较,从而获得每个人工神经元输出结果的误差,正如以下公式 $E_j = O_j(1 - O_j)(T_j - O_j)$。这里需要指出,公式中的 $O_j(1 - O_j)$ 这一部分是 Logistic 函数对总输入信号 $S_j = \sum_i w_{ij}O_i + b_j$ 的导数。由于公式的具体推导过程比较复杂,因此,在这里我们仅仅只给出最终的应用公式,如果有读者想进一步了解公式推导的详细过程,可以查阅相关的参考文献。得到的误差需要从后向前传播,通过前面一层的人工神经元 j 的输出结果与应该输出的结果之间形成的误差可以通过与之相连接的后面一层的所有人工神经元的输出误差组合计算得到,具体的计算公式可以表示为下式(3-15):

$$E_j = O_j(1 - O_j)\sum_k w_{jk}E_k \tag{3-15}$$

根据式(3-15)依次计算,相继求得从最后一个隐藏层到第一个隐藏层上各个人工神经元的输出误差。

▌步骤 4　神经网络中人工神经元之间的连接权值和神经元偏置的调整。

在处理过程中,我们可以一边向后进行误差传播,一边调整人工神经元之间的连接权值以及神经元的偏置。但是为了方便起见,可以首先通过计算得到各个人工神经元的输出误差,然后统一调整所有人工神经元之间的连接权值以及所有神经元的偏置。

调整权值的方法即是从输入层神经元和第一隐藏层的神经元之间的连接权值起始的，顺次向后执行，神经网络中各处需要调整的连接权值 w_{ij} 应根据统一赋值表达式 $w_{ij}^{*}=w_{ij}+mO_iE_j$ 进行调整；人工神经元的偏置的调整方法即是对神经网络中各个神经元进行形如以下赋值表达式 $b_j^{*}=b_j+mE_j$ 的调整。值得一提的是，这里所使用的两个赋值表达式所反映出的学习规则即是梯度下降学习规则。

其中，m 是学习率，通常可取区间 $[0,1]$ 上的实数，它所表示的实际含义是沿着梯度下降方向所需要移动的步长。我们在本章的预备知识中已经介绍了梯度下降法的具体求解方法，在那里，每一次学习（迭代过程）的步长需要根据当前的具体情况进行具体的计算求解得到。但是这种求解步长的方法比较复杂，在机器学习算法设计过程中不宜使用。因此，我们在这里可以使用其他一些方法确定每一次学习过程中的步长。需要注意的是，步长这一参数将影响神经网络学习算法的结果和效率，有经验已经表明，太小的学习率将会导致神经网络的学习过程进展得比较缓慢，而太大的学习率则有可能导致神经网络学习算法出现在不适当的解之间来回振动的情况。一个经验规则是将学习率设定为迭代次数 t 的倒数，即 $1/t$。当然，在实际应用的过程中需要针对具体问题进行具体分析。

■ 步骤 5　　判断是否结束学习过程。

对于每个训练（学习）样本，如果最终的输出结果误差在可被接受的误差范围以内或者迭代次数 t 已经达到了预先设定的上限值，那么就选择下一个训练样本，转到步骤 2 继续执行前面的学习过程；否则，迭代次数 t 加 1，然后转向步骤 2 继续使用当前样本进行训练。直到对于全部训练样本，其最终的输出结果误差皆在可被接受的误差范围以内就终止学习过程，从而准备转向下一个阶段，即测试阶段。

在这里需要指出的是，以上的学习阶段所给出的算法步骤描述仅仅只是一次学习过程的算法描述，当进入测试阶段之后，还要根据测试结果判断是否重新返回到第一阶段（学习阶段）的学习（训练）过程。如果需要返回到学习过程，那么需要将以上的学习阶段所使用的反向传播学习算法的整个执行步骤再重新执行一次，依次类推，直到在测试阶段对所有训练样本经过测试以后输出结果误差在可被接受的误差范围以内方可终止学习过程。

为了使读者能够更加深刻地理解反向传播学习算法的整个过程，接下来，我们将通过一个简单的分类训练的例子，说明基于反向传播学习算法的前馈型神经网络的工作原理和执行机制。在实际应用过程中，会面临各种各样不同背景的分类问题，例如，怎样将垃圾邮件从正常邮件中分离出来就是一个非常经典的分类问题。怎样求解呢？根据人工神经网络学习算法的基本设计思想，首先应对学习（训练）样本进行选择。于是应该选择一定数量的正常邮件（例如，可以选择一定数量与人工智能算法、深度学习等专业研究领域相关的邮件）和一定数量的垃圾邮件（例如广告类或关于促销活动宣传类邮件等）。在选择训练样本时首先需要考虑的问题就是要选择那些具有典型特征的样本，一定要选择那些具有典型特征的正常邮件（选择类型尽可能全面）以及选择具有典型特征的垃圾邮件（选择类型尽可能全面），同时应该尽可能地回避那些模棱两可的邮件（介于正常邮件和垃圾邮件之间的邮件）。然后将每一封正常邮件中具有典型特征的词汇（即根据这些词汇可以判断当前的邮件是正常邮件）提取出来，组成一个正常邮件词汇集（词汇库）；类似地，将每一封垃圾邮件中具有典型特征的词汇（即根据这些词汇可以判断当前的邮件是垃圾邮件）提取出来，组成一个垃圾邮件词汇集。将每一封邮件的词汇集和这封邮件的类型（正常邮件或垃圾邮件）组成一个学习

（训练）数据对，通常将这样的数据对称为带有标记（标签）的数据。最后将这些词汇集作为学习（训练）数据输入到前馈型人工神经网络的输入层，经过各层神经元的相继计算，最后得到输出结果，并将这组输出结果与作为一系列监督信号的与之对应的这些邮件的类型形成的监督向量进行比较，如果误差超过了可被接受的误差范围，就执行反向传播学习算法，不断地调整神经网络中不同层人工神经元之间的连接权值以及人工神经元的偏置，使其误差逐次减小，最终落到可被接受的误差范围以内，此时表明，第一轮神经网络学习过程已经结束（但此时并不意味着人工神经网络已经被训练好了）。下面，我们通过一个带有具体数据的例子将一次反向传播学习算法做一个比较简单的演绎。

已知一个前馈型的人工神经网络结构如下图 3-8 所示。该神经网络由一个输入层、一个输出层以及两个隐藏层构成。其中，输入层由编号分别为 0、1、2 的三个神经元组成；输出层只有一个编号为 9 的神经元；第一隐藏层由编号分别为 3、4、5、6 的四个神经元组成；第二隐藏层由编号分别为 7 和 8 的两个神经元组成。设当前学习率 m 为 0.95，当前的学习（训练）样本（可被视为当前已被选取参加学习的某邮件）为 $\{0,1,1\}$，即分别将 0 输入到编号为 0 的输入层神经元，将 1 输入到编号为 1 的输入层神经元，将 1 输入到编号为 2 的输入层神经元。值得注意的是，在所有这些输入的数据输入到神经网络的输入层之前都需要经过对原始训练样本（数据）进行加工或预处理。类似地，我们也需要对应该输出的结果进行预处理。对于上面提到的邮件分类问题来说，我们可以通过标记设置的方式判断任意一封邮件是正常邮件还是垃圾邮件。不失一般性，不妨令正常邮件的标记设置为 1，垃圾邮件的标记设置为 0，并且该样本应该被视为正常邮件（分类标记为 1）。与此同时，当前这个人工神经网络中各个不同层的人工神经元之间的连接权值的初始值以及每个人工神经元的偏置的初始值皆通过下表 3-5 给出。在这里需要指出的是，权值 w_{ij} 表示由上一层编号为 i 的人工神经元到本层编号为 j 的人工神经元之间的连接权值（初始值），b_k 表示在编号为 k 的人工神经元上的偏置（初始值）。这些初始值可以在算法正式开始执行前由系统随机初始化完成，不难看出，表 3-5 所给出的初始值的取值范围在区间 $[-1.0, 1.0]$ 上。由于该表给出的参数（包括连接权值和偏置）在学习阶段可以通过反向传播学习算法不断进行调整，直到通过神经网络的实际输出结果与应该输出的结果之间的误差在可被接受的误差范围之内即可停止调整，因此，这些参数通常被称为学习（训练）参数。可以看出，表 3-5 中给出的该神经网络学习参数总共有 29 个，其中，作为连接权值这种类型的学习参数有 22 个，作为偏置这种类型的学习参数有 7 个。另外，输入层的人工神经元的偏置值设置为 0。

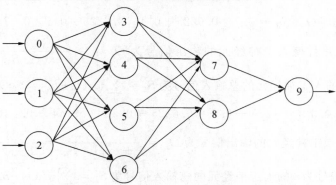

图 3-8　一个具体的前馈型神经网络结构图

表 3-5　处于不同层神经元之间的连接权值和每个神经元偏置的设置表

w_{03}	w_{04}	w_{05}	w_{06}	w_{13}	w_{14}	w_{15}	w_{16}	w_{23}	w_{24}
0.3	-0.2	0.1	0.4	0.4	0.4	-0.1	0.1	-0.3	0.2
w_{25}	w_{26}	w_{37}	w_{38}	w_{47}	w_{48}	w_{57}	w_{58}	w_{67}	w_{68}
0.2	0.3	0.7	-0.3	0.4	-0.6	-0.5	0.5	0.6	-0.4
w_{79}	w_{89}	b_3	b_4	b_5	b_6	b_7	b_8	b_9	
-0.2	-0.3	0.4	-0.1	0.2	-0.3	0.4	-0.6	0.3	

下面,我们将计算过程具体展开如下。首先根据学习(训练)样本的输入,计算每个人工神经元的输出结果误差,并且依次执行误差反向传播。然后根据误差反向传播的结果对神经网络中处于不同层的人工神经元之间的连接权值以及人工神经元的偏置进行不断的调整更新,直至最终通过神经网络得到的输出结果与应该输出的结果之间的误差在预先所设定的误差范围以内为止。由于反向传播学习算法中的迭代过程非常烦琐,因此,下面我们仅仅只展开第一次迭代的详细计算过程。

在第一隐藏层中编号为 3 的人工神经元的总输入信号为 $S_j = \sum_i w_{ij}O_i + b_j = w_{03}O_0 + w_{13}O_1 + w_{23}O_2 + b_3 = 0 + 0.4 - 0.3 + 0.4 = 0.5$,并且该人工神经元的输出信号为 $O_j = \dfrac{1}{1 + \exp(-S_j)} = \dfrac{1}{1 + e^{-0.5}} = 0.6225$;编号为 4 的人工神经元的总输入信号为 $S_j = \sum_i w_{ij}O_i + b_j = w_{04}O_0 + w_{14}O_1 + w_{24}O_2 + b_4 = 0 + 0.4 + 0.2 - 0.1 = 0.5$,并且该人工神经元的输出信号为 $O_j = \dfrac{1}{1 + \exp(-S_j)} = \dfrac{1}{1 + e^{-0.5}} = 0.6225$;编号为 5 的人工神经元的总输入信号为 $S_j = \sum_i w_{ij}O_i + b_j = w_{05}O_0 + w_{15}O_1 + w_{25}O_2 + b_5 = 0 - 0.1 + 0.2 + 0.2 = 0.3$,并且该人工神经元的输出信号为 $O_j = \dfrac{1}{1 + \exp(-S_j)} = \dfrac{1}{1 + e^{-0.3}} = 0.5744$;编号为 6 的人工神经元的总输入信号为 $S_j = \sum_i w_{ij}O_i + b_j = w_{06}O_0 + w_{16}O_1 + w_{26}O_2 + b_6 = 0 + 0.1 + 0.3 - 0.3 = 0.1$,并且该人工神经元的输出信号为 $O_j = \dfrac{1}{1 + \exp(-S_j)} = \dfrac{1}{1 + e^{-0.1}} = 0.5250$。

处于第二隐藏层编号为 7 的人工神经元的总输入信号为 $S_j = \sum_i w_{ij}O_i + b_j = w_{37}O_3 + w_{47}O_4 + w_{57}O_5 + w_{67}O_6 + b_7 = 0.7 \times 0.6225 + 0.4 \times 0.6225 - 0.5 \times 0.5744 + 0.6 \times 0.5250 + 0.4 = 1.1126$,并且该人工神经元的输出信号为 $O_j = \dfrac{1}{1 + \exp(-S_j)} = \dfrac{1}{1 + e^{-1.1126}} = 0.7526$;编号为 8 的人工神经元的总输入信号为 $S_j = \sum_i w_{ij}O_i + b_j = w_{38}O_3 + w_{48}O_4 + w_{58}O_5 + w_{68}O_6 + b_8 = -0.3 \times 0.6225 - 0.6 \times 0.6225 + 0.5 \times 0.5744 - 0.4 \times 0.5250 - 0.6 = -1.0831$,并且该人工神经元的输出信号为 $O_j = \dfrac{1}{1 + \exp(-S_j)} = \dfrac{1}{1 + e^{1.0831}} = 0.2529$。

处于输出层编号为 9 的人工神经元的总输入信号为 $S_j = \sum_i w_{ij}O_i + b_j = w_{79}O_7 + w_{89}O_8 + b_9 = -0.2 \times 0.7526 - 0.3 \times 0.2529 + 0.3 = 0.07361$,并且该人工神经元的输出信号为 O_j

$$= \frac{1}{1+\exp(-S_j)} = \frac{1}{1+e^{-0.07361}} = 0.5184.$$

将 0.5184 与应该得到的输出 1 之间进行比较,由于存在着较大的输出误差,因此需要通过反向传播学习算法减小误差。下面,我们将详细展开反向传播学习算法的计算过程。

处于输出层编号为 9 的人工神经元的输出误差为 $E_9 = O_9(1-O_9)(T_9-O_9) = 0.5184 \times (1-0.5184) \times (1-0.5184) = 0.1202$。

处于第二隐藏层编号为 7 的人工神经元的输出误差为 $E_7 = O_7(1-O_7)w_{79}E_9 = 0.7526 \times (1-0.7526) \times (-0.2) \times 0.1202 = -0.004476$;编号为 8 的人工神经元的输出误差为 $E_8 = O_8(1-O_8)w_{89}E_9 = 0.2529 \times (1-0.2529) \times (-0.3) \times 0.1202 = -0.006813$。

处于第一隐藏层编号为 3 的人工神经元的输出误差为 $E_3 = O_3(1-O_3)w_{37}E_7 + O_3(1-O_3)w_{38}E_8 = 0.6225 \times (1-0.6225) \times 0.7 \times (-0.004476) + 0.6225 \times (1-0.6225) \times (-0.3) \times (-0.006813) = -0.0002560$;编号为 4 的人工神经元的输出误差为 $E_4 = O_4(1-O_4)w_{47}E_7 + O_4(1-O_4)w_{48}E_8 = 0.6225 \times (1-0.6225) \times 0.4 \times (-0.004476) + 0.6225 \times (1-0.6225) \times (-0.6) \times (-0.006813) = 0.0005399$;编号为 5 的人工神经元的输出误差为 $E_5 = O_5(1-O_5)w_{57}E_7 + O_5(1-O_5)w_{58}E_8 = 0.5744 \times (1-0.5744) \times (-0.5) \times (-0.004476) + 0.5744 \times (1-0.5744) \times 0.5 \times (-0.006813) = -0.0002857$;编号为 6 的人工神经元的输出误差为 $E_6 = O_6(1-O_6)w_{67}E_7 + O_6(1-O_6)w_{68}E_8 = 0.5250 \times (1-0.5250) \times 0.6 \times (-0.004476) + 0.5250 \times (1-0.5250) \times (-0.4) \times (-0.006813) = 0.000009875$。

根据计算所得到的除了输入层之外的各层人工神经元上的输出误差即可调整处于不同层的人工神经元之间的连接权值和除了输入层之外的各层人工神经元的偏置,具体计算过程如下。

处于第二隐藏层编号为 7 的人工神经元与处于输出层编号为 9 的人工神经元之间的连接权值 w_{79} 应调整为 $w_{79}{}^* = w_{79} + mO_7E_9 = -0.2 + 0.95 \times 0.7526 \times 0.1202 = -0.1141$;处于第二隐藏层编号为 8 的人工神经元与处于输出层编号为 9 的人工神经元之间的连接权值 w_{89} 应调整为 $w_{89}{}^* = w_{89} + mO_8E_9 = -0.3 + 0.95 \times 0.2529 \times 0.1202 = -0.2711$。

处于第一隐藏层编号为 3 的人工神经元与处于第二隐藏层编号为 7 的人工神经元之间的连接权值 w_{37} 应调整为 $w_{37}{}^* = w_{37} + mO_3E_7 = 0.7 + 0.95 \times 0.6225 \times (-0.004476) = 0.6974$,处于第一隐藏层编号为 3 的人工神经元与处于第二隐藏层编号为 8 的人工神经元之间的连接权值 w_{38} 应调整为 $w_{38}{}^* = w_{38} + mO_3E_8 = -0.3 + 0.95 \times 0.6225 \times (-0.006813) = -0.3040$;处于第一隐藏层编号为 4 的人工神经元与处于第二隐藏层编号为 7 的人工神经元之间的连接权值 w_{47} 应调整为 $w_{47}{}^* = w_{47} + mO_4E_7 = 0.4 + 0.95 \times 0.6225 \times (-0.004476) = 0.3974$,处于第一隐藏层编号为 4 的人工神经元与处于第二隐藏层编号为 8 的人工神经元之间的连接权值 w_{48} 应调整为 $w_{48}{}^* = w_{48} + mO_4E_8 = -0.6 + 0.95 \times 0.6225 \times (-0.006813) = -0.6040$;处于第一隐藏层编号为 5 的人工神经元与处于第二隐藏层编号为 7 的人工神经元之间的连接权值 w_{57} 应调整为 $w_{57}{}^* = w_{57} + mO_5E_7 = -0.5 + 0.95 \times 0.5744 \times (-0.004476) = -0.5024$,处于第一隐藏层编号为 5 的人工神经元与处于第二隐藏层编号为 8 的人工神经元之间的连接权值 w_{58} 应调整为 $w_{58}{}^* = w_{58} + mO_5E_8 = 0.5 + 0.95 \times 0.5744 \times (-0.006813) = 0.4963$;处于第一隐藏层编号为 6 的人工神经元与处于第二隐藏层编号为 7 的人工神经元之间的连接权值 w_{67} 应调整为 $w_{67}{}^* = w_{67} + mO_6E_7 = 0.6 + 0.95$

$\times 0.5250 \times (-0.004476) = 0.5978$，处于第一隐藏层编号为 6 的人工神经元与处于第二隐藏层编号为 8 的人工神经元之间的连接权值 w_{68} 应调整为 $w_{68}{}^* = w_{68} + mO_6E_8 = -0.4 + 0.95 \times 0.5250 \times (-0.006813) = -0.4034$。

处于输入层编号为 0 的人工神经元与处于第一隐藏层编号为 3 的人工神经元之间的连接权值 w_{03} 应调整为 $w_{03}{}^* = w_{03} + mO_0E_3 = 0.3 + 0.95 \times 0 \times (-0.0002560) = 0.3$，处于输入层编号为 0 的人工神经元与处于第一隐藏层编号为 4 的人工神经元之间的连接权值 w_{04} 应调整为 $w_{04}{}^* = w_{04} + mO_0E_4 = -0.2 + 0.95 \times 0 \times 0.0005399 = -0.2$，处于输入层编号为 0 的人工神经元与处于第一隐藏层编号为 5 的人工神经元之间的连接权值 w_{05} 应调整为 $w_{05}{}^* = w_{05} + mO_0E_5 = 0.1 + 0.95 \times 0 \times (-0.0002857) = 0.1$，处于输入层编号为 0 的人工神经元与处于第一隐藏层编号为 6 的人工神经元之间的连接权值 w_{06} 应调整为 $w_{06}{}^* = w_{06} + mO_0E_6 = 0.4 + 0.95 \times 0 \times 0.000009875 = 0.4$；处于输入层编号为 1 的人工神经元与处于第一隐藏层编号为 3 的人工神经元之间的连接权值 w_{13} 应调整为 $w_{13}{}^* = w_{13} + mO_1E_3 = 0.4 + 0.95 \times 1 \times (-0.0002560) = 0.3998$，处于输入层编号为 1 的人工神经元与处于第一隐藏层编号为 4 的人工神经元之间的连接权值 w_{14} 应调整为 $w_{14}{}^* = w_{14} + mO_1E_4 = 0.4 + 0.95 \times 1 \times 0.0005399 = 0.4005$，处于输入层编号为 1 的人工神经元与处于第一隐藏层编号为 5 的人工神经元之间的连接权值 w_{15} 应调整为 $w_{15}{}^* = w_{15} + mO_1E_5 = -0.1 + 0.95 \times 1 \times (-0.0002857) = -0.1003$，处于输入层编号为 1 的人工神经元与处于第一隐藏层编号为 6 的人工神经元之间的连接权值 w_{16} 应调整为 $w_{16}{}^* = w_{16} + mO_1E_6 = 0.1 + 0.95 \times 1 \times 0.000009875 = 0.10001$；处于输入层编号为 2 的人工神经元与处于第一隐藏层编号为 3 的人工神经元之间的连接权值 w_{23} 应调整为 $w_{23}{}^* = w_{23} + mO_2E_3 = -0.3 + 0.95 \times 1 \times (-0.0002560) = -0.3002$，处于输入层编号为 2 的人工神经元与处于第一隐藏层编号为 4 的人工神经元之间的连接权值 w_{24} 应调整为 $w_{24}{}^* = w_{24} + mO_2E_4 = 0.2 + 0.95 \times 1 \times 0.0005399 = 0.2005$，处于输入层编号为 2 的人工神经元与处于第一隐藏层编号为 5 的人工神经元之间的连接权值 w_{25} 应调整为 $w_{25}{}^* = w_{25} + mO_2E_5 = 0.2 + 0.95 \times 1 \times (-0.0002857) = 0.1997$，处于输入层编号为 2 的人工神经元与处于第一隐藏层编号为 6 的人工神经元之间的连接权值 w_{26} 应调整为 $w_{26}{}^* = w_{26} + mO_2E_6 = 0.3 + 0.95 \times 1 \times 0.000009875 = 0.30001$。

处于输出层编号为 9 的人工神经元上的偏置应调整为 $b_9{}^* = b_9 + mE_9 = 0.3 + 0.95 \times 0.1202 = 0.4142$；处于第二隐藏层编号为 7 的人工神经元上的偏置应调整为 $b_7{}^* = b_7 + mE_7 = 0.4 + 0.95 \times (-0.004476) = 0.3957$；处于第二隐藏层编号为 8 的人工神经元上的偏置应调整为 $b_8{}^* = b_8 + mE_8 = -0.6 + 0.95 \times (-0.006813) = -0.6065$；处于第一隐藏层编号为 3 的人工神经元上的偏置应调整为 $b_3{}^* = b_3 + mE_3 = 0.4 + 0.95 \times (-0.0002560) = 0.3997$；处于第一隐藏层编号为 4 的人工神经元上的偏置应调整为 $b_4{}^* = b_4 + mE_4 = -0.1 + 0.95 \times 0.0005399 = -0.09949$；处于第一隐藏层编号为 5 的人工神经元上的偏置应调整为 $b_5{}^* = b_5 + mE_5 = 0.2 + 0.95 \times (-0.0002857) = 0.1997$；处于第一隐藏层编号为 6 的人工神经元上的偏置应调整为 $b_6{}^* = b_6 + mE_6 = -0.3 + 0.95 \times 0.000009875 = -0.29999$。

这样经过一轮反向传播学习算法，神经网络中不同层的人工神经元之间的连接权值以及除了输入层之外的其余各层的神经元偏置均进行了调整，于是开始第二轮迭代过程。与第一轮迭代过程相似，在本轮迭代过程的第一个环节仍然是将输入信号通过连接权值和神经元偏置均进行了调整之后的神经网络逐层向前传播，直到输出层输出最终的信号，具体计算过程展开如下。

在第一隐藏层中编号为 3 的人工神经元的总输入信号为 $S_j = \sum_i w_{ij}O_i + b_j = w_{03}{}^* O_0 + w_{13}{}^* O_1 + w_{23}{}^* O_2 + b_3{}^* = 0 + 0.3998 - 0.3002 + 0.3998 = 0.4994$，并且该人工神经元的输出信号为 $O_j = \dfrac{1}{1 + \exp(-S_j)} = \dfrac{1}{1 + e^{-0.4994}} = 0.6223$；编号为 4 的人工神经元的总输入信号为 $S_j = \sum_i w_{ij}O_i + b_j = w_{04}{}^* O_0 + w_{14}{}^* O_1 + w_{24}{}^* O_2 + b_4{}^* = 0 + 0.4005 + 0.2005 - 0.09949 = 0.5015$，并且该人工神经元的输出信号为 $O_j = \dfrac{1}{1 + \exp(-S_j)} = \dfrac{1}{1 + e^{-0.5015}} = 0.6228$；编号为 5 的人工神经元的总输入信号为 $S_j = \sum_i w_{ij}O_i + b_j = w_{05}{}^* O_0 + w_{15}{}^* O_1 + w_{25}{}^* O_2 + b_5{}^* = 0 - 0.1003 + 0.1997 + 0.1997 = 0.2991$，并且该人工神经元的输出信号为 $O_j = \dfrac{1}{1 + \exp(-S_j)} = \dfrac{1}{1 + e^{-0.2991}} = 0.5742$；编号为 6 的人工神经元的总输入信号为 $S_j = \sum_i w_{ij}O_i + b_j = w_{06}{}^* O_0 + w_{16}{}^* O_1 + w_{26}{}^* O_2 + b_6{}^* = 0 + 0.10001 + 0.30001 - 0.29999 = 0.10003$，并且该人工神经元的输出信号为 $O_j = \dfrac{1}{1 + \exp(-S_j)} = \dfrac{1}{1 + e^{-0.10003}} = 0.5250$。

处于第二隐藏层编号为 7 的人工神经元的总输入信号为 $S_j = \sum_i w_{ij}O_i + b_j = w_{37}{}^* O_3{}^* + w_{47}{}^* O_4{}^* + w_{57}{}^* O_5{}^* + w_{67}{}^* O_6{}^* + b_7{}^* = 0.6974 \times 0.6223 + 0.3974 \times 0.6228 - 0.5024 \times 0.5742 + 0.5978 \times 0.5250 + 0.3957 = 1.1026$，并且该人工神经元的输出信号为 $O_j = \dfrac{1}{1 + \exp(-S_j)} = \dfrac{1}{1 + e^{-1.1026}} = 0.7507$；编号为 8 的人工神经元的总输入信号为 $S_j = \sum_i w_{ij}O_i + b_j = w_{38}{}^* O_3{}^* + w_{48}{}^* O_4{}^* + w_{58}{}^* O_5{}^* + w_{68}{}^* O_6{}^* + b_8{}^* = -0.3040 \times 0.6223 - 0.6040 \times 0.6228 + 0.4963 \times 0.5742 - 0.4034 \times 0.5250 - 0.6065 = -1.0987$，并且该人工神经元的输出信号为 $O_j = \dfrac{1}{1 + \exp(-S_j)} = \dfrac{1}{1 + e^{1.0987}} = 0.2500$。

处于输出层编号为 9 的人工神经元的总输入信号为 $S_j = \sum_i w_{ij}O_i + b_j = w_{79}{}^* O_7{}^* + w_{89}{}^* O_8{}^* + b_9{}^* = -0.1141 \times 0.7507 - 0.2711 \times 0.2500 + 0.4142 = 0.2608$，并且该人工神经元的输出信号为 $O_j = \dfrac{1}{1 + \exp(-S_j)} = \dfrac{1}{1 + e^{-0.2608}} = 0.5648$。

将此输出结果与第一轮迭代时的输出结果相比较，不难看出，输出误差明显减小，从而可以得出以下结论：经过执行一次反向传播学习算法，神经网络中的连接权值以及各个神经元的偏置调整之后，输出误差减小了。这也体现了通过合理的学习方法（即梯度下降学习规则），神经网络的学习已初见成效。并且可以证明，经过不断的迭代，输出误差将会变得越来越小，即学习效果越来越好，直到输出误差已经落入到预先设定的误差范围以内即可停止反向传播学习算法，此时表明神经网络已经将该学的知识学会了，因此，神经网络中不同层人工神经元之间的连接权值以及各个人工神经元的偏置也都无须再做调整了。

以上介绍的神经网络学习算法可被称为标准 BP 算法，这个算法的主要特点是每次仅仅只针对一个训练样本通过不断调整人工神经网络中人工神经元之间的连接权值和各层（除了输入层以外）人工神经元上的阈值，使得神经网络最终学会所需要掌握的知识。但是，如果需要通过人工神经网络学习的不是单个训练样本的知识,而是从一批训练样本中获得所需要的知识,如果仍然使用标准 BP 算法依次对每一个输入样本进行训练,那么将会导致学习参数更新得非常频繁,甚至对于不同的训练样本进行更新的效果可能出现"相互抵消"的现象。为了避免发生这种现象,我们只能对标准 BP 算法加以改进,于是得到了被称为累积误差逆传播(accumulated error back propagation)算法,也可以将其简称为累积 BP 算法。这种累积 BP 算法不是使得每个训练样本的误差最小,而是使这批学习样本的累积误差达到最小。因此,它的主要做法即是在读取完整个训练集中的全部训练(学习)样本之后才对神经网络中的相邻层人工神经元之间的连接权值以及人工神经元上的偏置进行调整。一般来说,调整学习参数的方法大致如下:首先将所有带有标记的训练样本中的输入样本依次输入到神经网络的输入端,依据神经网络中的学习参数(包括人工神经元之间的连接权值以及人工神经元上的阈值)所设定的初始值向前计算到神经网络的输出端,并得到第一轮输出结果,然后将每一个训练样本的输出结果(经过人工神经网络的传播)分别与相应的应该输出的结果进行比较,找出误差最大的那个训练样本,接着以这个训练样本为基准逐层向后传递误差,并且修改神经网络中的各个学习参数,然后将所有带有标记的训练样本中的输入样本依次输入到神经网络的输入端,依据当下最新调整好的神经网络中的学习参数向前计算到神经网络的输出端,并得到第二轮输出结果,接着将每一个训练样本的输出结果分别与相应的应该输出的结果再次进行比较,找出误差最大的那个训练样本,接着以这个训练样本为基准逐层向后传递误差,并且修改神经网络中的各个学习参数,这样的迭代过程反复进行下去,直到最终所有训练样本的误差都在预先设定的误差允许范围以内即可,此时,神经网络中的所有学习参数都将不可更改,因此表明整个神经网络已经被训练好,可以进入下一个阶段——测试阶段了。

但是,这种基于反向传播学习算法的人工神经网络的学习能力具有很大的局限性。特别是当学习(训练)样本具有大数据的特征时,这种浅层(即包含的隐藏层数量较少)人工神经网络的学习效果就非常不尽人意了。这主要是由于这种神经网络结构对于训练数据规模非常大的学习样本来说,极易陷入局部极小值的窘境之中或陷入一种所谓欠拟合的困境之中。这里的欠拟合,就是指在学习过程中,无论经过多少轮的反向传播学习过程,其误差始终不能减少到预先所设定的误差范围以内。之所以会导致这样的结果,主要是因为这种神经网络的结构比较简单,其主要表现在以下两个方面:其一是隐藏层较少;其二是人工神经元的数量较少。我们也可以将其与人类的学习进行对比。通常来说,学习新知识对于智商较低的人来说是一件非常困难的事情,因为智商较低的人的大脑中的神经元之间很少有连接,即在他们大脑中能够组成神经网络结构的神经元的数量比较少,即大脑中的神经网络结构比较简单,因此,他们学习和掌握新知识的能力就比较弱。怎样解决这个问题呢?需要将这种浅层神经网络改造为隐藏层很多的深度神经网络,与此同时,训练这种神经网络的学习算法也要做相应的改进,通常,我们将这些学习算法统称为深度学习算法(deep learning algorithm,DLA)。下面,我们将简要介绍基于深度学习算法的深度神经网络的工作机理。

3.6　基于深度学习算法的深度神经网络

随着科学和技术的不断进步和发展,人类对计算机的计算能力也提出了越来越高的要求,当前的计算机已经不能仅仅满足于解决数据规模量比较小的问题了,我们在不知不觉中已经迎来了大数据处理的新时代。也就是说,面对各种类型的大数据处理问题,计算机必须能以极高的计算效率进行求解,这对计算机的计算能力提出了很高的要求。因此,对于基于人工神经网络的智能学习算法来说,是一次极大的考验。

事实上,前面已经讨论过的基于浅层神经网络结构的反向传播学习算法已经完全不能用于求解大数据处理问题了。这是因为按照机器学习算法求解大数据处理问题的基本思路,必须经过数据训练阶段(学习阶段),数据训练阶段中的学习样本数量必须达到一定的程度方可,否则将会导致过拟合现象的发生。也就是说,对于大数据处理问题的求解来说,在数据训练阶段,如果学习样本(训练数据)太少,那么必将导致神经网络由于训练样本太少而不能得到较全面的训练,以至于一旦将这种神经网络应用于测试阶段,将会出现测试效果非常糟糕的局面。可是如果将达到一定数量的学习样本输入到这种基于反向传播学习算法的浅层神经网络中,将会导致欠拟合现象的产生,也就是说,在学习阶段,无论如何都不可能达到理想的学习效果,即训练误差不可能落入预先设定的理想范围以内。这是为什么呢?以学习英语单词的学生为例,如果教师布置下面的学习任务:要求每个学生每天记忆 10 个新单词,几乎所有学生都可以做到(无论使用怎样的学习方法),但是,如果教师要求每个学生每天记忆 100 个新单词,则将会有大部分学生无法完成这项学习(训练)任务,我们甚至可以大胆地设想,他们的学习方法从本质上讲就是死记硬背。但是在这些学生中,不乏极少数学生,他们使用了不同的学习(训练)方法(例如词根词缀记忆法、联想记忆法等)仍然可以完成这种艰巨的学习任务。基于浅层神经网络结构的反向传播学习算法类似于在英语单词的学习中使用死记硬背的方法,它仅仅只适用于学习样本比较少的情况,而基于深度神经网络的深度学习算法(例如特征学习算法)类似于那些在英语单词的学习中使用的更加高效的学习方法。

这两种神经网络学习算法的区别究竟体现在何处呢?主要体现在两个方面:其一是人工神经网络的结构,其二是在训练不同类型的神经网络结构上所使用的学习算法。在深度神经网络结构中,隐藏层的数量远远多于浅层神经网络,这样一来,将不得不迫使学习(训练)样本的数量急剧增加。但是,问题在于在深度神经网络中,学习样本的数量的增加通常赶不上训练(学习)参数的增加,因此,势必将会导致过拟合现象的产生。因为如果训练样本太少,将会导致深度神经网络的泛化能力减弱。泛化能力的大小是通过泛化错误来衡量的,而泛化错误通常是一个与过拟合相对应的概念。泛化错误通常表现为一个人工神经网络模型(或深度神经网络模型)在训练样本和测试样本上错误率的差距,也就是说,泛化错误越小,神经网络模型的适用性也就越强。因此,泛化错误是衡量一个神经网络学习模型是否可以很好地泛化到未知数据的一个关键因素。

为了解决过拟合问题,通常的处理方法首先是在经验风险最小化的原则基础上加上学习参数的正则化,这种方法通常也被称为结构风险最小化原则(structure risk minimization)。然后就是要平衡学习样本的数量和学习(训练)参数的数量之间的比例关系。特别是对于深度神经网络系统,根据前面的讨论,通常将会出现下面这种情况:学习样本数量较少,而学习参数较多。很显然,要想改变这种局面,通常可以使用以下两种途径:要么增加学习样本的数量,要么减少学习参数的数量。第一种途径所需使用的典型学习算法即是稀疏自编码器与逐层学习相结合的学习算法。其中,稀疏自编码器的工作机理是无监督学习,使用这种自编码器的主要目的在于进行特征学习。为什么要进行特征学习呢?我们仍然可以借用人类的学习过程进行类比论述。为了描述方便起见,我们就以英语学习为例说明。在英语学习过程中,必不可少的一个学习环节就是记忆英语单词,而通常来说,有两种英语单词的记忆方法,第一种记忆法就是按照英语单词表的顺序记忆单词,即首先记忆以字母 a 打头的单词,然后记忆以字母 b 打头的单词,依次这样顺序记忆下去,直到将单词表中的所有单词全部记住为止。但是,使用这种记忆方法记忆英语单词的数量是非常有限的。这是因为使用这种方法实际上是将每个英语单词孤立起来看待了,也就是说,这种方法将任意两个单词之间视作没有任何关联性,于是,就将导致记忆过程中的顾此失彼的现象,即当记住了后面的单词,就有可能会遗忘前面已经记忆过的单词(类似于利用浅层神经网络结构和加在其上的反向传播学习算法训练大数据量的学习样本时出现的欠拟合现象),这样一来,能够真正记住的单词数量很少。另一种记忆法就是词根记忆法,也就是说,将每个英语单词看作是由词根、前缀和后缀三个部分构成,在记忆单词之前,首先将词根、前缀和后缀记得烂熟于胸,事实上,尽管英语单词的数量很多(经常使用的单词将近一万个),但是词根及其前缀和后缀加在一起的总数量仅仅只有几百个而已(没有超过一千个),这种记忆英语单词的方法本质上就是特征学习。英语学习的实践早已表明,使用第一种方法(死记硬背的方法)只能记住非常少量的单词,要想掌握(记忆)更多的英语词汇,必须也只能通过第二种记忆法——词根词缀记忆法方能实现。

特征学习算法的基本设计思路与词根词缀记忆法极为相似。如前所述,如果使用大量的学习样本(训练数据)对深度神经网络进行训练,那么对于学习样本的选择需要做一番研究。也就是说,学习样本的选择一定要尽可能地覆盖全体样本的所有特征,只有这样选择,才有可能进一步地提高深度神经网络在测试阶段的泛化能力。这样一来,就有可能面临着学习样本中会包含许多特征的局面。但是,事实上,并不是所有的样本特征都是有用的。恰恰相反,甚至样本中有许多特征通常是冗余的甚至是易变的。因此,这就需要我们能够从大量的学习样本中提取有效的和稳定的样本特征。传统的特征提取是通过人工方式(非神经网络学习算法)进行的,这就需要运用大量的相关专业领域知识和专家知识。但是,即便如此,这种通过人工的方法总结出的特征在许多任务上(例如图像识别等)也不能满足需要。因此,怎样才能自动地学习有效的特征已经成为神经网络学习算法中的一个非常重要的研究内容,这就是所谓特征学习,也可被称为表征学习。一般来说,可以将特征学习划分为两个阶段,第一个阶段是特征选择,即在许多特征数据集中选取有效的训练数据子集;第二个阶段则是特征提取,即构造一个新的特征空间,并且将原始特征(即有效的训练数据子集中所包含的特征)投影到新的特征空间中。

一般而言,对于训练深度神经网络,由于待训练的原始学习样本较多(主要体现在特征较多),因此,通常将整个学习过程分为两个阶段,第一个阶段是基于特征学习的原始训练数据预处理阶段,第二个阶段则是对特征数据的训练(学习)阶段。这两个阶段的学习方式是截然不同的,其中,第一个阶段的学习方式是无监督学习(无导师学习);第二个阶段的学习方式是有监督学习(有导师学习)。由于原始数据空间维数较高,第一个阶段主要由两个过程组成,前一个过程实现的主要功能即是将高维的原始训练数据空间通过一种编码函数投影到维数较低的特征数据空间,通常将这一过程称为编码过程;后一个过程实现的主要功能即是以特征空间的数据为基准,通过解码函数重构出原始的高维训练数据,通常将这一过程称为解码过程。当然,重构出的高维数据与原始的训练样本之间将不可避免地存在着误差,也就是说,只要两者之间的误差在允许的范围之内就可以了。当然,这又需要借助于使用反向误差学习算法,具体来讲,由于编码函数和解码函数中都包含一些训练(学习)参数,因此,这些训练参数同样是要通过所谓反向传播学习算法的不断迭代逐渐确定下来。不难看出,在整个特征学习阶段所使用的学习方法即是所谓无监督学习方法。特征学习阶段执行完毕之后,就进入到第二阶段的学习(训练)过程中,也就是对经过前一阶段的特征学习所得到的特征数据进行训练的阶段,这个训练阶段所使用的学习算法即是前面曾经介绍过的反向传播学习算法,不难看出,在这一阶段所使用的学习方法即是所谓有监督学习方法。总之,这种基于特征学习的深度学习方法是一种将无监督学习和有监督学习结合起来的机器学习方法。

当然,在基于特征学习的训练数据预处理阶段,除了使用无监督学习算法之外,就是对人工神经网络的选择了。我们首先介绍一种最简单的选择方案——三层前馈神经网络(three-layered feedforward neural Network,TFNN)。其中,第一层是原始训练数据输入层,第二层是特征提取层,第三层是原始训练数据重构层。从第一层到第二层的主要目的是将原始数据空间(高维)投影到低维的特征数据空间,这一过程在稀疏自编码器中被称为编码过程(亦可被称为特征提取过程),它主要是由一个线性变换和另一个非线性变换(通常是Sigmoid变换)构成的。而从第二层到第三层的主要目的是将低维的特征数据空间还原成高维的原始数据空间,当然,一般不可能完全地还原成高维的原始数据。但是只要与原始训练数据之间的误差在一个可接受的范围之内就可以了。这一过程在稀疏自编码器中通常被称为解码过程,为了简化起见,它通常使用一个线性变换实现。但是,对于有些比较"复杂的"原始训练数据(即特征较多的原始训练数据)来说,在解码过程中如果仅仅只使用线性变换,将会导致无论怎样对学习参数(神经网络中的连接权值和除了输入层之外的其余各层人工神经元上的阈值)进行调整(训练),都不可能重构出理想的原始数据。因此,在解码过程中,除了使用线性变换之外,通常还要使用一些非线性变换(例如双曲正切变换等)。这一阶段的学习(训练)结束之后,我们即可得到隐藏在各个原始训练样本(数据)中的特征数据。然后,将这些特征数据作为下一个阶段人工神经网络的学习(训练)样本,通过反向传播学习算法不断调整神经网络中的各个学习参数(包括人工神经元之间的连接权值以及除了输入层之外的各层人工神经元的阈值),直到最终的输出结果与应该输出的结果之间的误差在可被接受的范围之内即可。

事实上,对于特征层次(通常包括浅层特征和深层特征)比较多的原始训练样本(数据)来说,如果编码过程和解码过程仅仅只各自使用一次,仍然不足以将所有的层次特征完全提取出来,以至于最终导致这样的基于特征学习的人工神经网络达不到理想效果。也就是说,如果一旦将这种训练(学习)好了的深度神经网络用于测试样本(测试集)中进行测试,误差仍然会超过可被接受的范围,从而导致过拟合现象的发生。这是为什么呢?究其原因,主要是由于这种基于特征学习的神经网络结构过于简单,使得特征学习的效果不太充分,也就是说,没有把隐藏在原始训练数据中的所有特征通过当前的人工神经网络完全学习到位,甚至当前的神经网络对某些更深层次的特征完全尚未掌握。接下来,为了说明问题方便起见,通常我们将仅仅只使用一次编码过程所获得的原始样本(数据)特征称为浅层特征。对于一些特征层次较多的原始训练样本(数据)来说,仅仅通过人工神经网络学习到浅层的特征数据往往是不够的,必须要进一步地学习(提取)更深层次的特征数据。怎样进行呢?主要通过逐层学习的方式实现。所谓逐层特征学习,即是将前面的基于特征学习的三层前馈神经网络进行若干次的嵌套，也就是说，将编码—解码过程反复嵌套使用若干次，进而可使其获得原始样本（数据）的深层特征。具体来说，也就是将经过第一次编码以后所得到的浅层特征数据视为下一层待提取特征的原始样本（数据），经过类似于上一层的编码→解码过程提取出更深一层的特征数据，依次这样进行下去，直到认为当前的特征数据确实反映了原始样本最根本性的特征时为止，并将这种特征数据提取出来，作为原始学习样本的深层特征。可以看出，这种深层特征的提取方法仍然是一种无监督学习方法，只是在这里，无监督学习要在不同的嵌套层次里反复使用。在这里需要强调的是，这种基于逐层特征学习的深度神经网络中学习（训练）参数的调整应怎样执行。一般来说，我们通常使用所谓"粗调"与"精调"相结合的方法。所谓粗调，即指局限在各个嵌套层内部的神经网络结构中的学习参数通过无监督学习的调整过程；所谓精调，即指将整个深度神经网络完全展开以后各个学习参数通过无监督学习的调整过程。总之，在逐层特征学习（一种深度学习的方法）的过程中，学习参数的调整分为"粗调"与"精调"两个阶段。学习参数一旦调整完毕，也就意味着原始样本中的深层特征已被提取出来，然后将这种深层特征样本（低维的数据集）作为基于反向传播学习算法的人工神经网络的输入数据，按照前面所述的反向传播学习算法不断调整这个神经网络中的学习参数，最终使得输出结果与应该输出的结果之间的误差在可被接受的范围以内。至此，整个深度神经网络的学习（训练）过程结束。

当然，下一个阶段即是测试阶段，即将测试样本首先依次经过以上两个已经学习好了的神经网络，然后输出测试结果，最后将测试结果与应该输出的结果（类似于标准答案）进行比较，如果误差在可被接受的范围以内，则表明深度神经网络已经训练完毕，可以投入到实际应用之中了，否则，仍然需要退回到深度神经网络的学习阶段，修改相应的神经网络结构，重新调整学习参数进行反复训练，直到通过测试为止。

第二种途径所需使用的人工神经网络即是卷积神经网络（另一种深度神经网络），并在其上使用相应的深度学习算法对整个神经网络进行有效的训练。使用卷积神经网络的主要目的是通过减少学习参数来避免过拟合现象的发生。减少学习参数的方法主要是通过使用滤波器（filter）从而达到权值共享和局部感受野（local receptive field，LRF）机制。卷积神经网络（convolutional neural networks，CNN）也是一种前馈型深度神经网络。卷积神经网络主要是基于生理学上的所谓感受野（Receptive Field，RF）机制而设计出来的。感受野主要是指听觉系统、本体感觉系统以及视觉系统中的生物神经元的一些性质。例如，在视觉神经系统中，一个视觉神经元的感受野是指视网膜上的特定区域，也就是说，只有这个区域内的刺激才能够激活该视觉神经元。

一般而言，卷积神经网络通常在结构上具有三个特性：局部连接性、权值共享性以及空间或时间上的次采样（subsampling）性。这些特性将使得卷积神经网络具有一定程度上的平移性、缩放性以及扭曲不变性。

卷积是分析数学中的一种非常重要的计算方法。为了叙述方便起见，我们这里仅考虑二维离散序列的情形。在图像处理过程中（例如对图像进行超分辨率的处理），由于图像的信息通常是以二维矩阵的形式输入到人工神经网络中，因此，我们需要使用二维卷积层。为了增强卷积层的表示能力，通常可以使用 K 个学习参数不同的滤波器（矩阵）获得 K 组输出信息，其中，每一组输出信息都共享一个滤波器。如果我们将每一个滤波器看作是一个特征提取器，那么，每一组信息都可以被看作是由输入图像经过一个特征提取以后所取得的特征。因此,在卷积神经网络中,每一组输出信息通常也被称为一组特征映射(feature map)。

由于卷积层的作用主要是提取一个局部区域的特征,因此,卷积神经网络也具有部分的特征学习功能,只不过由于使用了卷积层,可以显著增加能够被用于学习的神经元的层次数。这样一来,势必将会导致产生所谓梯度消失(vanishing gradient)现象。什么是梯度消失呢? 即当人工神经网络的层次数很多时(层数很深时),梯度将会不停地衰减,甚至消失(梯度为零),进而导致整个神经网络几乎丧失了学习能力,我们通常把神经网络在学习(训练)过程中出现的这种状态称为所谓梯度消失问题(vanishing gradient problem),有时也称为梯度弥散现象。在这里需要指出的是,从本质上讲,梯度消失现象即是深度神经网络丧失了学习能力的表现。梯度消失现象类似于人脑所产生的定势思维现象,人们一旦对某个事物或某个学科领域产生了定势思维,就意味着他们对其丧失了学习能力。甚至人类科学发展史上的大师级科学家或思想家也无法逃避定势思维对他们的束缚。即便是作为 20 世纪最伟大的科学家的爱因斯坦也无法摆脱定势思维对他从事科学研究的束缚。众所周知,他提出和建立了特殊相对论和一般相对论的理论体系,但是,由于他对整个宇宙和自然从认识论上秉持确定论观点,因此,他与现代物理学的一个重要理论——量子力学失之交臂,他甚至曾经一度将量子力学视为伪科学,因为在他看来,在一个严密的科学理论中是绝对不能带有任何不确定性因素的。但是,令他万万没有想到的是,当今科学中的实际情况恰恰与他坚持的确定论观念相反,不确定性是许多自然现象甚至社会现象(包括经济规律)的本质。因此,经过了近一个世纪的发展,人们逐渐意识到建立在不确定性基础之上的理论体系(例如量子力学)也是科学大厦必不可少的组成部分,甚至对当代科学的贡献(包括第三次工业革命——信息科技革命)起到了至关重要的作用。人类之所以会形成定势思维(丧失学习能力)主要是由于神经元之间的连接关系被固化了,也就是说,在人的大脑中各个神经元的状态(处于兴奋或处于抑制)已经陷入不可改变的局面。与之相似,在人工神经网络系统中,梯度消失主要表现为当神经网络输出层的输出结果与应该输出的结果之间存在的误差超过了所允许的误差范围时,神经网络结构中相邻两层的人工神经元之间的连接权值以及除了输入层以外其余各层上的人工神经元的阈值均已无法改变,也就是说,整个神经网络丧失了学习能力,从而也就无法完成学习任务。

导致这一现象产生的主要原因是激活函数设计得并不合理。在浅层人工神经网络阶段,通常使用 Sigmoid 函数(或双曲正切函数)作为激活函数。但是如果将 Sigmoid 函数作为深度神经网络的激活函数,由于这个非线性函数本身所具有的性质,当神经网络的层次数比较多时,容易导致在使用梯度下降学习规则时,当反向传播误差尚未达到允许的范围之内时,梯度就已经降为零值了。因此,为了使得梯度不至于非常迅速地下降为零,必须要修改前面使用过的非线性函数,通常可以将其替换为整流线性单元(ReLU)或参数化整流线性单元(parametric ReLU)。这样一来,可以使得激活函数的导数为 1,进而使得反向误差可以很好地进行传播,因而使得整个人工神经网络的学习能力得到极大的提升,并且可以使得训练速度获得显著的提高。

由于在卷积神经网络中,卷积层的作用主要是提取一个局部区域的特征,因此,每一个滤波器都等效于一个特征提取器。尽管卷积层可以显著地减少相邻两层人工神经元的连接的数量,但是,每一个特征映射的人工神经元的数量并没有显著减少。因此,如果在卷积神经网络的后面再连接一个分类器,那么这个分类器的输入维数依旧将会很高,很容易导致产生过拟合现象。为了解决这个问题,在卷积神经网络中,通常的做法是在卷积层之后再添加上一个池化(pooling)操作,也就是子采样(subsampling),形成一个所谓的子采样层。子采样层可以用来大大降低特征的维数,并且进而可以避免产生过拟合现象。

下面,我们简要介绍一个具体的深度卷积神经网络的应用实例——LeNet-5 神经网络模型。虽然 LeNet-5 神经网络模型提出的时间比较早,它却是一个非常成功的人工神经网络模型。基于 LeNet-5 神经网络模型的手写数字识别系统曾经在 20 世纪 90 年代被美国许多银行使用,用以识别支票上面的手写数字。如果不计 LeNet-5 模型的输入层,那么它总共有七层,每一层的结构如下。

(1) 输入层:输入图像大小为 $32 \times 32 = 1024$。

(2) C1 层:这一层是一个卷积层,其中,滤波器的大小为 $5 \times 5 = 25$,总共有 6 个滤波器。由此可以获得 $28 \times 28 = 784$ 个特征映射。这样一来,卷积层 C1 中的人工神经元的总数应为 $6 \times 784 = 4704$。可训练参数(学习参数)的总数为 $6 \times 25 + 6 = 156$。人工神经元之间的连接总数为 $156 \times 784 = 122304$(包括人工神经元的偏置的连接)。

(3) S2 层:这一层为子采样(subsampling)层,该层是由卷积层 C1 的各组特征映射中的 2×2 领域点子采样为 1 个点,也就是取这 4 个数的平均值。不难看出,子采样层的人工神经元总数为 $14 \times 14 = 196$,可训练参数的总数为 $6 \times (1 + 1) = 12$,人工神经元之间的连接总数为 $6 \times 196 \times (4 + 1) = 5880$(包括人工神经元的偏置的连接)。

(4) C3 层:这一层是一个卷积层。由于子采样层也具有多组特征映射,因此需要一个连接表来定义不同层特征映射之间的依赖关系。LeNet-5 神经网络模型的连接表如下表 3-6 所示。这样的连接机制的基本假设前提是:卷积层 C3 的最初始的 6 个特征映射依赖于上一层(子采样层 S2)的特征映射的每 3 个连续子集;接下来的 6 个特征映射依赖于子采样层 S2 的特征映射的每 4 个连续子集;再接下来的 3 个特征映射依赖于子采样层 S2 的特征映射的每 4 个非连续子集;最后一个特征映射依赖于子采样层 S2 的全部特征映射。因此,这样一来,必须使用 60 个滤波器方可实现,并且将每个滤波器的大小设定为 $5 \times 5 = 25$,于是即可获得 16 组大小为 $10 \times 10 = 100$ 的特征映射。卷积层 C3 中的人工神经元的总数为 $16 \times 100 = 1600$。可被用于机器学习的参数总数为 $60 \times 25 + 16 = 1516$;人工神经元之间的连接总数为 $1516 \times 100 = 151600$(包括人工神经元的偏置的连接)。

表 3-6 LeNet-5 中 C3 卷积层的连接表

	0	1	2	3	4	5	6	7	8	9	10	11	12	13	14	15
0	×				×	×	×			×	×	×	×		×	×
1	×	×				×	×	×			×	×	×	×		×
2	×	×	×				×	×	×			×		×	×	×
3		×	×	×			×	×	×	×			×		×	×
4			×	×	×			×	×	×	×		×	×		×
5				×	×	×			×	×	×	×		×	×	×

(5) S4 层:这一层是一个子采样层,该层是由卷积层 C3 的各组特征映射中的 2×2 领域点子采样为 1 个点,也就是取这 4 个数的平均值,从而可以得到 16 组大小为 $5 \times 5 = 25$ 的特征映射。可被用于机器学习的参数总数为 $16 \times 2 = 32$;人工神经元之间的连接总数为 $16 \times 25 \times (4 + 1) = 2000$(包括人工神经元的偏置的连接)。

（6）C5 层：这一层是一个卷积层，可以得到 120 组大小为 $1 \times 1 = 1$ 的特征映射。其中，每一个特征映射皆与上一个子采样层 S4 的所有特征映射相连接。这个卷积层 C5 具有 $120 \times 16 = 1920$ 个滤波器，滤波器的大小是 $5 \times 5 = 25$。并且该卷积层的人工神经元总数为 120，可被用于机器学习的参数总数为 $1920 \times 25 + 120 = 48120$；人工神经元之间的连接总数为 $120 \times (16 \times 25 + 1) = 48120$（包括人工神经元的偏置的连接）。

（7）F6 层：这一层是一个全连接层，该层具有 84 个人工神经元，可被用于机器学习的参数总数为 $84 \times (120 + 1) = 10164$；人工神经元之间的连接总数与可被用于机器学习的参数总数相等，同为 10164。

（8）输出层：这一层由 10 个欧氏径向基函数（radial basis function，RBF）组成。

以上我们介绍的深度神经网络结构是深度前馈型人工神经网络。这种前馈型神经网络的输入端和输出端的维数都必须是固定的，不能做任何改变。但是，当需要处理的大规模数据是序列数据（例如与时间相关的数据）时，这种前馈型人工神经网络就显得捉襟见肘了，这主要是由于序列数据是数据维数可以随着时间不断变化的。为了使得前馈型人工神经网络能够处理变长的序列数据，一种方法是使用延时神经网络（time-delay neural networks，TDNN）。其中的一种延时神经网络即是循环神经网络（recurrent neural networks，RNN）。在前馈型人工神经网络模型中，人工神经元之间的连接存在于相邻层的神经元之间，而每层内部的人工神经元之间是没有连接的。

循环神经网络通过使用带自反馈的神经元，能够处理任意长度的序列。循环神经网络比前馈型人工神经网络更加符合生物神经网络的结构。循环神经网络已经被广泛地应用在语音识别、语言模型以及自然语言生成等任务上。循环神经网络的学习参数可以通过随时间反向传播（back propagation through time，BPTT）算法来学习。但是，循环神经网络的一个最大问题是训练时梯度需要随着时间进行反向传播。当输入序列比较长时，将会导致梯度爆炸和消失等问题。

为了解决这些问题，Hochreiter 和 Schmidhuber 提出了一个非常好的解决方案，就是引入门机制（gating mechanism）来控制信息的累积速度，并且可以遗忘之前累积起来的信息。这就是所谓的长短时记忆神经网络（long short-time memory neural network，LSTMNN）模型。长短时记忆神经网络模型的关键是引入了一组记忆单元（memory units），这组记忆单元允许神经网络学习何时遗忘历史信息，何时使用新信息来更新记忆单元。在时刻 t 时，记忆单元 c_t 记录了截止到当前时刻为止的全部历史信息，并且它受到了三个“门”的控制，即输入门 i_t、遗忘门 f_t 以及输出门 o_t，并且这三个门的函数值均在 $[0,1]$ 之间。不难看出，长短时记忆神经网络模型是循环神经网络模型的一个变体，可被用于有效地解决简单循环神经网络的梯度爆炸或消失问题。当前，长短时记忆神经网络模型已经被应用于许多的任务和领域中，例如机器翻译等。

门限循环单元（gated recurrent unit，GRU）是一种比长短时记忆神经网络更加简化的版本。在 LSTMNN 模型中，输入门和遗忘门是互补关系，由于同时使用两个门比较冗余，因此，GRU 模型将输入门与遗忘门合并成一个门——更新门（update gate），与此同时，GRU 模型也合并了记忆单元与神经元活性。GRU 模型中有两个门——更新门 z 与重置门 r。其中，更新门 z 主要用于控制当前的状态需要遗忘多少历史信息以及接收多少新信息；重置门 r 主要用于控制候选状态中有多少信息是从历史信息中得到的。

3.7 机器学习的应用与发展

随着对深度神经网络模型的不断改进和完善,深度神经网络(deep neural network, DNN)已经被许多的研究者应用到了越来越多的领域之中。主要应用领域既包括人脸识别、指纹识别、图像信息处理、计算机视觉、自然语言处理、智能机器人故障检测、神经生理学、认知科学等诸多民用领域,也包括声呐的多目标识别与跟踪、军用机器人控制、导弹的智能导引、航天器的姿态控制、战场管理以及决策支持系统等诸多军用领域。在本节中,我们将首先从识别与分类、神经优化、建模与预测、控制与处理等方面对深度神经网络的应用做一简要介绍,然后对基于深度神经网络模型的机器学习算法在近些年来关注度比较高的两个应用领域——计算机视觉(computer vision,CV)和自然语言处理(natural language processing,NLP)中的应用做些简要说明。

◆ 3.7.1 人工神经网络模型的一般应用

1. 识别与分类应用

人工神经网络模型的典型应用即是模式识别与分类。一般而言,模式识别和分类是指通过一系列的训练数据对神经网络进行训练,在有标记数据的有监督学习算法下,使得神经网络在训练数据的反复训练过程中通过不断的调整网络中神经元之间的连接权值和部分神经元阈值,达到正确识别的目标。与传统的判别式统计分类方法相比较而论,基于神经网络模型的学习算法不需要被识别的问题具有线性可分的性质,因此完全可以将其应用到非线性的识别与分类问题中,具有十分广泛的应用价值。由于神经网络通过训练和学习的过程,获得了非线性的识别与分类能力,可以将输入数据通过训练好的非线性结构映射到输出空间。目前,深度神经网络模型已经在手写识别、指纹鉴定、声音以及人脸识别等模式识别领域获得了一系列成功的应用,尤其是在手写识别和人脸识别上的正确率在95%以上。此外,还可将其应用于对目标的自动识别、目标追踪、机器人传感器图像识别以及地震信号的鉴别等诸多方面。

2. 计算与优化应用

神经计算不仅是人工神经网络的一个重要的应用方式,而且为各种比较复杂的最优化问题提供了解决的路径。最优化问题即是需要在问题的解空间里找到一个最优的解,在满足一定的约束条件下使得目标函数取最大值或最小值。由于人工神经网络具有并行搜索处理信息、联想记忆等特性,并且在搜索全局最优解或近似全局最优解方面,体现出了非常高的搜索效率,因此,其在求解最优化问题上得到了相当广泛的应用。

值得一提的是,在使用人工神经网络进行优化计算的时候,通常都是选择 Hopfield 神经网络。例如,早在20世纪80年代中叶,Hopfield 和 Tank 就提出了一种使用人工神经网络模型求解离散组合优化问题的方法。他们提出的基于人工神经网络的学习算法,对于不超过30座城市的旅行商问题通常都能够找到最优解或近似最优解,但是当城市规模进一步增大时,结果就不太理想了。近些年来,随着深度神经网络模型的不断发展和完善,求解这种数据规模量较大的离散型组合优化问题又有了新的突破。

3. 建模与预测应用

人工神经网络模型的非线性处理能力使得它在对各种具有重大实用价值的系统建模上

发挥着非常大的优势。当将人工神经网络应用在非线性系统建模上时,本质上即是通过训练当前的神经网络模型,使之在训练数据中获得知识,并且完成从输入到输出的非线性映射过程。处理这类问题通常都是使用有监督学习方法,也就是从提供的训练样本(学习数据)中找到输入与输出之间的内在联系,进而发现系统的内在规律,最后通过使用优化计算方法,建立系统的非线性模型。通过对学习数据进行拟合,即可获得将输入映射到输出的模型。一般而言,当前用于实际应用中的绝大多数人工神经网络模型几乎都是具有许多层神经元结构的深度神经网络,这种模型的最大优势在于它几乎能够对任意函数进行一定精度的逼近。神经网络用于函数逼近建模的现实应用主要包括以下两类:一类是没有现实模型的问题,例如其数据都是经过观察或者实验的方法获得的;另一类则是理论模型十分复杂,以至于很难使用这种模型对现存数据进行计算与分析的问题,例如在微生物学领域中的关于细菌生长预测问题等。

事实上,在许多情形下,神经网络建模的目的即是预测。而所谓神经网络预测即是指首先根据一定数量的历史样本数据(通常为表征某一种现象时间序列的数据,例如交通车流量、外汇走势、卫星云图等)对神经网络进行训练,然后再用已被训练好的神经网络对当下的或者对可以预见的未来某时刻的情景进行预测,例如使用基于深度神经网络(卷积神经网络)的机器学习算法进行小时天气预报。

4. 控制与处理应用

当前,神经网络已经在信息处理和自动控制等诸多领域获得了相当成功的应用。特别是在自动控制领域,其主要应用包括系统建模和辨识、极点配置、优化设计、最优控制以及预测容错控制等;此外,神经网络还在机器人控制方面发挥着相当重要的作用,能够对机器人进行轨道控制,以及操作机器人眼手系统,常用于机械手的故障诊断以及故障排除、智能自适应移动机器人导航以及机器人视觉系统等。

下面,我们简要介绍关于人工神经网络模型的两个典型应用——计算机视觉(computer vision,CV)和自然语言处理(natural language processing,NLP)。

3.7.2 人工神经网络模型的典型应用

1. 人工神经网络在计算机视觉中的应用

一般来讲,计算机视觉通常有三个研究层次,即计算理论、表达与算法以及硬件实现。由于生物视觉系统在硬件实现层次上是由生物神经元构成的神经网络,因此,从表面上看,其与计算机系统有非常显著的差异。然而,如果这两者在计算理论层次上具有同构性,则从本质上讲,这两者之间应该没有太大的差别。正因如此,传统的看法通常是,应该将视觉信息处理的理论研究的侧重点放在计算理论和表达与算法这两个层次上,而神经网络则属于实现层次,因为它对视觉认知过程并不具有本质上的重要性。然而,这种看法在最近这些年来正在发生比较重大的改变,其原因大致可以归结为以下若干方面。

(1)硬件实现方式是否能够反过来决定和影响计算理论和表达与算法这两个层次呢?众所周知,神经网络是一种巨大的互联网络,虽然作为单个神经元来讲,其结构比较简单,信息处理能力也不够强,但是,神经网络却具有比神经元的数量还高出三个以上数量级的连接。这种通过神经元之间的连接而形成的神经元体系结构已经在体系结构理论中被形象地称为连接主义(connectionism)。正是神经网络具有的这种十分独特的体系结构,对知识表达与信息处理过程均提供了新的思路。例如：连接方式以及网络的动力学过程本身即可被视为一种表达方式，或者说，这种表达方式是一种动态的表达方式，而这一点在传统的信息处理理论中很少被研究过。

（2）即使承认计算理论反映了信息处理过程中最本质的部分，这也仅仅只是一种理想情形。事实上，绝大部分视觉处理过程都具有多输入和非线性的特点。由于当前人们对非线性数学以及非线性动力学过程的研究还处于非常不完善的发展阶段，因此，人们往往使视觉处理过程变得过分简化（oversimplified）才能通过对得到的系统方程的求解过程解释一些视觉认知过程。正是由于使用了这种过分简化的数学模型，从而导致当前的计算机视觉系统只能被应用于一些简单并且特定的环境氛围中。然而，人工神经网络模型（尤其是深度神经网络模型）允许在当前的理论基础不完善的情况下，形成一种具有机器自动学习以及人工自适应的体系结构，不仅能够通过与外界信息的交互作用，形成一种非线性映射或者形成一种非线性动力学系统，而且能够在不知道怎样使用精确的数学模型描述输入和输出这种比较复杂的非线性关系的情况下比较精确地反映输入和输出之间的关系。当然，由于条件的限制（包括硬件（AI芯片）和软件（机器学习算法）），目前的深度神经网络也仅仅只能被视为真正的神经网络模型的一种简化版本。但是即使如此，当前的这种神经网络模型已经在计算机视觉这一新兴领域悄然地留下了它的印记。

2. 人工神经网络在自然语言处理中的应用

自然语言处理能够让计算机使用人类的语言，例如英语、法语、德语、日语或希伯来语等。为了让简单的程序可以高效明确地解析，计算机程序通常读取并且发出特殊化的语言。然而，自然的语言通常不仅是模糊的，而且还有可能不遵循形式化的描述。对于自然语言处理中的典型应用（例如机器翻译）来说，学习者需要读取一种用人类语言描述的语句，并用另一种人类语言发出与其语义相同的语句。许多关于自然语言处理的传统应用程序主要基于语言模型，语言模型中定义了关于自然语言中的字、字符或字节序列的概率分布。

近些年来，非常通用的神经网络技术也已经成功地应用于自然语言处理领域。为了实现卓越的性能并且能够将神经网络技术进一步地扩展到大型应用程序，一些领域特定的策略也显得尤为重要。为了构建自然语言处理的有效模型，通常需要使用专门用于处理序列数据的技术。在绝大多数情况下，我们可以将自然语言视为一系列单词，而不将其视为单个字符或字节序列。由于在自然语言处理中，可能遇到的单词总数非常大，因此，基于单词的语言模型需要在极高的维度和稀疏的离散空间上进行操作。为了使得这种空间上的模型在计算和统计意义上皆高效，研究者们已经研发了若干种策略。

其中一种策略通常被称为神经语言模型（neural language model，NLM），它主要是一类被用于克服所谓维数灾难的语言模型。神经语言模型使用单词的分布式表示对自然语言序列进行建模。使用 NLM 可以识别两个意义相近的单词，而且不会丧失将每个单词编码为彼此不同的能力。神经语言模型能够共享一个单词（及其上下文）以及其他相似单词（以及上下文之间）的统计强度。NLM 为每个单词学习的分布式表示，并且允许神经语言模型处理具有类似共同特征的单词来实现这种共享。例如，如果单词 tiger 与单词 lion 映射到具有许多属性的表示，那么包含单词 tiger 的句子可以告知 NLM 对包含单词 lion 的句子做出预测，反之亦然。由于这样的属性数量非常多，因此存在着许多泛化的方式，例如可以将信息从每个训练句子传递到指数量级的语义相关的句子。维数灾难则必须将神经语言模型泛化到指数量级的句子（指数量级相对于语句的长度而言）。NLM 通过将每个训练句子与指数量级的类似句子相关联的策略解决了所谓维数灾难的问题。

除此以外，深度神经网络还可以用于自然语言处理领域中的机器翻译。众所周知，机器翻译主要是以一种自然语言读取句子并且产生与之等同含义的使用另一种语言表述的句子。一般来说，机器翻译系统通常由许多组件构成。在高层次，一个组件通常会提出许多候选的翻译。由于不同语言之间自身存在的差异，这些翻译中有许多是不符合标准语法规范的。例如，由于许多语言在名词后面放置形容词，因此当它们被直接翻译成英文时，将会产生例如"banana yellow"的短语。提议机制提出建议翻译的很多变体，在理想情况下应该包括"yellow banana"这种翻译。翻译系统的第二个组成部分（即语言模型）对各种提议的翻译进行评估，并且能够做出"yellow banana"比"banana yellow"更好的评价。

最早的机器翻译神经网络探索中已经纳入了编码器和解码器的想法，而机器翻译中神经网络的第一个大规模有竞争力的应用即是通过神经语言模型升级翻译系统的语言模型。而在此以前，绝大部分机器翻译系统在组件中使用的则是 N-Gram 模型。机器翻译中基于 N-Gram 的模型不仅包括传统的回退 N-Gram 模型，而且包括最大熵语言模型。

基于机器学习算法的问题主要体现在需要将单词序列预处理为固定长度。为了使得翻译过程更加灵活，我们必须要求深度神经网络模型能够做到对可变的输入长度和可变的输出长度的数据进行处理。循环神经网络（recurrent neural network，RNN）模型恰好具备这种能力。通常，基于神经网络的机器翻译系统首先读取输入序列并且产生概括输入序列的数据结构。通常将这个概括称为"上下文"C。上下文 C 可以是向量列表、向量或张量。读取输入以产生"上下文"C 的神经网络模型可以是循环神经网络（RNN）模型或卷积神经网络（CNN）模型；另一个神经网络（通常是 RNN）模型则主要负责读取上下文 C 并且生成目标语言的句子。编码器-解码器（encoder-decoder）架构在直观表示（例如单词序列或图像）和语义表示之间来回映射。使用来自一种模态的编码器输出（例如从日语句子到捕获句子含义的隐藏表示的编码器映射）作为用于另一模态的解码器输入（例如解码器将捕获句子含义的隐藏表示映射到德语），我们可以训练将一种模态转换到另一种模态的系统。幸运的是，这个想法已经成功地应用到了许多领域，不仅仅是在自然语言处理中的机器翻译领域，甚至还应用到了图像生成标题。

习题3

1. 请指出人工神经元是如何去模拟生物神经元的结构和功能的。

2. 简述人工神经网络的发展历程。

3. 在人工神经网络模型中有哪些典型的结构和重要的学习算法？

4. 使用 Python 编程语言或 MATLAB 编程语言上机编程实现 BPNN 算法。

5. 通过查阅相关文献，了解基于深度学习的深度神经网络有哪些典型的结构以及在各个领域中有怎样的应用。

第4篇

数据挖掘基础

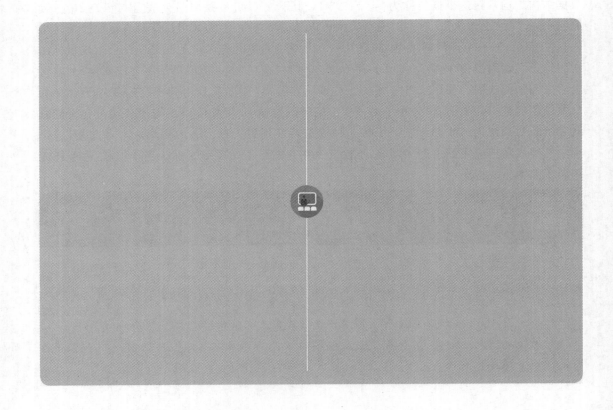

第 **4** 章　分类算法

　　人工智能的基本理论与技术在历经了十几年的发展之后终于被相当成功地应用到了商业数据处理和分析中。这些应用从某种程度上对大数据处理理论的提出以及大数据分析的发展及应用起到了相当大的推动作用。可以毫不夸张地说,大数据分析和处理系统的核心模块算法和技术都离不开人工智能的相关理论以及技术的支持。在人工智能中有一个重要的分支就是数据挖掘与知识发现,尤其是在数据挖掘(data mining)领域中,对于怎样将海量数据进行有效的分类和聚类问题提出了两大类通用算法——分类算法与聚类算法,这两类算法中所蕴藏的经典思想甚至在当前大数据处理和分析的热点研究领域仍然具有相当大的启发意义。正因如此,我们将用两章的篇幅对这两种信息处理方法加以介绍,本章介绍分类算法,下一章介绍聚类算法。

　　分类在数据分析(挖掘)中是一个至关重要的环节。由于分类的目标即是学会一个分类函数或者分类模型,因此,为了方便起见,人们通常将其称为分类器。这个分类模型可以将数据库中的数据项映射到给定数据类别中的某一个类别。与人工神经网络类似,分类器也可被用于预测。预测的目标即是根据历史数据记录自动推导出对给定数据的趋势性描述,进而可以对未来的结果(数据)进行预测。在统计学中,通常使用的预测方法是回归(包括线性回归和非线性回归)。然而,数据分析中的分类与统计学中的回归方法是一对既相互联系又相互区别的概念。一般来说,分类的输出结果是离散的类别值,而回归的输出结果却是连续数值。分类具有广泛的应用,例如信用卡系统的信用分级、智能医疗诊断、图像模式识别等应用研究领域。

　　分类器的构造方法包括机器学习算法、统计方法以及决策树方法等。机器学习算法主要是反向误差传播学习算法(上一章介绍过的 BP 算法),该算法从实质上讲是一种非线性判别函数。统计方法包括贝叶斯方法以及非参数方法等。通常的邻近学习或基于实例的学习(instance-based learning,IBL)属于非参数方法。其所对应的知识表示则为判别函数与原型实例,所谓原型实例,即指有代表性的典型记录,它的表示是原始记录形式。决策树方法包括决策树法和规则归纳法,与前者所对应的表示为决策树或判别树,当前,决策树法可被进一步地发展成随机森林(random forest)方法;与后者所对应的表示有决策表(decision list)以及产生式规则等。除此以外,许多模糊数学理论(例如粗糙集理论等)都可被应用于分类器的构造中。

　　本章将分类算法归结为以下四种类型,即基于距离的分类算法、决策树分类算法、贝叶斯分类算法以及规则归纳方法。在每种算法中,首先介绍各类算法的主要思想(来源),然后介绍当前类型的若干种典型分类算法。在基于距离的分类算法中重点介绍最邻近分类算法;在决策树分类算法中重点介绍 ID3 算法与 C4.5 算法;贝叶斯分类算法主要包括朴素贝叶斯分类算法以及 EM 算法;在规则归纳方法中重点介绍 CN2 算法。

本章主要内容安排如下:首先介绍分类算法的基本概念与步骤;然后介绍各种分类算法;最后介绍分类数据的预处理方法以及分类算法的性能评价问题。

4.1 分类的基本概念

定义 4.1 给定一个数据集 DataSet $=\{d_1,d_2,\cdots,d_n\}$(简记为 D)和一组类(名) Class $=\{C_1,C_2,\cdots,C_m\}$(简记为 C),分类问题即是确定一个函数 $f:D{\rightarrow}C$,每个数据 $d_i(i=1,2,\cdots,n)$ 被分配到一个类中,并且任意一个类 $C_j(j=1,2,\cdots,m)$ 是由通过函数 f 对应到该类中的全部数据组成的,即 $C_j=\{d_i\mid f(d_i)=C_j,i=1,2,\cdots,n,$ 并且 $d_i{\in}D\}$。

下面,我们通过一个最简单的例子来说明分类的基本工作过程。例如,教师按照人工智能课程的分数将选修这门课程的学生分成 A、B、C、D、E 五类(档),这一目标只需要通过使用简单的分界线(60,70,80,90)即可实现,即成绩不低于 90 分的学生属于 A 类;成绩低于 90 分但不低于 80 分的学生属于 B 类;成绩低于 80 分但不低于 70 分的学生属于 C 类;成绩低于 70 分但不低于 60 分的学生属于 D 类;成绩低于 60 分的学生属于 E 类。

通过以上的定义和例子,不难看出,我们将分类过程看作是从数据集到一组类别的函数(映射)。在这里需要指出的是,这里的类别是被预先定义好的并且是不交叠的,也就是说,不可能在已知数据集中找到某个数据,它同时属于两个不同类别。换句话说,数据集中的每一个数据皆被精确地分配到一个类别之中。

为了构造一个分类器,需要有一个训练样本数据集作为其输入,分类的目标是对输入数据(样本)进行分析,即通过在训练样本(数据集)中的数据表现出来的特征,为每一个类找到一种准确的描述或者模型。一般来说,数据分类(data classification)主要分为两个阶段,即建模阶段(训练阶段)和使用阶段(测试阶段)。

训练阶段的主要流程大体如下:首先通过分析由属性描述的数据元组来构造模型。数据元组也被称为样本、实例或对象。为建立模型而被分析的数据元组形成了相应的训练数据集。通常,我们将训练数据集中的单个元组称为训练样本,并且随机地从样本群中进行选取。每个训练样本还有一个特定的类标签与之相对应。由于提供了每个训练样本的类标记,因此,通常我们将这一步称为有监督学习(即模型的学习建立在被告知每个训练样本属于哪个类的"指导"下执行)。它不同于无监督学习(或聚类算法),在那里,每个训练样本的类标记是未知的,需要学习的类集合或者数量也很有可能是事先不知道的。

测试阶段的主要流程大体如下:首先评估模型(分类算法)的预测正确率。保持(holdout)方法是一种使用类标记样本测试集的简单方法。这些样本可以随机地进行选取,并且要求独立于训练样本。模型在给定测试数据集上的正确率是被该模型正确分类的测试样本的百分比。对于单个测试样本来说,将已知的类标记与该样本的学习模型类预测进行比较。在这里需要注意的是,如果模型的正确率仅仅只根据训练数据集进行评估,评估结果通常是比较乐观的,即正确率比较高,这是因为学习模型倾向于充分对训练数据进行拟合。因此,使用交叉测试法来评估模型是比较合理的方法,相关知识将在本章后续内容中进行详细阐述。如果认为模型的正确率是可以接受的,那么就可以使用该模型对类标记为未知的数据元组或者对象进行分类。这种未标记的数据在机器学习文献中通常被称为"未知的数据"或者"以前未曾见到的数据"。

总而言之,我们可以将分类问题的求解过程划分为建立模型和模型测试这两个阶段。事实上,建立模型的过程也就是使用训练数据进行学习的过程,模型测试的过程即是对类标记为未知的测试样本(数据)进行分类的过程。

例如,如果我们给定一个顾客信用信息的数据库,那么就可以根据这些顾客的信誉度(优良或者相当好)来识别顾客。首先需要学习分类规则,然后分析现有顾客数据,学习得到的分类规则可以用于预测新的或未来顾客的信誉度。

4.2　基于距离的分类算法

基于距离的分类算法的思路比较简单直观。如果某数据库中的每一个元组 t_i 为数值向量,每个类使用一个典型的数值向量表示,那么我们就可以通过分配每一个元组到与其最相似的类来实现对该元组的分类。具体定义通过下面的定义 4.2 给出。

定义 4.2　　给定一个数据库 Database＝$\{t_1, t_2, \cdots, t_n\}$(简记为 D)和一组类(名)Class＝$\{C_1, C_2, \cdots, C_m\}$(简记为 C)。对于任意的元组 $t_i＝\{t_{i1}, t_{i2}, \cdots, t_{ij}\} \in D$,如果存在一个 $C_k \in C$,使得对于任意的 $C_l \in C$ 并且 $C_l \neq C_k$,皆有:

$$\text{sim}(t_i, C_l) \leqslant \text{sim}(t_i, C_k)$$

则该数据库中的元组 t_i 应被分配到类 C_k 中,其中,$\text{sim}(t_i, C_k)$ 被称为相似性。

在对实际问题的计算过程中,通常使用距离来表示这种相似性。也就是说,距离越近,相似性越大;反之,距离越远,相似性越小。为了更方便地计算相似性,首先需要获得每个类的向量。一般而言,这样的计算方法有许多种。例如,表征每一个类的向量可以通过计算每个类的中心来实现。除此以外,在模式识别中,一个事先定义的图像也可被用来表示一个类,事实上,分类即是将分类的样例与事先已被定义好的图像进行比较的过程。

以下的算法 4.1 描述了比较简单的基于距离寻找待分类数据类标识的搜索算法。为了方便起见,不妨假设每一个类 C_i 用类中心表示。每一个元组需要与每一个类的中心进行比较,从而找到最邻近的类中心,进而获得确定的类别标识。基于距离分类算法的计算复杂度通常为 $O(n)$。

算法 4.1　基于距离的类标识搜索算法

输入:每一个类的中心 $C_1, C_2, \cdots, C_m$ 以及待分类的元组 t。

输出:类别 c。

(1) dist＝＋∞;/＊距离初始化＊/

(2) for i＝1 to m do

(3) if dist＞dist(c,t) then begin

(4) c＝i;

(5) dist＝dist(c,t);

(6) end;

(7) flag t with c

下面,我们通过一个简单的例子来描述基于距离的分类算法。例如,设有 A、B、C 三个类,如下图 4-1(a)所示,图 4-1(b)给出了 18 个待分类的样本,图 4-1(c)给出了一种分类结果。

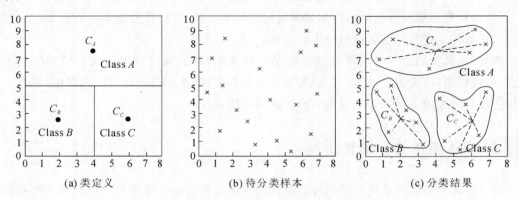

(a) 类定义   (b) 待分类样本   (c) 分类结果

图 4-1　基于距离的分类

在上图 4-1(a)中,描述每一个类的向量能够通过计算每一个类所代表的区域中心进行确定。可以看出,类别 A 的中心 C_A 的坐标为$(4,7.5)$;类别 B 的中心 C_B 的坐标为$(2,2.5)$;类别 C 的中心 C_C 的坐标为$(6,2.5)$。这样一来,通过计算每一个元组到各类中心的距离即可获得各个元组所属最相似的类,从而可以实现非常简单的分类。图 4-1(c)给出了各个样本的分类结果,其中的虚线指示了从每一个样本到类中心的距离。

在前面的叙述中,我们给出了基于距离的分类算法的基本思想,在现实中通常使用的一种基于距离的分类算法是 k-最邻近方法(k-nearest neighbors,kNN)。k-最邻近分类算法的思想来源比较简单。不失一般性,不妨设在每一个类中包含多个训练数据,并且每个训练数据都有一个唯一的类别标识,k-最邻近分类算法的主要思想即是首先计算每个训练数据到待分类元组的距离,然后获取与待分类元组距离最接近的 k 个训练数据,最后观察 k 个训练数据中哪个类别的训练数据占据多数,将当前的待分类元组归属于那个类别。

下面,我们通过算法 4.2 给出 k-最邻近分类算法的具体描述。

■算法 4.2　k-最邻近分类算法

输入:训练(学习)数据集 T;最邻近数目 k 以及待分类的元组 t。

输出:类别 c。

(1) N=空集;

(2) for each d∈T do begin

(3) if |N|<k

(4) then N=N ∪ {d};

(5) else if

(6) ∃u∈N such that(s. t.) sim(t,u)<sim(t,d)

(7) then begin

(8) N=N−{u};

(9) N=N ∪ {d};

(10) end

(11) end

(12) c＝class related to such u∈N which has the most number；

在以上所给出的算法 4.2 中，T 表示训练数据集，如果集合 T 是由 p 个元组组成的数据集合，则使用这个数据集对一个元组进行分类的时间复杂度为 $O(p)$。

当使用 k-最邻近方法对一个数据元素进行分类时，主要是通过它与训练数据集中的每一个元组进行相似度的计算和比较完成的。由此可知，如果对 n 个未知元组进行分类，则时间复杂度应为 $O(np)$。又由于训练数据集中所包含的元素数目为常数（虽然或许很大），因此，对其完成正确的分类所需耗费的时间复杂度为 $O(np)$。

下面，我们通过一个实际应用例子加以说明。

使用下表 4-1 所给出的训练样本数据集，使用 k-最邻近分类算法对元组＜李明霞，女，1.63＞进行分类。

表 4-1 训练样本数据集

序 号	姓 名	性 别	身 高/m	类 别
01	艾丽丝	女	1.50	矮
02	汤姆	男	1.92	高
03	玛丽亚	女	1.70	中等
04	珍妮	女	1.60	矮
05	海伦	女	1.60	矮
06	托马斯	男	1.75	中等
07	王芷	女	1.50	矮
08	大卫	男	1.60	矮
09	安德烈	男	2.03	高
10	塞缪尔	男	1.86	高
11	张娜	女	1.68	中等
12	徐军	男	1.78	中等
13	许倩	女	1.72	中等
14	李蓓	女	1.69	中等
15	吴丹	女	1.64	中等

如果只用高度参与距离计算，并且令 k＝5，则根据 k-最邻近算法的具体执行过程如下：

① 对训练样本数据集 T 的前 5 条记录，$N＝\{＜艾丽丝，女，1.50＞，＜汤姆，男，1.92＞，＜玛丽亚，女，1.70＞，＜珍妮，女，1.60＞，＜海伦，女，1.60＞\}$；

② 对训练样本数据集 T 中的第 6 条记录 $d＝＜托马斯，男，1.75＞$，与测试元组＜李明霞，女，1.63＞进行比较，需要替换掉 N 中与当前测试元组差别最大的元组＜汤姆，男，1.92＞，从而得到经过更换之后的记录集合 $N＝\{＜艾丽丝，女，1.50＞，＜托马斯，男，1.75＞，＜玛丽亚，女，1.70＞，＜珍妮，女，1.60＞，＜海伦，女，1.60＞\}$；

③ 对训练样本数据集 T 中的第 7 条记录没有任何变化；

④ 对训练样本数据集 T 中的第 8 条记录 $d＝＜大卫，男，1.60＞$，与测试元组＜李明霞，女，1.63＞进行比较，需要替换掉 N 中与当前测试元组差别最大的元组＜托马斯，男，1.75

＞，从而得到经过更换之后的记录集合 N＝{＜艾丽丝,女,1.50＞,＜大卫,男,1.60＞,＜玛丽亚,女,1.70＞,＜珍妮,女,1.60＞,＜海伦,女,1.60＞}；

⑤ 对训练样本数据集 T 中的第 9 条记录没有任何变化；

⑥ 对训练样本数据集 T 中的第 10 条记录没有任何变化；

⑦ 对训练样本数据集 T 中的第 11 条记录 d＝＜张娜,女,1.68＞,与测试元组＜李明霞,女,1.63＞进行比较,需要替换掉 N 中与当前测试元组差别最大的元组＜艾丽丝,女,1.50＞,从而得到经过更换之后的记录集合 N＝{＜张娜,女,1.68＞,＜大卫,男,1.60＞,＜玛丽亚,女,1.70＞,＜珍妮,女,1.60＞,＜海伦,女,1.60＞}；

⑧ 对训练样本数据集 T 中的第 12 条、第 13 条记录没有任何变化；

⑨ 对训练样本数据集 T 中的第 14 条记录 d＝＜李蓓,女,1.69＞,与测试元组＜李明霞,女,1.63＞进行比较,需要替换掉 N 中与当前测试元组差别最大的元组＜玛丽亚,女,1.70＞,从而得到经过更换之后的记录集合 N＝{＜张娜,女,1.68＞,＜大卫,男,1.60＞,＜李蓓,女,1.69＞,＜珍妮,女,1.60＞,＜海伦,女,1.60＞}；

⑩ 对训练样本数据集 T 中的第 15 条记录 d＝＜吴丹,女,1.64＞,与测试元组＜李明霞,女,1.63＞进行比较,需要替换掉 N 中与当前测试元组差别最大的元组＜李蓓,女,1.69＞,从而得到经过更换之后的记录集合 N＝{＜张娜,女,1.68＞,＜大卫,男,1.60＞,＜吴丹,女,1.64＞,＜珍妮,女,1.60＞,＜海伦,女,1.60＞}。

由此可知,最后的输出集合 N＝{＜张娜,女,1.68＞,＜大卫,男,1.60＞,＜吴丹,女,1.64＞,＜珍妮,女,1.60＞,＜海伦,女,1.60＞}。对照上表 4-1,不难看出,由于在这个集合的 5 个元组中,3 个属于"矮"这个类别,2 个属于"中等"类别,因此,根据 k-最邻近算法的最终结果判定李明霞为矮个。

在这里需要指出的是,对于上面的例子来说,由于我们仅仅只考虑了身高这一个维度,因此,两个对象之间的距离计算直接使用它们之间的差的绝对值得到。然而,在多维度的情况下,应该使用适当的距离公式(例如欧氏距离)进行计算与比较。除此以外,在这个例子中也尚未考虑男性和女性在身高上应该具有的差异,因此,使用这种分类算法得出的结论亦不是完全合理的,有兴趣的读者可以对这一问题进行更深入的讨论。

4.3 基于决策树的分类算法

在没有相关领域知识的情况下,从海量数据中生成分类器的一种特别有效的方法即是生成一棵决策树(decision tree)。决策树表示方法是应用最为广泛的逻辑方法之一,它能从一组既没有次序又没有规则的实例中挖掘出使用决策树表示形式的分类规则。决策树分类算法主要利用自顶向下的递归方式,在决策树的内部结点进行属性值之间的比较,并且依据不同的属性值判断从当前结点向下的分支,在决策树的叶子结点得出结论。事实上,从决策树的根结点到每一个叶子结点的一条路径即对应着一条合取规则,整棵决策树即对应着一组析取表达式规则。

基于决策树的分类算法的一个最大的优点即是其在学习过程中不要求使用者了解相关问题所涉及的专业知识(这同时也是其最大的缺点),只要训练结果能用属性-结论式表示出来,即能够使用这一算法来学习。

决策树是一个类似于流程图的树形结构,其中,每个内部结点表示在某一个属性上的测试,并且每个分支表示相应的属性测试输出结果(输出值),而每个叶子结点表示相应的类或类分布。决策树的最顶层结点即是整棵树的根结点。一棵典型的决策树如下图 4-2 所示。

上图 4-2 表示概念 buys_computer,它可被用于预测某顾客是否有可能购买计算机。不难看出,在决策树的示意图中,内部结点通常使用矩形框表示,而叶子结点通常使用椭圆框表示。为了对未知的样本进行分类,通常需要将该样本的属性值在决策树上进行测试。由于决策树从根结点到叶子结点的一条路径即对应着一条合取规则,因此,很容易将决策树转换成对应的分类规则。

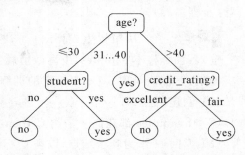

图 4-2 buys_computer 的决策树示意图

决策树是应用非常广泛的分类方法,当前有多种决策树方法,例如 CN2、ID3、SLIQ、SPRINT 等。大多数已开发的决策树是一种核心算法的变体。接下来,我们将首先简要地介绍一下决策树分类的基本核心思想,然后详细介绍 ID3 算法和 C4.5 算法。

4.3.1 决策树基本算法概述

决策树分类算法通常可以分为两个阶段,前一阶段称为决策树生成算法;后一阶段称为决策树修剪算法。

1. 决策树生成算法

决策树生成算法的输入是一组带有类别标记的例子,构造的结果是一棵二叉树或一棵多叉树。二叉树的内部结点(非终端结点或叶子结点)通常用于代表一个逻辑判断,例如形式为 $(a_i = v_i)$ 的逻辑判断,其中,a_i 代表属性,v_i 表示该属性的某个属性值。二叉决策树的分支(边)表示当前逻辑判断的分支结果。多叉决策树的内部结点表示属性,分支代表该属性的所有可能取值,有几个属性值就拥有几条边。树的叶子结点都是类别标记。

构造决策树的方法是采用自上而下的递归构造,其思路如下:

(1) 以代表训练样本的单个结点开始构建决策树(对应着以下算法 4.3 的步骤(1))。

(2) 如果样本都在同一个类,则该结点成为叶子结点,并用该类标记(步骤(2)和步骤(3))。

(3) 否则,该算法使用称为信息增益的基于熵的度量作为启发信息,选择能够最好地将样本进行分类的属性(步骤(6))。该属性成为该结点的"测试"或"判定"属性(步骤(7))。值得一提的是,在这类算法中,全部的属性都是可被用于分类的,即都是取离散值的,如果出现连续值的属性,则必须首先经过离散化的处理。

(4) 对测试属性的任何一个已知的值,创建一个分支,并由此对样本进行划分(步骤(8)~步骤(10))。

(5) 决策树生成算法使用相同的过程,递归地形成每一个划分上的样本决策树。一旦一个属性出现在一个结点上,就不需要考虑这个结点的任何后代(步骤(13))。

(6) 递归划分步骤,当下列条件之一成立时停止:

① 给定结点的所有样本属于同一类((步骤(2)和步骤(3))。

② 没有剩余属性可以用来进一步地对样本进行划分(步骤(4)),在这种情况下,应使用

多数表决法(步骤(5)),这需要将给定的结点转换为树叶,并且使用样本数据集中的多数所在的类别对其进行标记。换一种方式,可以存放结点样本的类分布。

③ 分支 test_attribute＝a_i 没有样本,在这种情况下,以样本数据集中的多数类创建一个树叶(步骤(12))。

算法 4.3 决策树生成算法 /＊决策树生成算法＊/

输入:训练样本 samples,由离散值属性表示,候选属性的集合 attribute_list

输出:一棵决策树 /＊由给定的训练数据产生一棵决策树＊/

(1) 创建结点 N;

(2) if samples 都在同一个类 C then

(3) 返回 N 作为叶子结点,以类 C 标记;

(4) if attribute_list 为空 then

(5) 返回 N 作为叶子结点,标记为 samples 中最普通的类;/＊多数表决法＊/

(6) 选择 attribute_list 中具有最高信息增益的属性 test_attribute;

(7) 标记结点 N 为 test_attribute;

(8) for each test_attribute 中的已知值 a_i /＊对 samples 进行划分＊/

(9) 由结点 N 长出一个条件为 test_attribute＝a_i 的分支;

(10) 设 s_i 是 samples 中 test_attribute＝a_i 的样本的集合;/＊一个划分＊/

(11) if a_i 为空 then

(12) 增加一个叶子结点,并将其标记为 samples 中最普通的类;

(13) else 增加一个由 Generate_decision_tree(s,attribute_list-test_attribute)返回的结点。

构造好的决策树的关键在于选择好的逻辑判断或属性。对于同样一组例子,可以有许多决策树符合这组例子。研究结果表明,在一般情况下,决策树的结构越简单,则其预测能力就越强。要构造尽可能简单的决策树,其关键即在于选择恰当的产生分支的属性。由于生成最简单的决策树属于 NP-hard 问题,所以只能通过启发式策略来进行属性选择。属性选择主要依赖于对各种例子子集的不纯度(impurity)度量方法。不纯度度量方法包括信息增益(information gain)、增益比例(gain ratio)、Gini-index、距离度量(Distance Measure)、G统计、χ^2 统计、最小描述长度(MDL)、相关度(relevance)、证据权重(weight of evidence)、正交法(orthogonality measure)以及 Relief 等。不同的度量方法具有不同的效果,尤其是对于多值属性,选择恰当的度量方法对结果的影响是至关重要的。

2. 决策树修剪算法

现实世界的数据(数据挖掘的对象显然即是现实世界的数据)通常情况下不可能是完美的,可能会在某些属性字段上缺值(missing values);可能由于缺少必需的数据从而导致信息的不完整;亦可能数据本身不准确或数据中含有一些噪声甚至数据本身就是错误的。在这里,我们主要讨论噪声问题。

由于基本的决策树构造算法是将噪声排除在外的,因此生成的决策树完全与训练例子相拟合。在有噪声的情况下,完全拟合将会导致产生过拟合(overfitting)现象,也就是说,对训练数据的完全拟合反而导致对现实数据的分类预测性能有所降低。剪枝即是一种克服噪声的基本技术,并且它能够使得决策树得到简化并进而变得更加容易理解。

接下来,我们介绍两种基本的剪枝策略。第一种剪枝策略通常被称为预先剪枝(pre-pruning)策略,即在生成决策树的同时决定是继续对不纯的训练子集进行划分还是停机;另一种剪枝策略通常被称为后剪枝(post-pruning)策略,该剪枝策略是一种拟合-化简(fitting and simplifying)的两阶段方法,即首先生成与训练数据完全拟合的一棵决策树,然后从该决策树的叶子结点开始,逐步朝着树根的方向剪枝。在剪枝的过程中需要使用一个测试数据集(testing set 或 adjusting set),如果存在着某个叶子结点被剪枝以后导致在测试数据集上的准确度或其他测度不下降(即不至于变得更坏),那么就剪掉当前的叶子结点,否则停机。

从理论上来说,后剪枝策略应优于预先剪枝策略,但是后剪枝策略算法一旦执行,其计算复杂度也较之于预先剪枝策略大。

在剪枝的过程中通常要涉及使用一些统计参数或阈值(例如停机阈值等)。值得注意的是,剪枝并不是对全部的数据集都有利,就像最简单的决策树并不一定是最好(具有最大的预测率)的决策树一样。当数据比较稀疏时,需要防止过剪枝(over-pruning)所引起的副作用。从一定的意义上来说,剪枝亦带有某种偏向(或偏好,bias),也就是说,剪枝过程对某些数据集效果比较好但是对另一些数据集则效果比较差。

4.3.2 ID3 算法

以上我们对决策树分类算法的两个基本阶段进行了简要介绍,接下来我们将介绍当前引用率非常高的 ID3 决策树生成算法,简称 ID3 算法。该算法是由 Quinlan 提出的一个较为经典的决策树生成算法。

ID3 的基本概念如下:决策树中任何一个非叶子结点对应着一个非类别属性,树枝代表这个属性的值。一个叶子结点表示从该决策树的根结点到叶子结点之间的路径对应的记录所属的类别属性值。任何一个非叶子结点都将与属性中具有最大信息量的非类别属性相关联。使用信息增益来选择可以最好地将样本进行分类的属性。

1. 信息增益计算

信息增益主要源于信息论中熵(entropy)的概念。所谓熵即是对事件所对应的属性的不确定性的度量。也就是说,如果某个属性的熵越大,则其所蕴含的不确定信息量也越大,这样就越有利于对数据的分类。因此,ID3 总是选择具有最高信息增量(或最大熵)的属性作为当前结点的测试属性。这个属性使得对结果划分中的样本分类所需要的信息量最小,并且同时反映出划分的最小随机性或"不纯性"。这种信息理论方法使得对于一个对象分类所需要的期望测试数量达到最小,并且尽可能地保证生成一棵简单的(但不必是最简单的)决策树来表达有关的信息。

不失一般性,不妨假设集合 S 是 s 个数据样本的集合。假定类标号属性具有 m 个不同的类别 $C_k(k=1,2,\cdots,m)$,并且假设 sk 是类别 C_k 的样本数目,则对于一个给定的样本分类所需要的期望信息可以通过下式(4-1)给出:

$$I(s_1,s_2,\cdots,s_m) = -\sum_{k=1}^{m} p_k \log_2 p_k \tag{4-1}$$

其中,p_k 是指任意样本属于类别 $C_k(k=1,2,\cdots,m)$ 的概率,为了简化起见,通常可以使用 s_k/s 作为此概率的估计。在这里需要注意的是,由于信息编码通常使用二进制编码的形式,因此对数函数通常以 2 作底数。

假设属性 A 拥有 n 个不同的属性值 $a_1,a_2,\cdots,a_n$，则可以使用属性 A 将原集合 S 划分成 n 个子集 $(S_1,S_2,\cdots,S_n)$，其中，$S_i(i=1,2,\cdots,n)$ 包含原集合 S 中的这样一些样本，它们在属性 A 上具有属性值 a_i。如果属性 A 作为测试属性(即最佳的分裂属性)，那么这些子集对应于由包含该集合 S 的结点生长出来的分支。

不妨假设 s_{ki} 为子集 S_i 中类别为 C_k 的样本数目，则根据属性 A 划分的子集的熵应由下式(4-2)给出：

$$E(A) = -\sum_{i=1}^{n} \frac{s_{1i}+s_{2i}+\cdots+s_{mi}}{s} I(s_{1i},s_{2i},\cdots,s_{mi}) \tag{4-2}$$

在这里，$\dfrac{s_{1i}+s_{2i}+\cdots+s_{mi}}{s}$ 表示第 $i(i=1,2,\cdots,n)$ 个子集的权，并且等于子集(即属性 A 的值为 a_i)中的样本数目除以原集合 S 中的样本总数。可以看出，熵值越小，子集划分的程度也就越高。

在这里需要注意的是，根据以上给出的期望信息计算公式，对于给出的子集 S_i，其期望信息可以通过下式(4-3)计算得出：

$$I(s_{1i},s_{2i},\cdots,s_{mi}) = -\sum_{k=1}^{m} p_{ki} \log_2 p_{ki} \tag{4-3}$$

其中，$p_{ki}=\dfrac{s_{ki}}{|s_i|}$ 表示子集 S_i 中的样本属于类别 C_k 的概率。

由期望信息与信息熵值能够获得相应的信息增益值。在属性 A 上分支将得到的信息增益可以通过以下的公式(4-4)得出：

$$\text{Gain}(A) = I(s_1,s_2,\cdots,s_m) - E(A) \tag{4-4}$$

ID3 决策树生成算法首先分别计算每一个属性的信息增益，然后选取具有最高增益的属性作为给定集合 S 的测试属性，接下来对选取的测试属性创建一个结点，并且以该属性作为标记，最后对该属性的每一个属性值建立一个分支，并据此对训练样本进行划分。

下面，我们通过一个简单的例子来说明 ID3 算法作为数据挖掘算法构造决策树的过程。所使用的数据集合包含四个属性，其中，前三个属性是条件属性，最后一个属性作为决策属性。给出一个训练样本数据集如下表 4-2 所示。

表 4-2 样本数据集

序　号	性　别	学　生	民　族	计 算 机
1	1	1	0	1
2	0	0	0	1
3	1	1	0	1
4	1	1	0	1
5	1	0	0	0
6	1	0	1	0

其中，"性别"属性的取值为 0,1，分别表示女性、男性；"学生"属性的取值为 0,1，分别表示"不是学生"和"是学生"这两种情况；"民族"属性的取值为 0,1，分别表示"不是少数民族"和"是少数民族"这两种情况。决策属性即"计算机"属性的取值为 0,1，分别表示作出"没有计算机"和"有计算机"这两种判断(决策)。

由于最终所需要分类的属性为决策属性"计算机",这个属性具有两个不同的属性值 0 与 1,其中,属性值为 1 涉及四个训练样本,而属性值为 0 涉及两个训练样本。为了计算每一个属性的信息增益,我们可以首先给定训练样本计算机分类所需要的期望信息:

$$I(s_1, s_2) = I(4, 2) = -\frac{4}{6} \log_2 \frac{4}{6} - \frac{2}{6} \log_2 \frac{2}{6} = 0.918$$

接下来计算每个属性的熵。从"性别"属性开始,观察性别的每个训练样本值的分布,不难看出,对于"性别"=1,有三个训练样本的决策属性"计算机"=1,有两个训练样本的决策属性"计算机"=0;对于"性别"=0,有一个训练样本的决策属性"计算机"=1,没有训练样本的决策属性"计算机"=0。

因此,对于"性别"=1,$s_{11} = 3, s_{21} = 2, I(s_{11}, s_{21}) = I(3, 2) = -\frac{3}{5} \log_2 \frac{3}{5} - \frac{2}{5} \log_2 \frac{2}{5} = 0.971$,类似地,对于"性别"=0,$s_{12} = 1, s_{22} = 0, I(s_{12}, s_{22}) = 0$。

因此,如果训练样本按照"性别"划分,对于一个给定的样本分类对应的熵为:$E(性别) = \frac{5}{6} I(s_{11}, s_{21}) + \frac{1}{6} I(s_{12}, s_{22}) = 0.809$。

最后,计算这种划分的信息增益:

$$\text{Gain}(性别) = I(s_1, s_2) - E(性别) = 0.918 - 0.809 = 0.109$$

接着考察"学生"属性,对于"学生"=1,有三个训练样本的决策属性"计算机"=1,没有训练样本的决策属性"计算机"=0;对于"学生"=0,有一个训练样本的决策属性"计算机"=1,有两个训练样本的决策属性"计算机"=0。

因此,对于"学生"=1,$s_{11} = 3, s_{21} = 0, I(s_{11}, s_{21}) = 0$;而对于"学生"=0,$I(s_{12}, s_{22}) = I(1, 2) = -\frac{1}{3} \log_2 \frac{1}{3} - \frac{2}{3} \log_2 \frac{2}{3} = 0.918$。

这样一来,如果训练样本按照"学生"划分,对于一个给定的样本分类对应的熵为:$E(学生) = \frac{3}{6} I(s_{11}, s_{21}) + \frac{3}{6} I(s_{12}, s_{22}) = 0.459$。

最后,计算这种划分的信息增益:

$$\text{Gain}(学生) = I(s_1, s_2) - E(学生) = 0.918 - 0.459 = 0.459$$

最后考察"民族"属性,对于"民族"=1,没有训练样本的决策属性"计算机"=1,有一个训练样本的决策属性"计算机"=0;对于"民族"=0,有四个训练样本的决策属性"计算机"=1,一个训练样本的决策属性"计算机"=0。

因此,对于"民族"=1,$s_{11} = 0, s_{21} = 1, I(s_{11}, s_{21}) = 0$;而对于"民族"=0,$I(s_{12}, s_{22}) = I(4, 1) = -\frac{4}{5} \log_2 \frac{4}{5} - \frac{1}{5} \log_2 \frac{1}{5} = 0.722$。

这样一来,如果训练样本按照"民族"划分,对于一个给定的样本分类对应的熵为:$E(民族) = \frac{1}{6} I(s_{11}, s_{21}) + \frac{5}{6} I(s_{12}, s_{22}) = 0.602$。

最后,计算这种划分的信息增益:

$$\text{Gain}(民族) = I(s_1, s_2) - E(民族) = 0.918 - 0.602 = 0.316$$

由于"学生"在所有属性中具有最高的信息增益,因此该条件属性首先被选为测试属性,并且以此创建一个结点,用"学生"作为标记,并且对于任何一个属性值,皆引出一个分支,这样一来,原训练数据集被划分成两个数据子集。构造"学生"结点及其分支的部分决策树示意图如下图 4-3 所示。

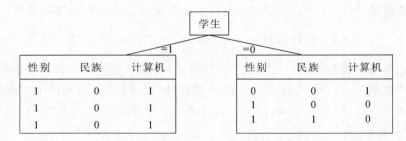

图 4-3 按照"学生"属性得到的决策树结点及其分支示意图

由此可以看出,依据属性"学生"的取值,训练数据集被划分成两个子集,然而,对于决策树的生成过程来说,则需要进一步地进行子树生成。下面,我们首先考察决策树的左子树的生成过程。

在上图 4-3 中,由于对于条件属性"学生"=1 的左子树所有元组,其类别标记皆为 1,因此,按照决策树生成算法的步骤(2)和步骤(3),即可获得一个叶子结点,其类别标记为决策属性"计算机"=1;而对于条件属性"学生"=1 的右子树所有元组,使用以上类似的方法分别计算其余两个属性的信息增益:

$$\text{Gain(性别)}=0.918$$

$$\text{Gain(民族)}=0.918-\frac{2}{3}\left(-\frac{1}{2}\log_2\frac{1}{2}-\frac{1}{2}\log_2\frac{1}{2}\right)=0.251$$

于是,对于第一次划分以后的右子树 T_2,应该选取最大熵的属性"性别"进行扩展。依次类推,可以通过分阶段地计算信息增益以及选取当前最大的信息增益属性不断地对正在生成的决策树进行扩展,直至获得最终的决策树为止,如图 4-4 所示。

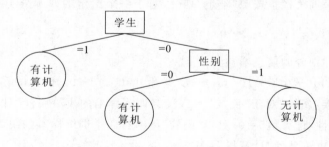

图 4-4 使用 ID3 算法生成的决策树

通过如上图 4-4 所示的例子,能够进一步地理解 ID3 决策树生成算法是怎样对给定的训练数据集进行分类的。接下来,我们将较为正式地给出 ID3 决策树生成算法的描述,最后再来分析一下 ID3 决策树生成算法的性能。

ID3 决策树生成算法如下。

算法 4.4 ID3 决策树生成算法 /＊决策树生成算法＊/
输入:数据库表 T,table   /＊训练数据集＊/
类别 C:classification attribute   /＊类别属性＊/
输出:决策树 DT,decision tree   /＊一棵决策树＊/
(1) begin

(2) if(T is empty)then return(null);

(3) N＝a new node;　　　　　　　　　　／＊创建决策树的结点 N＊／

(4) if(there are no predictive attributes in T)then　　　　／＊第一种情况＊／

(5) label N with most common value of C in T(deterministic tree)or with frequencies of C in T(probabilistic tree);

　／＊如果没有剩余属性对 T 进一步划分,则将给定的结点转换成树叶,并使用 T 中多数元组所在的类别对其进行标记＊／

(6) else if(all instances in T have the same value V of C)then　　／＊第二种情况＊／

(7)　　　label N,"X. C＝V with probability 1";

　／＊如果 T 中全部样本的类别都完全相同,则标记 N,类别为 V＊／

(8) else begin

(9)　　　for each attribute A in T compute AVG entropy(A,C,T);

　／＊对于 T 中的任何一个属性 A 计算 AVG entropy(A,C,T)＊／

(10) AS＝the attribute for which AVG entropy(A,C,T)is minimal;

　／＊将 AVG entropy(A,C,T)最小的属性标记为 AS＊／

(11) if(AVG entropy(A,C,T)is not substantially smaller than entropy(C,T))then

　／＊第三种情况＊／

(12) label N with most common value of C in T(deterministic tree)or with frequencies of C in T(probabilistic tree);

　／＊如果 entropy(C,T)不比 AVG entropy(A,C,T)大,则使用 T 中多数元组所在的类标记 N＊／

(13) else begin

(14)　　　label N with AS;

(15) for each value V of AS do begin

(16) N1＝ID3(subtable(T,A,V),C);　　　　／＊递归调用＊／

(17) if(N1 ！ ＝null)

(18)　　　then make an arc from N to N1 labelled V;

(19)　　　end

(20)　　　end

(21) end

(22) return N;

(23) end

2. ID3 决策树生成算法的性能分析

ID3 决策树生成算法可以被描述为从一个假设空间中搜索一个拟合训练样例的假设,被 ID3 决策树生成算法搜索的假设空间即是由所有可能的决策树所组成的一个集合。ID3 决策树生成算法使用一种由简单到复杂的登山算法遍历整个假设空间,即从空的决策树开始,依次逐步考虑更为复杂的假设,其目的是搜索到一个正确分类训练数据的决策树。引导这种登山搜索的评价函数即是信息增益度量。

通过观察 ID3 决策树生成算法的搜索空间与搜索策略,我们便能够更加深入地认识和理解这个算法的优点与缺点。ID3 决策树生成算法的假设空间包含全部可能的决策树,它是关于现有属性的有限离散值函数的一个完整空间。由于每个有限离散值函数可以表示为某个决策树,因此,ID3 决策树生成算法避免了搜索不完整假设空间的一个主要风险:假设空间有可能不包含目标函数。

当遍历决策树空间时,ID3 决策树生成算法仅仅只是维护了单一的当前假设,失去了表示所有一致假设所带来的优点。ID3 决策树生成算法在搜索过程中不执行回溯过程,每当在决策树的某一层次选择了某一个属性进行测试,它不会再回溯重新考虑这个选择。因此,它容易遭受无回溯的登山搜索中的常见风险影响,即收敛到局部最优的答案,而并非全局最优的答案。对于 ID3 决策树生成算法,一个局部最优的答案对应着它在一条搜索路径上搜索时选择的决策树。但是,这个局部最优的答案可能不如沿着另一条分支搜索到的(局部)最优的答案更加令人满意。

ID3 决策树生成算法在搜索的每一步都使用当前的全部训练样本,以统计作为基础决定怎样精确化当前的假设。这与那些基于单独的训练样本递增所做出决定的方法不同。使用全部样本的统计属性(例如信息增益)的一个优点即是大大地降低了对个别训练样本的错误的敏感性。由此,通过修改 ID3 决策树生成算法的终止准则以接受不完全拟合训练数据的假设,它可以非常容易地扩展到处理含有噪声的训练数据。

ID3 决策树生成算法只能处理离散值的属性。首先,学习到的决策树需要预测的目标属性值必须是离散型的;其次,决策树的决策结点的属性值也必须是离散型的。然而,在后面将要介绍的 C4.5 决策树生成算法将可以克服 ID3 决策树生成算法的这一缺陷,即能够处理连续属性。

信息增益度量存在一个内在偏置,它对具有较多值的属性比较偏好。我们可以举一个极端的例子加以说明。如果有一个属性为日期,那么将会产生大量的取值,太多的属性值将会把训练样本分割成若干个很小的空间。单独的日期就有可能完全预测训练样本数据的目标属性。因此,这个属性可能会有非常高的信息增益。这个属性很有可能会被选作决策树的根结点的决策属性并且构成一棵深度为一级但非常宽的树,这棵树可以对训练样本数据集进行比较理想的分类。当然,这棵决策树对测试样本集合中的数据的分类性能可能会相当糟糕,这主要是因为它过于完美地分割了训练数据,因此,从这个意义上讲,它并非一个好的分类器。避免这个弱点的一种方法即是使用其他度量而不是信息增益来选择决策树形。一个可供选择的度量标准为增益比例(gain ratio)。我们将在 C4.5 决策树生成算法中详细讨论增益比例的基本概念以及由此形成的决策树生成算法。

ID3 决策树生成算法增长决策树的每一个分支的深度,直到恰好可以对训练样本完美地分类为止,但是这个策略并非总是行得通。事实上,当训练样本数据中有噪声或者训练样本的数量太少以至于不能产生目标函数的有代表性的采样时,这个策略便有可能会面临困难。当上面的任何一种情况产生时,这个简单的决策树生成算法所建构的决策树将极有可能过拟合训练样本。对于一个假设来说,当存在其他的假设对训练样本数据集的拟合能力比它差,而实际上在实例的整个分布上(包括在测试数据集上)表现得却更佳时,我们通常将这个假设称为过拟合(overfitting)训练集。

有若干种途径可以被用来避免决策树学习中的过拟合,它们通常被分为以下两类:其中一类是预先剪枝,及早停止决策树增长,在 ID3 决策树生成算法完美分类训练样本数据之前就停止决策树增长;而另一类是后剪枝,即允许决策树过拟合训练样本数据,然后对这棵决策树进行后修剪。

虽然第一种方法可能看起来更加直接,但是对于过拟合的决策树进行后修剪的第二种方法在实践中更加成功,这主要是由于在第一种方法中精确地估计何时停止决策树增长是一件很困难的事情。

无论是通过及早停止增长还是通过后剪枝以便获得正确规模的决策树,一个至关重要的问题即是使用怎样的准则来确定最终正确的决策树规模。而解决以上问题的方法主要有以下三种。

第一种方法即使用与训练样本迥然不同的一套分离的样本,来评价通过后修剪方法从决策树上修剪结点的效用。第二种方法则是使用全部可用数据进行训练,但进行统计测试来估计扩展(或修剪)一个特定的结点是否有可能会改善在训练样本数据集以外的实例上的性能。例如,Quinlan(1986)使用一种所谓卡方(chi_square)测试来估计进一步扩展结点是否有可能改善在全部实例分布上的性能,还是仅仅只改善了在当前的训练样本数据集上的性能。最后一种方法则是使用一个明确的标准来度量训练样本数据集与决策树的复杂度,当这个编码的长度达到最小时,停止决策树增长。由于该方法主要是基于一种启发式规则,因此,通常被人们称为最小描述长度规则法。

4.3.3 C4.5 算法

C4.5 算法是从 ID3 算法演变而来的,除了具有 ID3 决策树生成算法的功能以外,C4.5 决策树生成算法引入了新的方法并且增加了新的功能,如:使用了信息增益比例的概念;合并具有连续属性的值;可以处理缺少属性值的训练样本;通过使用不同的修剪技术以避免决策树的过拟合;k 交叉验证以及改进规则的产生方式等。

首先我们介绍信息增益比例的基本概念。信息增益比例这一概念是在信息增益概念的基础上发展起来的,任何一个属性的信息增益比例可以使用以下的公式(4-5)给出:

$$\text{GainRatio}(A) = \frac{\text{Gain}(A)}{\text{Split}I(A)} \tag{4-5}$$

其中,

$$\text{Split}I(A) = -\sum_{k=1}^{v} p_k \log_2 p_k \tag{4-6}$$

这里假设属性 A 具有 v 个不同值$\{a_1, a_2, \cdots, a_v\}$。可以使用属性 A 将集合 S 划分为 v 个子集$\{S_1, S_2, \cdots, S_v\}$,其中,子集 $S_k(k=1, 2, \cdots, v)$ 包含集合 S 中的这样一些样本:它们在属性 A 上具有属性值 $a_k(k=1, 2, \cdots, v)$。如果以属性 A 的属性值为基准对训练样本集进行分割,$\text{Split}I(A)$ 即是前面所介绍的信息熵概念。

ID3 决策树生成算法最初假定属性的离散值,但是在实际的环境中,很多属性值是连续的。对于连续属性值,C4.5 决策树生成算法的处理过程如下:

① 根据属性的属性值,对训练样本数据集进行排序;

② 使用不同的阈值将训练样本数据集动态地进行划分;

③ 当输出结果改变时确定一个阈值;

④ 选取两个实际值的中点作为一个阈值;

⑤ 选取两个划分,使得全部训练样本都在这两个划分中;

⑥ 获得全部可能的阈值、增益以及增益比例；

⑦ 每一个属性将会取两个取值，即小于等于阈值或者大于阈值。

对于属性有连续数值的情况，例如，如果属性 A 具有连续的属性值，那么在训练样本集中能够按照升序方式排列 $a_1, a_2, \cdots, a_n$（其中，n 为训练集的数目）。如果属性 A 总共有 n 种取值，那么对于每一个取值 $v_k(k=1, 2, \cdots, m)$ 将全部的数据库记录进行划分。这些记录通常被划分成两个部分：其中一部分小于等于 v_k，而另一部分则大于 v_k。这样一来，对于每一个划分分别计算增益比例，选择增益最大的划分来对相应的属性实施离散化的处理过程。

C4.5 决策树生成算法所处理的训练样本中允许包含未知属性值，其处理方法是使用最常用的值替代或者是将最常用的值分在同一类中。具体来说，使用概率论的方法，根据属性已知的属性值，对属性以及相应的每一个值赋予一个概率，以便获得这些概率依赖于该属性已知的值。

一旦决策树被创建好了，就能够将这棵决策树立即转换成与之相应的 if-then 规则。然后将这些 if-then 规则存储到一个二维数组中，其中每一行表示决策树中的一条规则，也就是由树根到叶子结点之间的一条路径；二维数组中的每一列存储着决策树中的结点。下面我们通过一个具体的实际应用例子更加详细清楚地说明怎样通过 C4.5 决策树生成算法实现对数据的正确分类。所使用的训练数据集如下表 4-3 所示，包含下面 5 个属性：Outlook（离散属性）、Temperature（离散属性）、Humidity（连续属性）、Wind（离散属性）、PlayTennis（类别属性）。

表 4-3　训练样本属性值表

Outlook	Temperature	Humidity	Wind	PlayTennis
Sunny	Hot	85	false	No
Sunny	Hot	90	true	No
Overcast	Hot	78	false	Yes
Rain	Mild	96	false	Yes
Rain	Cool	80	false	Yes
Rain	Cool	70	true	No
Overcast	Cool	65	true	Yes
Sunny	Mild	95	false	No
Sunny	Cool	70	false	Yes
Rain	Mild	80	false	Yes
Sunny	Mild	70	true	Yes
Overcast	Mild	90	true	Yes
Overcast	Hot	75	false	Yes
Rain	Mild	80	true	No

我们首先对连续属性 Humidity 进行属性值的离散化处理，对于上表 4-3 所描述的训练样本集合，通过检测每一个划分确定最好的划分应在 80 处，因此，这个连续属性的范围就变为 $\{(\leqslant 80, >80)\}$。

计算 PlayTennis 属性分类的期望信息可以得到：

$$I(s_1, s_2) = I(9, 5) = -\frac{9}{14} \log_2 \frac{9}{14} - \frac{5}{14} \log_2 \frac{5}{14} = 0.9403$$

计算属性 Outlook 的 SplitI 值可得：

$$\text{Split}I(\text{Outlook}) = -\frac{5}{14} \log_2 \frac{5}{14} - \frac{4}{14} \log_2 \frac{4}{14} - \frac{5}{14} \log_2 \frac{5}{14} = 1.577$$

针对决策属性 PlayTennis，分别计算属性 Outlook 的每个属性值（离散值）分布的期望信息可得：

当属性 Outlook 的值为 Sunny 时，$s_{11} = 2, s_{21} = 3$，则：

$$I(s_{11}, s_{21}) = I(2, 3) = -\frac{2}{5} \log_2 \frac{2}{5} - \frac{3}{5} \log_2 \frac{3}{5} = 0.971$$

当属性 Outlook 的值为 Overcast 时，$s_{12} = 4, s_{22} = 0$，则：

$$I(s_{12}, s_{22}) = 0$$

当属性 Outlook 的值为 Rain 时，$s_{13} = 3, s_{23} = 2$，则：

$$I(s_{13}, s_{23}) = I(3, 2) = -\frac{3}{5} \log_2 \frac{3}{5} - \frac{2}{5} \log_2 \frac{2}{5} = 0.971$$

于是，我们可以得到离散属性 Outlook 的熵为：

$$E(\text{Outlook}) = \frac{5}{14} \times 0.971 + 0 + \frac{5}{14} \times 0.971 = 0.6935$$

其所对应的信息增益为：

$$\text{Gain}(\text{Outlook}) = I(s_1, s_2) - E(\text{Outlook}) = 0.9403 - 0.6935 = 0.2468$$

最后，我们可以通过计算求得信息增益比例如下：

$$\text{GainRatio}(\text{Outlook}) = \frac{0.2468}{1.577} = 0.156$$

接下来，计算属性 Temperature 的 SplitI 值可得：

$$\text{Split}I(\text{Temperature}) = -\frac{4}{14} \log_2 \frac{4}{14} - \frac{6}{14} \log_2 \frac{6}{14} - \frac{4}{14} \log_2 \frac{4}{14} = 1.557$$

计算属性 Temperature 的每个属性值（离散值）分布的期望信息可得：

当属性 Temperature 的值为 Hot 时，$s_{11} = 2, s_{21} = 2$，则：

$$I(s_{11}, s_{21}) = I(2, 2) = -\frac{2}{4} \log_2 \frac{2}{4} - \frac{2}{4} \log_2 \frac{2}{4} = 1$$

当属性 Temperature 的值为 Mild 时，$s_{12} = 4, s_{22} = 2$，则：

$$I(s_{12}, s_{22}) = I(4, 2) = -\frac{4}{6} \log_2 \frac{4}{6} - \frac{2}{6} \log_2 \frac{2}{6} = 0.9183$$

当属性 Temperature 的值为 Cool 时，$s_{13} = 3, s_{23} = 1$，则：

$$I(s_{13}, s_{23}) = I(3, 1) = -\frac{3}{4} \log_2 \frac{3}{4} - \frac{1}{4} \log_2 \frac{1}{4} = 0.8113$$

于是，我们可以得到离散属性 Temperature 的熵为：

$$E(\text{Temperature}) = \frac{4}{14} \times 1 + \frac{6}{14} \times 0.9183 + \frac{4}{14} \times 0.8113 = 0.9111$$

其所对应的信息增益为：

$$\text{Gain}(\text{Temperature}) = I(s_1, s_2) - E(\text{Temperature}) = 0.9403 - 0.9111 = 0.0292$$

最后，我们可以通过计算求得信息增益比例如下：

$$\text{GainRatio}(\text{Temperature}) = \frac{0.0292}{1.557} = 0.0188$$

然后，计算经过离散化处理之后的属性 Humidity 的 Split$I$ 值可得：

$$\text{Split}I(\text{Humidity}) = -\frac{9}{14}\log_2\frac{9}{14} - \frac{5}{14}\log_2\frac{5}{14} = 0.9403$$

计算属性 Humidity 的每个属性值分布的期望信息可得：

当属性 Humidity 的值为 ≤80 时，$s_{11}=7, s_{21}=2$，则：

$$I(s_{11}, s_{21}) = I(7,2) = -\frac{7}{9}\log_2\frac{7}{9} - \frac{2}{9}\log_2\frac{2}{9} = 0.7642$$

当属性 Humidity 的值为 >80 时，$s_{12}=2, s_{22}=3$，则：

$$I(s_{12}, s_{22}) = I(2,3) = -\frac{2}{5}\log_2\frac{2}{5} - \frac{3}{5}\log_2\frac{3}{5} = 0.971$$

于是，我们可以得到属性 Humidity 的熵为：

$$E(\text{Humidity}) = \frac{9}{14} \times 0.7642 + \frac{5}{14} \times 0.971 = 0.8381$$

其所对应的信息增益为：

$$\text{Gain}(\text{Humidity}) = I(s_1, s_2) - E(\text{Humidity}) = 0.9403 - 0.8381 = 0.1022$$

最后，我们可以通过计算求得信息增益比例如下：

$$\text{GainRatio}(\text{Humidity}) = \frac{0.1022}{0.9403} = 0.109$$

最后，我们计算属性 Wind 的 Split$I$ 值可得：

$$\text{Split}I(\text{Wind}) = -\frac{8}{14}\log_2\frac{8}{14} - \frac{6}{14}\log_2\frac{6}{14} = 0.9852$$

计算属性 Wind 的每个属性值（离散值）分布的期望信息可得：

当属性 Wind 的值为 false 时，$s_{11}=6, s_{21}=2$，则：

$$I(s_{11}, s_{21}) = I(6,2) = -\frac{6}{8}\log_2\frac{6}{8} - \frac{2}{8}\log_2\frac{2}{8} = 0.8113$$

当属性 Wind 的值为 true 时，$s_{12}=3, s_{22}=3$，则：

$$I(s_{12}, s_{22}) = I(3,3) = -\frac{3}{6}\log_2\frac{3}{6} - \frac{3}{6}\log_2\frac{3}{6} = 1$$

于是，我们可以得到离散属性 Wind 的熵为：

$$E(\text{Wind}) = \frac{8}{14} \times 0.8113 + \frac{6}{14} \times 1 = 0.8922$$

其所对应的信息增益为：

$$\text{Gain}(\text{Wind}) = I(s_1, s_2) - E(\text{Wind}) = 0.9403 - 0.8922 = 0.0481$$

最后，我们可以通过计算求得信息增益比例如下：

$$\text{GainRatio}(\text{Wind}) = \frac{0.0481}{0.9852} = 0.0489$$

从中，我们可以选取出最大信息增益比例为 GainRatio(Outlook)=0.156。由此可以根据属性 Outlook 的取值获得三个分支，这样一来，训练样本数据集被划分为三个子集，如下图 4-5 所示。

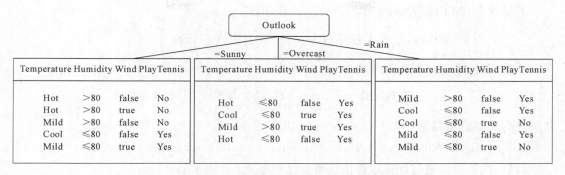

图 4-5 以属性 Outlook 作为结点形成的分支示意图

接下来,我们将进一步地考察每一棵子树的生成过程。

对于第一棵子树,计算 PlayTennis 属性分类的期望信息可以得到:

$$I(s_1, s_2) = I(2, 3) = -\frac{2}{5}\log_2\frac{2}{5} - \frac{3}{5}\log_2\frac{3}{5} = 0.971$$

计算属性 Temperature 的 Split$I$ 值可得:

$$\mathrm{Split}I(\mathrm{Temperature}) = -\frac{2}{5}\log_2\frac{2}{5} - \frac{2}{5}\log_2\frac{2}{5} - \frac{1}{5}\log_2\frac{1}{5} = 1.522$$

针对决策属性 PlayTennis 来说,分别计算属性 Temperature 的每个属性值(离散值)分布的期望信息可得:

当属性 Temperature 的值为 Hot 时,$s_{11}=0, s_{21}=2$,则:
$$I(s_{11}, s_{21}) = 0$$

当属性 Temperature 的值为 Mild 时,$s_{12}=1, s_{22}=1$,则:
$$I(s_{12}, s_{22}) = I(1, 1) = -\frac{1}{2}\log_2\frac{1}{2} - \frac{1}{2}\log_2\frac{1}{2} = 1$$

当属性 Temperature 的值为 Cool 时,$s_{13}=1, s_{23}=0$,则:
$$I(s_{13}, s_{23}) = 0$$

于是,我们可以得到离散属性 Temperature 的熵为:

$$E(\mathrm{Temperature}) = \frac{2}{5}\times 0 + \frac{2}{5}\times 1 + \frac{1}{5}\times 0 = 0.4$$

其所对应的信息增益为:

$$\mathrm{Gain}(\mathrm{Temperature}) = I(s_1, s_2) - E(\mathrm{Temperature}) = 0.971 - 0.4 = 0.571$$

最后,我们可以通过计算求得信息增益比例如下:

$$\mathrm{GainRatio}(\mathrm{Temperature}) = \frac{0.571}{1.522} = 0.375$$

类似地,可以计算属性 Humidity 的信息增益比例:

$$\mathrm{GainRatio}(\mathrm{Humidity}) = 1$$

最后,计算属性 Wind 的 Split$I$ 值可得:

$$\mathrm{Split}I(\mathrm{Wind}) = -\frac{3}{5}\log_2\frac{3}{5} - \frac{2}{5}\log_2\frac{2}{5} = 0.971$$

计算属性 Wind 的每个属性值(离散值)分布的期望信息可得:

当属性 Wind 的值为 false 时,$s_{11}=1, s_{21}=2$,则:

$$I(s_{11}, s_{21}) = I(1, 2) = -\frac{1}{3}\log_2\frac{1}{3} - \frac{2}{3}\log_2\frac{2}{3} = 0.918$$

当属性 Wind 的值为 true 时，$s_{12}=1,s_{22}=1$，则：

$$I(s_{12},s_{22}) = I(1,1) = -\frac{1}{2}\log_2\frac{1}{2} - \frac{1}{2}\log_2\frac{1}{2} = 1$$

于是，我们可以得到离散属性 Wind 的熵为：

$$E(\text{Wind}) = \frac{3}{5}\times 0.918 + \frac{2}{5}\times 1 = 0.9508$$

其所对应的信息增益为：

$$\text{Gain(Wind)} = I(s_1,s_2) - E(\text{Wind}) = 0.971 - 0.9508 = 0.0202$$

最后，我们可以通过计算求得信息增益比例如下：

$$\text{GainRatio(Wind)} = \frac{0.0202}{0.971} = 0.0208$$

从中，我们可以选取出最大信息增益比例为 GainRatio(Humidity)＝1。由此可以形成两个分支，获得两个叶子结点。

在第二棵子树的生成过程中，由于这里的全部样本皆属于同一个类别（PlayTennis＝Yes），因此可以直接得到叶子结点。

对于第三棵子树，计算 PlayTennis 属性分类的期望信息可以得到：

$$I(s_1,s_2) = I(2,3) = -\frac{2}{5}\log_2\frac{2}{5} - \frac{3}{5}\log_2\frac{3}{5} = 0.971$$

计算属性 Temperature 的 Split$I$ 值可得：

$$\text{Split}I(\text{Temperature}) = -\frac{2}{5}\log_2\frac{2}{5} - \frac{3}{5}\log_2\frac{3}{5} = 0.971$$

针对决策属性 PlayTennis 来说，分别计算属性 Temperature 的每个属性值（离散值）分布的期望信息可得：

当属性 Temperature 的值为 Mild 时，$s_{11}=2,s_{21}=1$，则：

$$I(s_{11},s_{21}) = I(2,1) = -\frac{2}{3}\log_2\frac{2}{3} - \frac{1}{3}\log_2\frac{1}{3} = 0.918$$

当属性 Temperature 的值为 Cool 时，$s_{12}=1,s_{22}=1$，则：

$$I(s_{12},s_{22}) = I(1,1) = -\frac{1}{2}\log_2\frac{1}{2} - \frac{1}{2}\log_2\frac{1}{2} = 1$$

于是，我们可以得到离散属性 Temperature 的熵为：

$$E(\text{Temperature}) = \frac{3}{5}\times 0.918 + \frac{2}{5}\times 1 = 0.9508$$

其所对应的信息增益为：

$$\text{Gain(Temperature)} = I(s_1,s_2) - E(\text{Temperature}) = 0.971 - 0.9508 = 0.0202$$

最后，我们可以通过计算求得信息增益比例如下：

$$\text{GainRatio(Temperature)} = \frac{0.0202}{0.971} = 0.0208$$

接下来，计算属性 Humidity 的 Split$I$ 值可得：

$$\text{Split}I(\text{Humidity}) = -\frac{1}{5}\log_2\frac{1}{5} - \frac{4}{5}\log_2\frac{4}{5} = 0.7219$$

计算属性 Humidity 的每个属性值分布的期望信息可得：

当属性 Humidity 的值为＞80 时，$s_{11}=1,s_{21}=0$，则：

$$I(s_{11}, s_{21}) = 0$$

当属性 Humidity 的值为≤80 时，$s_{12}=2$，$s_{22}=2$，则：

$$I(s_{12}, s_{22}) = I(2,2) = -\frac{2}{4} \log_2 \frac{2}{4} - \frac{2}{4} \log_2 \frac{2}{4} = 1$$

于是，我们可以得到离散属性 Humidity 的熵为：

$$E(\text{Humidity}) = \frac{1}{5} \times 0 + \frac{4}{5} \times 1 = 0.8$$

其所对应的信息增益为：

$$\text{Gain}(\text{Humidity}) = I(s_1, s_2) - E(\text{Humidity}) = 0.971 - 0.8 = 0.171$$

最后，我们可以通过计算求得信息增益比例如下：

$$\text{GainRatio}(\text{Humidity}) = \frac{0.171}{0.7219} = 0.237$$

最后，我们可以类似地计算属性 Wind 的信息增益比例：

$$\text{GainRatio}(\text{Wind}) = 1$$

从中，我们可以选取出最大信息增益比例为 GainRatio(Wind)=1。由此可以形成两个分支，获得两个叶子结点。

据此，我们可以得到由 C4.5 算法所生成的决策树，如下图 4-6 所示。

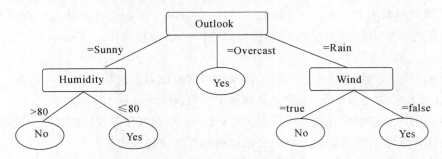

图 4-6 由 C4.5 算法生成的决策树

以上我们通过实例说明了 C4.5 算法解决分类问题的基本过程。为了使得读者更加全面地掌握该算法，以下我们描述一下该算法的工作流程。如果读者想进一步地获取比较典型的 C4.5 算法的可执行代码，可以查阅相关参考文献。

（1）获取数据集的名字。

（2）读取后缀名为.name 的文件以便于获得其类及其属性的信息。

① 读取原始的类的列表。

② 每一个类都给出与名字相应的类编号。

③ 全部的类都存储在一个列表中。

④ 读取有关属性的信息。

⑤ 属性可以是离散的（discrete）属性或者连续的（continuous）属性，分别将属性注明这两种标记。

⑥ 如果属性是离散的属性，则读取其可能的取值。

⑦ 离散属性全部可能的取值皆存储在一个列表中。

⑧ 任何一个属性都配有标记，且任何一个给定的属性编号及其初始化的取值列表都存储在一个属性的数据结构中。

⑨ 全部属性的数据结构皆存储在一个 Hash 表中。

⑩ 将全部的属性皆加入到 Hash 表中。

（3）从后缀名为.data 的文件中获取全部的训练样本。

① 以增量方式获取任何一个训练样本。

② 对训练样本的每一个属性都进行合法性检查，并且标记为离散的（discrete）、连续的（continuous）或未知的（unknown）。

③ 将全部的训练样本皆存储在一张表中，每一行表示一个训练样本。

（4）使用数据集生成决策树。

① 基本算法与 ID3 决策树生成算法相同。

② 使用其他附属功能计算信息增益，最佳的属性、连续属性的阈值，跟踪丢失的属性，计算没有赋值属性的概率。

③ 运行子程序 Buildtree，直至全部的训练样本分类完成。

（5）生成的决策树使用了 $k-1$ 个数据，预留一个数据作为测试数据使用。

① 生成第二个数组的存储训练样本的索引。

② 将小于最大值的随机数分配给这些索引。

③ 对数据集的全部引用均需要通过第二个数组 Fold。

④ 数据项的调用方法为：$i=$ 逻辑索引，程序中的调用为 getDataItem(i)，在第二个数组中查找后将逻辑索引转化为实际的偏移量，这样一来，数据项 DataItem[i] ＝ DataItem * Fold[i]。

⑤ 对数据引用的数据索引的修改也依赖于当前验证后的封装。

（6）生成决策树之后，下一步即是从该树中抽取若干个规则 Rules。

① 全部的叶子结点皆存储在一个列表中，每一个结点都存储着指向父结点的指针。

② 使用叶子结点的列表以及指向父结点的指针生成规则表。

③ 所有进一步的分类皆以抽取的规则作为基础。

（7）对所生成的决策树进行测试。

① 每一个训练 k-树皆对应着一个 k-集。

② 每一棵决策树都生成对训练样本集以及测试集分类的规则。

③ 产生错误分类的计数。

④ 分别对训练数据以及测试数据的错误进行计算。

⑤ 训练错误数目将非常低。

⑥ 为全部 k-树上的结果计算平均值，并且预测最终结果。

（8）输出打印信息。

① 输出打印规则。

② 输出打印分类的详细信息。

4.4　贝叶斯分类算法

　　贝叶斯（Bayes）分类算法是一种基于统计分类的方法。在贝叶斯学习算法中有一种实用性很强的算法被称为朴素贝叶斯分类算法。在某些研究领域中，朴素贝叶斯分类算法的计算性能丝毫不逊于基于神经网络的机器学习算法以及基于决策树的分类算法。本节首先介绍朴素贝叶斯分类算法的一般原理及其工作过程,然后给出使用该算法求解一个实际应用问题的具体例子。

4.4.1 贝叶斯定理

定义 4.3　设 X 是类别标号未知的数据样本,设 H 作为某种假设,例如数据样本 X 属于某个特定的类别 C。对于分类问题,我们希望确定条件概率 $P(H|X)$,即在给定观测数据样本 X 的条件(前提)下,假设 H 成立的概率。贝叶斯定理给出了如下式(4-7)所示的计算 $P(H|X)$ 简单有效的公式:

$$P(H \mid X) = \frac{P(X \mid H)P(H)}{P(X)} \tag{4-7}$$

其中,$P(H)$ 是先验概率(prior probability),或称其为假设 H 的先验概率。条件概率 $P(X|H)$ 用以表示在假设 H 成立的前提下,观察到未标识类别标号的数据样本 X 的概率。正因如此,通常将这一条件概率 $P(X|H)$ 称为后验概率(posterior probability),或称为在条件 X 下 H 的后验概率。

例如,不妨假设数据样本域是由水果组成的集合,通常使用其颜色与形状加以描述。如果 X 表示红色与圆的,H 表示 X 是苹果的假设(前提条件),那么,条件概率 $P(H|X)$ 意味着当我们看到 X 的颜色是红色并且形状是圆的时,我们对 X 是苹果的确信程度(置信度)。

接下来,我们从定性的角度理解一下定义 4.3 给出的公式(4-7)。从定性的角度来说,条件概率 $P(H|X)$ 应随着概率 $P(H)$ 和条件概率 $P(X|H)$ 的增大而增大,与此同时,也可以看出 $P(H|X)$ 将会随着 $P(X)$ 的增大而减小。这是非常有道理的,因为如果 X 独立于 H 时被观察到的可能性越大,就表明 X 对 H 的支持度越小,或者换句话说,H 对 X 的依赖程度也就越小。

从理论上分析,与其他所有分类算法相比较而论,贝叶斯算法具有最小的出错概率。但是,在实践中却并非如此。这主要是由对其应用的假设(如类条件独立假设)的不准确性,以及缺乏可被使用的概率数据导致的。在实践中的研究结果表明,贝叶斯分类器对于以下两种数据具有比较良好的分类效果:一种是完全独立(completely independent)的数据,另一种是函数依赖(functionally dependent)的数据。

4.4.2 朴素贝叶斯分类算法

朴素贝叶斯分类的整个工作过程如下:

(1) 每个数据样本均使用一个 n 维特征向量 $X = \{x_1, x_2, \cdots, x_n\}$ 表示,分别描述对 n 个属性 $A_1, A_2, \cdots, A_n$ 样本的 n 个度量。

(2) 假设有 m 个类别 $C_1, C_2, \cdots, C_m$,并且任意给定某一个未知的数据样本 X(即没有类别标记),贝叶斯分类器将预测 X 属于具有最大后验概率(即条件 X 下)的类别。换句话说,朴素贝叶斯分类将未知的数据样本分配给类别 $C_i(i=1,2,\cdots,m)$ 当且仅当条件概率 $P(C_i|X)$ > $P(C_j|X)$(对于任意的 $j, j=1,2,\cdots,m$,并且 j 与 i 不等)。这样一来,最大化的条件概率 $P(C_i|X)$ 所对应的类别 C_i 通常亦被称为最大后验假定,而条件概率 $P(C_i|X)$ 则可以根据以

下的贝叶斯定理来确定,如以下的公式(4-8):

$$P(C_i \mid X) = \frac{P(X \mid C_i)P(C_i)}{P(X)} \tag{4-8}$$

(3) 由于概率 $P(X)$ 对于所有类别皆为常数,因此,只需要 $P(X|C_i)P(C_i)$ 达到最大值即可。如果类别 C_i 的先验概率未知,那么通常假设这些类别是等概率的,也就是说,满足条件 $P(C_1)=P(C_2)=\cdots=P(C_m)$,这样一来,原问题就可以转换为对条件概率 $P(X|C_i)$ 的最大化。为了方便起见,通常将条件概率 $P(X|C_i)$ 称为当给定类别 C_i 时,数据 X 的似然度,于是,使得条件概率 $P(X|C_i)$ 最大的假设 C_i 通常亦被称为最大似然假设。否则,需要最大化 $P(X|C_i)P(C_i)$。在这里需要注意的是,如果假设不是等概率的,那么,类别的先验概率可以使用 $P(C_i)=s_i/s$ 来计算,其中,s_i 即是类别 C_i 里的样本数,而 s 表示样本总数。

(4) 给定具有许多属性的数据集,条件概率 $P(X|C_i)$ 的计算复杂度将会非常大。因此,为了降低 $P(X|C_i)$ 的计算复杂度,可以再添加一个类别条件独立的朴素假设。也就是说,给定样本数据的类别编号,并且假设属性值相互条件独立,即在各个属性之间不存在相互依赖关系。这样就可以得到下面的计算公式,如下式(4-9):

$$P(X \mid C_i) = \prod_{k=1}^{n} P(x_k \mid C_i) \tag{4-9}$$

其中,概率 $P(x_1|C_i)$、$P(x_2|C_i)$、$\cdots$、$P(x_n|C_i)$ 均可以根据样本进行估值。

如果属性 A_k 是离散属性,那么,条件概率 $P(x_k|C_i)=s_{ik}/s_i(k=1,2,\cdots,n)$,其中,$s_{ik}$ 即为在属性 A_k 上具有属性值 x_k 的类别 C_i 的样本数,而 s_i 即是类别 C_i 里的样本数。

如果属性 A_k 是连续值属性,则为了方便起见,通常假设这一属性服从高斯分布(正态分布),即可表示为以下公式(4-10):

$$P(x_k \mid C_i) = g(x_k, \mu_{c_i}, \sigma_{c_i}) = \frac{1}{\sqrt{2\pi}\sigma_{c_i}}\exp\left[\frac{(x_k-\mu_{c_i})^2}{2\sigma_{c_i}^2}\right] \tag{4-10}$$

其中,$g(x_k, \mu_{c_i}, \sigma_{c_i})$ 即为高斯分布函数(正态分布函数),并且 μ_{c_i},σ_{c_i} 分别表示样本的平均值与样本的标准差。

对未知样本 X 进行分类,也就是对每一个类别 C_i 计算 $P(X|C_i)P(C_i)$。未知样本 X 被指派到类别 C_i,当且仅当 $P(C_i|X) \geqslant P(C_j|X)$(对于任意的 j,$j=1,2,\cdots,m$,并且 j 与 i 不等)。也就是说,X 被指派到其 $P(X|C_i)P(C_i)$ 值达到最大值所对应的类别中去。

以上我们给出了朴素贝叶斯方法的主要思想以及一般工作过程,下面,通过一个具体的实际应用例子来说明朴素贝叶斯算法的使用过程。

对于下表 4-4 所给出的样本数据,使用朴素贝叶斯方法进行分类学习。

表 4-4　样本数据表

RID	Age	Income	Student	Credit_rating	Buys_computer
1	$\leqslant 30$	High	No	Fair	No
2	$\leqslant 30$	High	No	Excellent	No
3	$31\sim40$	High	No	Fair	Yes
4	>40	Medium	No	Fair	Yes

续表

RID	Age	Income	Student	Credit_rating	Buys_computer
5	>40	Low	Yes	Fair	Yes
6	>40	Low	Yes	Excellent	No
7	31~40	Low	Yes	Excellent	Yes
8	≤30	Medium	No	Fair	No
9	≤30	Low	Yes	Fair	Yes
10	>40	Medium	Yes	Fair	Yes
11	≤30	Medium	Yes	Excellent	Yes
12	31~40	Medium	No	Excellent	Yes
13	31~40	High	Yes	Fair	Yes
14	>40	Medium	No	Excellent	No

数据样本使用属性 Age、Income、Student 以及 Credit_rating 加以描述,类别标号属性 Buys_computer 具有两个不同的属性值,即 Yes 和 No。不失一般性,不妨假设类别 C_1 对应于类别 Buys_computer="Yes",而类别 C_2 对应于类别 Buys_computer="No"。我们所希望分类的样本为 $X=$(Age="≤30",Income="Medium",Student="Yes",Credit_rating="Fair")。

对于这个实际应用问题,我们必须对 $P(X|C_i)P(C_i)(i=1,2)$ 进行最大化处理。首先,对于每个类别的先验概率 $P(C_i)$ 可以根据上表 4-4 所给出的样本数据进行计算,即 P(Buys_computer="Yes")$=9/14=0.6429$;P(Buys_computer="No")$=5/14=0.3571$。然后,计算 $P(X|C_i)(i=1,2)$。为此,必须依次计算以下的条件概率:

$$P(\text{Age}="≤30"|\text{Buys\_computer}="Yes")=2/9=0.2222$$
$$P(\text{Age}="≤30"|\text{Buys\_computer}="No")=3/5=0.6000$$
$$P(\text{Income}="Medium"|\text{Buys\_computer}="Yes")=4/9=0.4444$$
$$P(\text{Income}="Medium"|\text{Buys\_computer}="No")=2/5=0.4000$$
$$P(\text{Student}="Yes"|\text{Buys\_computer}="Yes")=6/9=0.6667$$
$$P(\text{Student}="Yes"|\text{Buys\_computer}="No")=1/5=0.2000$$
$$P(\text{Credit\_rating}="Fair"|\text{Buys\_computer}="Yes")=6/9=0.6667$$
$$P(\text{Credit\_rating}="Fair"|\text{Buys\_computer}="No")=2/5=0.4000$$

假定属性值满足相互条件独立性,即在属性之间不存在依赖关系,使用以上的条件概率,可以得出以下结论:

$$P(X|\text{Buys\_computer}="Yes")=0.2222×0.4444×0.6667×0.6667=0.0439$$
$$P(X|\text{Buys\_computer}="No")=0.6000×0.4000×0.2000×0.4000=0.0192$$

最后计算下面的概率乘积:

$$P(X|\text{Buys\_computer}="Yes")P(\text{Buys\_computer}="Yes")=0.0439×0.6429=0.0282$$
$$P(X|\text{Buys\_computer}="No")P(\text{Buys\_computer}="No")=0.0192×0.3571=0.0069$$

由此可知,对于未进行类别标记的样本 X,根据朴素贝叶斯分类算法预测的分类结果(标记)为:Buys_computer＝"Yes"。

至此,我们通过在全部时间基础上观察某个事件出现的比例来估计概率。例如,在以上所讨论的例子中,估计概率 $P(\text{Age}＝"\leqslant 30" \mid \text{Buys\_computer}＝"\text{Yes}")$ 使用的是比值 n_c/n,其中 $n=9$ 为所有 Buys_computer＝"Yes"的样本数目,而 $n_c=2$ 是在以上这些样本中 Age＝"$\leqslant 30$"的样本数目。

不难看出,在绝大多数情况下,观察到的比例是对概率的一个良好估计,但是从另一个方面来说,当 n_c 值比较小时,估计效果会比较差。我们不妨假定 $P(\text{Age}＝"\leqslant 30" \mid \text{Buys\_computer}＝"\text{Yes}")=0.09$,而观察样本中只有 9 个样本为 Buys_computer＝"Yes",那么,对于 n_c 最有可能的值只有 0。于是将会产生下面两个难题:

① n_c/n 产生了一个有偏性的过低估计(underestimate)概率;

② 当此概率(即 n_c/n)的估计值为 0 时,如果将来的查询包括这一偏低属性值 Age＝"$\leqslant$ 30",该概率项将会在贝叶斯分类器中占主导地位,主要是由于其他概率项乘以该值 0 之后得到的最终结果将会是 0。

为了避免产生以上这两个难题,我们可以使用一种估计概率的贝叶斯分类算法,即按照以下的方法定义一个所谓"m-估计":

$$m\text{-估计} \equiv (n_c + mp)/(n+m)$$

在这里,n_c 和 n 这两个值与上面的定义相同,概率 p 作为将要确定的概率的先验估计概率,而 m 指的是一个被称为等效样本大小的常量,它主要起到对于观察到的样本数据如何衡量 p 的作用。m 被称为等效样本大小的主要原因在于:以上 m-估计的定义式可以被理解为将 n 个实际的观察样本(抽样样本)规模进行"扩大",即在已有样本规模的基础上再加大 m 个按照概率 p 分布的虚拟样本。在缺少其他信息时选择概率 p 的一种典型的方法即是假定均匀的先验概率,也就是说,如果某个属性有 k 个可能的属性值,那么就可以将概率 p 设定为 $1/k$。例如,为了估计概率 $P(\text{Age}＝"\leqslant 30" \mid \text{Buys\_computer}＝"\text{Yes}")$,根据上表 4-4,由于属性 Age 有三个可能值,即"$\leqslant 30$""$31\sim 40$"以及">40",因此均匀的先验概率为 $p=0.3333$。如果 m 的值为 0,那么 m-估计等效于简单的比值 n_c/n;如果 n 与 m 的值都是非 0 值,那么观测到的比值 n_c/n 与先验概率 p 即可以根据权值 m 进行合并。

4.4.3 EM 算法

如果已知总体 X 的分布类型,但是分布中的某些参数未知,当需要确定这些未知参数时,我们可以根据抽取到的样本,对总体分布中的未知参数做出估计。极大似然估计就是一种常用的参数估计方法,它以观测值出现的概率最大作为准则。但是,如果训练数据集中的某些数据由于某些方面的原因导致观测得不是特别完整,那就不得不借助于其他方法对未知参数做出估计。一般来说,任何带有隐含变量的数学模型都可以被归结为数据残缺问题。EM 算法即是实际应用中解决数据残缺问题的一种有效方法。接下来,我们将首先介绍 EM 算法的主要思想,然后给出使用 EM 算法求解的具体实际应用例子,最后对 EM 算法的计算性能进行分析和评价。

1. EM 算法的基本思想

EM 算法主要即是通过搜索使得数学期望 $E[\ln P(Y \mid h')]$ 的值最大的 h' 来寻找极大似

然假设 h'。该数学期望值在 Y 所服从的概率分布上进行计算,并且该分布通过未知参数 θ 来确定。

数学期望 $E[\ln P(Y|h')]$ 表达式的含义可以按照以下方式来解释:首先,条件概率 $P(Y|h')$ 即是在给定假设(前提)h' 下全部数据 Y 的似然度。其合理性在于需要搜索到某个 h' 以便使得该量(即条件概率 $P(Y|h')$)的某函数值最大化。其次,使得该量的自然对数 $\ln P(Y|h')$ 最大化。再次,引入数学期望值 $E[\ln P(Y|h')]$。由于全部数据 Y 本身也是一个随机变量,并且 Y 是观察到的 X 以及未观察到的 Z 的合并,因此,我们必须在未观察到的 Z 的可能值上取平均值并且以相应的概率作为权值。换句话说,如果要在随机变量 Y 所服从的概率分布上取数学期望值 $E[\ln P(Y|h')]$,那么该分布将由完全已知的 X 的值加上 Z 所服从的分布来确定。

随机变量 Y 所服从的概率分布是一个至关重要的问题。一般来说,我们并不知道这个分布,因为它是根据待估计的参数 θ 来确定的。但是,EM 算法使用其当前的前提假设 h 来替代实际参数 θ,并据此估计 Y 的分布。

现在,我们可以定义一个函数 $Q(h'|h)$,它将期望值 $E[\ln P(Y|h')]$ 作为 h' 的一个函数给出,有:

$$Q(h' \mid h) = E[\ln P(Y \mid h')]$$

将函数 Q 写成 $Q(h'|h)$ 的形式主要是为了表示其定义是在当前 h 等于 θ 的定义之下。

在 EM 算法的执行过程中,它需要不断重复估计步骤(通常亦称为 E 步骤)和最大化步骤(通常亦称为 M 步骤)直至收敛。

(1)E 步骤:使用当前的前提假设 h 和观察到的数据 X 来估计随机变量 Y 上的概率分布,用以计算 $Q(h'|h)$:

$$Q(h' \mid h) := E[\ln P(Y \mid h') \mid h, X]$$

(2)M 步骤:将前提假设替换成使得函数 Q 的值最大化的假设 h':

$$h' = \underset{h'}{\operatorname{argmax}} Q(h' \mid h)$$

对于每一个前提假设 h',都必须计算函数 Q 的值,argmax 表示求使得函数 Q 达到最大值时的假设 h'。当函数 Q 连续时,EM 算法将会收敛到似然函数 $P(Y|h')$ 的一个不动点上。如果这个似然函数有且只有一个极大值(单峰函数或单峰映射),那么使用 EM 算法即可收敛到对假设 h' 的全局极大似然估计(或最大似然估计)。否则,使用 EM 算法则只能确保收敛到一个局部极大值上。

以上我们给出了 EM 算法的主要思想,为了帮助读者更加深入地理解这一算法,我们首先给出估计步骤(E 步骤)和最大化步骤(M 步骤)的简单直观解释,然后给出具体应用 EM 算法求解的实例加以说明。

在 E 步骤中,首先以假设 h 的特定设置作为条件估计隐藏变量的分布。然后,保持函数 Q 固定不变,在 M 步骤中选取新的参数 h',以便于使得观察到的数据的数学期望对数似然最大化。反过来,亦可以在给定新的参数 h 的条件下,寻找新的函数 Q 值分布,然后再一次使用 M 步骤获得 h',并且以这种方式不断地迭代下去。每一次使用 E 步骤与 M 步骤都必须确保不会减小观察到的数据的似然度,并且反过来也将意味着在非常普通的条件下,参数 h 必定会至少收敛到对数似然函数的局部极大值上。

从本质上讲,EM 算法与多元参数空间中的局部爬山算法比较类似。由于估计步骤(E

步骤)与最大化步骤(M 步骤)包含(或自动确定)着每一步的方向和距离,因此,与爬山算法相同,EM 算法对初始条件相当敏感,以至于选取不同的初始条件将会获得不同的局部极大值。也正是因为如此,在使用 EM 算法的实践过程中,比较明智的方法即是从不同的起始点(初始条件)多次执行 EM 算法。这样一来,可以大大地降低最终得到一个非常不理想的局部极大值的可能性。由于运行 EM 算法有可能会相当低效地收敛到最终的参数值上,因此,为了提升该算法的收敛效率,可以将其与传统的优化技术一起使用。尽管如此,经典的 EM 算法由于具有相当宽广的适用范围并且可以相当容易地移植到求解各种不同的问题上而被较为广泛地应用。

2. EM 算法的应用实例及其性能分析

下面,我们将通过两个 EM 算法的具体应用实例说明 EM 算法的设计方法。考虑下面这个例子:假定数据 X 是一个实例集合,它由 k 个不同的高斯分布的混合所得到的分布生成。在这里涉及了 k 个不同的高斯分布的混合,并且我们并不知道哪个实例是哪个分布产生的。由此可知,这是一个涉及隐藏变量的经典例子。为了叙述问题方便起见,我们可以将每一个实例完整地描述成 $y_i = (x_i, z_{i1}, z_{i2}, \cdots, z_{ik})$,其中,$x_i$ 表示第 i 个实例的观测值;z_{i1},z_{i2},$\cdots$,z_{ik} 表示 k 个高斯分布中的哪一个用于生成观测值 x_i。更加确切地讲,当观测值 x_i 由第 $j(j=1,2,\cdots,k)$ 个高斯分布产生时,z_{ij} 的值即为 1,否则为 0。在这里,x_i 指的即是在实例描述中已经观测到的变量;而 z_{i1},z_{i2},$\cdots$,z_{ik} 则表示在实例描述中没有观测到的变量,即为隐藏的变量。

为了估计 k 个高斯分布的均值 $\theta = (\mu_1, \mu_2, \cdots, \mu_k)$,运用 EM 算法搜索一个极大似然假设。方法即是根据当前的假设 $(\mu_1, \mu_2, \cdots, \mu_k)$ 不断地再估计隐藏的变量 z_{ij} 的数学期望值,接着再使用这些隐藏的变量的数学期望值重新计算极大似然假设。

要想使用 EM 算法,首先必须推导出可以使用于上述问题的表达式 $Q(h'|h)$,也就是说,首先应推导出 $\ln P(Y|h')$ 的表达式。其中,每一个实例 $y_i = (x_i, z_{i1}, z_{i2}, \cdots, z_{ik})$ 的概率 $P(y_i|h')$ 可以被描述为下面的公式(4-11):

$$P(y_i \mid h') = P((x_i, z_{i1}, z_{i2}, \cdots, z_{ik}) \mid h') = \frac{1}{\sqrt{2\pi}\sigma} \exp\left[-\frac{1}{2\sigma^2} \sum_{j=1}^{k} z_{ij}(x_i - \mu'_j)^2\right]$$

(4-11)

在这里需要指出的是,由于有且只有一个 z_{ij} 的值为 1,其余的值皆为 0,因此,以上的公式(4-11)给出了由所选的高斯分布生成的 x_i 的概率分布。如果已知单个实例的概率分布 $P(y_i|h')$,那么整体 m 个实例的概率的对数 $\ln P(Y|h')$ 可以表示为以下的公式(4-12):

$$\ln P(Y \mid h') = \ln \prod_{i=1}^{m} P(y_i \mid h') = \sum_{i=1}^{m} \ln P(y_i \mid h') = \sum_{i=1}^{m}\left[\ln \frac{1}{\sqrt{2\pi}\sigma} - \frac{1}{2\sigma^2} \sum_{j=1}^{k} z_{ij}(x_i - \mu'_j)^2\right]$$

(4-12)

最后,必须在 Y 所服从的概率分布上,也就是在 Y 的未被观测到的部分 z_{ij} 所服从的概率分布上,计算概率的对数 $\ln P(Y|h')$ 的均值。在这里需要指出的是,以上 $\ln P(Y|h')$ 的表达式为这些 z_{ij} 的线性函数。在通常的情况下,对于 z 的任意一种线性函数 $f(z)$ 来说,满足以下的等式关系:$E[f(z)] = f[E(z)]$。

据此,可以得到以下的公式(4-13):

$$E[\ln P(Y \mid h')] = E\left\{\sum_{i=1}^{m}\left[\ln\frac{1}{\sqrt{2\pi}\,\sigma} - \frac{1}{2\sigma^2}\sum_{j=1}^{k}z_{ij}(x_i-\mu_j)^2\right]\right\}$$

$$= \sum_{i=1}^{m}\left[\ln\frac{1}{\sqrt{2\pi}\,\sigma} - \frac{1}{2\sigma^2}\sum_{j=1}^{k}E(z_{ij})(x_i-\mu'_j)^2\right] \tag{4-13}$$

由此可知,函数 $Q(h' \mid h)$ 可被表示为下式(4-14):

$$Q(h' \mid h) = \sum_{i=1}^{m}\left[\ln\frac{1}{\sqrt{2\pi}\,\sigma} - \frac{1}{2\sigma^2}\sum_{j=1}^{k}E(z_{ij})(x_i-\mu'_j)^2\right] \tag{4-14}$$

其中,$h' = (\mu'_1, \mu'_2, \cdots, \mu'_k)$,然而,期望 $E(z_{ij})$ 正是实例 x_i 由第 j 个高斯分布所生成的概率,因此,可以将其表示为下式(4-15):

$$E(z_{ij}) = \frac{P(x=x_i \mid \mu=\mu_j)}{\sum_{n=1}^{k}P(x=x_i \mid \mu=\mu_j)} = \frac{\exp\left[-\frac{1}{2\sigma^2}(x_i-\mu_j)^2\right]}{\sum_{n=1}^{k}\exp\left[-\frac{1}{2\sigma^2}(x_i-\mu_j)^2\right]} \tag{4-15}$$

因此,根据上式(4-15)可以得出基于估计的数学期望 $E(z_{ij})$ 的函数 $Q(h' \mid h)$,接下来,我们需要搜索该函数 Q 的最大值 $(\mu'_1, \mu'_2, \cdots, \mu'_k)$。在当前的例子中,即根据前面的公式(4-14),可以得出下式(4-16):

$$\underset{h'}{\mathrm{argmax}}Q(h' \mid h) = \underset{h'}{\mathrm{argmax}}\sum_{i=1}^{m}\left[\ln\frac{1}{\sqrt{2\pi}\,\sigma} - \frac{1}{2\sigma^2}\sum_{j=1}^{k}E(z_{ij})(x_i-\mu'_j)^2)\right]$$

$$= \underset{h'}{\mathrm{argmax}}\sum_{i=1}^{m}\sum_{j=1}^{k}E(z_{ij})(x_i-\mu'_j)^2 \tag{4-16}$$

由此可得,这里的极大似然假设其实质即是加权和最大化,其中,每一个实例 x_i 对误差的贡献 μ'_j 上的权值为期望 $E(z_{ij})$。由上式(4-16)给出的量即是通过将每个 μ'_j 设定为加权样本均值来最小化,即 $\mu'_j := \sum_{i=1}^{m}E(z_{ij})x_i/\sum_{i=1}^{m}E(z_{ij})$。

接下来,我们再另举一例来说明 EM 算法中的 E 步骤和 M 步骤是怎样设计与实现的。

假设某次试验(例如研制核武器试验)可能产生四种结果,分别记作甲、乙、丙、丁。出现结果甲的概率为 $\frac{1}{2}+\frac{\theta}{4}$、出现结果乙的概率为 $\frac{1}{4}(1-\theta)$、出现结果丙的概率为 $\frac{1}{4}(1-\theta)$、出现结果丁的概率为 $\frac{\theta}{4}$。其中,θ 为待估计的实参数,并且 θ 为大于 0 小于 1 的实数。目前已经进行了 197 次试验,4 种结果甲、乙、丙、丁的发生次数分别为 $x_1=125$ 次、$x_2=18$ 次、$x_3=20$ 次和 $x_4=34$ 次。在这里,产生的观测值(量)应为 $X=(x_1, x_2, x_3, x_4)$。

下面,我们使用两种方法求解待估计的参数 θ。首先使用极大似然估计法求解参数 θ,具体求解过程如下:首先构造关于参数 θ 的似然函数 $L(\theta) = \left(\frac{1}{2}+\frac{\theta}{4}\right)^{x_1}\left[\frac{1}{4}(1-\theta)\right]^{x_2}\left[\frac{1}{4}(1-\theta)\right]^{x_3}\left(\frac{\theta}{4}\right)^{x_4}$,由此可得:

$$\ln L(\theta) = \ln\left\{\left(\frac{1}{2}+\frac{\theta}{4}\right)^{x_1}\left[\frac{1}{4}(1-\theta)\right]^{x_2}\left[\frac{1}{4}(1-\theta)\right]^{x_3}\left(\frac{\theta}{4}\right)^{x_4}\right\}$$

$$= x_1\ln(2+\theta) + (x_2+x_3)\ln(1-\theta) + x_4\ln\theta - 2(x_1+x_2+x_3+x_4)\ln2$$

然后,令 $\mathrm{d}\ln L(\theta)/\mathrm{d}\theta=0$ 可得以下关于参数 θ 的方程:

$$\frac{x_1}{2+\theta} - \frac{x_2+x_3}{1-\theta} + \frac{x_4}{\theta} = 0$$

将此方程整理后可得下面的一元二次方程：

$$(x_1 + x_2 + x_3 + x_4)\theta^2 + (-x_1 + 2x_2 + 2x_3 + x_4)\theta - 2x_4 = 0$$

解之得 $\theta_1 = 0.6268, \theta_2 = -0.5507$（不合题意，舍弃）。

接下来，我们使用第二种方法（即 EM 算法）估计上例中的参数 θ。现在，我们可以假设上例中的试验的第一种结果（甲）可能分解成两个部分，其发生的概率分别为 $\frac{1}{2}$ 和 $\frac{\theta}{4}$，并且令 y 与 $x_1 - y$ 表示试验的结果分别落入到这两个部分的次数，在这里需要注意的是，y 为不能进行观测的所谓隐藏的数据。于是，此时的似然函数为 $L(\theta) = \left(\frac{1}{2}\right)^y \left(\frac{\theta}{4}\right)^{x_1-y} \left[\frac{1}{4}(1-\theta)\right]^{x_2}$ $\left[\frac{1}{4}(1-\theta)\right]^{x_3} \left(\frac{\theta}{4}\right)^{x_4}$，由此可得：

$$\ln L(\theta) = \ln\left\{\left(\frac{1}{2}\right)^y \left(\frac{\theta}{4}\right)^{x_1-y} \left[\frac{1}{4}(1-\theta)\right]^{x_2} \left[\frac{1}{4}(1-\theta)\right]^{x_3} \left(\frac{\theta}{4}\right)^{x_4}\right\}$$
$$= (x_1 - y + x_4)\ln\theta + (x_2 + x_3)\ln(1-\theta) + [y - 2(x_1 + x_2 + x_3 + x_4)]\ln 2$$

为了方便起见，接下来只讨论 $\ln L(\theta)$ 中与参数 θ 相关的前面两项，即 $\ln L_1(\theta) = (x_1 - y + x_4)\ln\theta + (x_2 + x_3)\ln(1-\theta)$，后面的常数项（与参数 θ 无关的项）不去讨论。

（1）E 步骤。

现在引入函数 Q，即：

$$Q(\theta \mid \theta(t), X) = E(\ln L_1(\theta) \mid \theta(t), X) = E[(x_1 - y + x_4)\ln\theta + (x_2 + x_3)\ln(1-\theta) \mid \theta(t), X]$$
$$= E[(x_1 - y + x_4)\ln\theta \mid \theta(t), X] + (x_2 + x_3)\ln(1-\theta)$$
$$= [x_1 - E(y \mid \theta(t), X) + x_4]\ln\theta + (x_2 + x_3)\ln(1-\theta)$$

不妨假设在 $\theta(t)$ 和 X 都给定的情况下，隐藏的变量 y 在 x_1 中产生的概率服从伯努利分布（二项分布），即 $y \sim b(x_1, \frac{1/2}{1/2 + \theta/4})$，不难求得：

$$E(y \mid \theta(t), X) = x_1 \times \frac{1/2}{1/2 + \theta/4} = \frac{2x_1}{\theta^{(t)} + 2}$$

将其代入函数 $Q(\theta \mid \theta(t), X)$ 的表达式可得：

$$Q(\theta \mid \theta(t), X) = [x_1 - E(y \mid \theta(t), X) + x_4]\ln\theta + (x_2 + x_3)\ln(1-\theta)$$
$$= \left(x_1 - \frac{2x_1}{\theta^{(t)} + 2} + x_4\right)\ln\theta + (x_2 + x_3)\ln(1-\theta)$$

（2）M 步骤。

函数 $Q(\theta \mid \theta(t), X)$ 对参数 θ 求导并令其结果为 0 可得下面的方程：

$$dQ(\theta \mid \theta(t), X)/d\theta = \left(x_1 - \frac{2x_1}{\theta^{(t)} + 2} + x_4\right)\frac{1}{\theta} - \frac{x_2 + x_3}{1 - \theta} = 0$$

由此方程可以解得：

$$\theta = \frac{(x_1 + x_4)\theta^{(t)} + 2x_4}{(x_1 + x_2 + x_3 + x_4)\theta^{(t)} + 2(x_2 + x_3 + x_4)}$$

将实例中的具体次数数值代入上式可得：

$$\theta = \frac{159\theta^{(t)} + 68}{197\theta^{(t)} + 144}$$

为了估计未知参数 θ 的值，可以将上式写成如下的迭代公式（4-17），即：

$$\theta^{(t+1)} = \frac{159\theta^{(t)} + 68}{197\theta^{(t)} + 144} \tag{4-17}$$

上式 (4-17) 给出了由 EM 算法得到的迭代公式。不难看出,迭代函数 $g(\theta) = \frac{159\theta + 68}{197\theta + 144}$ 在 $\theta \in (0,1)$ 上的导数的绝对值小于 1,由此可知,迭代函数 $g(\theta)$ 在区间 $(0,1)$ 上具有收敛性。事实上,不妨将 θ 的初值设置为 0.5,并将其代入到以上迭代公式,经过四次迭代,EM 算法将未知参数 θ 最终收敛到 0.6268。

最后,我们简要地讨论一下 EM 算法的计算性能。通过以上给出的具体实例,不难看出,EM 算法的计算复杂度由两个因素共同决定:其一是收敛所需要进行的迭代次数;其二即是每一个 E 步骤和 M 步骤的计算复杂度。在使用 EM 算法的实践过程中,经常发现当 EM 算法接近解时(在解的附近时),其收敛速度相当低,不过实际的收敛速度依赖于许多不同的因素。尽管如此,对于简单的模型来说,该算法(EM 算法)经过几次迭代就可以收敛到解的附近。在每次迭代的过程中,E 步骤和 M 步骤的计算复杂度依赖于匹配到的数据模型的属性(也即是似然函数 $P(Y|h')$ 的特征)。对于许多简单的模型来说,E 步骤和 M 步骤所需要耗费的时间关于 $|X|$ (即数据集的大小)是线性的,也就是每一次迭代几乎需要访问每个数据点一次。

4.5 规则归纳

与其他表示方法相比较而言,分类器采用规则形式表达具有易理解性。常见的采用规则表示的分类器构造方法有以下四种:

① 使用规则归纳技术直接生成规则;
② 使用决策树方法首先生成决策树,然后再把决策树转换为规则;
③ 利用粗糙集方法生成规则;
④ 利用遗传算法中的分类器技术生成规则。

在本节中,我们只介绍规则归纳方法。我们这里讨论的规则归纳算法,可以直接学习规则集合,这与决策树方法、遗传算法有两点关键的不同。首先,它可以学习包含变量的一阶规则集合。这一点非常重要,主要是由于一阶子句的表达能力比命题规则要强很多。第二,这里所讨论的算法主要使用序列覆盖算法,即一次学习一个规则,以递增的方式形成最终的规则集合。规则归纳具有四种策略,即减法策略、加法策略、先加后减策略和先减后加策略。

减法策略主要是指以具体的例子作为出发点,对例子进行推广或泛化,所谓推广即减除条件(属性值)或者减除合取项(为了方便,不考虑增加析取项的推广),使得推广之后的例子或规则不覆盖任何反例;加法策略主要是指起初的假设规则的条件部分为空(即永真规则),如果此规则覆盖了反例,那么就不断地向规则增加条件或合取项,直到此规则不再覆盖反例为止;先加后减策略主要是指由于属性之间存在相关性,因此可能某个条件的加入将会导致前面加入的条件没有什么作用,因此需要减除前面的条件;先减后加策略的道理类似于先加后减策略,也是为了处理属性之间的相关性。

经典的规则归纳算法有 AQ 算法、CN2 算法以及 FOIL 算法等。在构造专家系统的过程中,从样本集中通过规约的方法获得规则被证明是非常成功的,并且它非常完美地解决了知识获取中的瓶颈,特别是基于 ID3 算法以及 AQ 算法的系统是非常成功的。这些算法在假设领域中没有噪声的情况下,可以非常完美地从训练样本数据中找出相对应的概念描述。但是,如果将这些算法应用到现实世界中,就必须对噪声数据进行处理,特别是需要有相应的机制来避免出现在规约过程中的过拟合现象。

ID3 算法可以通过比较简单的修改来放宽这种限制。实践已经表明,树剪枝技术是避免过拟合的非常有效的方法。而对于 AQ 算法来讲,由于它对具体的训练样本数据具有一定程度的依赖性,因此很难进行修改。然而,CN2 算法却将 ID3 算法处理数据的效率与处理噪声数据的能力,以及 AQ 算法家族的灵活性进行了有效的结合。CN2 算法通过改进除去了对特定数据的依赖性,并且通过统计学类比,该算法能够达到与使用树剪枝技术的算法(例如 ID3 算法)同样的效果。CN2 算法主要采用一种基于噪声估计的启发式方法来终止它的搜索过程。利用这种方法可以不用对全部的训练样本(数据)进行正确的划分,但是规约出的规则在对新数据(测试数据)的处理上有相当好的表现,也就是说,CN2 算法是一种泛化能力比较强的算法。

以下我们首先介绍 CN2 算法的主要设计思想,然后通过一个实际应用例子说明这个算法的执行过程,最后简要分析一下 CN2 算法的计算复杂性。

算法 4.5　　CN2 算法

输入:E　　　　　　　　　　　　　　　　　/ * E 为训练样本 * /

输出:RULE_LIST　　　　　　　　　　　　/ * 返回一个覆盖若干个样本的规则 * /

(1) let RULE_LIST be the empty list;　　　/ * 将 RULE_LIST 初始化为空表 * /

(2) repeat

(3) let BEST_CPX be Find_Best_Complex(E);

/ * 寻找最佳的规则 Find_Best_Complex(E)并且将其结果放入到 BEST_CPX 中 * /

(4) 　if BEST_CPX is not null then begin

(5) 　let E′ be the examples covered by BEST_CPX;

/ * 令 E′为 BEST_CPX 覆盖的全部样本 * /

(6) 　remove from E the examples E′ covered by BEST_CPX;

/ * 从训练样本 E 中去除 E′,即 E:=E−E′ * /

(7) 　let C be the most common class of examples in E′;

/ * 令 C 为样本子集 E′中最频繁的分类标号 * /

(8) 　add the rule"if BEST_CPX then class=C"to the end of RULE_LIST;

/ * 将归纳规则"if BEST_CPX then class=C"添加到 RULE_LIST 表中 * /

(9) 　end

(10) until BEST_CPX is null or E is empty

/ * 直到 BEST_CPX 为空或者训练样本 E 为空 * /

(11) return RULE_LIST;

CN2 算法必须通过调用函数 Find_Best_Complex,该函数可以描述成下面的算法 4.6:

算法 4.6　　Find_Best_Complex()函数实现

输入:E　　　　　　　　　　　　　　　　　/ * E 为训练样本 * /

输出:BEST_CPX　　　　　　　　　　　　/ * 返回最佳的归纳规则 BEST_CPX * /

(1) let the set STAR contain only the empty Complex;

/＊初始化集合 STAR 为空 Complex＊/

（2）let BEST_CPX is null；　　　　/＊将 BEST_CPX 初始化为空＊/

（3）let Selectors be the set of all possible Selectors；

/＊集合 Selector 为所有可能的选择＊/

（4）while STAR is not empty do begin

（5）let NewSTAR be the set{x∧y|x∈STAR and y∈Extension}；

/＊令 NewSTAR 为集合{x∧y|x∈STAR and y∈Extension}＊/

（6）remove all Complexes in NewSTAR that are either in STAR or are null；

/＊从集合 NewSTAR 中去除包括在集合 STAR 中的 Complex 或为空的 Complex＊/

（7）for every Complex C_i in NewSTAR

（8）　if C_i is statistically significant when tested on E and better than BEST_CPX

according to user－defined criteria when tested on E　/＊C_i 在统计上有意义，而且对训练集 E 进行测试以后符合用户定义的条件并且优于 BEST_CPX＊/

（9）then replace the current value of BEST_CPX by C_i；/＊将 BEST_CPX 替换为 C_i＊/

（10）repeat remove worst Complexes from NewSTAR

（11）until size of NewSTAR is≤＝user－defined maximum maxstar；

/＊逐步去除在集合 NewSTAR 中最坏的 Complex 直到 NewSTAR 的大小（基数）不大于用户定义的最大数目 maxstar＊/

（12）let STAR be NewSTAR；　　　　/＊以 NewSTAR 作为当前的 STAR＊/

（13）end

（14）return BEST_CPX；　　　　　　/＊返回 BEST_CPX＊/

接下来，我们将通过一个具体应用实例来详细地讨论 CN2 算法的实现过程。

对下表 4-5 所给出的训练数据集，跟踪 CN2 算法的执行过程。

表 4-5　训练数据集（基于 CN2 算法）

Skin_covering	Milk	Homeothermic	Habitat	Reproduction	Breathing	Class
Hair	Yes	Yes	Land	Viviparous	Lungs	Mammal
None	Yes	Yes	Sea	Viviparous	Lungs	Mammal
Hair	Yes	Yes	Sea	Oviparous	Lungs	Mammal
Hair	Yes	Yes	Air	Viviparous	Lungs	Mammal
Scales	No	No	Sea	Oviparous	Gills	Fish
Scales	No	No	Land	Oviparous	Lungs	Reptile
Scales	No	No	Sea	Oviparous	Lungs	Reptile
Feathers	No	Yes	Air	Oviparous	Lungs	Bird
Feathers	No	Yes	Land	Oviparous	Lungs	Bird
None	No	No	Land	Oviparous	Lungs	Amphibian

该表所涉及的属性及其属性值如下。

① Skin_covering（属性值：Hair、None、Scales、Feathers）。

② Milk（属性值：Yes、No）。

③ Homeothermic(属性值:Yes、No)。

④ Habitat(属性值:Land,Sea,Air)。

⑤ Reproduction(属性值:Viviparous、Oviparous)。

⑥ Breathing(属性值:Lungs、Gills)。

在上表 4-5 中所涉及的类别有如下五类:Mammal(哺乳类)、Fish(鱼类)、Reptile(爬行类)、Bird(鸟类)以及 Amphibian(两栖类)。

CN2 算法对上表 4-5 所给出的训练数据集(训练样本)进行规则归纳的具体执行过程如下。

(1) 初始化 RULE_LIST={}。

(2) 调用 Find_Best_Complex。

① STAR={if then class=Mammal};(注:在 CN2 算法中,起初默认的类别即是覆盖了大多数例子的类别)。

② BEST_CPX={}。

(2-3) Selector={Skin_covering=Hair,Skin_covering=None,Skin_covering=Scales,Skin_covering=Feathers,Milk=Yes,Milk=No,Homeothermic=Yes,Homeothermic=No,Habitat=Land,Habitat=Sea,Habitat=Air,Reproduction=Viviparous,Reproduction=Oviparous,Breathing=Lungs,Breathing=Gills}。

④ 当集合 STAR 为非空集合时,执行下面的步骤:

a. NewSTAR={Skin_covering=Hair,Skin_covering=None,Skin_covering=Scales,Skin_covering=Feathers,Milk=Yes,Milk=No,Homeothermic=Yes,Homeothermic=No,Habitat=Land,Habitat=Sea,Habitat=Air,Reproduction=Viviparous,Reproduction=Oviparous,Breathing=Lungs,Breathing=Gills}。

b. 考察 NewSTAR 中全部 Complex 的质量。CN2 算法利用熵来考察每一个复合的质量,遵循熵越小质量越高的原则:$E(C_1)=0$、$E(C_2)=1$、$E(C_3)=0.918$、$E(C_4)=0$、$E(C_5)=0$、$E(C_6)=1.918$、$E(C_7)=0.918$、$E(C_8)=1.5$、$E(C_9)=2$、$E(C_{10})=1.5$、$E(C_{11})=1$、$E(C_{12})=0$、$E(C_{13})=2.235$、$E(C_{14})=1.836$、$E(C_{15})=0$。

c. 从中选取最佳的 Complex——C_5,令 BEST_CPX={Milk=Yes}。

d. 剔除 NewSTAR 中不佳的 Complex,NewSTAR={Milk=Yes}。

e. 令 STAR=NewSTAR 并且返回 BEST_CPX={Milk=Yes}。

⑤ 此时,集合 STAR 仍然为非空集合,执行以下步骤:

a. NewSTAR={Skin_covering=Hair∧Milk=Yes,Skin_covering=None∧Milk=Yes,Skin_covering=Scales∧Milk=Yes,Skin_covering=Feathers∧Milk=Yes,Milk=Yes∧Homeothermic=Yes,Milk=Yes∧Homeothermic=No,Milk=Yes∧Habitat=Land,Milk=Yes∧Habitat=Sea,Milk=Yes∧Habitat=Air,Milk=Yes∧Reproduction=Viviparous,Milk=Yes∧Reproduction=Oviparous,Milk=Yes∧Breathing=Lungs,Milk=Yes∧Breathing=Gills};

b. 考察 NewSTAR 中全部 Complex 的质量。符合 C_3、C_4、C_6 与 C_{13} 的样本在 E 中是不存在的,并且不难计算出 $E(C_1)=E(C_2)=E(C_5)=E(C_7)=E(C_8)=E(C_9)=E(C_{10})=E(C_{11})=E(C_{12})=0$;

c. BEST_CPX={Milk=Yes}，在当前集合 NewSTAR 中的 C_i 没有一个优于 BEST_CPX 中的 Complex；

d. 剔除集合 NewSTAR 中不佳的 Complex 之后，即得 NewSTAR={}，即集合 NewSTAR 变为空集；

e. STAR=NewSTAR；

f. STAR={}，即当前集合 STAR 为空集，退出循环，返回 BEST_CPX={Milk=Yes}。

（3）由于当前的集合 BEST_CPX 为非空集合，因此找到 E'，E' 作为被 BEST_CPX 所覆盖的样本，具体情况如下表 4-6 所示。

表 4-6　被 BEST_CPX 所覆盖的样本

Skin_covering	Milk	Homeothermic	Habitat	Reproduction	Breathing	Class
Hair	Yes	Yes	Land	Viviparous	Lungs	Mammal
None	Yes	Yes	Sea	Viviparous	Lungs	Mammal
Hair	Yes	Yes	Sea	Oviparous	Lungs	Mammal
Hair	Yes	Yes	Air	Viviparous	Lungs	Mammal

（4）令 C' 为样本 E' 中最频繁的类标号的属性值，在这里，C'=Mammal。将 if　Milk=Yes then　class=Mammal 加入到规则集合。RULE_LIST 中，即当前所得到的规则集为 RULE_LIST={if　Milk=Yes　then　Class=Mammal}；

（5）从样本集合 E 中除去被 BEST_CPX 所覆盖的样本集合 E'，则当前待处理的样本集如下表 4-7 所示。

表 4-7　从样本集 E 中除去被 BEST_CPX 所覆盖的样本所得到的样本集

Skin_covering	Milk	Homeothermic	Habitat	Reproduction	Breathing	Class
Scales	No	No	Sea	Oviparous	Gills	Fish
Scales	No	No	Land	Oviparous	Lungs	Reptile
Scales	No	No	Sea	Oviparous	Lungs	Reptile
Feathers	No	Yes	Air	Oviparous	Lungs	Bird
Feathers	No	Yes	Land	Oviparous	Lungs	Bird
None	No	No	Land	Oviparous	Lungs	Amphibian

（6）由于当前的样本集合 E 为非空集合，并且集合 BEST_CPX 亦为非空集合，因此判定应进入下一轮循环。

（7）再次调用 Find_Best_Complex。

① STAR={if then class=Bird}。

② BEST_CPX={}。

③ Selector = { Skin_covering = None, Skin_covering = Scales, Skin_covering = Feathers, Milk=No, Homeothermic=Yes, Homeothermic=No, Habitat=Land, Habitat=Sea, Habitat=Air, Reproduction=Oviparous, Breathing=Lungs, Breathing=Gills}。

④ 当集合 STAR 为非空集合时，执行下面的步骤：

a. NewSTAR = { Skin_covering = None, Skin_covering = Scales, Skin_covering = Feathers, Milk=No, Homeothermic=Yes, Homeothermic=No, Habitat=Land, Habitat=Sea, Habitat=Air, Reproduction=Oviparous, Breathing=Lungs, Breathing=Gills}。

b. 考察 NewSTAR 中全部 Complex 的质量。$E(C_1)=0$、$E(C_2)=0.918$；$E(C_3)=0$、$E(C_4)=1.918$、$E(C_5)=0$、$E(C_6)=1.5$、$E(C_7)=1.585$、$E(C_8)=1$、$E(C_9)=0$、$E(C_{10})=1.918$、$E(C_{11})=1.522$、$E(C_{12})=0$。

c. 从中选取最佳的 Complex——C_2，令 BEST_CPX={Skin_covering＝Feathers}。

d. 剔除 NewSTAR 中不佳的 Complex，NewSTAR={Skin_covering＝Feathers}。

e. 令 STAR＝NewSTAR 并且返回 BEST_CPX={Skin_covering＝Feathers}。

⑤ 此时，集合 STAR={Skin_covering＝Feathers}，继续执行以下步骤：

a. NewSTAR={Skin_covering＝Feathers∧Milk＝No，Skin_covering＝Feathers∧Homeothermic＝Yes，Skin_covering＝Feathers∧Homeothermic＝No，Skin_covering＝Feathers∧Habitat＝Land，Skin_covering＝Feathers∧Habitat＝Sea，Skin_covering＝Feathers∧Habitat＝Air，Skin_covering＝Feathers∧Reproduction＝Oviparous，Skin_covering＝Feathers∧Breathing＝Lungs，Skin_covering＝Feathers∧Breathing＝Gills}。

b. 考察 NewSTAR 中全部 Complex 的质量。符合 C_3、C_5、C_9 的样本在当前的 E 中是不存在的，并且不难计算出 $E(C_1)=E(C_2)=E(C_4)=E(C_6)=E(C_7)=E(C_8)=0$。

c. BEST_CPX={Skin_covering＝Feathers}，在当前集合 NewSTAR 中的 C_i 没有一个优于 BEST_CPX 中的 Complex。

d. 剔除集合 NewSTAR 中不佳的 Complex 之后，即得 NewSTAR={ }，即集合 NewSTAR 变为空集。

e. STAR＝NewSTAR。

f. STAR={ }，即当前集合 STAR 为空集，退出循环，返回 BEST_CPX={Skin_covering＝Feathers}。

（8）由于当前的集合 BEST_CPX 为非空集合，因此找到 E'，E' 作为被 BEST_CPX 所覆盖的样本，具体情况如下表 4-8 所示。

表 4-8　被 BEST_CPX 所覆盖的样本

Skin_covering	Milk	Homeothermic	Habitat	Reproduction	Breathing	Class
Feathers	No	Yes	Air	Oviparous	Lungs	Bird
Feathers	No	Yes	Land	Oviparous	Lungs	Bird

（9）令 C' 为样本 E' 中最频繁的类标号的属性值，在这里，C'＝Bird。将 if　Skin_covering＝Feathers then　Class＝Bird 加入到规则集合 RULE_LIST 中，即当前所得到的规则集为 RULE_LIST={if　Skin_covering＝Feathers　then　Class＝Bird}。

（10）从样本集合 E 中除去被 BEST_CPX 所覆盖的样本集合 E'，则当前待处理的样本集如下表 4-9 所示。

表 4-9　从样本集 E 中除去被 BEST_CPX 所覆盖的样本所得到的样本集

Skin_covering	Milk	Homeothermic	Habitat	Reproduction	Breathing	Class
Scales	No	No	Sea	Oviparous	Gills	Fish
Scales	No	No	Land	Oviparous	Lungs	Reptile
Scales	No	No	Sea	Oviparous	Lungs	Reptile
None	No	No	Land	Oviparous	Lungs	Amphibian

（11）由于当前的样本集合 E 为非空集合，并且集合 BEST_CPX 亦为非空集合，因此判定应进入下一轮循环。

（12）再次调用 Find_Best_Complex。

① STAR＝{if then Class＝Reptile}。

② BEST_CPX＝{}。

③ Selector＝{Skin_covering＝None，Skin_covering＝Scales，Milk＝No，Homeothermic＝No，Habitat＝Land，Habitat＝Sea，Reproduction＝Oviparous，Breathing＝Lungs，Breathing＝Gills}。

④ 当集合 STAR 为非空集合时，执行下面的步骤：

a. NewSTAR＝{Skin_covering＝None，Skin_covering＝Scales，Milk＝No，Homeothermic＝No，Habitat＝Land，Habitat＝Sea，Reproduction＝Oviparous，Breathing＝Lungs，Breathing＝Gills}。

b. 考察 NewSTAR 中全部 Complex 的质量。$E(C_1)＝0$、$E(C_2)＝0.918$、$E(C_3)＝1.5$、$E(C_4)＝1.5$、$E(C_5)＝1$、$E(C_6)＝1$、$E(C_7)＝1.5$、$E(C_8)＝0.918$、$E(C_9)＝0$。

c. 从中选取最佳的 Complex（注意：在选取最佳的 Complex 时需要结合分类结果 Class＝Reptile 综合考察，以便于选择出最佳的 Complex）——C_8，令 BEST_CPX＝{Breathing＝Lungs}。

d. 剔除 NewSTAR 中不佳的 Complex，NewSTAR＝{Breathing＝Lungs}。

e. 令 STAR＝NewSTAR 并且返回 BEST_CPX＝{Breathing＝Lungs}。

⑤ 此时，集合 STAR＝{Breathing＝Lungs}，接着执行以下步骤：

a. NewSTAR＝{Skin_covering＝None∧Breathing＝Lungs，Skin_covering＝Scales∧Breathing＝Lungs，Milk＝No∧Breathing＝Lungs，Homeothermic＝No∧Breathing＝Lungs，Habitat＝Land∧Breathing＝Lungs，Habitat＝Sea∧Breathing＝Lungs，Reproduction＝Oviparous∧Breathing＝Lungs}。

b. 考察 NewSTAR 中全部 Complex 的质量。不难计算出 $E(C_1)＝0$、$E(C_2)＝0$、$E(C_3)＝0.918$、$E(C_4)＝0.918$、$E(C_5)＝1$、$E(C_6)＝0$、$E(C_7)＝0.918$。

c. 由于 $E(C_2)$ 所代表的熵 E（Skin_covering＝Scales∧Breathing＝Lungs）小于熵 E（Breathing＝Lungs），因此，{Skin_covering＝Scales∧Breathing＝Lungs}优于当前的 BEST_CPX＝{Breathing＝Lungs}，这样一来，当前的集合 BEST_CPX 被更新为 BEST_CPX＝{Skin_covering＝Scales∧Breathing＝Lungs}。

d. 剔除集合 NewSTAR 中不佳的 Complex 之后，即得 NewSTAR＝{}，即集合 NewSTAR 变为空集。

e. STAR＝NewSTAR。

f. STAR＝{}，即当前集合 STAR 为空集，退出循环，返回 BEST_CPX＝{Skin_covering＝Scales∧Breathing＝Lungs}。

（13）由于当前的集合 BEST_CPX 为非空集合，因此找到 E′，E′ 作为被 BEST_CPX 所覆盖的样本，具体情况如下表 4-10 所示。

表 4-10　被 BEST_CPX 所覆盖的样本

Skin_covering	Milk	Homeothermic	Habitat	Reproduction	Breathing	Class
Scales	No	No	Land	Oviparous	Lungs	Reptile
Scales	No	No	Sea	Oviparous	Lungs	Reptile

（14）令 C' 为样本 E' 中最频繁的类标号的属性值，在这里，$C' =$ Reptile。将 if　Skin_covering＝Scales∧Breathing＝Lungs then　Class＝Reptile 加入到规则集合 RULE_LIST 中，即当前所得到的规则集为 RULE_LIST＝{if　Skin_covering＝Scales∧Breathing＝Lungs　then　Class＝Reptile }。

（15）从样本集合 E 中除去被 BEST_CPX 所覆盖的样本集合 E'，则当前待处理的样本集如下表 4-11 所示。

表 4-11　从样本集 E 中除去被 BEST_CPX 所覆盖的样本所得到的样本集

Skin_covering	Milk	Homeothermic	Habitat	Reproduction	Breathing	Class
Scales	No	No	Sea	Oviparous	Gills	Fish
None	No	No	Land	Oviparous	Lungs	Amphibian

（16）由于当前的样本集合 E 为非空集合，并且集合 BEST_CPX 亦为非空集合，因此判定应进入下一轮循环。

（17）再次调用 Find_Best_Complex。

① STAR＝{if then Class＝Amphibian}。

② BEST_CPX＝{}。

③ Selector＝{Skin_covering＝None, Skin_covering＝Scales, Milk＝No, Homeothermic ＝No, Habitat＝Land, Habitat＝Sea, Reproduction＝Oviparous, Breathing＝Lungs, Breathing＝Gills}。

④ 当集合 STAR 为非空集合时，执行下面的步骤。

a. NewSTAR ＝ { Skin_covering＝None, Skin_covering＝Scales, Milk＝No, Homeothermic＝No, Habitat＝Land, Habitat＝Sea, Reproduction＝Oviparous, Breathing＝Lungs, Breathing＝Gills }。

b. 考察 NewSTAR 中全部 Complex 的质量。$E(C_1)＝0$、$E(C_2)＝0$、$E(C_3)＝1$、$E(C_4)＝1$、$E(C_5)＝0$、$E(C_6)＝0$、$E(C_7)＝1$、$E(C_8)＝0$、$E(C_9)＝0$。

c. 从中选取最佳的 Complex——C_1，令 BEST_CPX＝{Skin_covering＝None}。

d. 剔除 NewSTAR 中不佳的 Complex，NewSTAR＝{Skin_covering＝None}。

e. 令 STAR＝NewSTAR 并且返回 BEST_CPX＝{Skin_covering＝None}。

⑤ 此时，集合 STAR＝{Skin_covering＝None}，接着执行以下步骤：

a. NewSTAR ＝ { Skin_covering＝None∧Milk＝No, Skin_covering＝None∧Homeothermic＝No, Skin_covering＝None∧Habitat＝Land, Skin_covering＝None∧Habitat＝Sea, Skin_covering＝None∧Reproduction＝Oviparous, Skin_covering＝None∧Breathing＝Lungs, Skin_covering＝None∧Breathing＝Gills}。

b. 考察 NewSTAR 中全部 Complex 的质量。符合 C_4 和 C_7 的样本在当前的 E 中是不存在的，并且不难计算出 $E(C_1)=E(C_2)=E(C_3)=E(C_5)=E(C_6)=0$。

c. BEST_CPX＝{Skin_covering＝None}，在当前集合 NewSTAR 中的 C_i 没有一个优于 BEST_CPX 中的 Complex。

d. 剔除集合 NewSTAR 中不佳的 Complex 之后，即得 NewSTAR＝{ }，即集合 NewSTAR 变为空集。

e. STAR＝NewSTAR。

f. STAR＝{ }，即当前集合 STAR 为空集，退出循环，返回 BEST_CPX{Skin_covering＝None}。

（18）由于当前的集合 BEST_CPX 为非空集合，因此找到 E'，E' 作为被 BEST_CPX 所覆盖的样本，具体情况如下表 4-12 所示。

表 4-12　被 BEST_CPX 所覆盖的样本

Skin_covering	Milk	Homeothermic	Habitat	Reproduction	Breathing	Class
None	No	No	Land	Oviparous	Lungs	Amphibian

（19）令 C' 为样本 E' 中最频繁的类标号的属性值，在这里，C'＝Amphibian。将 if Skin_covering＝None then class＝Amphibian 加入到规则集合 RULE_LIST 中，即当前所得到的规则集为 RULE_LIST＝{if Skin_covering＝None then class＝Amphibian }。

（20）从样本集合 E 中除去被 BEST_CPX 所覆盖的样本集合 E'，则当前待处理的样本集如下表 4-13 所示。

表 4-13　从样本集 E 中除去被 BEST_CPX 所覆盖的样本所得到的样本集

Skin_covering	Milk	Homeothermic	Habitat	Reproduction	Breathing	Class
Scales	No	No	Sea	Oviparous	Gills	Fish

此时，由于仅仅只剩下了一个训练样本，并且该样本与前面的类别相异，因此，最终产生的规则集 RULE_LIST 如下：

if Milk＝Yes　then　Class＝Mammal；

else

if Skin_covering＝Feathers then　Class＝Bird；

elese

if Skin_covering＝Scales∧Breathing＝Lungs then　Class＝Reptile；

else

if Skin_covering＝None　then　Class＝Amphibian；

else

Class＝Fish；

下面，我们简要地分析一下 CN2 算法的执行效率。

不妨假定训练样本集的大小为 b，属性数量为 c，集合 STAR 的最大尺度为 d。在 CN2 算法中，基本操作即是对当前集合 STAR 中的 Complex 的具体化操作，在同一时刻最多能够产生 cd 个 Complex，在具体化操作（执行）中需要经历下面三个步骤：

① 在集合 STAR 中，从单一的选择变成 Complex，需要的时间复杂度为 $O(cd)$；

② 对于所产生的 Complex 进行验证的时间复杂度为 $O(cdb)$;

③ Complex 的存储以及 STAR 的修剪所需要的时间开销为 $O[cd\log(cd)]$。

由此可知,仅是具体化步骤其时间复杂度应为 $O(c*d*(b+\log(c*d)))$。

CN2 算法可以在没有完成对训练样本集的很好测试之前停止对复合的具体化操作,除此以外,如果在统计意义上已经没有重要的规则可能产生,那么就意味着 CN2 算法在全部训练样本尚未都被覆盖之前可能终止对归纳规则的搜索活动。

 习题4

下表 4-14 给出了一个有关配眼镜的决策分类所需要的数据集,该数据集包含了下面五个属性。

① Age:{Young,Pre-presbyopic,Presbyopic}。

② Astigmatism:{No,Yes}。

③ Spectacle-prescrip:{Myope,Hypermetrope}。

④ Tear-prod-rate:{Reduced,Normal}。

⑤ Contact-lenses:{Soft,None,Hard}。

其中,属性 Contact-lenses 为决策属性,试通过手动模拟 ID3 决策树分类算法来实现决策过程。

表 4-14　配眼镜决策分类训练数据集

No.	Age	Spectacle-prescrip	Astigmatism	Tear-prod-rate	Contact-lenses
1	Young	Myope	No	Reduced	None
2	Young	Myope	No	Normal	Soft
3	Young	Myope	Yes	Reduced	None
4	Young	Myope	Yes	Normal	Hard
5	Young	Hypermetrope	No	Reduced	None
6	Young	Hypermetrope	No	Normal	Soft
7	Young	Hypermetrope	Yes	Reduced	None
8	Young	Hypermetrope	Yes	Normal	Hard
9	Pre-presbyopic	Myope	No	Reduced	None
10	Pre-presbyopic	Myope	No	Normal	Soft
11	Pre-presbyopic	Myope	Yes	Reduced	None
12	Pre-presbyopic	Myope	Yes	Normal	Hard
13	Pre-presbyopic	Hypermetrope	No	Reduced	None
14	Pre-presbyopic	Hypermetrope	No	Normal	Soft
15	Pre-presbyopic	Hypermetrope	Yes	Reduced	None
16	Pre-presbyopic	Hypermetrope	Yes	Normal	None
17	Presbyopic	Myope	No	Reduced	None
18	Presbyopic	Myope	No	Normal	None
19	Presbyopic	Myope	Yes	Reduced	None
20	Presbyopic	Myope	Yes	Normal	Hard
21	Presbyopic	Hypermetrope	No	Reduced	None
22	Presbyopic	Hypermetrope	No	Normal	Soft
23	Presbyopic	Hypermetrope	Yes	Reduced	None
24	Presbyopic	Hypermetrope	Yes	Normal	None

第5章 聚类算法

俗话说："物以类聚，人以群分。"聚类是人类的一项最基本的认识活动。聚类的应用是相当广泛的。例如，在生命科学中，聚类可以辅助植物和动物分类方面的研究工作，尤其是对于当代生命科学来说，人类可以通过对基因数据的聚类找出功能上类似的基因；在地理信息系统(GIS)中，通过聚类算法可以发现具有相似用途的区域，借以辅助石油的开采活动；在商业领域里，聚类算法能够帮助市场分析人员对消费者的消费记录进行分析，从而可以概括出每一类消费者的消费模式，从而能够实现对消费群体的划分。

聚类是指将待研究的数据对象进行分组，使之成为多个类或簇(cluster)，分组所依据的原则主要是在同一个类(或簇)中的对象与对象之间具有相当高的相似度，并且在不同类中的任意两个对象之间的相似度相当低。聚类与分类的不同之处在于，聚类操作中需要分组的类别是预先未知的，也就是说，聚类中的类的形成完全是通过数据驱动的。因此，聚类算法属于一种无监督学习(无导师学习)的机器学习算法。

本章的主要内容安排如下。

(1) 对聚类算法进行简要但全面的概述，其中包括聚类的基本概念、聚类算法的分类方法以及相似性度量原则等。

(2) 较为详尽地讨论若干种经典的聚类算法，包括：① 划分方法，如 k-均值(k-means)和 k-中心点(k-medoids)；② 层次聚类算法，如 AGNES 算法和 DIANA 算法。

(3) 介绍密度聚类算法，如 DBSCAN 算法。

5.1 聚类算法概述

聚类分析起源于人工智能的研究领域，包括机器学习、数据挖掘、数理统计学、模式识别等。它既可以作为人工智能算法的一个非常重要的组成部分，又可以作为一个独立的工具来获得数据分布的情况，概括出每一个类别的特点，或者集中精力对特定的某些类别进行更加深入的分析。除此以外，聚类算法也可以作为其他分析方法(例如关联规则分析、分类分析等)的预处理步骤，这些算法需要在生成的类上进行处理。

人工智能的其中一个分支——数据挖掘技术所需要面对的一个重要问题是能否高效地处理巨大的、复杂的数据集(dataset)。这对聚类分析技术提出了强大的挑战，即要求聚类算法拥有可伸缩性、处理不同类型数据属性的能力、发现任意形状的类的能力以及处理高维数据的能力等。根据聚类算法潜在的各种可能应用，数据挖掘技术对聚类分析技术也提出了各种不同的要求。其中，典型的要求可以通过以下几个方面进行描述。

（1）可伸缩性。

可伸缩性是指聚类算法无论对于小数据集还是对于大数据集都应该是有效的。在许多聚类算法中，当所面对的数据对象数目在几百个的小数据集上时效果很好，但是对于包含了上万个数据对象的大规模数据集甚至对于包含了上百万个数据对象的超大规模数据集进行聚类分析时，将会导致比较大的偏差甚至比较严重的偏差。正因如此，研究在大规模或超大规模数据集上的高效聚类算法是人工智能或数据挖掘技术所必须面对的巨大挑战。

（2）具有处理不同类型数据属性的能力。

具有处理不同类型数据属性的能力是指聚类算法既能够处理数值型的数据，又能够处理非数值型的数据；既能够处理离散型数据，如布尔型数据、序数型数据、枚举型数据或这些数据类型的混合，又能够处理连续型数据。

（3）可以发现任意形状的聚类。

有相当多的聚类算法通常使用欧几里得距离（又称欧式距离，Euclid distance）来作为对象与对象之间相似性的度量方法。但是基于这样的距离度量的算法通常被用于高效地发现具有相近密度和尺寸的球状类。而对于一个类可以是任意形状的情形来说，提出能够发现任意形状类的高效聚类算法是十分必要和迫切的。

（4）输入参数对领域知识的弱依赖性。

在许多聚类分析中，有很多聚类算法需要用户输入一定的参数，如用户希望获得的类别数目。一般来说，聚类算法所得到的结果对于输入的参数十分敏感，通常参数较难确定，特别是对于包含高维数据的数据集来说更是如此。由于要求使用人工输入参数不仅加重了用户的负担，而且使得聚类质量难以保证，因此，一个好的聚类算法应该能够对这个问题给出一个比较好的解决办法。

（5）对于输入数据顺序不敏感。

有一些聚类算法对于输入数据的顺序是敏感的。例如，对于同一个数据集合，以不同的顺序提交给同一个聚类算法时，可能会产生偏差很大的聚类结果。正因如此，研究和开发对数据输入顺序不敏感的聚类算法具有重大的实践意义。

（6）聚类算法应具有处理高维数据的能力。

通常将属性较少的数据称为低维数据，将属性较多的数据称为高维数据。有许多聚类算法擅长处理低维数据，即二维数据（含有两个属性的数据）或三维数据（含有三个属性的数据）。人类对于二维数据或三维数据的聚类结果很容易直观地判断其聚类的效果。但是，人类对于高维数据聚类结果的判断就显得不是那么直观了。数据对象在高维空间的聚类是十分具有挑战性的，特别是考虑到这样的高维数据可能会导致高度偏斜的现象产生并且非常稀疏。

（7）处理噪声数据的能力。

在实践应用中，绝大多数的数据都包含了孤立点、空缺、未知数据或错误的数据，这些数据通常被称为噪声数据。如果聚类算法对于这种噪声数据比较敏感，那么将会导致聚类结果的效果较差。

（8）基于约束的聚类。

在大多数实际应用中，可能会需要在各种限制（约束）条件下完成聚类的任务。在这种情况下，既要找到满足特定的约束，又要具有良好聚类特性的数据分组是一项非常具有挑战性的工作。

（9）挖掘出来的信息是可被理解和可被使用的。

这一点是非常容易理解的,但在使用聚类算法的实际应用中有时往往不能尽如人意。

◆ 5.1.1 聚类分析在挖掘技术中的应用

聚类分析在挖掘技术中的应用主要体现在下面几个方面。

（1）聚类算法可以作为其他算法的数据预处理步骤。

使用聚类算法进行数据预处理,可以获得数据的基本情况,如果在此基础上进一步地进行特征提取或分类,就可以提高精确度和提升挖掘效率。另一方面,也可以将使用聚类算法所得到的聚类结果用于进一步地关联分析,以便获得更加有用的信息。

（2）聚类算法可以作为一个独立的工具来获得数据的分布情况。

聚类算法是获得数据分布情况的一种非常有效的方法。例如,在商业上,聚类算法不仅能够为市场分析人员从客户的基本数据库中发现不同的客户群提供帮助,而且可以使用购买模式来反映不同的客户群特征。通过观察聚类结果反映出的每一个类的特点,可以集中对特定的某些类进行更加深入地分析。这在诸如市场细分、目标客户定位、业绩评估以及生物物种划分等各个不同领域具有更加广阔的应用前景。

（3）聚类算法可以完成对孤立点的挖掘。

很多聚类算法试图使孤立点的影响达到最小化程度,或者甚至干脆排除它们。可是孤立点本身却可能是非常有用的。例如,在欺诈行为探测中,孤立点极有可能是市场上欺诈行为的某种反映,正因如此,应设计出较好的聚类算法,使其能够顺利地完成对孤立点的挖掘任务。

◆ 5.1.2 聚类算法的基本概念和基本分类

1. 聚类算法的基本概念

定义 5.1　聚类算法的输入可以用一组有序对 (X,s) 或 (X,d) 表示。在这里,X 表示一组样本,s 和 d 分别代表度量样本与样本之间相似度或相异度(距离)的标准。聚类算法的输出是对数据的区分结果,即 $C=\{C_1,C_2,\cdots,C_k\}$,其中 $C_i(i=1,2,\cdots,k)$ 是 X 的子集,并且满足以下条件。

（1）$\bigcup\limits_{i=1}^{k} C_i = X$。

（2）$C_i \bigcap C_j = \varnothing,(i \neq j, i,j=1,2,\cdots,k)$。

其中,集合 C 里的成员 $C_1,C_2,\cdots,C_k$ 称为类或簇(cluster)。每一个簇均可以通过一些特征进行描述。通常有以下几种表示形式:① 通过类的中心或者类的边界表示一个类;② 使用聚类树中的结点图形化地表示一个类;③ 使用样本属性的逻辑表达式表示类。

其中,使用类的中心表示一个类是最为常见的方式,当类是比较紧密的或各向分布同性时使用这种方法十分有效。但是,当类是伸长的或者各向分布异性时,使用这种方式就不能正确地表示它们了。

2. 聚类算法的分类

当前,聚类分析已经成为一个非常活跃的研究领域,目前已经有大量的、经典的和流行的聚类算法涌现出来,如 k-均值算法、k-中心点算法、PAM 算法、CLARANS 算法、CURE 算法、OPTICS 算法、DBSCAN 算法等。使用不同的聚类算法对于相同的数据集亦有可能存在不同的聚类结果。许多研究文献从不同的角度对聚类算法进行了分类,概括来说,有下面几种分类方法。

1)根据聚类的标准进行分类

根据聚类的标准,聚类分析方法可以分为下面两种。

(1)统计聚类分析方法。

统计聚类分析方法主要是基于对象与对象之间的几何距离(如欧氏距离)。统计聚类分析方法包括系统聚类法、加入法、分解法、动态聚类法、有重叠聚类、有序样本聚类、模糊聚类法等。这种聚类分析方法是一种基于全局比较的聚类方法,它需要对全部的个体进行考察之后方能决定类的划分。正因如此,它要求必须预先给定全部的数据,而不能动态地添加新的数据对象。

(2)概念聚类分析方法。

概念聚类分析方法是指基于对象所具有的概念进行聚类。这里的距离不再是传统方法中的几何距离,而是依据概念的描述来确定的。典型的概念聚类或形成方法有 COBWEB、OLOC 和基于列联表的方法。

2)根据聚类算法所处理的数据类型进行分类

根据聚类算法所处理的数据类型,可以分为如下三种聚类方法。

(1)数值型数据聚类方法。

数值型数据聚类方法所分析的数据的属性为数值数据,因此可以对所处理的数据直接比较大小。目前,大部分的聚类算法都是基于数值型数据的。

(2)离散型数据聚类方法。

由于在挖掘技术中的内容通常都含有非数值的离散数据,因此,最近这些年来人们在离散型数据聚类方法方面进行了很多研究,并且提出了一些基于这类数据的聚类算法,例如 k-模(k-mode)算法、ROCK 算法、CACTUS 算法、STIRR 算法等。

(3)混合型数据聚类方法。

混合型数据聚类方法是指可以同时处理数值数据和离散型数据的聚类方法,这种类型的聚类方法通常功能强大,但其性能往往差强人意。混合型数据聚类方法的典型算法有 k-原型(k-prototypes)算法。

3)根据聚类的尺度进行分类

根据聚类的尺度,可以分为如下三种聚类方法。

(1)基于距离的聚类算法。

距离是在聚类分析中常用的分类统计量。常用的距离定义有欧几里得距离和曼哈顿距离。很多聚类算法都是使用各种不同的距离来衡量数据对象之间的相似度,如 k-均值算法、k-中心点算法、CURE 算法等。聚类算法通常需要给定聚类数目 k,或者区分两个类的最小距离。基于距离的算法聚类标准易于确定,容易理解,对数据维度具有伸缩性,但是只适用于欧几里得距离和曼哈顿距离,对孤立点敏感,只能发现圆形类。为了克服这些缺点,提高算法性能,k-中心点算法、CURE 算法采取了一些特殊的措施。例如,CURE 算法利用固定数目的多个数据点作为类代表,这样即可提高聚类算法处理不规则聚类的能力,降低对孤立点的敏感度。

（2）基于密度的聚类算法。

广义上来说，基于密度的聚类算法和基于网格的聚类算法都可以认为是基于密度的聚类算法。此类算法通常需要规定最小密度门限值。这种聚类算法同样适用于欧几里得空间和曼哈顿空间，对于噪声数据不敏感，可以发现不规则的类，但是当类或子类的粒度小于密度计算单位时，会被遗漏。

（3）基于互连性的聚类算法。

基于互连性（linkage-based）的聚类算法一般基于图模型或超图模型。它们通常将数据集映像成为图或超图。满足连接条件的数据对象之间画一条边，高度连通的数据聚为一类。属于该类的聚类算法有 ROCK 算法、STIRR 算法、CACTUS 算法等。该类算法可以适用于任意形状的度量空间，聚类的效果取决于边或链的定义，不适合处理规模很大的数据集。当数据量非常大时，通常应当忽略权值较小的边，使图变为稀疏图，以便提升效率，但是这样做将会影响聚类分析的质量。

4）根据聚类算法的思路进行分类

根据聚类分析算法的主要思路，可以将其分为以下五种聚类方法。

（1）分法（partitioning methods）。

给定一个由 n 个对象或元组组成的数据库，划分方法构建了数据的 k 个划分，每个划分表示一个簇，并且有 $k \leqslant n$。也就是说，它将数据划分成为 k 个组，同时满足以下要求：一方面，在每个组中至多包含一个对象；另一方面，每个对象必需属于并且只能属于一个组。

属于此类的聚类算法有 k-均值算法、k-中心点算法、k-模算法、k-原型算法、PAM 算法等。

（2）层次法（hierarchical methods）

层次法用于对给定的数据对象集合进行层次的分解。按照层次分解的形成方法的不同，层次的方法又可以进一步划分为分裂型的方法和凝聚型的方法。

分裂型的方法通常也称为自顶向下的方法，该方法从一开始就将全部的对象置于一个簇中。在迭代的每一步中，一个簇被分裂成为更小的簇，直到每一个对象都处于一个单独的簇中，或者满足一个终止条件。例如，DIANA 算法即属于该类。

凝聚型的方法通常也称为自底向上的方法，该方法从一开始就将每一个对象作为单独的一个簇。然后相继合并相近的对象或簇，直到全部的簇合并为一个簇，或者满足一个终止条件。例如，AGNES 算法即属于该类。

（3）基于密度的方法（density-based methods）。

基于密度的方法与其他方法的根本区别是：该方法并不是用各种的距离作为分类统计量，而是考查数据对象是否属于相连的密度域。将属于相连密度域的数据对象归为同一类。例如，DBSCAN 算法即属于密度聚类方法。

（4）基于网格的方法（grid-based methods）。

这种方法首先将数据空间划分成为有限多个单元（cell）的网格结构，所有的数据处理都是以单个单元作为其对象的。这样进行数据处理时的突出优点是数据处理速度较快，通常与目标数据库中记录的个数无关，只与将数据空间分成为多少个单元有关。但是这种数据处理方法相对来说比较粗糙，通常会影响聚类质量。例如，STING 算法、DBCLASD 算法等算法即属于基于网格的方法。

（5）基于模型的方法（model-based methods）。

基于模型的方法首先给每一个簇假定一个模型，然后去寻找可以很好满足这个模型的数据集。这样一个模型很有可能是数据点在空间中的密度分布函数或是其他函数。它的一个潜在的前提条件是：目标数据集是由一系列的概率分布所决定的。通常有两种尝试方法，即统计的方法和人工神经网络的方法。基于统计学模型的方法是 COBWEB 算法，而基于神经网络模型的是 SOM 算法。

5.1.3 距离和相似程度的度量

由于一个聚类分析过程的质量往往取决于对度量标准的选择，因此，我们必须审慎地选择度量标准。

为了选择数据对象之间的接近或相似程度，通常需要定义一些相似程度的度量标准。例如，在本章中，我们将使用 $s(x,y)$ 表示样本 x 与样本 y 的相似程度。也就是说，当样本 x 和样本 y 相似时，$s(x,y)$ 的取值是相当大的；而当样本 x 和样本 y 相似时，$s(x,y)$ 的取值是相当小的。不难看出，两个样本的相似程度的度量具有自反性，即 $s(x,y)=s(y,x)$。对于大多数聚类分析方法来说，相似程度的度量标准被标准化为 $0 \leqslant s(x,y) \leqslant 1$。

但是在一般情形下，聚类算法不是用于计算两个样本之间的相似程度，而是使用特征空间中的距离作为相似程度的度量标准计算两个样本之间的相异度。对于某个样本空间来说，距离的度量标准可以是度量的或半度量的，以便用来量化样本的相异度。相异度的度量使用 $d(x,y)$ 来表示，相异度有时也称为距离。当样本 x 和样本 y 相似时，距离 $d(x,y)$ 的取值就会非常小，而当样本 x 和样本 y 不相似时，距离 $d(x,y)$ 的取值就会非常大。

下面对这些度量标准进行简要地介绍和说明。

1. 距离函数

根据距离公理，在定义距离测度时只需要满足距离公理的四大性质即可，即满足自相似性、最小性、对称性以及三角不等式性。因此，通常给出的距离函数有以下几种。

1）闵可夫斯基（Minkowski）距离

假定 x 和 y 是相应的特征，n 是特征的维数。x 和 y 的闵可夫斯基距离度量的形式如式（5-1）所示。

$$d(x,y) = \left[\sum_{i=1}^{n} | x_i - y_i |^p \right]^{1/p} \tag{5-1}$$

当 p 取不同的值时，以上的距离度量公式可演化为一些特殊的距离测度。

① 当 $p=1$ 时，闵可夫斯基距离演化成为绝对值距离，见式（5-2）：

$$d(x,y) = \sum_{i=1}^{n} | x_i - y_i | \tag{5-2}$$

② 当 $p=2$ 时，闵可夫斯基距离演化成为欧氏距离，见式（5-3）：

$$d(x,y) = \left[\sum_{i=1}^{n} | x_i - y_i |^2 \right]^{1/2} \tag{5-3}$$

2）二次型（quadratic）距离

二次型距离测度的形式见式（5-4）：

$$d(x,y) = ((x-y)^T A(x-y))^{1/2} \tag{5-4}$$

式中：A 为非负定矩阵。

当矩阵 A 在不同的情形下，以上的距离度量公式将演化为一些特殊的距离测度。

① 当矩阵 A 为单位矩阵时，二次型距离演化成为欧氏距离。

② 当矩阵 A 为对角矩阵时，二次型距离演化成为加权欧式距离，见式(5-5)。

$$d(x,y) = \left[\sum_{i=1}^{n} a_{ii} \mid x_i - y_i \mid^2 \right]^{1/2} \tag{5-5}$$

③ 当矩阵 A 为协方差矩阵时，二次型距离演化成为曼哈顿距离，见式(5-6)。

$$d(x,y) = \left[\sum_{i=1}^{n} D(S_i) \mid x_i - y_i \mid^2 \right.$$
$$\left. + 2\sum_{i=1}^{n-1} \sum_{j=i+1}^{n} (x_i - y_i)(x_j - y_j) \text{Cov}(S_i, S_j) \right]^{1/2} \tag{5-6}$$

在式(5-6)中，$D(S_i)$ 表示随机变量 S_i 的方差，它等于 S_i 与其自身的协方差，即 $D(S_i) = \text{Cov}(S_i, S_i)$；$\text{Cov}(S_i, S_j)$ 表示两个随机变量 S_i 与 S_j 的协方差。

3) 余弦距离

余弦距离的度量形式见式(5-7)：

$$d(x,y) = \frac{\sum_{i=1}^{n} x_i y_i}{\sqrt{\sum_{i=1}^{n} x_i^2 \sum_{i=1}^{n} y_i^2}} \tag{5-7}$$

4) 二元特征样本的距离度量

前面我们所阐述的几种距离测度对于包含连续特征的样本是非常有效的。然而，这些距离测度对于包含有一些或完全不连续特征的样本来说，计算样本与样本之间的距离是比较困难的。由于不同类型的特征是不能进行比较的，因此仅仅只使用一个标准作为距离度量标准是不合适的。下面，我们就来介绍几种二元类型数据的距离度量标准。假定 x 与 y 是 n 维特征向量，x_i 与 y_i 分别表示 x 与 y 的第 i 维特征，其中，$i=1,2,\cdots,n$，并且 x_i 与 y_i 的取值皆为二元类型数据$\{0,1\}$。因此，x 与 y 的距离定义的常规方法是首先求出以下几个参数，然后使用简单匹配系数(SMC 系数)、Jaccard 系数或 Rao 系数。

假设：

(1) a 是样本 x 和样本 y 中满足 $x_i = y_i = 1$ 的二元类型属性的数量；

(2) b 是样本 x 和样本 y 中满足 $x_i = 1, y_i = 0$ 的二元类型属性的数量；

(3) c 是样本 x 和样本 y 中满足 $x_i = 0, y_i = 1$ 的二元类型属性的数量；

(4) d 是样本 x 和样本 y 中满足 $x_i = y_i = 0$ 的二元类型属性的数量。

则：

① 简单匹配系数 SMC(simple match coefficient)的定义为：

$$S_{\text{SMC}}(x,y) = \frac{a+b}{a+b+c+d}$$

② Jaccard 系数的定义为：

$$S_{\text{Jc}}(x,y) = \frac{a}{a+b+c}$$

③ Rao 系数的定义为：

$$S_{\mathrm{Rc}}(x,y) = \frac{a}{a+b+c+d}$$

以上所给出的距离函数都是关于两个样本的距离的,为了考察聚类的质量,有时需要计算类间的距离。下面,我们介绍几种常用的类间距离计算方法。

2. 类间距离

假定两个类(簇)C_1和C_2,它们分别有m和h个元素,它们的中心分别为r_1和r_2。不妨设元素$x \in C_1$,$y \in C_2$,这两个元素之间的距离记为$d(x,y)$。可以使用不同的策略来定义两个不同类之间的距离,并将其记为$D(C_1,C_2)$。

1)最短距离法

将两个类中最接近的两个元素之间的距离定义为类间距离:

$$D_S(C_1,C_2) \equiv \min\{d(x,y) \mid x \in C_1, y \in C_2\}$$

2)最长距离法

将两个类中相距最远的两个元素之间的距离定义为类间距离:

$$D_S(C_1,C_2) \equiv \max\{d(x,y) \mid x \in C_1, y \in C_2\}$$

3)中心法

将两类的两个中心之间的距离定义为类间距离。接下来,我们给出类中心和类间距离的描述。

假定C_i是一个聚类,则使用C_i的全部数据点x,可以将C_i的类中心$\overline{x_i}$定义如下,见式(5-8):

$$\overline{x_i} \equiv \frac{1}{n_i}\sum_{x \in C_i} x \tag{5-8}$$

式中:n_i表示第i个聚类中的点数。基于类中心,可以进一步地定义两个类C_1与C_2的类间距离为$D_C(C_1,C_2) \equiv d(r_1,r_2)$。

4)类平均法

类平均法是将两个类中的任意两个元素之间的距离的平均值定义为类间距离,见式(5-9):

$$D_C(C_1,C_2) \equiv \frac{1}{mh}\sum_{x \in C_1}\sum_{y \in C_2} d(x,y) \tag{5-9}$$

式中:m和h是两个类C_1和C_2中的元素数目。

5)离差平方和

由于离差平方和用到了类的直径这一基本概念,因此我们首先解释一下什么是类的直径。

类的直径反映了类中各个不同元素之间的差异,可以将其定义为类中各个元素至类中心的欧氏距离之和。换句话说,类的直径的量纲是距离的平方,即类C_1的直径可以用式(5-10)表示。

$$r_{\mathrm{d}} \equiv \sum_{i=1}^{m}(x_i - \overline{x_{\mathrm{c}}})^T(x_i - \overline{x_{\mathrm{c}}}) \tag{5-10}$$

式中:$\overline{x_{\mathrm{c}}}$为类$C_1$的类中心。

如果假定类C_1的直径和类C_2的直径分别为$r_{\mathrm{d}1}$和$r_{\mathrm{d}2}$,并且类$C_{1 \cup 2} = C_1 \bigcup C_2$的直径为$r_{\mathrm{d}1+\mathrm{d}2}$,则可以定义类间距离的平方为$D_{\mathrm{w}}^2(C_1,C_2) \equiv r_{\mathrm{d}1+\mathrm{d}2} - r_{\mathrm{d}1} - r_{\mathrm{d}2}$。

5.2 划分聚类算法

划分聚类算法属于最基本的聚类算法。例如，k-均值算法、k-中心点算法、k-原型算法、PAM 算法、CLARA 算法、CLARANS 算法等都属于划分聚类算法。

在本节中，我们将首先介绍划分聚类方法的主要思想，然后介绍最经典的划分聚类算法——k-均值算法以及 PAM 算法，最后简要介绍一下其他的划分聚类算法。

定义 5.2 给定一个含有 n 个数据对象的数据集，划分聚类技术将构造数据进行 k 个划分，每一个划分就代表一个簇（类），$k \leqslant n$。也就是说，它将数据划分为 k 个簇，而且这 k 个划分满足下列条件。

（1）每一个簇至少包含一个数据对象。

（2）每一个数据对象属于并且只属于一个簇。

对于给定的 k，划分聚类算法首先给出一个初始的划分方案，以后通过反复迭代的方法改变划分，使得每一次改进之后的划分方案都较之上一次的更好。所谓好的标准即是：处于同一个簇中的数据对象距离越近越好，而处于不同簇中的数据对象距离越远越好。其目标是最小化全部的数据对象与其参照点之间的相异度之和。这里的远近或者相异度/相似度实际上是聚类的评价函数。

大多数为聚类算法设计的评价函数都在考虑以下两个方面的问题：① 每一个簇都应该是紧凑的；② 各个簇之间的距离应该尽可能的远。实现这种概念的一种直接方法即是观察聚类 C 的类内差异（within cluster variation）$w(C)$ 和类间差异（between cluster variation）$b(C)$。类内差异衡量类内的紧凑性，而类间差异衡量的则是不同类之间的距离。

我们可以使用多种距离函数来定义类内差异，其中，最简单的函数即是计算类内的每一个点到它所属类中心距离的平方和，可以用式（5-11）来描述：

$$w(C) = \sum_{i=1}^{k} w(C_i) = \sum_{i=1}^{k} \sum_{x \in C_i} d(x, \overline{x_i})^2 \tag{5-11}$$

类间差异定义为两个类中心之间的距离，用式（5-12）来表示：

$$b(C) = \sum_{1 \leqslant j < i \leqslant k} d(\overline{x_j}, \overline{x_i})^2 \tag{5-12}$$

聚类 C 的总体质量可以被定义成为 $w(C)$ 和 $b(C)$ 的一个单调组合，如 $b(C)/w(C)$。针对以上的类内差异与类间差异的计算方法，比较容易计算出 $w(C)$ 和 $b(C)$ 的计算复杂度。

下面我们即将讨论的 k-均值聚类算法即是使用类内的均值作为聚类中心，并且使用欧几里得距离（欧氏距离）定义 d，而且使得以上的 $w(C)$ 最小化。

5.2.1 k-均值算法

k-均值算法（k-means algorithm），也称为 k-平均算法，是一种使用极为广泛的聚类算法。k-均值算法以 k 作为参数，将 n 个数据对象划分成为 k 个簇，以便使得处于同一个簇内的数据对象具有相当高的相似度。相似度的计算主要是根据处于同一个簇中的数据对象的平均值来进行。

k-均值算法首先随机选择 k 个数据对象，每一个数据对象初始地代表了一个簇的平均值或中心。对剩余的每个数据对象根据其与每一个簇中心的距离将其赋予最近的簇。然后再重新计算各个簇的平均值。接下来不断地重复以上过程,直到准则函数收敛时为止。

k-均值算法的准则函数的定义见式(5-13):

$$E \equiv \sum_{i=1}^{k} \sum_{x \in C_i} |x - \overline{x_i}| \tag{5-13}$$

式中:E 表示数据库中全部数据对象的平方误差之总和;x 代表数据空间上的点,表示给定的数据对象,$\overline{x_i}$ 表示第 i 簇(类)的平均值。这个准则可以确保生成的结果簇尽可能的独立和紧凑。

k-均值算法的具体描述如下。

算法 5.1 k-均值算法。

输入 簇的个数 k 以及含有 n 个数据对象的数据库。

输出 k 个簇,使其平方误差准则达到最小。

(1) Assign initial value for means;/* 任意选择 k 个数据对象作为起始的簇中心 */

(2) REPEAT;

(3) For j= 1 to n Do assign each xj to the cluster which has the closest mean;

/* 根据簇中数据对象的平均值,将每一个数据对象赋给最临近的簇 */

(4) For i= 1 to n Do $\overline{x_i} = \sum_{x \in C_i} x/|C_i|$;

/* 更新簇的平均值,即计算每一个数据对象簇中数据对象的平均值 */

(5) Compute E;   /* 计算准则函数 E */

(6) Until E 不再显著地产生变化。

下面,我们给出一个简单的样本事物数据库如下表 5-1 所示,并且对其使用 k-均值算法。

表 5-1 样本事物数据库

序号	属性 1	属性 2
1	1	1
2	2	1
3	1	2
4	2	2
5	4	3
6	5	3
7	4	4
8	5	4

根据表 5-1 所给出的数据,通过对其进行 k-均值算法,数据对象总数目 n 为 8,不妨设将这些对象分为两个簇,即 $k=2$。下面我们简单地描述一下 k-均值算法的运行步骤。

(1) 第一轮迭代:不妨假定随机选择两个数据对象,如将序号 1 和序号 3 作为初始点,分别找出距离这两个点最近的数据对象,即分别计算其余的序号所对应的对象与这两个初始点之间的距离,然后进行比较,找出距离最近的初始点序号,并将这个新的序号所代表的对象加入其中,然后产生了两个聚类(簇){1,2}与{3,4,5,6,7,8}。

对于产生的簇分别计算其平均值,从而可以获得平均值点。也就是说,对于簇{1,2}来说,平均值点为(1.5,1);对于簇{3,4,5,6,7,8}来说,平均值点为(3.5,3)。

(2) 第二轮迭代:根据平均值调整数据对象所在的簇,进行重新聚类。也就是说,将全部的点按照距离第一轮迭代后所得到的两个平均值点(1.5,1)和(3.5,1)最近的原则重新分配,从而可以产生下面这两个新的簇:{1,2,3,4}和{5,6,7,8}。接下来,与第一轮相似,分别重新计算这两个新的簇{1,2,3,4}与{5,6,7,8}的平均值点,得到与其所对应新的平均值点分别为(1.5,1.5)与(4.5,3.5)。

(3) 第三轮迭代:根据平均值调整数据对象所在的簇,进行重新聚类。即将全部的点按照距离第一轮迭代后所得到的两个平均值点(1.5,1.5)和(4.5,3.5)最近的原则重新分配,从而可以产生下面这两个簇:{1,2,3,4}和{5,6,7,8}。不难看出,此时所产生的簇与上一轮相比较没有发生变化,也就是说,没有出现有重新分配的情况,并且准则函数具有收敛性,程序结束。

(4) 最后,我们对以上的 k-均值算法做进一步的性能分析。该算法有以下几个方面的优点。① k-均值算法是求解聚类问题的一种经典算法,这种算法比较简单和快速。② 对处理大数据集,k-均值算法具有相对可伸缩性和高效性。

该算法的计算复杂度约为 $O(nkt)$。其中,n 表示全体所有数据对象的总数,k 表示聚类(簇)的数目,t 表示迭代的轮次数。一般而言,k 和 t 的值远远小于 n。这个算法通常以局部最优结束。最后,k-均值算法试图找到使得平方误差函数值最小的 k 个划分。当结果簇是密集的,并且簇与簇之间的区别显著时,该算法执行的效果比较好。

尽管如此,k-均值算法仍然存在着一些不足之处,主要有以下几点。① k-均值算法只有在平均值被定义的情况下才能使用。这可能不适用于某些应用,如待求解问题中涉及有分类属性的数据。② 要求用户必须事先给出 k(即需要生成的簇的数目)可以认为是该算法的一个缺点,因为 k 值的正确选择与否对于聚类的质量和效果影响很大。③ k-均值算法不利于发现非凸面形状的类(簇),或者大小差别很大的簇。④ 它对于"噪声"以及孤立点数据是敏感的,少量的此类数据能够对平均值造成极大的影响。

为了实现对离散数据(信息)的快速聚类,人们在已有 k-均值算法的基础上提出了改进型的聚类算法。例如,k-模算法,它在保留了 k-均值算法的高效性的同时又进一步将 k-均值算法的使用范围扩展到了离散数据上;而 k-原型算法则既可以针对具有离散型属性的数据对象进行聚类又可以对具有连续型属性(数值属性)的数据对象进行聚类,在 k-原型算法中定义了一个对离散属性和连续属性都计算的相异性度量标准。由于 k-均值算法对于孤立点来说是敏感的,因此,为了解决这一问题,通常不使用同一簇内的平均值作为参照点,可以代之以选用同一簇中最接近中心位置的数据对象作为参照点,以后为了叙述上方便起见,通常将这样的参照点称为中心点。k-中心点算法的基本思路即为:① 为每个簇任意挑选一个代表数据对象,其余的数据对象根据其与代表数据对象的距离分配给最近的一个簇;② 反复利用非代表数据对象来替代代表数据对象,以便于改进聚类的质量。这样一种划分方法从本质上来说仍然是基于最小化全部数据对象与其参照点之间的相异度之和的原则来执行的。

◆ 5.2.2 PAM 算法

PAM(partitioning around medoids,围绕中心点的划分)算法是最早提出的 k 中心点算法之一,它选用簇中位置最中心的数据对象作为代表数据对象,试图对 n 个数据对象给出 k 个划分。通常,我们也将代表数据对象称为中心点,将其他数据对象称为非代表数据对象。起初,随机挑选 k 个数据对象作为中心点,PAM 算法反复使用非代表数据对象来替代代表数据对象,试图找到更好的中心点,以便不断提高聚类的质量。在每一轮迭代过程中,所有可能的数据对象对被分析,将每一个对中的一个数据对象作为中心点,而另一个数据对象作为非代表数据对象。对于一切可能的各种组合,需要计算聚类结果的质量。一个数据对象 O_i 可以被使最大平方-误差值减少的数据对象替代。在每一轮迭代过程中所产生的最佳数据对象集合将成为下一轮迭代的中心点。

为了判定一个非代表数据对象 O_h 是否是当前一个代表数据对象 O_i 的最佳的替代,对于每一个非中心点数据对象 O_j,应主要考虑下面的四种情形。

● 第一种情形:假设 O_i 被 O_h 替代作为新的中心点,并且 O_j 隶属于当前的中心点数据对象 O_i,如果 O_j 距离当前某个中心点 O_m 最近,并且 $i\neq m$,那么,O_j 就应被重新分配给 O_m。

● 第二种情形:假设 O_i 被 O_h 替代作为新的中心点,并且 O_j 隶属于当前的中心点数据对象 O_i,如果 O_j 距离当前这个中心点 O_h 最近,并且 $i\neq m$,那么,O_j 就应被分配给 O_h。

● 第三种情形:假设 O_i 被 O_h 替代作为新的中心点,但是 O_j 隶属于当前的另一个中心点数据对象 O_m,并且 $i\neq m$。如果 O_j 仍然距离 O_m 最近,那么数据对象的隶属状况就不产生任何变化。

● 第四种情形:假设 O_i 被 O_h 替代作为新的中心点,但是 O_j 隶属于当前的另一个中心点数据对象 O_m,并且 $i\neq m$。如果 O_j 距离当前这个新的中心点 O_h 最近,并且 $i\neq m$,那么,O_j 就应被重新分配给 O_h。

由于每当发生重新分配时,平方-误差 E 所产生的差别会对代价函数将产生一定程度的影响,因此,一旦一个当前的中心点数据对象被非中心点数据对象所替代,那么,代价函数将计算平方-误差值所产生的差别。替换付出的总代价即为全部非中心点数据对象所产生的代价之和。如果总代价为负值,那么意味着将会减少实际的平方-误差值,也就是说,当前的中心点 O_i 可以被 O_h 替代。反过来,如果总代价为正值,那么就意味着当前的中心点 O_i 被认为是可以接受的,因此,在本轮迭代中将不会发生任何变化。

总代价定义见式(5-14):

$$TC_{ih} \equiv \sum_{j=1}^{n} C_{jih} \tag{5-14}$$

式中:C_{jih} 表示 O_j 在 O_i 被 O_h 替代之后所付的代价。

下面,我们将进一步介绍在上述四种情形中代价函数的计算公式。在所引用的符号中,不失一般性,O_i 和 O_m 分别用于表示两个原中心点,O_h 将替换 O_i 作为新的中心点。

● 第一种情形:O_j 当前隶属于 O_i,但是当 O_i 被 O_h 替换之后 O_j 被重新分配给 O_m,则代价函数为 $C_{jih}=d(j,m)-d(j,i)$。

● 第二种情形:O_j 当前隶属于 O_i,但是当 O_i 被 O_h 替换之后 O_j 被重新分配给 O_h,则代价函数为 $C_{jih}=d(j,h)-d(j,i)$。

● 第三种情形：O_j 当前隶属于另一个中心点数据对象 O_m，但是当 O_i 被 O_h 替换之后 O_j 的隶属状况并未发生任何改变（$i \neq m$），则代价函数为 $C_{jih} = 0$。

● 第四种情形：O_j 当前隶属于另一个中心点数据对象 O_m，但是当 O_i 被 O_h 替换之后 O_j 被重新分配给 O_h（$i \neq m$），则代价函数为 $C_{jih} = d(j,h) - d(j,m)$。

图 5-1 中的（a）、（b）、（c）、（d）分别表示上面所列举的四种情形。

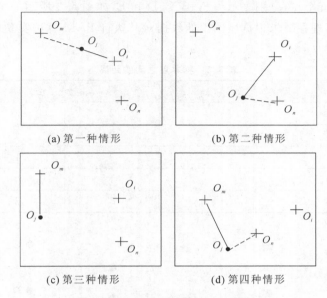

(a) 第一种情形　　　　　　　(b) 第二种情形

(c) 第三种情形　　　　　　　(d) 第四种情形

图 5-1　PAM 算法代价函数的四种情形

在 PAM 算法中，可以将聚类过程划分为以下两个阶段。

① 建立阶段：随机寻找 k 个中心点作为初始的簇中心点。

② 交换阶段：针对全部可能的数据对象进行分析，找出交换之后可以使得平方-误差减少的对象，替代当前的中心点。

PAM 算法的具体描述如下。

算法 5.2　　PAM 算法（k-中心点算法）。

输入　　　聚类（簇）的数目 k 以及含有 n 个数据对象的数据库。

输出　　　k 个簇，使得全部数据对象与其最近中心点的相异度总和最小。

（1）任意选择 k 个数据对象作为起始的簇中心；

（2）REPEAT；

（3）指派每个剩余的对象给距离它最近的中心点所代表的簇；

（4）REPEAT；

（5）选择一个未被选择过的中心点 O_i；

（6）REPEAT；

（7）选择一个未被选择过的非中心点数据对象 O_h；

（8）计算使用 O_h 替代 O_i 所需要的总代价并且记录到 S 中；

（9）UNTIL 全部的非中心点都被选择过；

（10）UNTIL 全部的中心点都被选择过；

（11）IF 在 S 中的全部非中心点替代全部的中心点之后计算出的总代价有小于 0 的存在；

（12）THEN 找出 S 中的使用非中心点替代中心点之后代价最小的一个,并且使用此非中心点替代相应的中心点,形成一个新的由 k 个中心点构成的集合;

（13）UNTIL 没有再发生簇的重新分配,即所有的 S 皆大于 0。

为了使大家对上面所给出的 PAM 算法理解得更加深入透彻,下面我们通过一个使用 PAM 算法的简单应用例子来进行简要分析说明。

假设空间中有五个点,分别表示为 A、B、C、D 和 E,如图 5-2 所示。每个点之间的距离关系如表 5-2 所示,现在要求根据所给出的数据对其执行 PAM 算法实现划分聚类（不妨设聚类数目为 2）,即令 $k=2$。

表 5-2　样本点之间的距离

样本点	A	B	C	D	E
A	0	1	2	2	3
B	1	0	2	4	3
C	2	2	0	1	5
D	2	4	1	0	3
E	3	3	5	3	0

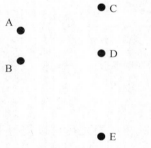

图 5-2　样本点

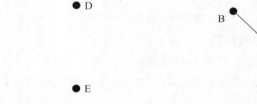

图 5-3　起始中心点为 A、B 的初始阶段聚类

PAM 算法的具体执行步骤如下。

（1）第一步——建立阶段。

假设从五个数据对象中随机抽取的两个中心点分别为 A、B,则这两个中心点组成一个集合 {A,B},那么,原样本集可以被划分为 {A,C,D} 和 {B,E} 这两个子样本集,如图 5-3 所示。

> **注意:**
> 如果某个当前的非中心点分别与中心点 A 和 B 等距离,则原则上来说,可以将这个非中心点隶属于任何一个中心点构成的集合。

（2）第二步——交换阶段。

假设中心点 A、B 分别被非中心点 C、D 和 E 替代,则根据 PAM 算法的设计过程需要计算下面一系列代价 TC_{AC}、TC_{AD}、TC_{AE}、TC_{BC}、TC_{BD}、TC_{BE} 的代价值。

为了方便起见,下面我们以计算总代价 TC_{AC} 和总代价 TC_{AE} 的代价值为例说明代价值的计算过程。首先计算总代价 TC_{AC}。

① 当中心点 A 被非中心点 C 替代之后,观察 A 是否发生变化,具体过程如下:显然,点 A 不再是一个中心点,取而代之,点 C 成为新的中心点,由于 A 距离 B 比 A 距离 C 更近,属于前面介绍的第一种情形,因此,A 被分配到以 B 为中心点代表的簇,于是有 $C_{AAC}=d(A,B)-d(A,A)=1$。

② 当中心点 A 被非中心点 C 替代之后,观察 B 是否发生变化,具体过程如下:显然,此时属于前面介绍的第三种情形,即当 A 被 C 替代之后,B 不受影响,于是有 $C_{BAC}=0$。

③ 当中心点 A 被非中心点 C 替代之后,观察 C 是否发生变化,具体过程如下:C 原先属于中心点 A 所在的簇,当 A 被 C 替代之后,由于 C 距离自身比 C 距离 A 更近,因此,与前面介绍的第二种情形相吻合,于是有 $C_{CAC}=d(C,C)-d(C,A)=-2$。

④ 当中心点 A 被非中心点 C 替代之后,观察 D 是否发生变化,具体过程如下:C 原先属于中心点 A 所在的簇,当 A 被 C 替代之后,由于 D 距离 C 比 D 距离 A 更近,因此,与前面介绍的第二种情形相符,于是有 $C_{DAC}=d(D,C)-d(D,A)=1-2=-1$。

⑤ 当中心点 A 被非中心点 C 替代之后,观察 E 是否发生变化,具体过程如下:C 原先属于中心点 B 所在的簇,当 A 被 C 替代之后,由于距离 E 最近的中心仍然是中心点 B,因此,与前面介绍的第三种情形相符,于是有 $C_{EAC}=0$。

因此,总代价 $TC_{AC}=C_{AAC}+C_{BAC}+C_{CAC}+C_{DAC}+C_{EAC}=1+0-2-1+0=-2$。

接下来,我们计算总代价 TC_{AE}。

⑥ 当中心点 A 被非中心点 E 替代之后,观察 A 是否发生变化,具体过程如下:显然,点 A 不再是一个中心点,取而代之,点 E 成为新的中心点,由于 A 距离 B 比 A 距离 E 更近,属于前面介绍的第一种情形,因此,A 被分配到以 B 为中心点代表的簇,于是有 $C_{AAE}=d(A,B)-d(A,A)=1$。

⑦ 当中心点 A 被非中心点 E 替代之后,观察 B 是否发生变化,具体过程如下:显然,此时属于前面介绍的第三种情形,即当 A 被 C 替代之后,B 不受影响,于是有 $C_{BAC}=0$。

⑧ 当中心点 A 被非中心点 E 替代之后,观察 C 是否发生变化,具体过程如下:C 原先属于中心点 A 所在的簇,当 A 被 E 替代之后,由于 C 距离中心点 B 最近,因此,与前面介绍的第一种情形相吻合,于是有 $C_{CAE}=d(C,B)-d(C,A)=2-2=0$。

⑨ 当中心点 A 被非中心点 E 替代之后,观察 D 是否发生变化,具体过程如下:D 原先属于中心点 A 所在的簇,当 A 被 E 替代之后,由于 D 距离 E 比 D 距离 B 更近,因此,与前面介绍的第二种情形相吻合,于是有 $C_{DAE}=d(D,E)-d(D,A)=3-2=1$。

⑩ 当中心点 A 被非中心点 E 替代之后,观察 E 是否发生变化,具体过程如下:E 原先属于中心点 B 所在的簇,当 A 被 E 替代之后,由于 E 距离自身比 E 距离 B 更近,因此,与前面介绍的第四种情形相吻合,于是有 $C_{EAE}=d(E,E)-d(E,B)=0-3=-3$。

因此,总代价 $TC_{AE}=C_{AAE}+C_{BAE}+C_{CAE}+C_{DAE}+C_{EAE}=1+0+0+1-3=-1$。

类似地,我们可以依次计算出其他四个总代价值分别如下。

$TC_{AD}=C_{AAD}+C_{BAD}+C_{CAD}+C_{DAD}+C_{EAD}=-2$;

$TC_{BC}=C_{ABC}+C_{BBC}+C_{CBC}+C_{DBC}+C_{EBC}=-2$;

$TC_{BD}=C_{ABD}+C_{BBD}+C_{CBD}+C_{DBD}+C_{EBD}=-2$;

$TC_{BE}=C_{ABE}+C_{BBE}+C_{CBE}+C_{DBE}+C_{EBE}=-2$。

在以上的全部总代价计算完毕之后,需要选取其中一个最小的总代价。不失一般性,不妨选择第一个最小代价的替代方案(即使用非中心点 C 替代原中心点 A),于是,原样本点被重新划分成为{B,A,E}和{C,D}两个新的聚类(簇),如图 5-4(a)所示。

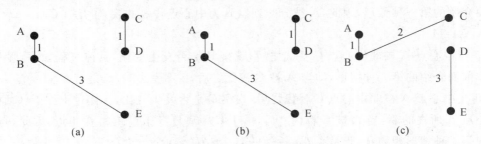

图 5-4　替代中心点 A 的示意图

图 5-4(b)与图 5-4(c)分别表示了 D 替代 A 以及 E 替代 A 的情形与相应的总代价。类似地,图 5-5(a)、图 5-5(b)及图 5-5(c)分别表示了用 C、D 和 E 替代另一个中心点 B 的情形以及相应的总代价。

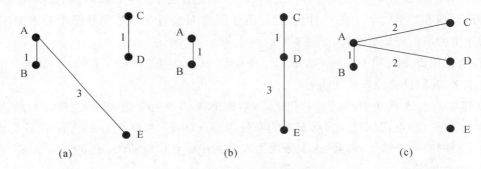

图 5-5　替代中心点 B 的示意图

通过上面的计算过程,我们已经完成了 PAM 算法的第一轮迭代过程。在下一轮迭代过程中,将使用其余的非中心点{A,D,E}替代中心点{B,C},找出具有最小代价的替代。一直重复以上迭代的过程,直到总代价不再减小为止。关于后面几轮迭代过程,在此不再赘述,有兴趣的读者可以自行完成。

最后,我们对以上的 PAM 算法进行简单的性能分析。PAM 算法(k-中心点算法)消除了前面介绍的 k-均值算法对于孤立点的敏感性。当存在着“噪声”以及孤立点数据时,PAM 算法显得比 k-均值算法更加健壮,这主要应归结为中心点不像平均值那么容易被极端数据影响。但是,PAM 算法的执行代价(运行时间)比 k-均值算法大。与 k-均值算法相似,PAM 算法也需要制定聚类(簇)的数目 k,并且 k 的取值对于聚类质量具有重大影响。

除此以外,PAM 算法对于处理小规模的数据集非常高效(如将 100 个数据对象聚集成 5 类),但是,该算法对大数据集的处理能力较弱,这主要是由于 PAM 算法在替代中心点时,每个点的替代代价都有可能参与计算。因此,当数据对象的数目 n 和聚类数目 k 的取值都比较大时,这样的计算代价相当高,也就是说,在这种情形下,PAM 算法的执行效率比较低。

5.2.3　其他聚类算法

PAM 算法对于较小规模数据集是非常有效的,但是对于大规模的数据集合来说却没有较佳的可伸缩性。CLARA(Cluster LARger Application)是基于 k-中心点类型的算法,该聚类算法能够处理更大规模的数据集合。其与 PAM 算法的差异在于,CLARA 并不是直接在给定的数据集合中寻找最佳的 k 个中心点,而是首先选取原始数据集合中的若干个样本,然后使用 PAM 算法在选取的样本中找出最佳的 k 个中心点,最后返回最好的聚类结果作为输出。如果样本是以非常随机的方式抽取的,那么就意味着这些样本足以作为原始数据集合的代表,这样一来,从这些样本中选出的中心点极有可能与整个初始数据集合中选出的中心点非常接近。如果经过任何采样之后选出的中心点都不属于最佳的中心点,CLARA 就不可能得到最好的聚类质量。换句话说,如果样本点发生了倾斜,那么基于样本的一个好的聚类不一定代表了整个数据集合的一个好的聚类。因此,对于 CLARA 来说,最初的采样过程尤为重要。但是,CLARA 能够处理比 PAM 算法更大的数据集合。在 CLARA 算法中,每一轮迭代的计算复杂度为 $O(ks^2 + k(n-k))$。其中,s 表示样本规模;k 表示聚类(簇)的数目;n 表示全体数据对象的总数目。由此可见,CLARA 的有效性与样本规模是相关的。

另一种 k-中心点类型的算法是 CLARANS(Cluster Larger Application based upon RANdomized Search,随机搜索聚类)算法。它将采样技术与 PAM 算法相结合,对 CLARA 的聚类结果和可伸缩性进行了更进一步地改进。CLARANS 算法并不像 CLARA 那样在每个阶段选取一个固定样本,而是在搜索的每一步上都带有一定随机性地选取一个样本。该算法的聚类过程可以被描述为一个图的搜索过程,即图中的任何一个结点都是一个潜在的解。在替换了一个中心点之后所得到的聚类结果通常也被称为当前聚类结果的一个邻居。如果找出了一个比它当前的邻居更好的一个邻居,也就意味着其拥有更小的平方-误差值,那么,CLARANS 算法就转移到这个新的邻居结点,处理过程重新开始。否则,当前的聚类结果达到一个局部最优结果。CLARANS 算法的计算复杂度大约是 $O(n^2)$,其中,n 表示数据对象的数目。该算法的聚类质量取决于所使用的采样方法。另外,这个聚类算法的优点还体现在它能够检测到原始数据集中出现的孤立点。

5.3　层次聚类算法

层次聚类算法可用于对给定的数据集进行层次的分解,直到满足某种条件为止。具体而言,层次聚类算法又可分为可凝聚的层次聚类算法和可分裂的层次聚类算法两种方法。

可凝聚的层次聚类算法使用的是一种自底向上的策略。它首先将每个数据对象视为一个簇,通常将其称为原子簇,然后将这些原子簇不断进行合并,使之成为越来越大的簇,直到全部的数据对象都处于一个簇中,或者满足某个终止条件。绝大部分层次聚类算法都属于这种类型,它们仅仅只是在簇与簇之间相似度的定义上有所区别。可分裂的层次聚类算法与可凝聚的层次聚类算法则刚好相反,它使用的是一种自顶向下的策略,首先使全部的数据对象位于一个簇中,然后将这个簇逐渐细分为越来越小的簇,直到每一个对象自身成为一个簇,或者满足了某个终止条件。

例如,AGNES 算法是可凝聚的层次聚类算法的典型代表;而可分裂的层次聚类算法的典型代表当属 DIANA 算法。下面,我们对这两种典型聚类算法分别进行介绍。

◆ 5.3.1　AGNES 算法

AGNES(AGglomerative NESting)算法是一种可凝聚的层次聚类算法。AGNES 算法起初是将每一个数据对象视为一个簇(原子簇),然后根据一些合并准则将这些原子簇一步步合并起来。例如,如果 C_1 簇中的一个数据对象与 C_2 簇中的一个数据对象之间的距离是所有属于不同簇的数据对象之间欧几里得距离中最小的,那么就将 C_1 簇与 C_2 簇合并起来。不难看出,这是一种最简单的连接方法,其每个簇皆可以被该簇中的全部数据对象代表,并且两个不同簇之间的相似度是根据这两个簇中距离最近的数据点对的相似度来确定的。反复进行以上这样的聚类的合并过程,直到全部的数据对象最终合并成为一个簇为止。在这种聚类过程中,用户可以定义所希望得到的簇(聚类)数目作为一个结束条件。

AGNES 算法的具体描述如下。

算法 5.3 AGNES 算法(自底向上的可凝聚算法)。

输入 含有 n 个数据对象的数据库以及终止条件簇的数目 k。

输出 k 个簇,满足终止条件规定的簇的数目。

(1)将每一个数据对象视为一个原子簇;

(2)REPEAT;

(3)根据两个簇中最近的数据点找出两个最邻近的簇;

(4)将这两个簇合并起来,生成新的簇的集合;

(5)UNTIL 达到规定的簇的数目。

下面,我们对一个使用 AGNES 算法的简单应用例子进行简要的分析说明。先给定某个样本事物数据库,如表 5-3 所示,然后对其执行 AGNES 算法完成聚类任务。

表 5-3 样本事物数据库

序号	属性 1	属性 2
1	1	1
2	1	2
3	2	1
4	2	2
5	3	4
6	3	5
7	4	4
8	4	5

我们可以在表 5-3 所给出的数据集上执行 AGNES 算法,该算法执行的完整步骤可被描述为表 5-4($n=8$,不失一般性,不妨设用户输入的终止条件为两个簇)的形式。起初,原子簇为{1}、{2}、{3}、{4}、{5}、{6}、{7}、{8}。

表 5-4 AGNES 算法执行全过程列表

步骤	最近的簇距离	最近的两个簇	合并之后的新簇
1	1	{1}、{2}	{1,2}、{3}、{4}、{5}、{6}、{7}、{8}
2	1	{3}、{4}	{1,2}、{3,4}、{5}、{6}、{7}、{8}
3	1	{5}、{6}	{1,2}、{3,4}、{5,6}、{7}、{8}
4	1	{7}、{8}	{1,2}、{3,4}、{5,6}、{7,8}
5	1	{1,2}、{3,4}	{1,2,3,4}、{5,6}、{7,8}
6	1	{5,6}、{7,8}	{1,2,3,4}、{5,6,7,8} 算法执行结束

由上表可以看出，在 AGNES 算法对给定的数据集执行第 1 步的过程中，根据原始簇计算任意两个原始簇之间的欧氏距离，如果有多于一对簇之间的距离都达到最小值，则从这些对中随机地选出距离最小的两个簇进行合并，于是，不失一般性，最小距离为 1，合并之后，{1}、{2}这两个原子簇合并成为一个簇；在第 2 步执行过程中，对上一次合并之后的簇首先仍然计算任意两个簇之间的距离，然后找到距离最近的两个簇进行合并，通过合并，{3}、{4}这两个原子簇合并成为一个簇；在第 3 步执行过程中，对上一次合并之后的簇首先仍然计算任意两个簇之间的距离，然后找到距离最近的两个簇进行合并，通过合并，{5}、{6}这两个原子簇合并成为一个簇；在第 4 步执行过程中，对上一次合并之后的簇首先仍然计算任意两个簇之间的距离，然后找到距离最近的两个簇进行合并，通过合并，{7}、{8}这两个原子簇合并成为一个簇；在第 5 步执行过程中，对上一次合并之后的簇首先仍然计算任意两个簇之间的距离，然后找到距离最近的两个簇进行合并，通过合并，{1,2}与{3,4}这两个簇合并成为一个含有四个点的新簇{1,2,3,4}；在第 6 步执行过程中，对上一次合并之后的簇首先仍然计算任意两个簇之间的距离，然后找到距离最近的两个簇进行合并，通过合并，{5,6}与{7,8}这两个簇合并成为一个含有四个点的新簇{5,6,7,8}，至此，由于通过以上的合并过程，合并之后的簇（聚类）的数目已经满足了用户输入的终止条件，即聚类数目 $k=2$，因此，整个 AGNES 算法到此终止。

最后，我们对 AGNES 算法进行简要的性能分析。AGNES 算法的设计思想比较简单，但是通常可能遇到合并点选择的困难，这是由于在该算法执行过程中的部分随机性造成的。这样一来，如果一组数据对象被合并起来，那么下一步的数据处理过程将会在新生成的簇与其余的簇之间进行。已经完成的处理结果是不能取消的，聚类之间也不可能交换对象。如果在算法执行的某一步处理上没有能够进行最佳的合并操作，那么就极有可能会产生质量较差的结果。不仅如此，这种聚类算法也并不具有良好的可伸缩性，这主要是由于合并的决定需要检查和估算大量的数据对象或簇。

AGNES 算法的计算复杂度究竟有多大呢？如果假设在初始的时候有 n 个原子簇，在结束的时候有 1 个簇，那么在主循环中应有 n 次迭代，在第 i 迭代过程中，需要在 $n-i+1$ 个簇中找出距离最近的两个簇（聚类）。除此以外，由于 AGNES 算法需要计算整个数据集中任意两个数据对象之间的欧氏距离，因此，该算法的计算复杂度为 $O(n^2)$，这表明对于数据规模 n 很大的情况下，AGNES 算法的执行效率是不高的。

5.3.2　DIANA 算法

DIANA(DIvisive ANAlysis)算法是另一种层次聚类算法，即是一种可分裂的层次聚类算法。该聚类算法与前面介绍的 AGNES 算法的设计思路正好相反，DIANA 算法使用的是一种自顶向下的策略，它首先将原始数据集中的全部数据对象置于一个簇中，然后逐渐细分成为越来越小的簇，直到每一个数据对象自成一簇，或者满足了某个终止条件，如满足了某个要求的聚类（簇）的数目，或者两个最近的簇之间的距离超过了某个阈值。

在 DIANA 算法处理数据的过程中，原始数据集中的全体数据对象都放在一个簇中。根据某些原则（如簇中最邻近对象之间的最大欧氏距离等）对当前的簇进行分裂。反复执行簇的分裂过程，直到最终每个新的簇中仅仅只含有一个数据对象为止。

在聚类过程中，用户可以把需要获得的簇（聚类）的数目作为一个终止条件。与此同时，在 DIANA 算法的执行过程中,它还需要使用以下两种测度方法。

(1) 簇的直径测度,即在一个簇中的任意两个不同的数据点之间都存在着一个欧氏距离,这些距离中的最大值通常被称为该簇的直径。

(2) 平均相异度(平均距离)的测度,该测度可以表示为式(5-15):

$$d_{avg}(C_i, C_j) \equiv \frac{1}{n_i n_j} \sum_{x \in C_i} \sum_{x \in C_j} |x - y| \tag{5-15}$$

DIANA 算法的具体描述如下。

算法 5.4 DIANA 算法(自顶向下分裂算法)。

输入 含有 n 个数据对象的数据库以及终止条件簇的数目 k。

输出 k 个簇,满足终止条件规定的簇的数目。

(1) 将全部数据对象整体视为一个起始簇;

(2) For(i= 1;i! = k;i+ +)DO BEGIN;

(3) 在全部簇中挑出具有最大直径的簇;

(4) 找出所挑中的簇里与其余点的平均相异度最大的一个点放入 splinter group,剩下的点放入到 old party 中;

(5) REPEAT;

(6) 在 old party 中找出 splinter group 中点的最近距离不大于到 old party 中点的最近距离的点,并且将这个点加入到 splinter group 中去;

(7) UNTIL 没有新的 old party 的点分配给 splinter group;

(8) splinter group 与 old party 为被选中的簇分裂成的两个簇,与其余簇一起构成一个新的簇集合;

(9) END。

下面,我们对一个使用 DIANA 算法的简单应用例子进行简要分析。先给定某个样本事物数据库,如表 5-5 所示,然后对其执行 DIANA 算法完成聚类任务。

表 5-5　样本事物数据库

序号	属性 1	属性 2
1	1	1
2	1	2
3	2	1
4	2	2
5	3	4
6	3	5
7	4	4
8	4	5

我们可以在表 5-5 所给出的数据集上执行 DIANA 算法,具体执行步骤如下。

(1) 执行 DIANA 算法第 1 步:找出具有最大直径的簇,对簇中的每一个数据点依次计算平均相异度(不失一般性,不妨假设使用的是欧氏距离)。

点 1 的平均距离:(1.000+1.000+1.414+3.606+4.472+4.243+5.000)/7=2.962;

点 2 的平均距离:(1.000+1.414+1.000+2.828+3.606+3.606+4.243)/7=2.528;

点 3 的平均距离:(1.000+1.414+1.000+3.162+4.123+3.606+4.472)/7=2.682;

点 4 的平均距离：$(1.414+1.000+1.000+2.236+3.162+2.828+3.606)/7=2.178$；

点 5 的平均距离：$(3.606+2.828+3.162+2.236+1.000+1.000+1.414)/7=2.178$；

点 6 的平均距离：$(4.472+3.606+4.123+3.162+1.000+1.414+1.000)/7=2.682$；

点 7 的平均距离：$(4.243+3.606+3.606+2.828+1.000+1.414+1.000)/7=2.528$；

点 8 的平均距离：$(5.000+4.243+4.472+3.606+1.414+1.000+1.000)/7=2.962$。

此时选出平均相异度最大的点 1（也可以选出平均相异度最大的点 8）放入 splinter group 中，而其余的数据点仍然在 old party 中。

> **注意：**
>
> 　　如果出现了有多个数据点的平均相异度并列达到最大值，则此时应从这些数据点中随机地选取某一个点放入到 splinter group 中去。

（2）执行 DIANA 算法第 2 步：在 old party 中找出离最近的 splinter group 中的数据点的距离不大于离 old party 中最近的数据点的距离的数据点，并且将该点再次放入到 splinter group 中去，如果满足以上条件的数据点不止一个，比如在此处，有两个数据点（点 2 与点 3）皆满足该条件，则在这些满足条件的数据点中随机选择一个数据点放入到 splinter group 中去，在这里，随机选择点 2 放入 splinter group 中。

（3）执行 DIANA 算法第 3 步：在 old party 中找出离最近的 splinter group 中的数据点的距离不大于离 old party 中最近的数据点的距离的数据点，并且将该点再次放入到 splinter group 中去，此时，也有两个数据点（点 3 和点 4）满足该条件，于是，在这两个数据点中随机地挑选出一个点（点 3）放入 splinter group 中。

（4）执行 DIANA 算法第 4 步：在 old party 中找出离最近的 splinter group 中的数据点的距离不大于离 old party 中最近的数据点的距离的数据点，并且将该点再次放入 splinter group 中，此时，只有一个数据点（点 4）满足该条件，因此，直接将数据点 4 放入 splinter group 中。

（5）执行 DIANA 算法第 5 步：由于此时在新的 old party 中的数据点中没有满足能放入当前的 splinter group 中去的数据点，并且此时分裂的簇的数目恰好为 2，满足输入的终止条件。因此，该算法终止。

> **注意：**
>
> 　　如果尚未满足输入的终止条件（即聚类的数目多于 2 个），则 DIANA 算法将会在下一个阶段从已经分裂好的簇中挑选出一个直径最大的簇按照刚才的 DIANA 算法所给出的过程继续分裂当前的簇。

DIANA 算法执行的完整步骤可被描述为表 5-6 所示的形式（$n=8$，不失一般性，不妨设用户输入的终止条件为两个簇）。一开始，起始簇为 $\{1,2,3,4,5,6,7,8\}$。

表 5-6　DIANA 算法执行全过程列表

步骤	具有最大直径的簇	splinter group	old party
1	$\{1,2,3,4,5,6,7,8\}$	$\{1\}$	$\{2,3,4,5,6,7,8\}$
2	$\{1,2,3,4,5,6,7,8\}$	$\{1,2\}$	$\{3,4,5,6,7,8\}$
3	$\{1,2,3,4,5,6,7,8\}$	$\{1,2,3\}$	$\{4,5,6,7,8\}$
4	$\{1,2,3,4,5,6,7,8\}$	$\{1,2,3,4\}$	$\{5,6,7,8\}$
5	$\{1,2,3,4,5,6,7,8\}$	$\{1,2,3,4\}$	$\{5,6,7,8\}$算法执行结束

可分裂的层次聚类算法的缺陷主要体现在已经做出的分裂操作是不能撤销的,任意两个类之间不能交换数据对象。这样势必会导致产生如下问题:即如果在某一步(如 DIANA 算法)没有选择好适当的分裂数据点,将极有可能会导致聚类质量非常差的结果。不仅如此,这种聚类算法也不具有良好的可伸缩性,这主要是源于分裂数据点的确定需要估算和检查大量的数据对象或簇。

◆ 5.3.3 改进的层次聚类算法

尽管层次聚类算法的设计思想比较简单,但是经常将会面临合并或者分裂数据点的选择的困难。因此,改进层次聚类算法的聚类质量的一个比较有希望的方向即是将层次聚类算法与其他聚类算法结合起来,形成多阶段聚类。下面,我们将介绍两种改进的层次聚类算法——BIRCH 算法和 CURE 算法。

利用层次方法的平衡迭代规约和聚类算法(简称 BIRCH 算法)是一种综合的层次聚类算法,该算法主要利用聚类特征以及聚类特征树(CF)来概括聚类描述。该算法通过聚类特征可以方便地进行中心、半径、直径、类内距离以及类间距离等的计算。聚类特征树是一个具有两个参数分支因子 B 和阈值 T 的高度平衡树,它存储了层次聚类的聚类特征。分支因子定义了每一个非叶子结点的最大数目,而阈值则给出了存储在该聚类特征树的叶子结点中的子聚类的最大直径。BIRCH 算法的执行过程包括以下两个阶段。

(1) 在第一个阶段中,BIRCH 算法首先扫描数据库,并且建立一个初始存放于内存的聚类特征树,它可以看成数据的多层压缩,并试图保留数据内在的聚类结构。然后,随着数据对象的不断插入,聚类特征树被动态地构造出来,不要求全部的数据读入内存,而是在外存上逐一读入数据项,因此,BIRCH 算法对于增长或者动态聚类来说也是十分高效的。

(2) 在第二个阶段中,BIRCH 算法利用某个聚类算法对聚类特征树的叶子结点实现聚类操作,在这一阶段可以执行任何聚类算法,如可以执行经典的划分聚类算法。

BIRCH 算法试图利用可用的资源来生成最佳的聚类质量。由于该算法仅仅只需要通过一次扫描就可以产生较好的聚类结果,因此,该算法的计算复杂度为 $O(n)$。其中,n 表示数据对象的数目。在大规模的数据库中,BIRCH 算法通常可以取得较好的执行效率和良好的可伸缩性。

许多聚类算法仅仅只擅长于处理球形或者相似大小的聚类,另外还存在着一些聚类算法对孤立点比较敏感。CURE 算法解决了以上两个方面的问题,即选择基于质心以及基于代表数据对象方法之间的中间策略,也就是说,选择空间中固定数目的具有代表性的数据点,而不是使用单个中心点或数据对象来代表一个簇。CURE 算法首先将每一个数据点均视为一个簇,然后再以一个特定的收缩因子向着簇的中心"收缩"它们,也就是合并两个距离最近的代表点的聚类(簇)。

CURE 算法使用随机采样和划分聚类两种方法的组合,其具体步骤如下。

(1) 第 1 步:从源数据集中挑选一个随机样本。

(2) 第 2 步:为了使聚类过程提速,将样本数据集划分为 q 份,每一份的大小相等。

(3) 第 3 步:对每个划分进行局部的聚类。

(4) 第 4 步:根据局部聚类的结果,对随机选出的样本进行孤立点消除。主要有以下两

种消除孤立点的做法:如果一个簇增长得太慢,就去掉它;当在聚类过程结束时,消除大小
(通常指相对大小)非常小的类。

(5)第 5 步:对上一步中产生的局部的簇进一步聚类。落在每一个新形成的簇中的代
表点根据用户定义的一个收缩因子 γ 收缩或者向当前簇的中心移动,这些点代表和捕捉到
了簇的形状。

(6)第 6 步:使用相对应的簇标签来标记数据。

由于 CURE 算法回避了使用所有点或单个质心来表示一个簇的传统做法,而是将一个
簇用多个代表点来表示,因此,可以使得该算法能够非常适应非球形的几何形状。除此以
外,收缩因子降低了噪声对于聚类的影响,从而使得该算法不仅对于孤立点的处理更加健
壮,而且可以识别非球形和大小变化比较大的簇。与 BIRCH 算法相似,CURE 算法的计算
复杂度为 $O(n)$,其中,n 表示数据对象的数目。正因如此,CURE 算法非常适合求解大规模
数据的聚类问题。

5.4 密度聚类算法

与层次聚类算法的思想来源不同,密度聚类算法的指导思想是,只要一个区域中的数据
点的密度大于某个阈值,就将这个点放加入到与之相邻近的聚类(簇)中去。密度聚类算法
可以克服基于距离的算法只能发现"类圆形"聚类的缺陷,这类算法可以发现任意形状的聚
类,并且对噪声数据不敏感。但是,由于密度聚类算法的计算密度单元的计算复杂度较大,
因此,在使用这类算法完成聚类任务时,通常需要建立空间索引来降低计算量,但是,同时带
来的一个副作用是对数据维数的可伸缩性比较差。这类算法通常需要扫描整个数据库,数
据库中的任何一个数据对象都有可能引起一次查询,这样一来,当数据库中的数据量庞大到
一定的规模时,将会导致频繁的 I/O 操作。密度聚类算法中的典型代表有 DBSCAN 算法、
OPTICS 算法、DENCLUE 算法等。

DBSCAN 算法(Density-Based Spatial Clustering of Application with Noise)是一个比
较具有代表性的基于密度的聚类算法。与划分和层次聚类算法不同,DBSCAN 算法将聚类
(簇)定义为密度相连的点的最大集合,能够把具有足够高密度的区域划分成为相应的聚类,
并且可以在有"噪声"的空间数据库中发现任意形状的聚类(簇)。

下面,我们首先介绍与密度聚类相关的一系列定义。

定义 5.3 数据对象 δ 邻域:给定对象在半径 δ 内的区域。

定义 5.4 核心数据对象:如果在一个数据对象的 δ 邻域中至少包含有最小数目为
MinPts 个数据对象,那么就将这个数据对象称为核心数据对象。

定义 5.5 直接密度可达:任意给定一个数据对象集合 D,如果 p 是在 q 的 δ-邻域范
围以内,并且 q 是一个核心数据对象,那么,我们就称数据对象 p 从数据对象 q 出发是直接
密度可达的。

定义 5.6 直接可达:如果存在着一个数据对象链 $p_1, p_2, \cdots, p_n$,并且 $p_1 = q, p_n = p$,
对于 $p_i \in D(i = 1, 2, \cdots, n)$,$p_{i+1}$ 是从 p_i 关于 δ 与 MinPts 直接密度可达,那么我们就称数据
对象 p 是从数据对象 q 关于 δ 与 MinPts 密度可达的。

例如,在图 5-6 中,$\delta=1$ cm,MinPts$=5$,q 是一个核心数据对象,并且数据对象 p_1 从数据对象 q 关于 δ 与 MinPts 直接密度可达;并且 p 是从 p_1 关于 δ 与 MinPts 直接密度可达,因此,数据对象 p 是从数据对象 q 关于 δ 与 MinPts 密度可达的。

定义 5.7 密度相连:如果在数据对象集合 D 中存在着一个数据对象 o,并且使得数据对象 p 与数据对象 q 是从数据对象 o 关于 δ 与 MinPts 密度可达的,那么,我们就称数据对象 p 与数据对象 q 是关于 δ 与 MinPts 密度相连的,如图 5-7 所示。

定义 5.8 噪声:一个基于密度的聚类(簇)是基于密度可达性的最大的密度相连对象的集合,其中不包含于任何簇中的数据对象通常被称为噪声,如图 5-8 所示。

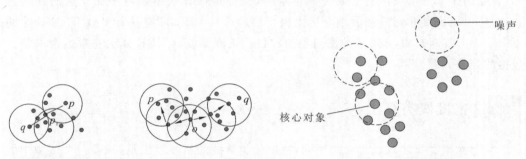

图 5-6 密度可达示意图　　图 5-7 密度相连示意图　　图 5-8 噪声示意图

DBSCAN 算法通过检查数据集中每一个数据对象的 δ-邻域来寻找聚类。如果一个数据点 p 的 δ-邻域包含有多于 MinPts 个数据对象,那么首先就需要建立一个以数据点 p 作为核心数据对象的新簇,然后,执行 DBSCAN 算法不断寻找从这些核心数据对象直接密度可达的数据对象,这一过程可能会涉及一些密度可达的簇的合并,当没有新的数据点可以被加入到任何簇时,这一过程结束。

DBSCAN 算法的具体描述如下。

算法 5.5 DBSCAN 算法。

输入 含有 n 个数据对象的数据库、半径 δ 以及最少数目 MinPts。

输出 全部生成的簇,达到密度要求。

（1）REPEAT;

（2）从数据库中选取一个从未经过处理的数据点;

（3）　　IF 选取的数据点是核心点;

（4）　　THEN 找到全部从该数据点密度可达的对象,形成一个簇;

（5）　　ELSE 选出的数据点是边缘数据点(非核心数据对象),跳出本次循环,寻找下一个数据点;

（6）　　UNTIL 全部的数据点都被处理完毕。

下面,我们通过一个使用 DBSCAN 算法的简单应用例子进行简要分析。先给定某个样本事物数据库,如表 5-7 所示,然后对其执行 DBSCAN 算法完成聚类任务。

表 5-7 样本事物数据库

序号	属性 1	属性 2
1	1	0
2	4	0

序号	属性 1	属性 2
3	0	1
4	1	1
5	2	1
6	3	1
7	4	1
8	5	1
9	0	2
10	1	2
11	4	2
12	1	3

不妨设用户输入半径 $\delta=1$，最少数目 MinPts=4，具体聚类过程如下。

(1) 第 1 步：在表 5-7 中所给出的样本数据点集中任取一个初始数据点，不失一般性，不妨选取 1 号数据点，由于在以它为圆心，以 1 为半径的圆内包含有两个数据点（1 号数据点和 4 号数据点），2<MinPts(4)，因此表明该数据点并非核心数据点，再选择下一个数据点。

(2) 第 2 步：在样本数据点集中选择 2 号数据点，由于在以它为圆心，以半径 $\delta=1$ 的圆内包含有两个数据点（2 号数据点和 7 号数据点），2<4，因此，该数据点并非核心数据点，再选择下一个数据点。

(3) 第 3 步：在样本数据点集中选择 3 号数据点，由于在以它为圆心，以半径 $\delta=1$ 的圆内包含有三个数据点（3 号数据点、4 号数据点和 9 号数据点），3<4，因此，该数据点并非核心数据点，再选择下一个数据点。

(4) 第 4 步：在样本数据点集中选择 4 号数据点，由于在以它为圆心，以半径 $\delta=1$ 的圆内包含有 1 号数据点、3 号数据点、4 号数据点、5 号数据点以及 10 号数据点这 5 个数据点，5>4，因此表明该数据点为核心数据点，寻找从该点出发可达的数据点（直接密度可达的数据点 1,3,5,10；密度可达的数据点 9（经过 3 号数据点可达），9（经过 10 号数据点可达），12），聚出的新类（簇）为{1,3,4,5,9,10,12}，并且标记该聚类为簇 C_1，再选择下一个数据点。

(5) 第 5 步：在样本数据点集中选择 5 号数据点，由于该数据点已经位于簇 C_1 中，因此再选择下一个数据点。

(6) 第 6 步：在样本数据点集中选择 6 号数据点，由于在以它为圆心，以半径 $\delta=1$ 的圆内包含有三个数据点（5 号数据点、6 号数据点和 7 号数据点），3<4，因此，该数据点并非核心数据点，再选择下一个数据点。

(7) 第 7 步：在样本数据点集中选择 7 号数据点，由于在以它为圆心，以半径 $\delta=1$ 的圆内包含有 2 号数据点、6 号数据点、7 号数据点、8 号数据点以及 11 号数据点这 5 个数据点，5>4，因此表明该数据点为核心数据点，寻找从该点出发可达的数据点，聚出的新类（簇）为

$\{2,6,7,8,11\}$，并且标记该聚类为簇 C_2，再选择下一个数据点。

（8）第 8 步：在样本数据点集中选择 8 号数据点，由于该数据点已经在簇 C_2 中，因此再选择下一个数据点。

（9）第 9 步：在样本数据点集中选择 9 号数据点，由于该数据点已经在簇 C_1 中，因此再选择下一个数据点。

（10）第 10 步：在样本数据点集中选择 10 号数据点，由于该数据点已经在簇 C_1 中，因此再选择下一个数据点。

（11）第 11 步：在样本数据点集中选择 11 号数据点，由于该数据点已经在簇 C_2 中，因此再选择下一个数据点。

（12）第 12 步：在样本数据点集中选择 12 号数据点，由于该数据点已经在簇 C_1 中，并且该数据点已经是原样本数据点集中的最后一个数据点（意味着全部数据点都已经处理完毕），因此，DBSCAN 算法终止。

以上整个 DBSCAN 算法的执行全过程可以通过表 5-8 演绎出来。

表 5-8　DBSCAN 算法执行的全过程

步骤	选择的数据点	在 δ 内数据点的数目	通过计算可达数据点而找到的新簇
1	1	2	无
2	2	2	无
3	3	3	无
4	4	5	簇 C_1：$\{1,3,4,5,9,10,12\}$
5	5	3	已存在于簇 C_1 之中
6	6	3	无
7	7	5	簇 C_2：$\{2,6,7,8,11\}$
8	8	2	已存在于簇 C_2 之中
9	9	3	已存在于簇 C_1 之中
10	10	4	已存在于簇 C_1 之中
11	11	2	已存在于簇 C_2 之中
12	12	2	已存在于簇 C_1 之中，算法终止

下面，我们对 DBSCAN 算法的执行效率进行简要分析。DBSCAN 算法需要对样本数据集中的所有数据对象加以考察，即通过检查数据集中的各个数据点的 δ-邻域来寻找新的聚类（簇）：如果某个数据点 p 为核心数据对象，那么就需要首先建立一个以该数据点 p 为核心数据对象的新的聚类，然后寻找从该核心对象出发直接可达的其他数据对象。正如表 5-9 所示的那样，如果使用空间索引技术，则 DBSCAN 算法的计算复杂度为 $O(n\log n)$。在这里，n 代表样本数据集中数据对象的数目。否则，DBSCAN 算法的计算复杂度为 $O(n^2)$。

表 5-9　DBSCAN 算法的计算复杂度

计算复杂度	一次邻居点的查询	DBSCAN 算法
无索引	$O(n)$	$O(n^2)$
有索引	$O(\log n)$	$O(n\log n)$

　　DBSCAN 算法将具有足够高密度的区域划分为新的聚类(簇),并且可以在具有"噪声"的空间数据库中发现任意形状的聚类。但是尽管如此,DBSCAN 算法对于用户自定义的参数却仍然是敏感的,不难看出,半径 δ、最少数目 MinPts 这两个参数的设置将影响聚类的质量。这两个参数设置得稍有区别,将极有可能导致整个聚类效果具有显著的差异性。为了解决这个问题,人们提出了所谓的 OPTICS(Ordering Points To Identify the Clustering Structure)方法,它通过引入核心距离和可达距离这两个技术参数,使得 DBSCAN 算法对输入的参数不敏感。

5.5　其余聚类算法

　　前面,我们主要介绍了经常使用的几种聚类算法,包括划分聚类算法、层次聚类算法以及密度聚类算法等。

　　划分聚类算法通过评价函数将样本数据集划分成为 k 个部分,主要有两种不同的类型:分别是 k-均值算法和 k-中心点算法。k-均值算法对于处理大数据集聚类问题十分有效,尤其是对于数值属性的处理能力非常有效。k-中心点算法消除了 k-均值算法对于孤立点的敏感性。PAM 算法是最早提出的一种 k-中心点算法,其计算复杂度为 $O(n(n-k)^2)$。PAM 算法对于小数据集聚类问题的处理十分有效,但是对于大数据集聚类问题却没有较佳的可伸缩性。CLARA 算法可以针对更大规模的数据集合进行聚类,其计算复杂度为 $O(ks^2+k(n-s))$。其中,s 表示样本数据集的大小,k 表示聚类的数目,n 表示全部数据对象的总数。CLASNS 算法则使用了随机搜索过程对 k-中心点算法进行了合理的改造,从而使得 CLARA 算法的聚类效果和可伸缩性这两个方面得到了进一步地完善,其计算复杂度约为 $O(n^2)$。

　　层次聚类算法对于所给定的数据对象集合进行了层次的分界。依据层次分界的形成方法,层次聚类算法又可以划分为可凝聚的层次聚类算法和可分裂的层次聚类算法。在 5.3 节介绍了两种比较简单的层次聚类算法,即 AGNES 算法与 DIANA 算法。这两种聚类算法的主要缺陷在于已经使用的合并操作或分裂操作均不能撤销,即聚类之间不能交换数据对象。也就是说,如果在聚类过程进行的某一步没有选择适当的合并数据点或分裂数据点,则将很有可能导致聚类的质量不高。并且由于合并操作或分裂操作需要检查和估算大量的数据对象,因此,这两种聚类算法皆不具有良好的可伸缩性。一个有望改进层次聚类算法的聚类效果的方向是将层次聚类与其他聚类技术进行集成,形成一种所谓的多阶段聚类方法。根据这种思路,分别介绍了两个改进的层次聚类算法——BIRCH 算法和 CURE 算法。其中,BIRCH 算法使用聚类特征和聚类特征树(CF)来概括聚类描述,通过一次扫描即可获得较好的聚类质量,计算复杂度为 $O(n)$,并且在求解大型数据库的聚类问题中获得了较高的速度和较好的可伸缩性。CURE 算法不仅对于样本数据中出现的孤立数据点的处理更加健壮，而且该算法可被用于识别非球形和大小变化比较剧烈的聚类（簇）。CURE 算法的计算复杂度为 $O(n)$。

密度聚类算法主要是运用数据密度函数完成聚类任务，这种聚类算法克服了基于距离的算法只能发现"类圆形"的聚类的特点，可以发现任意形状的聚类，并且这种聚类算法对于噪声数据不是十分敏感。其中，DBSCAN 算法是一个比较有代表性的基于密度的聚类算法，当使用空间索引时，DBSCAN 算法的计算复杂度为 $O(nlogn)$。

下面，我们再简要介绍两种类型的聚类算法——网格聚类方法（STING 算法）和基于模型的聚类方法（SOM 算法）。

◆ 5.5.1 STING 算法

STING 算法是一种基于网格的多分辨率聚类算法，该算法将空间区域划分成为一个个矩形单元。对于不同级别的分辨率，通常存在着多个级别的矩形单元，这些矩形单元构成了一个层次结构，即高层的每个矩形单元被划分成为若干个第一层的矩形单元。高层矩形单元的统计参数可以非常容易地从底层矩形单元的计算中获得。这些参数包括与属性无关的参数 count、与属性有关的参数（如 m（平均值）、min（最小值）、max（最大值））以及该矩形单元中属性值所服从的分布类型。由于在 STING 算法中，存储在每个矩形单元中的统计信息提供了矩形单元中的数据并不依赖于查询的汇总信息，因此，计算过程是独立于查询过程的。

STING 算法使用了一种多分辨率的方法来进行聚类分析，该聚类算法的聚类效果依赖于网格结构最底层的粒度。如果网格结构最底层的粒度比较细，则处理的代价将会显著地增大；与之相反，如果网格结构最底层的粒度比较粗，则聚类的效果将会在一定程度上受到影响。

STING 算法的主要优点在于该算法的执行效率比较高，由于通过对样本数据集的一次性扫描来计算单元的统计信息，因此，执行该算法形成聚类（簇）的计算复杂度为 $O(n)$。在建立了层次结构以后，查询过程所耗费的计算复杂度为 $O(g)$。其中，g 远远小于 n。除此以外，该算法并行地使用网格结构，有利于并行处理大数据与增量更新。

◆ 5.5.2 SOM 算法

SOM 神经网络是一种基于模型的聚类算法。SOM 神经网络由输入层和竞争层构成。其中，输入层是由 N 个输入人工神经元组成的，竞争层是由 $m \times m = M$ 个输出人工神经元组成的，并且构成一个二维平面阵列。输入层的每个人工神经元与竞争层的每个人工神经元之间实现完全相互连接。这个神经网络依据其相应的学习规则，通过对输入模式的反复学习，捕捉住在每一个输入模式中所具有的模式特征，并且对其进行自组织（self organization），然后在竞争层将聚类结果表示出来，进行自动聚类。我们可以使用竞争层的任何一个人工神经元表示以上的聚类结果。SOM 神经网络的基本结构如图 5-9 所示，图 5-10 给出了 SOM 神经网络结构中的每个输入人工神经元与竞争层人工神经元 j 的连接情况。

不妨设神经网络的输入模式为 $A_k = (a_1^k, a_2^k, \cdots, a_N^k)$，其中，$k = 1, 2, \cdots, p$；竞争层人工神

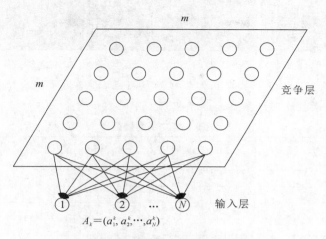

图 5-9　SOM 神经网络的基本结构

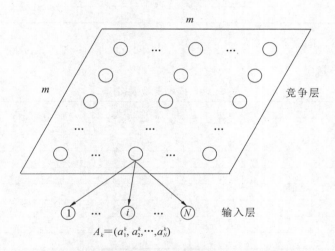

图 5-10　输入神经元与竞争层神经元 j 的连接情况

经元向量为 $B_j = (b_{j1}, b_{j2}, \cdots, b_{jm})$，其中，$j = 1, 2, \cdots, m$。并且 A_k 表示连续值，B_j 表示数字量。神经网络的连接权值集合为 $\{w_{ij}\}$，其中，$i = 1, 2, \cdots, N; j = 1, 2, \cdots, M$。

　　SOM 神经网络力求找到与输入模式 A_k 最接近的连接权值向量 $W_h = (w_{h1}, w_{h2}, \cdots, w_{hN})$，不仅将这个连接权值向量 W_h 进一步朝与输入模式 A_k 最接近的方向进行调整，而且还针对整个邻域范围以内的每个连接权值向量 $W_j (j \in N_h(t))$ 进行调整。随着训练（学习）次数的增加，邻域范围逐渐缩小，直到最终取得聚类结果。

　　SOM 算法类似于人类大脑对于信息加工和处理的过程，对于二维数据和三维数据的处理是非常有效的。SOM 神经网络的最大缺陷（局限性）在于，当学习模式比较少时，该神经网络的聚类质量取决于输入模式的前后顺序，并且 SOM 神经网络中连接权值向量的初始状态对于整个神经网络的收敛性能有相当大的影响，也就是说，整个神经网络的收敛性对于初值是具有高度依赖性的。

 习题5

1. 试使用 k-均值算法把表5-10中的8个数据点聚类成为3个簇,假设第一轮迭代选择序号1、序号4和序号7这3个数据点作为初始数据点,请给出第一次执行 k-均值算法之后的3个聚类中心以及最终形成聚类的3个簇。

表 5-10　样本事物数据库 1

序号	属性 1	属性 2
1	2	10
2	2	5
3	8	4
4	5	8
5	7	5
6	6	4
7	1	2
8	4	9

2. 在表5-11所给定的数据样本上执行 AGNES 算法,假定算法的终止条件为3个簇,并且初始簇为原子簇{1}、{2}、{3}、{4}、{5}、{6}、{7}、{8}。

表 5-11　样本事物数据库 2

序号	属性 1	属性 2
1	2	10
2	2	5
3	8	4
4	5	8
5	7	5
6	6	4
7	1	2
8	4	9

3. 在表5-12所给定的数据样本上执行 DIANA 算法,假定算法的终止条件为3个簇,并且初始簇为{1,2,3,4,5,6,7,8}。

表 5-12　样本事物数据库 3

序号	属性 1	属性 2
1	2	10
2	2	5
3	8	4
4	5	8
5	7	5
6	6	4
7	1	2
8	4	9

第5篇

演化计算

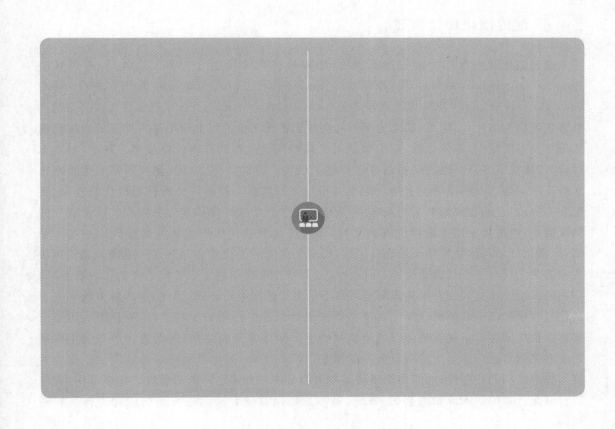

第6章　遗传算法

遗传算法属于智能信息处理方法中的演化计算（evolutionary computation）。演化计算理论是一系列搜索技术，它是以演化原理作为仿真数据，主要侧重于对智能算法的研究，因此，有些学者将其称为演化算法。它是基于生物演化的基本思想来设计、控制和优化人工系统，是信息科学、人工智能以及计算机科学的热点研究领域。演化计算主要用于模拟自然界中生物体的遗传演化过程，演化计算的整个过程中使用了选择、重组或交叉、变异、迁移、并行计算等基本算子。演化计算作为一种算法，是一门专门的演化计算技术，但是其中也包含着一般的科学方法。我们可以从中进行提升，进而可以提炼出一般组织的演化原理和与之相应的遗传算法。

6.1　遗传演化理论概述

遗传演化理论也称为演化计算理论，通常将演化计算划分为四大流派：即遗传算法（genetic algorithm，GA）、演化规划（evolutionary programming，EP）、演化策略（evolutionary strategy，ES）以及遗传编程（genetic programming，GP），通常将这种类型的计算方法统称为演化计算。这四大流派的区别在于实现演化过程中使用基本算子的应用比例或侧重点有所区别，尽管如此，它们都是基于自然演化过程的基本计算模型。其中，相对来说，遗传算法（GA）比较成熟，目前已经得到了极为广泛的应用。而演化规划和演化策略在求解实际问题以及科学研究上的应用也变得越来越广泛。遗传算法的核心操作是选择、交配和变异；而在演化规划和演化策略中，演化机制来源于选择操作和变异操作。就适应度的角度而论，遗传算法用于选择优秀的父代，即遵循优秀的父代产生优秀的子代这一基本原则；而演化规划与演化策略用于选择子代，即遵循优秀的子代才能存在这一原则。遗传算法强调的是父代对于子代的遗传链；而演化规划和演化策略则侧重于子代本身的行为特性，即行为链。由于演化规划和演化策略通常都不采用二进制编码方式，因此，这两种方法省去了运作过程中的编码和解码这两个在遗传算法设计过程中必不可少的步骤，并且更适用于求解连续优化问题。演化策略可以确定机制产生出用于繁殖的父代，而遗传算法与演化规划则主要强调对于个体适应度以及概率的依赖。除此之外，演化规划将编码结构抽象成为种群与种群之间的相似性；而演化策略将其抽象为个体与个体之间的相似性。在本节中，我们将对演化计算的四大流派的起源、发展、基本思路及其研究现状等方面的问题进行简要的回顾。

◆ 6.1.1 遗传演化理论的起源和发展

前面介绍的演化计算的四大流派起初分别创立,各自独立发展,具有不同的学科发展历史。后来,人们逐渐发现这四大流派从本质上来说都是建立在生物演化理论基础上的算法理论,它们具有许多共同点,正是由于这一原因,它们被统一称为演化计算理论。因此,我们首先对这四大流派的学科发展历史进行简单的回顾。

遗传算法诞生于 20 世纪 60—70 年代,由当时在美国密歇根大学从事自适应系统研究的霍兰教授与其学生和同事发展起来的。虽然早在 20 世纪 50 年代初期,就有研究人员以及相关学者开始使用数学和计算机对生命体的自然遗传和自然演化过程进行模拟,特别是到了 20 世纪 50 年代末期,已有这方面的一些论文发表出来,但是当时从事这方面研究工作的主要还是一些生命科学家,其研究的主要目的是为了更加深入地理解生物遗传和自然演化现象。到了 20 世纪 60 年代初,当时正在研究复杂系统的学者霍兰开始对生命体的自然遗传现象与自适应系统行为之间的相似性逐渐有了认识和理解。他敏锐地意识到不仅需要研究自适应系统,而且还需要研究与之相关的环境。因此,他指出在研究和设计人工自适应系统时,可以借鉴生物自然遗传的基本原理,模仿生物自然遗传的基本方法。

到了 20 世纪 70 年代,霍兰提出了使用遗传算法求解最优化问题可行性的最著名的定理——模式定理(Schema Theorem),通常将这一定理作为遗传算法的基本定理,从而奠定了遗传算法研究的理论基础。1975 年,霍兰教授出版了著作《自然与人工系统中的适应——理论分析及其在生物控制和人工智能中的应用》,这是第一本系统论述遗传算法的专著。因此,人工智能学术界通常将 1975 年作为遗传算法的诞生年。20 世纪 80 年代以后,遗传算法被广泛应用于各种复杂系统的自适应控制以及更为复杂的优化问题之中。

1985 年,在美国召开了第一届遗传算法国际会议,并且成立了国际遗传算法学会(International Society of Genetic Algorithm,ISGA)。该国际会议每两年举办一次。到了 1989 年,霍兰的学生戈德贝格(D. J. Goldberg)出版了著作《搜索、优化和机器学习中的遗传算法》,该著作全面总结了遗传算法研究的主要成果,并且对遗传算法及其应用进行了全面而系统的论述。通常认为,这一时期的遗传算法从古典阶段发展到了现代阶段,该书的出版标志着现代遗传算法的诞生。1991 年,由 L. Davis 编辑出版了《遗传算法手册》,其中包括了遗传算法在工程技术和社会生活中大量的应用实例,这些为遗传算法的后续发展奠定了坚实的基础。

从 20 世纪 80 年代开始,关于遗传算法的研究和应用日益普遍。目前,几乎所有领域的研究人员都尝试过遗传算法在各自专业领域的研究和应用,并且取得了较为丰硕的成果。在实际的应用过程中,遗传算法也得以进一步发展和完善。例如,遗传算法已被学者们广泛地应用于机器学习领域,并且进一步提出了各种分类系统(classifier system,CS)。又例如,科扎(J. R. Koza)将遗传算法用于最优计算机程序(即最优控制策略)的设计,并且将其称为遗传编程(genetic programming,GP)。

演化规划是由美国的福格尔(L. J. Fogel)于 20 世纪 60 年代提出来的。在人工智能领域研究的过程中,他提出了一种随机的优化方法,这种方法同样也借鉴了自然界生物演化的思想。福格尔认为智能行为必需包括预测环境的能力,以及在一定的目标指导下对周边环境做出较为合理反应的能力。为了不失一般性,福格尔提出了使用有限字符集上的符号序列表示模拟的环境,利用有限状态机表示智能系统。虽然他提出的方法从表面上来看与遗传算法有很多共同之处,但是演化规划却不像遗传算法那样注重父代与子代的遗传细节(如染色体、基因以及选择、交配、变异等遗传操作)上的联系,而是将侧重点放在父代与子代表现行为的联系上。1966 年,福格尔及其研究演化规划的相关学者出版了著作《基于模拟演化的人工智能》,该著作较为系统地论述了演化规划的基本思想。但是,当时的学术界对于人工智能领域使用演化规划秉持着怀疑甚至否定的态度,因此,福格尔的演化规划技术和方法未能被学术界认可和接受。

直到 20 世纪 90 年代,演化规则才逐渐得到了学术界的重视和认可,并且进而用其方法和技术解决一些实际应用问题。1992 年,在美国举办了演化规划第一届年会。该会议每年举办一次,从而迅速吸引了大批各个行业(如学术、商业以及军事等)的研究人员及其工程技术人员。

虽然演化策略的思想和演化规划的思想具有很多相似之处,但是,这一思想是在欧洲独立于遗传算法与演化规划而发展起来的。1963 年,德国柏林技术学院的两位学生莱辛伯格(I. Rechenberg)与斯威福尔(H. P. Schwefel)使用流体工程研究所的风洞做实验,以便确定气流中物体的最优外形。由于当时存在的一些优化策略(如简单的梯度策略)不适于求解这类问题,因此,莱辛伯格提出根据自然突变及其自然选择的生物演化思想,对物体的外形参数进行随机改变和调整并且尝试其效果,由此产生了演化策略的基本思想。

1990 年在欧洲召开了第一届"基于自然思想的并行问题求解(Parallel Problem Solving from Nature,PPSN)"国际会议。此后,这一国际会议每隔一年举办一次,成为在欧洲召开的有关演化计算方向的重量级国际会议。

由于遗传算法、演化规划以及演化策略是由不同领域的学者和研究者分别独立提出的,因此,在相当长的一段时间里,相互之间并未开展交流与合作。直到 1990 年,遗传算法领域的研究者才开始与演化规划及其演化策略领域的学者接触与交流。到了 1992 年,演化规划与演化策略这两个不同领域的学者和研究者才第一次正式接触到对方的研究工作,通过比较深入地交流和切磋,他们发现彼此在研究中所依据的基本思想都是基于生命科学这一学科领域中最基本的自然选择与自然遗传等生物演化思想,具有惊人的相似之处。因此,他们提议将这类方法统称为演化计算(evolutionary computation,EC),并且将与之相应的算法统称为演化算法(evolutionary algorithm,EA)。

1993 年,演化计算这一专业领域的第一份国际性杂志《演化计算》在美国问世。到了1994 年,IEEE 神经网络委员会主持召开了首届演化计算国际会议,以后每年举办一次。此外,该会议每三年与 IEEE 神经网络国际会议、IEEE 模糊系统国际会议在同一地点先后连续进行,为方便起见,将这些国际会议统称为 IEEE 计算智能(computational intelligence,CI)国际会议。

近年以来,在国际上掀起了一股研究演化计算研究和应用的浪潮,各种研究结果及其与之相关的应用实例不断涌现出来。一些更新的智能算法也相继问世。或许将来有一天可能会出现一门内容包括演化计算但比演化计算更为广泛的学科,这一学科可能被称为自然计算(natural computation)。

6.1.2 遗传演化理论的基本框架

在现代科学研究和工程技术中,有很多问题最终都可以被归结为(或包含了)求最优解的问题(优化问题),如最优设计问题、最优控制问题等。当演化计算作为求解优化问题的工具时,能够比较突出地表现出演化计算的优点,因此我们主要以优化问题作为背景介绍演化计算的基本思想和算法框架。这是当前演化计算研究和应用的重点,有时也称为演化优化(evolutionary optimization,EO)或模拟演化(simulated evolution)。

演化计算是基于自然选择和自然遗传等生命体演化机制的一种搜索算法,与通常的搜索算法(如梯度下降法)一样,演化计算也是一种迭代方法,即从给定的初始解通过不断地迭代,逐步改进以至收敛到最优解。由于在演化计算中,每一次的迭代过程均被看成是一代生命个体的繁殖过程,因此被称为"代(generation)"。但是,演化计算与通常的搜索算法依然有所区别。演化计算在搜索过程中主要采用结构化和随机性的信息,使得最能够满足目标的决策获得最大的生存可能性。从本质上来说,演化计算是一种概率型的算法,也就是说,演化算法体现出了生命在演化过程中的不确定性,其主要特点如下。

(1) 通常的搜索算法在搜索过程中,一般只是从一个可行解出发改进到另一个比较好的解,再从这个比较好的解出发作进一步地改进;而演化计算在最优解的搜索过程中,通常是从原问题的一组解出发改进到另一组较好的解,再从这组较好的解出发作进一步地改进。在演化计算的迭代过程中,每一组解被称为"人口(population)"或"种群",而这组解中的每一个解通常被称为一个"个体(individual)"。

(2) 在通常的搜索算法中,解的表示可以使用任意的形式,通常并不需要进行特殊的处理;但是在演化计算中,由于原优化问题的每一个解均被看成是一个生命个体,因此通常要求使用一条染色体(chromosome)来表示,也就是使用一组有序排列的基因(gene)表现出来。这就需要当原优化问题的优化模型建立以后,还必须对原优化问题的解(即决策变量,如优化参数等)进行编码。

(3) 通常的搜索算法在搜索过程中一般都使用确定性的搜索策略,然而,演化计算在搜索过程中则采用结构化和随机性的信息,使得最满足目标的决策将获得最大的生存可能(类比于有机自然界中的"适者生存"原则),是一种概率型的算法(probability algorithm)。

在自然界中,物种的性质主要是由染色体决定的,而染色体则是由基因有序地排列形成的。在搜索问题中,搜索目标是由决策变量确定的,而决策变量则是由一系列的分量构成的。演化算法正是人为建立并且充分借助于这种相似性。

一般来说,演化计算的求解过程主要包括以下步骤。

(1) 给定一组初始解。

(2) 评价当前这组初始解的性能(即对目标满足的优劣程度怎样)。

(3) 根据步骤(2)中的计算所得到的解的性能,从当前这组解中选择一定数量的解(作为解集)作为迭代过程之后所得到的解的基础。

(4) 对步骤(3)所得到的解引入相应的算子进行操作(如基因重组算子或者变异算子),作为迭代以后的解。

(5) 如果这些解已经满足事先规定的要求,就终止整个演化计算过程;否则,将这些经过迭代之后所得到的解作为当前解,返回步骤(2),继续进行迭代过程。

根据以上的执行步骤,可以看出,演化计算是一种具有鲁棒性(robustness)(健壮性)的方法,它能够适应不同的环境,求解不同背景的优化问题,并且在大多数情况下都可以获得比较令人满意的有效解(并不一定是最优解)。它对优化问题的整个参数空间给出一种编码方案,而并不是直接针对优化问题的具体参数进行调整和处理。也就是说,演化计算并不是从某个单一的初始点(个体)开始搜索,而是从一组初始点(种群)开始搜索,由于在演化计算的搜索过程中使用的是目标函数值的信息,因此不需要使用目标函数的导数信息或与实际优化问题相关的特殊知识。这样一来,演化算法具有更加广泛的应用性、高度的非线性、易修改性和可并行性。

演化计算是一种理想的具有健壮性的搜索方法,它有如下几个特点。

(1) 对优化问题的整个参数空间提供了一种编码方案,而不是直接对优化问题的具体参数进行处理。

(2) 从一组初始点开始搜索,而不是从某一个单一的初始点开始搜索。

(3) 由于在搜索的整个过程中使用目标函数值的信息,因此可以不需要使用目标函数的导数信息或其他与实际优化问题相关的背景知识。

(4) 在搜索过程中使用的是随机转换规则,而不是确定的规则。

在这里,值得一提的是,演化算法不仅具有以上四个方面的特点,还有以下四个方面的优点。

(1) 应用的广泛性:易于写出一个通用型算法,并且用于求解很多具有不同实际应用背景的优化问题。

(2) 非线性性:当前的大部分优化算法都是基于线性、凸性以及可微性等一些比较简单的性质,然而演化算法可以不需要具有以上这些前提或假定,它只需要对目标值给予优劣的评价即可,因此,从这个意义上来说,演化算法具有较强的非线性性。

(3) 易修改性:即使对原优化问题进行比较小的改动,目前的大部分优化算法也可能完全不能使用,然而对于演化算法来说,只需要对其进行很小的改动就可以适用于对新的优化问题求解。

(4) 可并行性:演化算法非常适合于并行计算。

6.1.3 遗传演化理论的分类和研究现状

演化计算的各种具体设计和实现的方法是相对独立地提出的,相互之间有一定的区别。从历史上看,演化计算主要是以下面所列举的三种形式表现出来的:即遗传算法、演化规划和演化策略。其中,演化规划和演化策略在很多设计和实现的细节上都具有相似之处,正因如此,在很多情况下,将这两种演化计算方法理解成为同一类的方法。而分类系统从本质上来说即是适用遗传算法进行学习和分类(如故障的实时诊断以及系统的实时监控等)的一种方法;遗传编程则可以看成是适用动态的树型结构对计算机程序进行编码的一种新型遗传算法。

关于演化计算的理论研究成果目前还不是太多,特别是演化规划和演化策略几乎没有什么理论基础,这在一定的程度上制约了演化计算的实际应用。由于霍兰和他的同事以及他的学生们的长期努力,使得他们能够在遗传算法的理论基础(数学基础)方面做出了许多成绩,例如,提出了支撑遗传算法理论架构的模式定理(Schema Theorem),并且证明了一些遗传算法的收敛性等,因此,遗传算法的理论研究成果相对于演化计算的其他两种方法(演化规划和演化策略)略显成熟一些。建立演化计算的数学模型以及奠定演化计算的理论基础可以更加深刻地认识到演化计算的实质,正是因为这样,遗传算法目前已经成为研究演化计算的一个热点和难点。

当前,关于演化计算的理论基础主要研究以下一些问题。

(1) 演化计算的数学模型和理论基础,如算法的复杂性分析、算法的收敛性以及算法的收敛速度。

(2) 研究特别适用于运用遗传演化方法求解的优化问题类型,以及使用遗传演化方法求解效果不太明显的优化问题类型。

(3) 从理论研究和实际计算效果这两个方面对遗传演化方法和其他优化算法的计算效果进行比较。

(4) 遗传演化方法和其他优化算法(如梯度下降法)相结合,提出新的混合遗传算法。

(5) 研究在非优化类问题中怎样使用遗传演化算法。

(6) 从生物演化以及自然界的各种现象中获得新的启发,提出新的思想方法,并且对于现有的遗传演化算法做进一步地改进或优化。

(7) 遗传演化方法在高性能计算机上的有效实施方案,如怎样设计演化计算的并行算法等。

6.2 遗传算法的基本理论

通过上一节关于演化计算的发展历史的回溯,我们不难发现遗传算法是 20 世纪 60 年代后期由研究自适应系统的著名学者霍兰(J. H. Holland)教授率先提出来的一种演化计算方法,相较于其他两种方法(演化规划和演化策略)而言,其目前使用得最为广泛,也更加趋于成熟。因此,接下来,我们将重点介绍遗传算法的基本理论。

6.2.1 遗传算法的基本原理

根据达尔文的自然选择学说,迄今为止,在这个星球上仍然存在的生物物种都具有非常强大的繁殖或生育能力。在繁殖的过程中,地球上的大多数物种都是通过遗传的方法,使该物种保存相似的后代;少量物种由于变异,其子代与父代相比有了非常显著的差别,甚至产生形成了新的物种。由于生物不断地繁殖后代,因而导致生物种群的数目大量增加,但是从另一方面来说,在自然界中,生物物种赖以生存的资源却是有限的。这样一来,为了生存的需要,生物物种之间就需要开展激烈和残酷的生存斗争。生物物种在生存斗争中,主要依据对外在环境的适应能力,遵循适者生存的原则。自然界中的生物种群就是依据这种适者生存或优胜劣汰的原则,不断地进行演化。

遗传算法所遵循的生命科学基础即是生物物种的遗传和演化。遗传算法是模拟自然界中的生物演化过程与机制来求解极值问题的一类自组织、自适应的人工智能技术。遗传算法主要是对达尔文的演化论以及孟德尔的遗传变异理论运用数学模型进行模拟。从一定的程度上来说,遗传算法主要是对生物演化过程进行的数学方式的仿真模拟方法。它既是一种建立在生物遗传理论自然选择基础之上的自适应概率型的迭代搜索算法,又是一种建立在更为宏观意义上的仿生算法,模拟的机制是所有生命与智能的形成及其演化过程。遗传算法通过对达尔文提出的"适者生存,优胜劣汰"这一自然选择的基本原理进行模拟,从而激励出更好的结构(比较理想的解)。模拟遗传变异理论在整个遗传算法的迭代过程中保持已有的结构,并且寻找更好的结构,其本质是一种求解优化问题的并行全局搜索的方法。这样一来,遗传算法可以在搜索的过程中自动获取和积累关于搜索空间的知识,并且能够自适应地控制搜索过程以便获得比较理想的结果,甚至是最优结果。

众所周知,生物的演化是以团体的形式共同完成的。通常,我们将这样形成的一个团体称为群体(population),或者将其称为种群,而将组成种群的每一个生物称为一个个体(individual),并且每一个个体对其外部环境都具有不同的适应能力,通常我们将这种个体适应环境的能力称为个体的适应度(fitness)。

尽管人们尚未彻底揭示生物体遗传以及演化的秘密,也就是说,既没有完全掌握其运作机制,也不完全清楚染色体编码和解码过程的具体细节,更未完全了解其控制策略,但是,人们已经基本了解了生物体遗传和演化的以下几个最主要的特征。

(1)生物体的全部遗传信息都包含在其染色体上,也就是说,染色体确立了生物体的性状。

(2)染色体是由基因及其有规律的排列所构成的,遗传过程和演化过程都发生在染色体上。

(3)生物体的繁殖过程是通过其基因的复制过程得以实现的。

(4)通过同源染色体之间的交叉或染色体的变异将会产生新的物种,使得生物体呈现新的性状。

(5)对外界环境适应性好的基因或染色体通常比适应性差的基因或染色体有更多的机会遗传到下一代。

生物遗传物质的主要载体是染色体,脱氧核糖核酸(DNA)是其中最主要的遗传物质,并且基因又是控制生物体性状的功能和结构的基本单位。其中,构成染色体的基因数为偶数个。通常,我们将染色体中的基因位置称为基因座,并且每个基因所取的值又称为等位基因。基因和基因座决定了染色体的特征,从而也就决定了生物体的性状。另外,染色体还有两种相应的表示模式,即表型与基因型。所谓表型即是指生物体所表现出来的性状,而基因型即指与表型密切相关的基因组成。由于同一种基因型的生物体在不同的外界环境下,可以具有不同的表型,因此,表型是基因型与外界环境相互作用的结果。

在遗传算法中,与染色体相对应的是数据或数组,在基本遗传算法中,通常是由一维的串结构数据来表示的。串上的各个位置对应于基因座,而各个位置上所取的值对应于等位基因。遗传算法处理的是染色体,或称为基因型个体。一定数量的个体组成了群体,也称为团体。群体中的生物个体数目称为群体的大小,也称为群体规模。而各个生物体对外界环境的适应程度称为适应度。另外,在遗传算法的执行过程中包含了两个必需的数据转换操作:① 表型到基因型的数据转换;② 基因型到表型的数据转换。前者是将搜索空间中的参数或解转换成为遗传空间中的染色体或个体,该过程又称为编码操作,而后者是前者的一个反向操作,因此又称为解码操作。

任何一个染色体都可以被看成是搜索空间中的一个点,代表了一个候选解。遗传算法对染色体群(类似于生物种群)进行处理,不断地用一个新的染色体群替换原来的染色体群,这个过程也就是在模拟自然界中适应能力强的种群中的生物个体越来越多,而适应能力弱的种群中的生物个体越来越少,直到最终该种群消亡为止。为了检验候选解的可行性,需要构造一个适应度函数来检查每一个候选解的适应度大小。这个函数给出了每一个候选解的适应度的度量方式,也就是该候选解对于所给定的优化问题的有效性的度量方式。

与自然界相似,遗传算法对于待求解的优化问题的本身可以置之不理,它所需要的仅仅只是对算法所产生的各个染色体编码进行评价,然后基于它们的适应值来选择适当的染色体,并且使得适应性较强的染色体有较多的繁殖机会,适应性较差的染色体有较少的繁殖机会。值得一提的是,对适应性较差的染色体不能按照优胜劣汰的自然选择方法完全不给予繁殖机会,因为如果这样做,可能会导致在遗传过程中增大不能获得最优解的可能性。在遗传算法中,首先通过随机的方式产生了若干个所求解优化问题的数字编码,即染色体编码,形成初始群体;然后,通过适应度函数给每一个个体一个数值评价,按照适应性较强的染色体编码参加遗传的概率较大,适应性较弱的染色体编码参加遗传的概率较小的原则进行后面的遗传操作,最后,经过遗传操作之后的群体形成了新的下一代种群,并对这个新形成的种群进行下一代演化。

在遗传算法的执行过程中,它并不是针对待求解的优化问题的实际决策变量直接进行操作,而是针对表示可行解的染色体编码依次实施选择、交叉、变异等遗传运算,通常,我们把能够完成这三种遗传运算的运算工具分别称为选择算子、交叉算子和变异算子。选择算子(selection)主要依据一定的规则对群体的染色体进行选择,获得父代种群(准备进入到遗传阶段的种群)。一般来说,适应能力越强的染色体被选择的次数越多;交叉算子(crossover)作用于任何两个成功配对的染色体,染色体交换各自的部分基因,产生两个子代染色体。子代染色体取代父代染色体进入到新的种群,而没有进行配对的染色体则直接进入新的种群;变异算子(mutation)能够使得新的种群产生较小概率的变异,染色体产生变异的基因可以更改数值,得到新的染色体。经过变异之后的新种群将会代替原有种群进入到下一代的演化过程。通过这种遗传运算方法来达到对优化问题可行解的逐步优化效果,因此,选择、交叉和变异这三个阶段是体现遗传算法优化效果的关键。

◆ 6.2.2　模式定理

在以霍兰教授为首的一大批学者的艰苦努力下,遗传算法在基础理论方面建立了比较坚实的基础,这恰恰是其区别于演化规划和演化策略这两种演化计算理论的地方。正是由于有了这些基本定理作为支撑,遗传算法的学科架构体系才得以基本完成和实现,并且在其他学科中广泛地应用起来,同时也为我们从中提取出遗传演化方法建构了比较坚实的理论基础。在这些基本定理中,最重要的一个定理即是由霍兰教授提出的著名的模式定理(Schema Theorem)。

所谓模式(schema)即是指群体中编码的某些位置上具有相似结构的染色体集合。例如,在二进制编码形成的字符串中,模式是基于三个字符集 $\{0,1,*\}$ 的字符串,其中,符号"$*$"既可用于表示"0",又可用于表示"1",通常可将其称为通配符。如果染色体的编码是由 0 和 1 组成的二进制符号序列,则模式 $1***010$ 表示以 1 开头并且以 010 结尾的编码串所对应的染色体的集合,该集合可使用列举法描述为 $\{1000010, 1001010, 1010010, 1011010, 1100010, 1101010, 1110010, 1111010\}$。

可以看出,在引入模式概念之后,遗传算法的本质即是对模式所进行的一系列运算,也就是首先通过选择算子将当前群体中的适应能力(通常通过适应度的计算)比较强的模式遗传到下一代群体中,然后通过交叉算子进行模式的重组,最后通过变异算子进行模式的变异。通过以上这些遗传运算算子的运算，将会使得一些适应能力比较强的模式被保留下来进行遗传操作，而另一些适应能力比较弱的模式在遗传的过程中逐渐地被淘汰，这样一来，经过若干轮的遗传迭代过程，即可求得原优化问题的最优解。为了进一步定量地估计模式运算，必需再引入下面两个概念——模式的阶以及模式的定义长度。

在任何一个模式 H 中，将具有确定取值的基因数目称为该模式的阶（schema order），对于二进制编码字符串来说，模式的阶即是该模式中所包含的 0 与 1 的数目，为方便起见，通常将其记作 $O(H)$。例如，模式 $1***010$ 的阶为 4，模式 0101110（表示一个确定的染色体）的阶为 7，模式 $*******$（表示一个最大的模式，即在该模式中包含了在二进制编码情形下具有 7 个等位基因的全部染色体）的阶为 0。通常使用模式的阶来体现不同模式之间确定性的差异，也就是说，当染色体（字符串）的长度固定时，模式的阶数越高，说明能与该模式匹配的染色体数目越少，从而导致该模式的确定性就越高；反之，模式的阶数越低，说明能与该模式匹配的染色体数目越多，从而导致该模式的确定性就越低。在任何一个模式 H 中，将第一个具有确定取值的基因位置到最后一个具有确定取值的基因位置之间的距离称为该模式的定义长度（schema defining length），为方便起见，通常将其简记为 $\delta(H)$。例如，$\delta(*1**0*1*)=5$，$\delta(10****0)=7$。而对于下面这些模式，如对于模式 $H_1 = ****1**$、模式 $H_2 = 0******$、模式 $H_3 = ******1$ 等，由于它们只有一位确定的基因值，这个位置既是第一个确定基因值的位置，又是最后一个确定基因值的位置，因此规定它们的模式定义的长度为 1。特别地，模式 $*******$ 定义的长度 $\delta(*******)=0$。

在遗传操作中，即使阶数相同的模式也会有不同的性质，而模式的定义长度则反映了这种性质的差异。

从前面的描述中，我们可以知道，在引入了模式的概念之后，遗传算法的实质可以看成是对模式的一种运算。就基本遗传算法（简单遗传算法）自身而论，也就是属于同一种模式的每个染色体经过选择算子、交叉算子以及变异算子的操作以后，得到一些新的染色体和新的模式的操作过程。

霍兰的模式定理指出，遗传算法的本质即是通过选择算子、交叉算子以及变异算子对模式进行搜索，其中，低阶、定义的长度较小并且平均适应值高于群体平均适应值的模式在群体中的比例将呈现指数量级的增长。也就是说，随着遗传算法迭代次数的不断增加，对于平均适应度高于群体平均适应度的模式，其染色体的数量将呈现指数级的增长；而对于平均适应度低于群体平均适应度的模式，其染色体的数量将呈现指数级的减少。

下面，我们给出一种使用数学工具证明其成立的简单方法。不失一般性，不妨设 $m(H,t)$ 为遗传算法执行了 t 代遗传操作之后属于同一种模式 H 中的染色体数目。$f(H)$ 表示遗传算法执行了 t 代遗传操作之后，整个群体中具有这种相同模式 H 的染色体的平均适应度，$f(h_i)$ 表示遗传算法执行了 t 代遗传操作之后属于模式 H 的染色体 h_i 的适应度（其中，染色体 h_i 表示模式 H 在群体 P 中的代表），可以看出，$f(H) = \sum_{i,h_i \in P \cap H} f(h_i) / m(H,t)$。模式 H 中的某一个染色体 h_i 被选择的概率为 $p_s(h_i) = \dfrac{f(h_i)}{\sum\limits_{i=1}^{n} f(x_i)}$，经过选择算子的作用之后，在第 $t+1$ 代时，模式 H 中染色体的数目可记为 $m(H,t+1)$，下面，我们给出求 $m(H,t+1)$ 的表达式的过程。

$$m(H,t+1) = n \sum_{i,h_i \in P \cap H} p_s(h_i) = n \frac{\sum\limits_{i,h_i \in P \cap H} f(h_i)}{\sum\limits_{i=1}^{n} f(x_i)}$$

$$= n f(H)m(H,t) / \sum_{i=1}^{n} f(x_i) \quad (n \text{ 表示群体中染色体的数目})$$

$$= f(H)m(H,t) / (\sum_{i=1}^{n} f(x_i)/n) \qquad (6\text{-}1)$$

不难看出，$\sum\limits_{i=1}^{n} f(x_i)/n$ 表示群体的平均适应度，记作 f^*，根据式(6-1)可得式(6-2)：

$$m(H,t+1) / m(H,t) = f(H) / f^* \qquad (6\text{-}2)$$

模式 H 在执行遗传算法的交叉过程中将会在一定程度上被破坏，其被破坏的概率为 $p_c \delta(H)/(L-1)$，其中，L 表示染色体的长度，p_C 表示交叉概率。类似地，模式 H 在执行遗传算法的变异过程中也将会在一定程度上被破坏，其被破坏的概率为 $p_m O(H)$。

于是，当第 t 代的模式 H 经过选择操作过程、交叉操作过程以及变异操作过程之后在第 $t+1$ 代中，模式 H 中的染色体数目为：

$$m(H,t+1) > m(H,t)[1 - p_C\delta(H)/(L-1) - p_m O(H)]f(H)/ f^*$$

不难看出，当 $f(H)>f^*$ 时，模式 H 在遗传进行到第 $t+1$ 代时，染色体的数目将会比第 t 代的数目呈指数量级的增长；反过来，当 $f(H)<f^*$ 时，模式 H 在遗传进行到第 $t+1$ 代时，染色体的数目将会比第 t 代的数目呈指数量级的减少。这个结论从本质上体现了遗传算法具有"优胜劣汰，适者生存"的特点，同时也体现出了遗传算法在遗传迭代过程中对于模式选择的偏好。

模式定理深刻揭示了遗传算法之所以能够产生"优胜劣汰"的根源。在遗传过程中能够存活下来的模式通常都是那些定义长度较短、阶次较低、模式的平均适应度高于群体平均适应度的优良模式。遗传算法正是利用这些优良模式通过逐步地演化得到最优解，它确保了在遗传优化过程中较优解的染色体数目呈指数量级增长，从而给出了遗传算法的理论基础。霍兰进一步指出，遗传算法是一个寻找可行解的可实现的优化过程。

模式定理说明了具有某种结构特征的模式 H 在遗传演化的过程中，它的染色体数目将会呈指数量级的增长，这种模式通常具有低阶、较短的定义长度以及平均适应度高于群体平均适应度这三个基本特征。通常，我们将具有这三种特征的模式称为基因块或者积木块（building block）。而之所以被称为积木块，主要是因为遗传算法的求解过程并不是在搜索空间中逐一地测试每个基因的枚举组合，而是通过一些比较优良的模式，像搭建积木一样，将它们拼接在一起，从而能够逐渐构造出适应能力越来越强（即适应度越来越高）的染色体。下面，我们给出积木块假设的一般性描述。所谓积木块假设（building block hypothesis）是指遗传算法通过短的定义长度、低阶和高平均适应度的模式（通常称其为积木块），在遗传操作（选择、交叉、变异）的作用下相互结合，最终接近于全局最优解。满足这个假设的条件非常简单，包括以下两个方面：① 表现型相近的染色体，其基因型亦相似；② 遗传因子之间的相关性较低。

模式定理说明了积木块的样本数呈指数量级的增长，即说明了使用遗传算法寻求最优染色体的可能性，但是，该定理却并未指明遗传算法一定可以找到全局最优解，然而，积木块假设却说明了遗传算法具有找到全局最优解的能力,不过令人遗憾的是,目前,积木块假设还并未上升成为一个定理。尽管如此,目前仍然有大量的实践支持积木块假设,它在许多领域内都取得了成功,模式定理确保了比较优良的模式(通过遗传算法所得到的较优解)中包含的染色体数目呈指数量级的增长,从而满足了求最优解的必要条件,也就是说,遗传算法存在得到全局最优解的可能性。然而,积木块假设则指明了使用遗传算法求解各类优化问题的基本思想,也就是通过基因块之间的相互拼接可以获得原优化问题更好的解。基于模式定理和积木块假设,就可以使我们能够在许多应用优化问题上较为广泛地使用遗传算法这种算法设计技术。

最后,我们简要讨论一下简单遗传算法的收敛性。众所周知,算法的收敛性是衡量算法性能的一个重要指标。如果某算法产生了一个解或形成了函数值的数列,并且全局最优解是这个数列的极限值,那么这个算法即具有收敛性。由于基本遗传算法的选择过程、交叉过程以及变异过程都是独立随机进展的,因此,新的群体仅仅只与其父代群体及其遗传操作算子(选择算子、交叉算子、变异算子)有关,而与其父代群体之前的各代群体无关,即遗传群体具有一种无后效性,并且各代群体之间的转换概率与时间的起点也是无关的。

这种遗传算法的收敛性满足的条件可以描述为下面的三个定理。

定理 6.1　如果简单遗传算法中交叉概率 p_C 是区间 $[0,1]$ 上的随机数,且变异概率 p_m 也是区间 $[0,1]$ 上的随机数,并且使用轮盘赌选择策略,则简单遗传算法的状态转移矩阵 $P=CMS$ 是严格正定矩阵,即简单遗传算法是一个遍历的马尔可夫链(Markov chain)。

定理 6.2　简单遗传算法不能以概率 1 收敛到全局最优解。

定理 6.3　如果执行简单遗传算法的每一代群体在选择操作(算子)前(后)均保留了最优解,则该遗传算法以概率 1 收敛到全局最优解。

以上三个关于简单遗传算法收敛性的定理的证明过程从略。

6.3　遗传算法的实现方式

本节我们将详细介绍遗传算法的基本流程,通过遗传算法的流程结构介绍,力图使读者能够对遗传算法的执行机制具有一个清晰的理解与认知。

遗传算法的实现主要涉及以下七个问题的解决:① 怎样对染色体进行编码? ② 怎样对群体进行初始化? ③ 怎样对物种的适应值给予评价? ④ 怎样选择种群? ⑤ 个体之间怎样进行交配? ⑥ 种群怎样发生变异? ⑦ 怎样设计遗传算法的流程?

以上这些问题特别是选择算子、交叉算子和变异算子的具体实现方法与使用遗传算法搜索全局最优解的效果密切相关。当处理不同的最优化问题时,以上诸问题可能需要根据实际最优化问题的具体情况选择使用不同的方法来实现,以便提高遗传算法的整体执行性能。为了达到对遗传算法设计和使用方法的初步了解的目的,在本节接下来的内容中,我们暂时不对遗传算法中所使用的每一个操作算子目前可用的方法逐一作完整且较为详细的介绍,而是针对遗传算法实现的每一个关键步骤给出一个或者几个通常使用的解决方法。

6.3.1　遗传算法的流程

在使用遗传算法求解实际问题时,首先需要解决问题解的表示问题,也就是确定染色体的编码方式问题。由于染色体的编码方式是否妥当将会对接下来的染色体之间的交叉操作以及变异操作产生直接影响,因此,在求解一个具体实际的优化问题时,我们希望尽量找到一种既简单又不影响遗传算法性能的编码方式。目前关于这一部分的理论研究和应用探索还没有给出一种有效和统一并且具有一种普适性的遗传算法编码理论和方案。尽管 De Jong 曾经在他的研究成果中给出了有关遗传算法染色体编码方式的两条指导性原则,即最小字符集编码原则和有意义的积木块编码原则,并且他曾极力主张遗传算法使用的编码方案应该易于产生低阶并且定义长度较短的模式,在可以自然描述所求解问题的前提条件下应该使用最小编码字符集,但是在针对求解具体优化问题的应用过程中,上述指导性原则仍然没法完全适用于待求解的所有问题。由此说明,当人们在设计遗传算法求解具体实际应用问题时,究竟应该选择使用怎样的编码方法并不是一概而论的,而应当是尽可能地从需要求解的具体实际应用问题的特点出发,有针对性地制定可行的染色体的编码方案,与此同时,我们也可以借鉴使用遗传算法已经成功求解的类似问题的染色体的编码方法。

当前可用于染色体的编码方法包括格雷码编码、字母编码、多参数交叉编码等方法。为了简单和方便起见,接下来我们仅仅只介绍以下两种通常使用的比较简单的编码方法:二进制编码方法(binary representation)以及浮点数编码方法(float point representation)。

二进制编码方法产生的染色体是一个二进制符号序列,染色体中的每一个基因位只能取值为 0 或 1。不妨假设待求解的实际应用问题定义的可行解的取值空间为 $[U_{min}, U_{max}]^D$,其中,D 是可行解的变量维数,并且使用 K 位二进制符号串表示可行解的一维变量,于是,我们立即能够获得如表 6-1 所示的编码方法。

表 6-1　染色体的二进制编码方法

二进制符号串	对应的实际取值
0000……0000	U_{min}
1111……1111	U_{max}
$X_k X_{k-1} \cdots X_2 X_1$	$U_{min} + \dfrac{(U_{max} - U_{min}) \sum\limits_{i=1}^{k} X_i 2^{i-1}}{2^k - 1}$

下面,我们举一个简单的例子进行说明。不妨假设 $[U_{min}, U_{max}]$ 为 $[1, 64]$,现使用六位二进制符号串进行编码,则下面这个二进制符号串 101110 表示了数值 47。由此可知,当染色体使用 K 位二进制编码时,其精度为 $(U_{max} - U_{min})/(2^k - 1)$,很显然,这种二进制编码方法在编码的精度方面是比较弱的。当要求使用较高的精度或者表示较大范围的数值时,必须通过增加二进制位数 K 来满足其要求。但是,另一方面,当二进制位数 K 变得比较大时,将快速增加遗传算法操作的计算复杂度。由此可知,尽管二进制编码方法与 De Jong 提出的两个指导性原则相吻合,并且经常被运用,但是,当求解一些精度要求更高或求解具有较多变量的最优化问题时,人们通常却不得不寻求另外一种更合适的编码方法,如浮点数编码方法。

在浮点数编码方法中,染色体的长度等于待求解的最优化问题定义的解的变量数目,染色体中的每一个基因等于解的每一维变量。例如,待求解问题的一个可行解被记为 $X_i = (x_i^1, x_i^2, \cdots, x_i^{D-1}, x_i^D)$,其中,$D$ 表示可行解的变量维数。由此可知,该可行解所对应的染色体的编码应为 $(x_i^1, x_i^2, \cdots, x_i^{D-1}, x_i^D)$。

浮点数编码方法适合于表示取值范围比较大的数值空间,这种编码方法对于降低运用遗传算法对染色体进行处理的复杂性起到了非常好的作用。

遗传算法在一个给定的初始化群体中进行迭代搜索。在一般情形下,遗传算法在群体初始化阶段使用的是随机数初始化方法。即利用生成随机数的方法对染色体的每一维变量进行初始化赋值。当初始化染色体时,必须注意染色体能否满足最优化问题对于可行解的定义。

如果在遗传演化开始时可以保证初始群体已经是在一定程度上的优良群体,那么将能够有效提高遗传算法获得全局最优解的能力。这就正如同一个优良的物种在自然演化的过程中,通常都将会占据比较有利的位置,并且甚至可以保持较快较好的演化程度。到目前为止,已经有一些学者尝试着在保证搜索空间完备性的基础上,通过某种方法在遗传算法的初始时首先得到一个平均适应值相对较高的初始群体,然后再进行演化来持续不断地提高遗传算法的求解性能,并且具有了一定的效果。

每一个染色体的适应能力可以使用一个被称为评价函数的函数值来衡量,正是借助于评价函数的函数值(适应值)可以划分各个不同染色体的适应能力。因此,对于待求解的最优化问题来说,能否设计出比较合适的评价函数是直接导致遗传算法性能好坏的最关键的因素。一般来说,评价函数通常应该依据最优化问题的优化目标进行确定。例如,当求解比较简单的函数优化问题或组合优化问题时,可以直接将优化问题所定义的目标函数作为评价函数的原型,但是,如果求解比较复杂的函数优化问题或组合优化问题时,评价函数需要设计得既便于计算又能够通过对函数值的比较正确清楚地区分各个不同染色体的适应能力。在遗传算法中,通常规定评价函数的适应值越大的染色体越优秀。正因如此,对于一些求解简单的最大值的函数优化问题或数值优化问题来说,可以直接使用该优化问题所定义的函数表达式作为评价函数,但是,对于其他的待求解最优化问题来说,问题本身所定义的目标函数表达式不能直接用于评价函数,而必须经过一定的变换。例如,对于使用遗传算法求解某个函数的最小值问题来说,我们必须对该问题所定义的目标函数 $g(X)$ 进行如下变换,从而得到遗传算法的评价函数 $\text{Eval}(C)$:$\text{Eval}(C) = -g(X)$,其中,X 表示该最优化问题的一个可行解,C 表示该可行解 X 所对应的染色体。

但是,对于遗传算法的设计者来说,既然可以通过评价函数适应值的大小来衡量相应染色体的适应能力强弱,接下来的选择阶段理所当然地应该选择适应能力最强的个体进行后续的繁衍。但是,如果这样做,将会使得那些适应能力较弱的物种彻底丧失掉以后的繁殖机会,这势必将会导致物种缺少多样性,并进一步导致适应能力相对较弱的染色体中比较优良的基因会随之丧失,这样一来,在繁衍后代的过程中甚至有可能会失掉一些甚至很多获得适应能力更强的染色体的机会。因此,在遗传算法设计过程中,根据评价函数适应值的大小使用这种简单残酷的选择策略是不合时宜的,要想使得在繁衍过程中可能得到更多适应能力强的染色体,必须给适应能力较弱甚至适应能力最弱的染色体也有参与选择繁衍后代的机会。正因如此,在绝大部分遗传算法中种群的选择策略使用的是被称为轮盘赌的选择策略,该策略有时也称为轮盘赌选择算法(roulette wheel selection algorithm)。轮盘赌选择算法的核心思想是按照各个染色体的适应能力大小进行排序,适应能力越强的染色体被选中参与繁衍后代的可能性越大,适应能力越弱的染色体被选中参与繁衍后代的可能性越小。但是,与前面的遗传选择策略不同的是,所有染色体都有可能选中参与繁衍后代的行动,只是可能性不同而已。

　　轮盘赌选择算法首先依据群体中各个染色体的适应值得到该群体中全部染色体的适应值的总和,并且分别计算各个染色体的适应值与适应值总和的比值 P_i;其次假设一个具有 N 个扇区的轮盘,每一个扇区与群体中的某一个染色体相对应,并且扇区的大小与其所对应染色体的 P_i 值成正比例关系。图 6-1 给出了具有四个扇区的轮盘赌选择模型。每选择转动一次轮盘,当轮盘停止转动时,指针停留的扇区所对应的染色体即是表明该染色体所对应的个体被选中,加入到了可以繁衍后代的种群中去。逐次进行 N 次选择即可得到同样规模为 N 的种群。

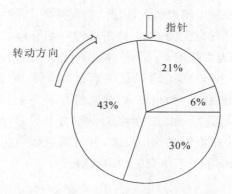

图 6-1　具有 4 个扇区的轮盘赌选择模型

　　下面,我们给出描述轮盘赌选择算法仅仅只选取一个染色体的伪代码。

```
/ *  once of roulette wheel selection
 * 输出参数:
 * 被选中的染色体
 * /
procedure RWS
1        m:＝0;
1     r:＝random(0,1);/ * 0 至 1 的随机数 * /
2     for i＝1 to N
3     m:＝m＋Pᵢ;
4     if r≤m
5        return i;
6     end if
7     end for
end procedure
```

　　从轮盘赌选择算法的实现机理中不难看出,由于适应能力比较强的染色体的 P 值较大,因此,这些染色体所对应的个体被选中进入到后面的遗传过程的概率也就相对较大。但是,由于轮盘赌选择策略具有一定的随机性,因此,轮盘赌选择算法在具体地执行过程中也并不能确保每一次选择均选中这些较优染色体所对应的个体,也就是说,该选择算法在一定程度上给予了适应能力比较弱的染色体一定的生存空间,也正是因为如此,在一定程度上保留了物种的多样性,以便于为后面的遗传过程找到更加优秀的染色体所对应的个体提供了更大的选择空间和更多的选择机会。

在染色体的交配阶段,各个染色体能不能进行交配需要通过交配概率 P_c(通常取值为 0.4~0.99 之间)决定,其具体过程为:对于每一个染色体来说,如果 Random(0,1)小于 P_c,那么就表明该染色体可以进行交配操作,其中 Random(0,1)为区间[0,1]之间均匀分布的伪随机数产生器,否则,染色体将不参与交配而直接复制到新的种群中。当然,交配概率 P_c 可以随着迭代次数的不同而设定为不同的值,一般来说,初始情况下,概率 P_c 可取稍大一些的值,表明在初始情况下,由于绝大部分染色体的适应能力都比较弱,也就是说,绝大多数染色体中的适应能力强的基因比较少,因此需要通过染色体之间交配(取长补短)将适应能力强的染色体通过遗传的方式不断地产生出来。随着遗传算法迭代次数增加到一定的数值,由于生成的子代染色体的适应能力越来越强,因此,交配概率 P_c 的值应该适当降低,这就意味着不需要对所有的子代都进行交配操作,而只需要对一部分适应能力比较弱的染色体进行交配操作,以期产生适应能力更强的子代染色体。再经过一段时间的迭代,发现大多数染色体适应能力都很强,只有一小部分染色体的适应能力比较弱,则继续减小交配概率 P_c 的值,当几乎所有子代染色体的适应能力都很强时,交配操作将终止。这时任何两个按照交配概率 P_c 选择出来的染色体进行交配,通过交换各自的部分基因,产生出两个新的子代染色体。其具体操作是随机地产生一个有效的交配位置,并且染色体中的基因交换位于该交配位置以后的全部基因,图 6-2 给出了染色体交配的示例图。

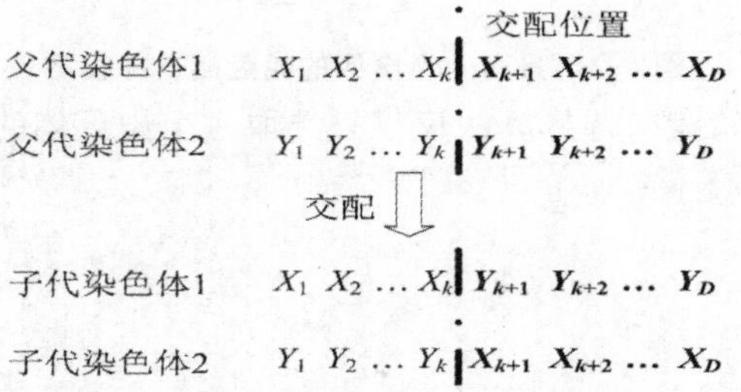

图 6-2 染色体交配操作示意图

交配操作(交叉操作)中应注意生成的子代染色体应满足原最优化问题对于可行解的定义。从以上的叙述中容易看出,参与交配的父代染色体的数目与生成的子代染色体的数目完全相等,由此可知,新生种群的规模仍然与原始种群的规模一样,仍然为 N。

染色体的变异作用在基因之上,遗传算法对于交配之后的新种群中的染色体的每一位基因,按照发生变异概率 P_m 判断该基因是否进行变异。如果伪随机函数 Random(0,1)的值小于变异概率 P_m,那么就修改当前基因的取值。其中,Random(0,1)即为区间[0,1]上均匀分布的伪随机数产生器。由于在生物体的遗传过程中,基因突变的可能性比较小,也就是说,发生变异的可能性比较小,因此,在遗传算法执行变异操作时,通常将发生变异的概率 P_m 设置得比较小,但也不能设置得太小,否则,染色体中该位置的基因将不会产生变异,保持不变。图 6-3 是使用二进制编码方式的染色体在变异操作过程的示例图,其中,黑色的箭头所指的位置不变。而对于使用浮点数编码形式的染色体来说,如果染色体中的某个基因发生了变异,那么就可以采用前面初始群体化时使用的随机数方法随机生成一个满足原最优化问题定义的数值,并且使用该值取代该基因现有的值。

为了保证遗传算法具有优良的执行性能,我们应该将变异概率 P_m 设定在一个比较合理的区间范围之内。一方面,变异操作通过改变原有染色体的基因,在提高物种多样性方面将

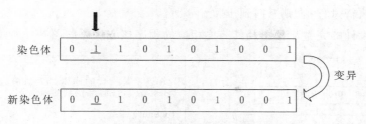

图 6-3　染色体变异操作示意图

会具有非常显著的促进作用。但是,从另一方面来说,如果变异概率 P_m 设置得太小,则遗传算法极易早熟,以至于使用遗传算法进行次数不多的遗传迭代过程之后所得到的可行解距离待求解优化问题的最优解还非常遥远的时候就不能进一步地进行优化了,换句话来说,即只能得到局部最优解而不能获得全局最优解,除非初始种群选取得特别适当;反过来,如果变异概率 P_m 设定成比较大的值,则极有可能将会导致遗传算法当前所处的比较理想的搜索状态倒退回之前不太理想甚至很不理想的搜索状态。综上所述,我们应该将种群的各个染色体中基因的变异概率 P_m 设定在区间 $[0,1]$ 上一个比较合理的区间范围之内。一般来说,根据实验的具体情况,通常将变异概率 P_m 设置在区间 $[0.001,0.1]$ 比较合理。

　　以上对于遗传算法的执行所必需的每一个重要的步骤进行了比较详细的解释和说明,下面我们将依次给出遗传算法实现的基本步骤。

■**步骤 1**　初始化规模为 N 的群体,其中,各个染色体中的每一个基因的值使用伪随机数生成器产生,并且满足待求解问题所定义的范围,并且设定当前遗传演化的代数 Generation＝0。

■**步骤 2**　使用染色体自适应能力评价函数对群体中所包含的全部染色体的自适应能力进行评价,依次分别计算每一个染色体的适应值,并且保存当前适应值最大的染色体,将其标记为 Best。

■**步骤 3**　使用轮盘赌选择算法对群体中的所有染色体进行选择操作,产生规模同样也等于 N 的新种群。

■**步骤 4**　依据交配概率 P_c 从当前的种群中选择适当的染色体进行交配操作,即两个满足一定的条件能够进行交配的父代染色体通过交换部分的基因,产生两个新的子代染色体,然后,这些新诞生的子代染色体就取代其父代染色体进入到新的种群中,不满足一定的条件不能进行交配的染色体则直接复制到新种群中去。

■**步骤 5**　根据变异概率 P_m 对当前产生的新种群中某些染色体的基因进行变异操作,使得满足一定的条件能够产生变异的染色体的相应基因位上的基因数值产生变化,经过变异操作以后的染色体取代原来的染色体进入到新群体中,而没有满足相应的条件未发生变异的染色体则直接进入到新群体中。

■**步骤 6**　经过变异操作以后得到的新群体取代已有的群体,重新计算新群体中的每一个染色体的适应值,如果当前这个新群体中适应能力最强的染色体的适应值大于保存在 Best 中染色体的适应值,那么就用当前具有该最大适应值的染色体代替 Best。

■**步骤 7**　将当前遗传演化代数数值 Generation 加 1,如果 Generation 的数值超过预先规定的最大演化代数数值或者当前的 Best 已经达到了预先设定的误差要求,那么就停止遗传算法的执行过程；否则返回到步骤3。

遗传算法设计的完整流程图及其与之相应的程序核心代码如图6-4所示。

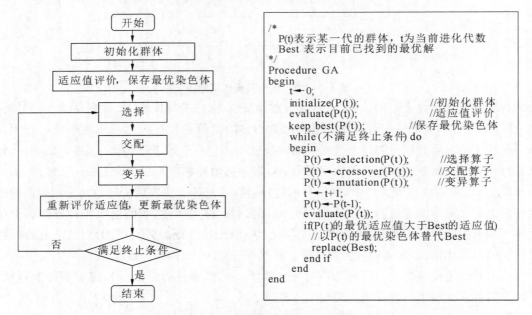

图6-4　遗传算法的流程图及其相应程序核心代码

6.3.2　遗传算法的应用举例

下面，我们通过对一个简单的多元函数优化的例子来说明遗传算法的具体执行过程。

现已知函数 $y=f(x_1,x_2,x_3,x_4)=\dfrac{1}{1+x_1^2+x_2^2+x_3^2+x_4^2}$，其中，$x_1,x_2,x_3,x_4$ 皆为不大于 5 并且不小于 -5 的实数。现在要求使用遗传算法求解函数 $y=f(x_1,x_2,x_3,x_4)$ 的最大值，下面我们将给出以下关键的执行步骤。

在给出具体执行步骤之前，我们首先讨论应该怎样选择染色体的编码方式，由于函数 $f(x_1,x_2,x_3,x_4)$ 在给定的变量搜索空间范围内是连续函数，而不是离散函数，因此，应选择浮点数编码方式对相应的染色体进行编码效果较好。为了指明遗传算法最主要的执行步骤，下面，我们给出遗传算法执行第一次遗传迭代操作的步骤如下。

步骤 1　初始化。

假定种群规模为5，并且使用浮点数编码方式构造染色体，即该种群中的各个染色体以 (x_1,x_2,x_3,x_4) 的形式表示。

初始化种群中的染色体如下。

$C_1=(0.2073,4.0802,-2.9932,-1.8794)$

$C_2=(3.4098,-0.9008,4.3712,-3.0714)$

$C_3=(-2.1904,0.0023,0.1503,-4.0589)$

$C_4=(1.0152,-3.7535,-2.6638,3.9811)$

$C_5=(-2.0917,-4.1006,0.1327,2.1351)$

步骤 2　各个染色体的适应值评价。

选择染色体的评价函数如下。

$$\text{Eval}(C) = y = f(x_1, x_2, x_3, x_4) = \frac{1}{1 + x_1^2 + x_2^2 + x_3^2 + x_4^2}$$

计算该种群中各个染色体的适应值如下。

$\text{Eval}(C_1) = f(0.2073, 4.0802, -2.9932, -1.8794) = 0.0331319$

$\text{Eval}(C_2) = f(3.4098, -0.9008, 4.3712, -3.0714) = 0.0238214$

$\text{Eval}(C_3) = f(-2.1904, 0.0023, 0.1503, -4.0589) = 0.0448529$

$\text{Eval}(C_4) = f(1.0152, -3.7535, -2.6638, 3.9811) = 0.0255988$

$\text{Eval}(C_5) = f(-2.0917, -4.1006, 0.1327, 2.1351) = 0.0373603$

于是应有 $\text{Best} = C_3$，$\text{Eval}(C_3) = 0.0448529$。

步骤 3　选择操作。

使用轮盘赌选择算法计算种群中的全部染色体适应值之和为：

$0.0331319 + 0.0238214 + 0.0448529 + 0.0255988 + 0.0373603 = 0.1647653$

依次分别计算各个染色体的适应值与种群中的全部染色体适应值之和的比值为：

$C_1 : 0.0331319/0.1647653 = 0.2010854$

$C_2 : 0.0238214/0.1647653 = 0.1445778$

$C_3 : 0.0448529/0.1647653 = 0.2722230$

$C_4 : 0.0255988/0.1647653 = 0.1553652$

$C_5 : 0.0373603/0.1647653 = 0.2267486$

下面即是经过五次选择所产生的 $[0,1]$ 区间上的伪随机数以及被选中的染色体。

(1) 0.2787557 C_2

(2) 0.6043885 C_3

(3) 0.2209641 C_2

(4) 0.3325346 C_2

(5) 0.8341579 C_5

因此得到的种群如下。

$C_1' = (3.4098, -0.9008, 4.3712, -3.0714)$

$C_2' = (-2.1904, 0.0023, 0.1503, -4.0589)$

$C_3' = (3.4098, -0.9008, 4.3712, -3.0714)$

$C_4' = (3.4098, -0.9008, 4.3712, -3.0714)$

$C_5' = (-2.0917, -4.1006, 0.1327, 2.1351)$

步骤 4　交配操作。

预先设定交配概率为 0.95，以下是对群体中各个染色体在 $[0,1]$ 区间上根据随机数生成函数 $\text{Random}(0,1)$ 所产生的伪随机数，并且分别根据这些伪随机数与交配概率数值之间的大小关系判定当前的染色体是否需要参与交配。

- 对于染色体 C_1'：伪随机数 0.4251027，0.4251027 < 0.95，参与交配。
- 对于染色体 C_2'：伪随机数 0.7236182，0.7236182 < 0.95，参与交配。
- 对于染色体 C_3'：伪随机数 0.9702306，0.9702306 > 0.95，不参与交配。
- 对于染色体 C_4'：伪随机数 0.5031945，0.5031945 < 0.95，参与交配。

● 对于染色体 C_5'：伪随机数 0.1706433，$0.1706433 < 0.95$，参与交配。

即染色体 C_1' 与染色体 C_2' 进行交配，当每对染色体进行交配时，首先需要产生 $0 \sim 3$ 之间的自然数作为随机交配位，然后，再以两个染色体的交配位作为分界线，该分界线右侧的相应各位的基因进行互换从而得到新的子代染色体。下面，我们给出每对染色体的交配位以及经过交配操作之后得到的新的子代染色体。

染色体 $C_1' = (3.4098, -0.9008, 4.3712, -3.0714)$ 与染色体 $C_2' = (-2.1904, 0.0023, 0.1503, -4.0589)$ 交配位为 0，则执行交配操作之后产生的两个新子代染色体分别为 $C_1'' = (3.4098, 0.0023, 0.1503, -4.0589)$ 与 $C_2'' = (-2.1904, -0.9008, 4.3712, -3.0714)$；染色体 $C_4' = (3.4098, -0.9008, 4.3712, -3.0714)$ 与染色体 $C_5' = (-2.0917, -4.1006, 0.1327, 2.1351)$ 交配位为 1，则执行交配操作之后产生的两个新子代染色体分别为 $C_4'' = (3.4098, 0.0023, 0.1327, 2.1351)$ 与 $C_5'' = (-2.1904, -0.9008, 4.3712, -3.0714)$。

这样一来，经过交配操作之后所产生的新种群如下。

$C_1''' = (3.4098, 0.0023, 0.1503, -4.0589)$

$C_2''' = (-2.1904, -0.9008, 4.3712, -3.0714)$

$C_3''' = (3.4098, -0.9008, 4.3712, -3.0714)$

$C_4''' = (3.4098, 0.0023, 0.1327, 2.1351)$

$C_5''' = (-2.1904, -0.9008, 4.3712, -3.0714)$

步骤 5 变异操作。

预先设定变异概率为 0.15，对于各个染色体的每一个基因位根据随机数生成函数 $\text{Random}(0,1)$ 生成伪随机数，如果该数值小于所设定的变异概率 0.15，那么就修改当前基因位的数值，否则就不用更改当前基因位的数值。下面，我们给出发生改变的染色体和基因位数值更改的过程。

$C_2''' = (-2.1904, -0.9008, 4.3712, -3.0714) \rightarrow C_2''' = (1.1075, -0.9008, 4.3712, -3.0714)$；$C_3''' = (3.4098, -0.9008, 4.3712, -3.0714) \rightarrow C_3''' = (3.4098, 1.6792, 4.3712, -3.0714)$。

这样一来，经过变异操作之后所产生的新种群如下。

$C_1''' = (3.4098, 0.0023, 0.1503, -4.0589)$

$C_2''' = (1.1075, -0.9008, 4.3712, -3.0714)$

$C_3''' = (3.4098, -0.9008, 4.3712, -3.0714)$

$C_4''' = (3.4098, 0.0023, 0.1327, 2.1351)$

$C_5''' = (3.4098, 1.6792, 4.3712, -3.0714)$

步骤 6 首先对群体中的各个染色体的适应能力进行重新评估，然后对 Best 进行更新。

计算最新群体中各个染色体的适应值如下。

$\text{Eval}(C_1''') = f(3.4098, 0.0023, 0.1503, -4.0589) = 0.0355568$

$\text{Eval}(C_2''') = f(1.1075, -0.9008, 4.3712, -3.0714) = 0.0327023$

$\text{Eval}(C_3''') = f(3.4098, -0.9008, 4.3712, -3.0714) = 0.0244027$

$\text{Eval}(C_4''') = f(3.4098, 0.0023, 0.1327, 2.1351) = 0.0617170$

$Eval(C_5''')=f(3.4098,1.6792,4.3712,-3.0714)=0.0232627$

又由于 $\max(0.0355568,0.0327023,0.0244027,0.0617170,0.0232627)=0.0617170>0.0448529=Eval(Best)$，因此需要更新染色体 Best，即：

$Best=C_4'''$，并且当前(最新)的 $Eval(Best)=0.0617170$。

步骤 7 判断遗传算法是否终止。

如果满足遗传算法的终止条件(预先规定的遗传迭代次数上限或预先设定一个染色体的适应值的下限)，那么就输出当前得到的最优解(不一定是真正的最优解)Best，此时终止遗传算法的执行过程；否则，返回步骤 3 继续执行。

6.4 遗传算法的改进研究

以上介绍的遗传算法通常被称为简单遗传算法(SGA)，不难看出，这种智能算法具有较强的适用性、健壮性以及潜在的并行性，与此同时，它也具有良好的全局搜索性能，并且可以通过较大的概率获得待求解的优化问题的全局最优解，这样就极大提高了遗传算法应用的广泛性，也就是说，当前有很多领域的复杂优化问题相继使用了遗传算法进行求解，效果较好，于是进一步地促进了对遗传算法理论研究的不断推进。遗传算法从提出到现在已经走过了大半个世纪，其成功的案例体现了遗传算法作为一种带有一定随机性的全局搜索算法的强大的计算效率和性能，但是从另一方面来说，在使用现有的遗传算法求解某些实际的应用问题过程中也暴露出来了现有算法的缺陷及其局限性。事实上，学者们从未停止对现有的遗传算法进行大量的改进与研究工作。相当数量的人工智能的专家和学者共同致力于提高和拓展现有遗传算法的能力。

本节我们将从操作算子的选择、相关参数的设定、混合遗传算法以及并行遗传算法等几个重要方面对遗传算法的改进工作进行较为详细的介绍。

6.4.1 操作算子选择

1. 对选择算子的改进

通过前面对简单遗传算法的介绍不难看出，种群的选择是遗传算法中的一项非常重要的操作。众所周知，通过自然选择过程所保留下来的物种决定了生物的演化方向和演化程度。类似地，在遗传算法中，选择操作的效率如何，也即是否可以确保留下来的染色体是具有进化发展发展潜力的染色体或者是当前适应能力较强的染色体，对于遗传算法的整体性能将起到至关重要的作用。

在上一节所讨论的遗传算法的基本流程中，我们给出的选择算子是基于轮盘赌选择算法的。之所以使用轮盘赌选择算法，主要是由于该算法的思想比较简单，并且比较容易设计与实现。因此，它成为遗传算法最为常见的选择算子。从轮盘赌选择的实现机制不难看出，适应能力较强的染色体的选择概率 P 值较大，也就意味着该染色体所对应的物种被选择进行遗传的可能性相对较大。但是，毕竟由于在使用该算法进行选择时，不可避免地会带有选择的随机性，因此，当前适应能力较弱的染色体同样有机会被选择并且参与到下面的遗传过程中去，换句话说，当前适应能力较弱的染色体也具有一定程度(尽管这种程度较小)的生存空间。从这个意义上说，轮盘赌选择算法并不是一种最理想的方法。随机进行选择将有可能导致选择的误差较大,有时候甚至有可能选不上当前适应值较高的染色体。

事实上,关于选择算子的研究一直以来都是作为对现有遗传算法进行改进的重要方向之一,正因如此,各种不同的选择算子与选择模型相继推出。在轮盘赌选择算法作为选择算子提出之后,学者们相继提出了最佳个体保存模型、排挤模型、期望值模型、随机锦标赛模型、排序模型、确定性采样以及无回放余数随机采样等选择模型或选择算子。

2. 对交配算子的改进

在上一节所给出的交配规则属于单点交配(one-point crossover)。随着对遗传算法越来越深入的研究,学者们相继提出了一些有别于简单遗传算法中所使用的交配算子,并进行了大量的改进工作,如两点交配(two-point crossover)、多点交配(multi-point crossover)、算术交配(arithmetic crossover)、一致交配(uniform crossover)等交配算子。并且,当学者们在研究遗传算法的具体应用时,针对待求解最优化问题以及具体的染色体编码方式设计出了很多有特色的比较成功的交配算子,这些交配算子如同前面所介绍的那些交配算子一样被广泛应用于求解具体实际应用问题中去,取得了比较好的计算结果。例如,对于使用遗传算法求解旅行商问题(traveling salesman problem,TSP),学者们提出了基于路径表示的染色体编码方法,Goldberg 等学者则在 1985 年提出了部分匹配交配算子,就在同一年,另一批以 David 为首的学者提出了顺序交配算子;Oliver 等学者则于 1987 年提出了循环交配算子;学者 Whitley 于 1989 年提出了边重组交配算子;当前,两位日本学者 Nagata 与 Kobayashi 提出的所谓边集合交配算子(edge assembly crossover,EAX)成为目前用于求解旅行商问题的最为重要的交配算子。

最后是对变异交配算子的改进,在上一节中所介绍的二进制编码染色体以及浮点数编码染色体的变异操作分别属于简单变异(simple mutation)和一致变异(uniform mutation)。对简单遗传算法的进一步改进研究同样提出了一些新的变异算子如下:非一致变异算子(non-uniform mutation)、边界变异算子(boundary mutation)、高斯变异算子(Gaussian mutation)等。

◆ 6.4.2　控制参数设置

前面介绍的简单遗传算法所涉及的主要控制参数包括群体规模 N、染色体的长度 L、基因位数值的取值范围 R、交配概率 P_c、变异概率 P_m、适应值评价以及遗传算法终止条件。接下来,我们将对这些控制参数在遗传算法中的作用逐一进行说明。

群体规模 N 主要影响遗传算法的搜索能力和执行效率。如果 N 值设定得比较大,即经过一次遗传演化所涉及的模式比较多,那么就可以确保群体的多样性,从而可以提升遗传算法的搜索能力,但是由于群体中的染色体的数量较多,因此将必然导致增加遗传算法的计算量,从而降低了该算法的执行效率。反过来,如果 N 的值设定得比较小,尽管降低了计算量,但是与此同时也降低了每次遗传演化中群体所包含的适应能力较强的染色体的能力。经过大量的研究发现,群体规模 N 的值通常设置为 $20\sim100$,遗传算法的执行效率和执行结果通常是比较理想的。

染色体的长度 L 主要影响遗传算法的计算量以及交配操作和变异操作的效果。长度 L 的值的设置与待求解的最优化问题密切相关,控制参数 L 的值通常是由该实际优化问题所定义的解的形式与选择的编码方式确定。具体来说,对于二进制编码方法,染色体的长度 L

应该按照解的取值范围以及规定精度的要求确定相应的取值;而对于浮点数编码方法,染色体的长度 L 应与待求解问题所定义的可行解的维数 D 相等。除了长度固定的编码方法之外,Goldberg 等一些学者还提出了一种基于非固定长度染色体的遗传算法 Messy GA,在这个算法中,各个染色体不等长。

基因的取值范围 R 需要视遗传算法所使用的染色体的编码方法而定。具体而言,对于二进制编码方法,R 应设定为 $\{0, 1\}$ 这个集合;而对于浮点数编码方法,R 应与待求解的优化问题所定义的可行解的每一维变量的取值范围相同。

交配概率 P_c 决定了在遗传演化过程中,种群参加交配操作的染色体的平均数目 $N \times P_c$,通常将交配概率 P_c 的值设定在区间 $[0.4, 0.99]$ 中,当然也可以利用自适应的方法调整遗传算法执行过程中的交配概率 P_c 的取值,具体调整方式前文已经提及,在此不再赘述。

引入变异概率 P_m 的目的在于适当增加群体在演化过程中的多样性,这个控制参数决定了遗传算法在执行过程中群体里发生变异的基因的平均数量。由于变异操作会对已经找到的较优解(适应能力较强的染色体)具有一定的破坏作用,如果变异概率 P_m 的值太大,就有可能导致遗传算法当前所处的较好的搜索状态倒退回前面较差的情形。一般来说,P_m 的值设定在区间 $[0.001, 0.1]$ 中,当然也可以利用自适应的方法调整遗传算法执行过程中的变异概率 P_m 的取值。

适应值评价主要影响遗传算法对于种群的选择,适当的染色体评价函数应该可以对群体中的所有染色体的优劣做出正确的区分,保证选择机制的有效性,从而能够提高群体整体的演化能力。染色体评价函数的设置与待求解的最优化问题的求解目标有关,并且该评价函数应该满足适应能力较强的染色体的适应值较大的规定。为了更好地提高选择的效能,有时甚至需要对染色体评价函数进行相应的修正,目前使用得最为广泛的染色体评价函数的修正方法有线性变换、乘幂变换、指数变换等。

遗传算法终止条件用于决定遗传算法何时停止执行,并且输出算法所找到的最优解(不一定是待求解优化问题的最优解)。因此,使用怎样的条件作为遗传算法的终止条件应该与实际的待求解优化问题有关。一般来说,可以使遗传算法在达到最大演化代数时停止(算法结束),通常可将最大演化代数设置为 $100 \sim 1000$,并且可以根据所面对的具体实际应用问题对这个参考值进行适当的调整。当然,我们也可以通过考察执行算法找到的当前最优解的情况来控制遗传算法的结束。例如,如果遗传算法执行到当前的演化过程所得到的最优解已经达到了预先规定的误差要求,那么该算法就可以终止执行。值得一提的是,误差范围的设定同样应与具体的待求解的优化问题相关。当然,最后还有一种情况,即当遗传算法在执行了相当长的一段演化时间内所得到的最优解并未得到比较明显的改进时,也可以终止遗传算法的执行,这主要是从遗传算法的执行效率的角度考虑的。

◆ ### 6.4.3　混合遗传算法

混合遗传算法(hybrid genetic algorithm, HGA)是将遗传算法与其他优化算法有机结合起来的混合算法,其目的旨在获得性能更加优异的算法,以便于提升遗传算法求解最优化问题的性能。

提出混合遗传算法的思想主要有以下两个方面的原因:① 遗传算法自身存在着局部搜索能力较低的缺陷,然而,遗传算法以外的其他搜索算法,如最速下降法(steepest descent method)、局部搜索算法(local search algorithm)、爬山法(hillclimbing algorithm)以及模拟退火算法(simulated annealing algorithm)却在局部搜索性能上具有得天独厚的优势,因此,将这些优化算法融入遗传算法中来可以成为提升现有遗传算法搜索性能的最有效的方法之一;② 尽管遗传算法对于实际应用优化问题的求解方法具有极强的普适性,但是如果将这种方法应用于特定的专业领域问题时,遗传算法却极有可能不是解决这类问题的最佳方法,也就是说,对于这些问题的求解,遗传算法不一定能够确保具有最佳的求解能力。然而,当人们试图往遗传算法中加入某些专门领域的特定知识时,发现遗传算法的整体性能可以得到明显的改善。事实上,混合算法的思想可以成功地使得到的混合遗传算法在性能上优于原有的遗传算法。下面我们列举若干个混合遗传算法的成功例子:遗传爬山法(genetic hillclimbing algorithm,GHA)、贪心遗传算法(greedy genetic algorithm,GGA)、遗传比率切割算法(genetic ratio-cut algorithm,GRCA)、免疫遗传算法(immune genetic algorithm,IGA)、并行模拟退火遗传算法(parallel simulated annealing and genetic algorithms,PSAGA)、并行组合模拟退火遗传算法(parallel recombination simulated annealing and genetic algorithms,PRSAGA)等。

◆ 6.4.4 并行遗传算法

并行计算(parallel computing)与单指令流单数据流(single instruction)处理器上执行的串行计算(serial computing)大相径庭,它是一种通过利用单指令流多数据流(single instruction multiple data,SIMD)计算机或并行计算网络来高效求解大规模而又非常复杂的计算问题的新兴的现代计算技术。并行计算可以相当充分地使用各种计算资源以及存储资源,因此,它也成为突破当前计算机计算瓶颈的有效技术之一。随着并行计算机(尤其是超级计算机,如太湖之光)和计算机网络(特别是云计算)技术的迅猛发展,并行计算的基础越来越稳固,并且目前正在以比较快的速度进一步发展和完善。并行计算技术为解决遗传算法的最终的计算效率问题(计算瓶颈)提供了强大而有效的技术支持。在遗传算法的执行过程中,当群体的规模大到一定的数量级时,遗传算法的计算量将会急剧地增加,特别是关于染色体适应值的计算将耗费处理器大量的计算时间,进而导致遗传算法的运行效率大大地下降。另一方面,遗传算法具有天然的并行性,事实上,尽管遗传算法从整体的流程上来看仍然是串行的,但是该算法在执行过程中对群体中的各个染色体的处理却是具有一定的相互独立性的,如变异操作、各个染色体适应值的计算等。因此,这些特点为向遗传算法中注入并行计算技术的实现提供了可行性条件,于是并行遗传算法(parallel genetic algorithm,PGA)的概念和技术应运而生。

下面,我们将进一步研究怎样将并行计算技术融入现有的遗传算法中来。在当前对遗传算法的研究和应用中,并行遗传算法主要有两种表现形式,即标准型并行方法(standard parallel approach)和分解型并行方法(decomposition parallel approach)。

标准型并行方法并没有根本改变遗传算法整体上的串行计算结构,仅仅只是在遗传算法的某些操作中融入了并行计算方法,这些操作包括染色体适应值的计算、选择操作、交配操作、变异操作等。标准型并行方法实现遗传算法每个操作并行化的示意图如图6-5所示。

分解型并行方法的基本思想是将整个群体分解成为若干个子群体,每一个子群体分配到不同的计算资源上分别独立使用原有的遗传算法进行演化。由此可见,这种思想更加接

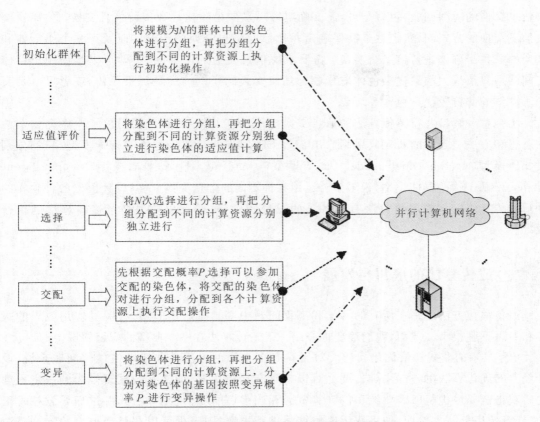

图 6-5　标准型并行方法的简单示意图

近于自然界中的生物演化系统。在大自然中,由于地域的限制,分布在不同地域的同一种生物的演化过程是迥然不同的,因此,最终将导致出现各种不同的物种,不同物种适应环境的能力也不尽相同。同样地,独立进行演化的各个子群体在每个阶段的进化程度也是千差万别的。正因如此,分解型并行方法必须要求每隔一定的遗传演化代数需要对每一个独立进行演化过程的子群体的演化结果信息进行交换。分解型并行方法的简单示意图如图 6-6所示。

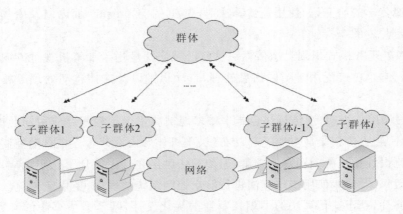

图 6-6　分解型并行方法的简单示意图

在分解型并行遗传算法中,各个独立进行演化的子群体之间的信息交换是一个至关重要的操作。对于子群体之间怎样交换演化信息则需要解决以下三个关键性问题:① 需要解决信息交换的时间问题,也就是说,需要确定每隔多少个演化代数实行信息交换;② 需要解决信息交换的方式问题,也就是需要确定每次参与信息交换的子群体以及每一个子群体和其余的哪些子群体进行信息交换;③ 需要解决信息交换的内容问题,即可以是使用子群体之间的适应值最大的最优染色体取代参与信息交换的子群体的最优染色体,或者可以是交换子群体的部分较优染色体等。

围绕着分解型并行遗传算法的信息交换操作,人工智能的学者们提出了一系列创造性的思想和方法。当前的研究成果则给出了若干种实现并行遗传算法的群体模型,它们分别是邻居模型(neighborhood model)、岛屿模型(island model)、踏脚石模型(stepping-stone model)。基于这些群体模型,很多学者运用各种不同的信息交换策略,设计出了各种独特的并行遗传算法。这些遗传算法有其各自的长处和优势,并且成功提高了遗传算法的执行效率。

6.5 遗传算法的应用与发展

遗传演化方法几乎在所有的科学和工程问题中都具有应用前景,有关其应用效果的报告和专著不胜枚举。下面,我们简要地介绍一下遗传算法在一些典型的应用领域中的现状。

(1) 复杂的非线性最优化问题。对于具有多个局部极值的非线性最优化问题来说,设计经典的优化算法(如贪心算法)要么难以找到全局最优解,要么在数据规模大到一定程度之后获得全局最优解所需要耗费的计算资源相当多(如动态规划算法),并进而导致耗时很长,计算效率低下。然而,如果使用遗传算法进行求解,则至少可以在耗费较少的计算资源的情况下获得比较理想的优化结果,但也并不一定可以获得全局最优解。

(2) 复杂的组合规划或整数规划问题。当前,绝大部分组合规划问题或整数规划问题都难以找到比较有效的求解方法,然而遗传算法却能够被广泛用于求解这类问题,并且在可以被接受的计算时间之内求得令人比较满意的较优解(尽管不一定是最优解),如旅行商问题(TSP)、装箱问题等。

(3) 生物学领域。遗传算法的思想起源于对生物遗传规律的模拟,现在又可以反过来用于对生物遗传学的研究,如使用遗传算法对研究小生境(niche)理论以及生物物种的形成理论提供一定程度的支持。

(4) 图像处理和模式识别。遗传算法目前已被广泛应用于计算机视觉方向的相关领域研究中,同时,它也被广泛用于图像信息处理、自动识别以及文档自动处理等相关领域的研究中。

(5) 工程应用。当前,遗传算法也越来越多地被应用于工程实际应用问题中,如通信网络的优化设计、超大规模集成电路的自动布线、飞机外形的设计等。在自动控制领域中仍然有许多与优化设计相关的问题需要求解,遗传算法已经在其中得到了初步的应用,并且表现出了较好的效果。例如,使用遗传算法进行航空控制系统的优化;使用遗传算法设计空间交汇控制器。此外,基于遗传算法的模糊控制器的优化设计、基于遗传算法的参数辨识、基于遗传算法的模糊控制规则的学习、使用遗传算法进行人工神经网络的结构优化设计以及权值学习等诸多方面都显示出了遗传算法在这些领域中具有广泛应用前景的可能性。

(6) 社会科学领域。遗传算法在社会科学的诸多领域同样具有广泛的应用,如对于人类行为规范演化过程的模拟、人口迁移模型的建立等。

（7）人工生命。人工生命是运用计算机、机械等人工媒体模拟或构造出的具有自然生物系统所特有行为的人造系统。自组织能力和自学习能力是人工生命的两大主要特征。遗传算法与人工生命有着非常密切的联系，基于遗传算法的演化模型是研究人工生命现象的重要基础理论。

（8）机器学习领域（包括深度学习）。学习能力是高级自适应系统所必须具备的一种能力。基于遗传算法的机器学习，尤其是分类器系统已经在诸多领域中都得到了比较广泛的应用。

目前常见的软件或软件包有十几种，包括演化计算的各个方面，如遗传算法、平行遗传算法、演化策略、演化规划、遗传规划、分类系统等，并且拥有 Windows 版本、UNIX 版本以及网络版本等。最新的软件可以通过互联网直接下载，美国海军后勤研究中心于 1985 年首先建立了全球性的与遗传算法有关的网站，不定期地整理、编辑以及出版遗传算法文摘，交流与遗传算法相关的最新信息。

不过，基于遗传算法的演化计算理论基础有待进一步巩固和充实，特别是演化规则和演化策略，这在一定程度上限制了遗传算法的实际应用。建立演化计算的数学模型，奠定演化计算的理论基础，对于演化计算的本质进行更加深入地理解与认识已经成为当前的热点与难点。此外，对于并行遗传算法的复杂性分析（包括时间复杂性和空间复杂性）、并行遗传算法的收敛性、收敛速度，以及与其他优化算法的结合而形成的混合遗传算法及其在非优化算法中的应用前景等都是亟待解决的问题。

习题6

1. 简述遗传算法的基本思想来源。

2. 简述模式定理的主要内容。为什么模式定理从本质上体现了遗传算法具有"优胜劣汰，适者生存"的特点？

3. 使用 Python 编程语言或 Matlab 编程语言上机编写完整的简单遗传算法（SGA）所对应的程序，实现对 6.3.2 小节中所给出例子的求解。

4. 试列举出简单遗传算法主要的控制参数，并简要描述各个控制参数对算法的作用和意义。

5. 试列举常用的几种对染色体评价函数进行修正的主要方法。

6. 试比较并行遗传算法中标准型并行方法与分解型并行方法的区别。

第 7 章　蚁群优化算法

　　自然界往往是人类创新思想的发源地。大自然中所蕴含的内在规律、生物的作息规则等通常被人类在创造性思维或在创新工作中加以借鉴,并且甚至被用于开创新的学科。很多这种在大自然的启示之下开创的新学科和新方法都是在数学基础尚未得到完全证明的情形下,先通过使用计算机仿真实验作为手段验证其有效性,并且为今后进一步通过严格的数学方法进行理论阐释提供了重要的思想来源。在大自然中神奇的生物界通常能够通过自身的演化解决了很多在人们看来非常复杂的最优化问题。而在这些方法被验证了有效性之后,科学家们又不断尝试着给出其数学理论的证明,在对数学理论基础探索的过程中,无论是对于这些思想和方法本身,还是大自然生物界的理论,都会得到不断的完善与发展。

　　在自然界中有一类生物比较特别,它们不能通过每一个简单的个体产生有目的性的行为,而是通过群体产生一种"智力"行为方式,如觅食行为等。蚂蚁就是这种类型生物的典型代表。生物学家通过大量的观察发现,在自然界中,蚂蚁总是成群结队地寻找面包碎屑并且进行搬运,于是,他们就开始思考下面一连串的问题,即蚂蚁究竟是怎样确定寻找的线路的?蚂蚁是怎样与同伴进行合作与交流的? 蚂蚁觅食行为是不是一种优化行为的体现呢? 我们可以根据这些设计出一种最优化的搜索算法吗? 仿生学家经过大量细致观察研究之后发现,蚂蚁个体之间主要是通过一种被称为信息素(pheromone)的物质来实现相互之间的间接通信,单只蚂蚁在运动(觅食)的过程中,能够在它所经过的路径上留下该种物质,而且每只蚂蚁在觅食的过程中能够感知到信息素这种特殊的物质,并且借此引导自己的觅食方向。因此,由大量的蚂蚁组成的蚁群的集体行为(亦被称为自组织行为)便表现出一种信息正反馈现象,如果在某一条路径上经过的蚂蚁越多,则后来者选择该路径的可能性(概率)也就越大。蚂蚁个体之间即是通过这种信息的交流达到搜索食物的目的。也就是说,蚂蚁之间能够通过相互协作的方式发现从蚁穴到食物源的最短路径。

　　20 世纪 90 年代初期,意大利的学者多里戈、马尼佐和科洛隆等从生物演化以及仿生学的角度出发,研究蚂蚁寻找路径的自然行为,提出了著名的蚁群优化算法(ant colony optimization algorithm,ACOA)。作为一种全局最优化搜索方法,蚁群优化算法与遗传算法一样来源于自然界的启示,并且具有比较强大的搜索能力。这两种群体智能算法的区别在于蚁群优化算法主要用于模拟蚂蚁觅食的过程,是一种天然的解决离散组合优化问题的有效方法,特别是在求解经典的组合优化问题,如旅行商问题(TSP)、车辆路径问题(VRP)以及车间作业调度问题(JSP)时具有明显的优越性。当前,针对蚁群优化算法在数学理论、算法改进、实际应用等诸多方面的研究已经成为智能信息处理方法领域研究的焦点和热点之一,取得了相当程度的进展。综上所述,目前,蚁群优化算法已经显示出了它在求解复杂优化问题尤其是在求解离散组合优化问题方面的优势,它是一种非常具有发展前景的智能信息处理方法。

本章将从蚁群优化算法的思想起源、基本原理、研究进展、基本流程、改进方法、控制参数设置以及蚁群优化算法的有关应用等方面进行逐一介绍和评价,具体包括以下内容:蚁群优化算法的思想渊源——自组织系统概述、蚁群优化算法的基本原理、蚁群优化算法的实现方式、对于基本蚁群优化算法的改进以及蚁群优化算法的应用现状与发展前景等。

7.1 自组织系统概述

蚁群优化算法思想的渊源,可以追溯到人类对于复杂系统的认识和理解,早在 20 世纪 30 年代,美籍奥地利理论生物学家和哲学家路德维希·冯·贝塔朗菲(Ludwig Von Bertalanffy,1901—1972)对复杂系统(又被称为非线性系统)进行了长期的研究与探索,终于创立了一个崭新的学术领域——系统科学,自组织系统这个概念就来源于系统科学。

系统科学的主要研究对象是复杂系统,复杂系统是与简单系统相对而言的一个概念。什么是简单系统呢?简而言之。如果某个系统的整体功能等于组成它的各个部分的功能之和,我们就称该系统是简单系统。例如,简单机械就是简单系统的典型例子。研究简单系统的方法通常称为还原法或还原论,也就是说,为了研究简单系统的整体性能,首先通过将这个系统分解为若干个组成部分(子系统),然后再将这些子系统分解为更小的组成部分,这样的分解过程依次进行下去,一直分解到组成整个简单系统的最基本的组分(单元)为止。然后,对每一个这样的组分的性能进行深入透彻的研究,并且完全弄清楚这些组分的性能,最后,在此基础上能够将其构成的简单系统的整体性能完全掌握。简单系统之所以能通过还原论的方法进行研究,其主要原因就在于简单系统从本质上来说属于线性系统,即系统与构成该系统的部分之间呈现出一种简单的线性关系。因此,简单系统通常也称为线性系统。

但是,复杂系统却与之截然不同,甚至刚好相反,也就是说,如果仍然试图使用还原论这种方法研究并且透彻地认识和理解复杂系统,则其结果必定是事与愿违,这是因为复杂系统从本质上来说是非线性系统。也即是说,在任何一个复杂系统中,其组分之间的关系是非线性关系。因此,复杂系统的实质可以用一句话概括,即整体大于部分之和。这就意味着对于复杂系统来说,复杂系统这一整体与其组成部分之间并非同一的,也就是说,它们是属于不同层次的,因此不能像简单系统那样混为一谈。也正是从这个意义上来说,研究复杂系统的方法不能使用或至少不能完全使用还原论。例如,生命体(如哺乳动物)即是一个具有多个层次的复杂系统,它至少可以划分为由低到高的五个层次——生物分子层、细胞层、组织层、器官层以及生命系统层。例如,如果想要了解生命体的整体特征和功能,则只能将其还原到器官这一层次,也就是要弄清楚各个器官(如心脏、肺、肾)的功能,但是却不能进一步地还原到比器官更低的层次了,这是因为器官与比它更低的层次(如组织、细胞或生物分子)之间存在着本质的差异。也就是说,不能将器官简单地看成由与组成这一器官的若干个组织通过简单的构造方法形成和产生出来的。例如,虽然心脏可以划分为心肌组织、结缔组织和神经组织,但是,我们不能因此而认为心脏即是由这三个组织通过一种简单的组合(如线性组合)方式而形成的,换句话说,不能指望只要通过认识和理解心肌组织、结缔组织和神经组织的基本功能,就能透彻地认识心脏的基本功能。类似地,在生命系统中细胞也是由许多大大小小的分子组成的,但是细胞的分裂机制是无论如何都不可能还原到生物分子这一层次上来进行彻底解释的,也就是说,在细胞这个层次上已经无法体现出比其更低级的层次了,然而,不可否认的是,根据现代分子生物学的理论,细胞又无疑是由比它更低一级的生物分子组成的,这是一个既有趣又令人费解的现象。此外,许多系统科学学者又对其他的复杂系统进行了长期的探索与研究,发现以上这种现象不仅仅只出现在生命体中,几乎所有的复杂系统里都有许多这样类似的现象,于是,他们定义了一个概念——涌现(emergence)来描述这些在复杂系统中具有这些相似现象的共同本质,即将涌现定义为似乎不能由复杂系统已经存在的部分以及它们之间的作用相互充分解释的新的形态、结构与性质的出现。直到目前,人们还没有完全理解和认识导致产生涌现背后的机理究竟是什么,只知道它是形成复杂系统不可或缺的一个前提,也就是说,在任何一个系统中,如果没有涌现,该系统就不可能是一个复杂系统,或者换句话说,只要确定一个系统是复杂系统,那么该系统中一定存在着涌现。正是由于涌现具备所谓"无中生有"的性质,因此,它能够使得在原有的系统增加新的性质,从而可以导致复杂系统的整体出现大于部分之和的现象。系统整体涌现性的来源,归根结底在于复杂系统的组成部分(即构成要素与子系统)之间、层次之间、系统与环境之间的非线性相互作用,因此,我们也可以从另一个角度认识和理解涌现性,即涌现性是组分之间、层次之间、系统与环境之间的互动互应所激发出来的系统整体效应。正是因为大多数产生涌现现象的复杂系统都可以借助于构成要素之间的非线性相互作用来实现,于是,非线性相互作用是形成涌现(或称为涌现生成)的一个至关重要的前提条件。

在涌现生成的复杂系统中,包含有大量的构成要素,也称为生成主体,它们是通过什么样的组织机制结合在一起,并且形成非线性的相互作用呢?从组织方式或动力因素来说,无非有两种,一种来源于系统的外部,而另一种则是来源于系统的内部,前者通常也称为他组织(heter-organization),后者通常亦被称为自组织(self-organization)。所谓自组织系统(self-organization system)即指不需要外界特定的命令或指令而能够自行组织、自行创生、自行演化,并且能够自主地从无序走向有序,形成有组织结构的系统。而所谓他组织系统(heter-organization system)即是指这样一类系统,该系统不能自行组织、自行创生、自行演化,不能够自主地从无序走向有序,而只能依靠外界的特定一系列命令或指令来推动系统的组织向有序的方向进行演化,从而被动的从无序走向有序。

从对自组织系统和他组织系统的概念中不难看出,如果把组织作为一个动词,它描述的是涌现生成的过程;如果将组织看成一个名词,它代表的即是涌现。在组织的涌现生成中,人工组织即人工系统通常都是通过人工这个外在的组织力量,同时按照设计者的设计目标进行组织和设计,逐步朝着设计者的既定目标发展前进,但是,这种通过人工组织起来的他组织系统,基本上没有自我演化和不断进化的能力。然而,自然界中的涌现生成系统,由于其组织的动力都来源于系统的内部,也就是说,来源于构成要素之间的相互作用,因此,这些系统从本质上来说都应属于自组织系统。长期从事复杂系统以及自适应系统研究的美国学者霍兰认为涌现生成系统组成机制之间的相互作用不仅不必受到某个中央力量的操纵和控制,而且随着组成机制之间的非线性相互作用的不断增强,其与之相应的灵活性也将不断提高,进而产生涌现的可能性也会越来越大。

下面,我们简要地说明一下涌现与自组织之间的关联性。通过自组织,系统的涌现是通过构成系统的局部组分之间的非线性相互作用产生出来的,而系统又可以通过正反馈作用或者增加新的限制条件来影响组分之间的相互作用关系的进一步发展。系统的涌现并非通过自上而下的预定目标，而是由于构成系统的组分之间的非线性相互作用而产生的自下而上的集体效应所不可避免的客观结果。因此，从这个意义上来说，自组织和涌现很像是一对孪生兄弟，其不同之处仅仅只在于：涌现强调的是系统自发形成新的宏观结构；而自组织强调的却是系统在形成新的宏观结构的过程中构成系统的组分（构成要素）之间的相互作用。

从以上的分析中不难看出，自组织系统的产生必须经过一个从无序到有序的过程，能够导致这个变化产生的直接原因就是在任何一个自组织系统产生和形成的过程中，逐渐产生和形成了一种系统内部有序化机制，在物理学里通常将这种能使一个系统从无序变为有序的关键性因素（有序化机制）称为序参量，系统科学中通常将其作为一种正反馈机制。例如，当一个学生在一段时间内通过学习而获得了好成绩时，老师给了他鼓励和奖励，将会更加激发他的学习热情，并进而激励这个学生在下一个阶段更加努力地学习，如此往复，形成了一个正反馈机制，使得这个学生越来越热爱学习。当然，与这个例子略有不同的是，在自组织系统的形成过程中起着决定性作用的正反馈机制并非是借助于外部因素的激发或激励导致的，而是通过系统内部各个构成要素（生成主体）之间的非线性相互作用逐渐产生、发展和最终建立起来的。

蚁群优化算法恰恰是基于人们对复杂系统中的一个特定类别——自组织系统的成因（尤其是对自组织系统的形成起到决定性作用的正反馈机制）不断深入地探索、认识和理解的基础之上设计出来的一种群体智能算法，这是一类具有典型自组织系统特征的人工智能算法。

7.2　蚁群优化算法概述

◆ 7.2.1　蚁群优化算法的基本原理

蚁群优化算法（ant colony optimization algorithm，ACOA）是由意大利学者多里戈（Dorigo）等人于 1991 年在第一届欧洲人工生命会议（European conference on artificial intelligence，ECAL）上提出来的，它是模拟在自然界中真实的蚂蚁觅食过程的一种群体智能算法——随机搜索算法。蚁群优化算法与遗传算法（genetic algorithm，GA）、粒子群优化算法（particle swarm optimization algorithm，PSOA）以及免疫算法（immune algorithm，IA）等同属于仿生优化算法，具有健壮性强、全局搜索、并行分布式计算并且能够比较容易与其他算法结合等优点。蚁群优化算法在求解典型的组合优化问题，如旅行商问题（traveling salesman problem，TSP）、车辆路径问题（vehicle routing problem，VRP）、车间作业调度问题（job-shop scheduling problem，JSP）以及动态组合规划问题（如通信领域的路由选择问题）中皆取得了比较成功的应用。

学者们在对一群蚂蚁觅食过程的长期观察中，提出下面两个问题：① 既然蚂蚁没有发育完全的视觉感知系统，甚至有许多种类的蚂蚁完全没有视觉感知系统，那么它们在寻找食物的过程中究竟是怎样通过路径的选择而找到食物源的；② 蚂蚁在觅食的整个过程中通常能够做到像一支军队那样遵守纪律、有秩序地寻找食物并且搬运食物，那么它们究竟是通过怎样一种方式做到的。或者说，蚂蚁是通过怎样一种方法实现了群体之间如此协调有序的工作呢？仿生学家们经过长期的实验与研究终于揭示出了隐藏在蚂蚁这个神秘群体背后的秘密，给出了上述这两个问题的答案：无论是蚂蚁与蚂蚁之间的协作还是蚂蚁与环境之间的交互，皆依赖于一种被称为信息素（pheromone）的化学物质。一般来说，在蚂蚁作为一个群体进行觅食过程的初始阶段，就单只蚂蚁而论，它在寻找食物的过程中通常是随机选择路径的，如果将整个觅食的蚂蚁群体作为一个系统来看待，那么这个系统就实现觅食这个任务来说整体处于无序的状态，但是，每只蚂蚁在觅食的过程中要做下面这件非常独特的事，也就是说，它们要在经过的路径上释放出一种特殊的气味，这种气味从本质上讲是一种化学物质，而且这种物质有一种非常奇特的性质，即当这种化学物质在空气中的浓度大到一定的程度时，也就是说，当其他蚂蚁能够感觉到有这种化学物质存在时，它们就会毫不犹豫地朝着拥有这种化学物质的路径方向行进。因此，就蚂蚁这个群体的觅食过程而论，这种化学物质起到了实现蚂蚁这个群体内的"间接通信"的作用，之所以说是间接的，其原因在于如果这种化学物质在空气中的浓度没有达到一定的程度，蚂蚁是感觉不到有这种物质存在的，从而也就不会行进到同一条路径上去的，而单只蚂蚁在行进过程中释放出来的这种化学物质在空气中的浓度是很低的，其他蚂蚁是没法感觉到的。由于蚂蚁释放出来的这种化学物质能够用于蚂蚁这个群体内部在觅食过程中的"间接通信"，因此，仿生学家为其取了一个非常形象的名称——信息素。

在蚂蚁作为一个群体觅食的整个过程中，由于通过比较短的（从蚁穴到食物源）路径找到食物源的蚂蚁的往返时间通常比较短，这样一来，单位时间以内经过该路径上的蚂蚁数量会比较多，因此在空气中信息素浓度的增加速度相对于比较长的路径上信息素浓度的增加速度更快一些，而当信息素的浓度增大到一定程度之后，后面的蚂蚁在路口时就能感觉到前面的蚂蚁留在经过的路径上的信息，并且倾向于选择这条路径前行，而这条路径恰好就是往返时间通常比较短的那条路径，也正是当前蚂蚁数量比较多的那条路径，不仅如此，而且后面的蚂蚁在经过这条路径时，也会与前面的蚂蚁一样释放信息素，这样一来，这条路径上的信息素浓度将会越来越大，这个过程可以一直持续下去，于是在蚁群内部逐渐形成了一种正反馈机制，也正是由于形成了这种正反馈机制，在那些蚁穴距离食物源相对较长的路径上的信息素将随着时间的流逝而耗散（蒸发）掉，使得越来越多的蚂蚁在蚁穴与食物源之间的比较短的路径（相对较优的路径）上行进。

通过以上的分析容易看出，蚂蚁作为一个群体觅食的过程从本质上来说就是构建一个自组织系统的过程。在这里需要注意的是，这条聚集蚂蚁最多的路径不一定是最短路径，因为这只是蚂蚁这个群体通过自组织的方式构建出来的一条路径，究竟是不是最短路径，需要通过数学方法进行严格的论证方可得出结论。值得一提的是，蚂蚁群体的这种自组织工作机制适应环境的能力特别强，即使在它们所构建的"最优路径"上突然出现了障碍物，这些蚂蚁也仍然可以通过绕开障碍物的方法重新构建出（自组织）一条新的"最优路径"。

由于信息素机制（信息素的释放与耗散）能够将在觅食过程中的蚂蚁群体逐渐从无序转化为有序，因此这一机制在蚁群觅食过程中建立自组织系统（由蚁群构建出的觅食最优路径）的过程中起到了决定性作用。这种信息素机制的工作原理可以通过图 7-1 来表示。蚂蚁 1 正位于一个路口，它将凭借自己的某种"偏好"（一种启发式信息，通常由人工智能算法设计者给予）以及其他蚂蚁留下的气味（信息素浓度）这两个方面的信息来选择（决定）行进的路线。选择可以被视为一个概率随机性的过程，并且启发式信息越多、信息素浓度越大的路径被当前的蚂蚁(蚂蚁 1)选中成为行进路线的可能性也就越大。而当小概率事件发生时,例如,当蚂蚁 2 选择了一条相当长的路径时,它只会在单位时间内释放出很少的信息素(并且信息素仍然在不断地耗散),以至于使得后面的蚂蚁选择这条路径的概率会大大地降低甚至不再选择这条路径。而当某只蚂蚁(蚂蚁 3)发现了当前最短的路径时,它将在单位时间内释放出最多的信息素,并且由于后面的蚂蚁也将会以较大的概率选择这条路径作为它们的行进路径,因此,这条路径上经过的蚂蚁将会越来越多(蚂蚁 4,蚂蚁 5,……),这样一来,这条路径上的信息素的浓度也将不断地增大,以至于最终必将导致几乎所有的蚂蚁都在这条路径上行进。但是,考虑到当前最短的路径有可能仅仅只是一条局部最优路径,于是,蚂蚁 6 的探索行为也应当是必需的。

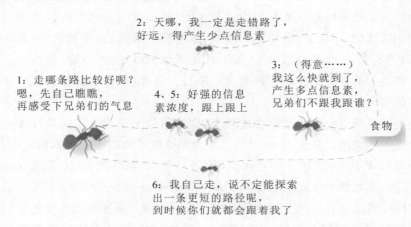

图 7-1 蚁群在信息素机制的控制下觅食过程的示意图

通过对在自然界中蚁群的觅食过程进行抽象的数学建模,我们能够对蚁群觅食的过程和蚁群优化算法中的各个要素之间建立起一一对应的关系,如表 7-1 所示。

表 7-1 蚁群觅食过程与蚁群优化算法的基本定义对照表

蚁群觅食过程	蚁群优化算法
蚁群	搜索空间中的一组有效解(表现为蚁群规模 m)
觅食空间	问题的搜索空间(表现为问题的规模和解的维数 n)
信息素	信息素浓度变量
蚁穴到食物源的一条路径	问题的一个可行解
找到的当前最短路径	问题的局部最优解

7.2.2 蚁群优化算法的研究历程

第一个蚁群优化算法,又称为蚂蚁系统(ant system,AS)是以 NP-Hard 问题中的旅行商问题作为应用实例而被设计出来的。尽管在蚁群优化算法初步形成起来的时候可以找到对这个应用问题的优化结果,但是这个蚁群优化算法的运行效率在当时并不优于其他的传统算法,特别是当待求解问题的数据规模比较大时。正因如此,刚提出蚁群优化算法时并没有受到国际学术界的广泛关注。1992 年—1996 年间,对于蚁群优化算法的研究几乎处于停滞状态,这种状况一直持续到 1996 年,意大利的仿生学家 Dorigo 在 *IEEE Transaction on*

System，Man，and Cybernetics 正式发表了一篇标题为 *Ant system：optimization by a colony of cooperating agents* 的论文。在这篇论文中，Dorigo 比较详尽地介绍了蚁群优化算法的基本原理以及算法流程，并且对于组成蚂蚁系统的三个版本，即蚂蚁密度系统（ant-density system）、蚂蚁数量系统（ant-quantity system）以及蚂蚁圈系统（ant-cycle system）进行了性能比较，其中在蚂蚁密度系统和蚂蚁数量系统这两种蚂蚁系统的版本中，蚂蚁都是每当到达一个城市时，就释放信息素；但是在蚂蚁圈系统中，蚂蚁则是在构建好了一条完整的路径之后再依据当前路径的长短信息释放信息素。现在我们通常所指的蚂蚁系统即是第三个版本，即蚂蚁圈系统版本，而另外两个版本，即蚂蚁密度系统版本和蚂蚁数量系统版本皆由于算法性能不佳而被淘汰。除此以外，Dorigo 还在该篇论文中将蚁群优化算法的应用领域由旅行商问题扩展到指派问题以及车间作业调度问题，并且还将该算法的性能与其他一些搜索算法或智能算法（如爬山法、模拟退火算法、禁忌搜索算法、遗传算法等）进行了仿真实验比较，实验结果表明，在大多数情况下，蚁群优化算法的寻优能力都是最强的。这是蚁群优化算法研究历史上的一个具有里程碑意义的事件。自此以后，蚁群优化算法在国际上受到了越来越多的关注。

由于蚂蚁圈系统是蚁群优化算法的初级版本，它的出现为以后的各种改进的蚁群优化算法的提出赋予了灵感。果然，在此之后又相继派生出了很多改进版本的蚁群优化算法，其中，以精华蚂蚁系统（elitist ant system，EAS）、基于排名的蚂蚁系统（rank-based ant system，AS_{rank}）、最大最小蚂蚁系统（max-min ant system，MMAS）为其典型代表。它们大多数是在原有的蚁群优化算法（蚂蚁系统）上直接进行改进。通过对信息素的更新方式以及增添信息素维护过程中的额外细节，蚁群优化算法的性能得到了显著的改善和提高。到了1997 年，蚁群优化算法的创始人 Dorigo 又在一本关于演化计算的杂志 *IEEE Transaction on Evolutionary Computation* 上发表了标题为 *Ant colony system：A cooperative learning approach to the traveling salesman problem* 的论文，该文章给出了一种大幅度更改原有的蚂蚁系统特征的算法，通常将其称为蚁群系统（ant colony system，ACS）。通过对这一更新之后的蚁群优化算法在旅行商问题上进行了多次仿真实验，其结果表明了蚁群系统的算法性能明显优于蚂蚁系统，蚁群系统是蚁群优化算法研究历史上的又一座新的里程碑。此后随着蚁群系统的继续发展，新拓展的蚁群优化算法层出不穷地出现，例如使用下限技术的ANTS 算法、超立方体框架 AS 算法等。而传统的蚁群优化算法主要是用于求解离散空间的组合优化问题。进入了 21 世纪，随着各种连续蚁群算法的不断诞生，进一步扩展了蚁群优化算法的使用范围。

接下来，我们将逐一地介绍蚂蚁系统（基本蚁群优化算法）的设计方法、三种改进型的蚂蚁系统（即精华蚂蚁系统、基于排名的蚂蚁系统和最大最小蚂蚁系统）的设计方法以及蚁群系统的设计方法。其中，首先将详细地讨论蚁群优化算法的基本设计思路和基本流程。

7.3 蚁群优化算法的实现方式

在上一节中，我们已经指出了作为基本蚁群优化算法的蚂蚁系统是以旅行商问题（TSP）作为应用实例而设计出来的，尽管它的算法在性能上较之于在它之后所提出的各种改进版本的蚁群优化算法，如精华蚂蚁系统、基于排名的蚂蚁系统、最大最小蚂蚁系统等，相距甚远,但是由于蚂蚁系统毕竟是第一个将信息素机制成功地模拟并实现出来的基本蚂群优化算法,它为后面的一系列改进型算法提供了坚实的思想基础和理论基础,因此,我们必须首先从这个最基本的蚂群优化算法的设计思想和设计方法入手,然后才能展开对后面一系列基于这个算法基础之上的改进型蚂群优化算法的讨论。在这一节中,我们将以蚂蚁系统求解旅行商问题的基本流程作为例子来深度剖析基本蚂群优化算法的设计方法以及实现方式,至于对其他各种建立在这一算法基础之上的改进型蚂群优化算法的讨论将在下一节中展开。

◆ 7.3.1 蚂蚁系统的基本流程

基本蚂群优化算法对旅行商问题的求解流程主要包含下面两个步骤:路径的构建及信息素机制的建立。为了下面的论述方便起见,首先还是对旅行商问题简要描述如下。

旅行商问题 现有 n 座城市的集合 $C_n = \{c_1, c_2, \cdots, c_n\}$,其中任意两座城市之间皆有路径相连接,$d_{ij}(i,j=1,2,\cdots,n)$ 表示城市 i 与城市 j 之间的直接距离(或者城市的坐标集合为已知条件,d_{ij} 即表示城市 i 与城市 j 之间的欧几里得距离)。在这里需要指出的是,如果城市 i 与城市 j 之间不相邻接,那么城市 i 与城市 j 之间的直接距离 d_{ij} 应被视为无穷大。正如第 1 章中所给出的定义那样,旅行商问题的求解目标即是找到从 n 座城市中的某座城市 $c_i(i=1,2,\cdots,n)$ 出发,遍历其余的每座城市一次且只遍历一次,最后返回到出发城市 c_i 的距离最短的封闭路线。

1. 蚂蚁行进路径的构建方法

在蚂蚁系统中,每只参与路径构建工作的蚂蚁都随机地选择一个城市作为其出发城市(两只或多只蚂蚁可以选择同一座城市作为它们的出发城市),并且保存一个路径记忆向量,用于存放该蚂蚁依次经过的城市。蚂蚁在构建路径的每一步中,必须根据一个随机比例规则选择下一座将要抵达的城市。接下来,我们给出随机比例规则的定义如下。

定义 7.1 蚂蚁系统中的随机比例规则(random proportional rule on ant system)。

对于每只蚂蚁 k,其记忆向量 R^k 根据访问城市的顺序记录了当前这只蚂蚁 k 已经遍历过的所有城市编号。不失一般性,假设蚂蚁 k 当前所在的城市编号为 i,则其可以选择遍历的城市 j 作为下一个被访问城市的概率记作 $p_k(i,j)$,其计算方法表示如下,见式(7-1)。

$$p_k(i,j) = \begin{cases} \dfrac{[\tau(i,j)]^\alpha [\eta(i,j)]^\beta}{\sum\limits_{u \in J_k(i)} [\tau(i,u)]^\alpha [\eta(i,u)]^\beta}, & j \in J_k(i) \\ 0, & \text{otherwise} \end{cases} \tag{7-1}$$

式中:$J_k(i)$ 表示从城市 i 直接到达的并且又不在蚂蚁 k 访问过的城市序列 R^k(蚂蚁 k 的记忆向量)中的城市所组成的集合。其中,$\eta(i,j)$ 作为一个启发式信息,可以通过 $\eta(i,j) = 1/d_{ij}$ 进行计算。使用这个计算式来模拟每只蚂蚁(小动物)的行为方式的特点,即每只蚂蚁都更加偏爱到达距离当前出发城市最邻近的城市。$\tau(i,j)$ 作为信息素机制的构成要素,表示边 (i,j) 上的信息素浓度。值得一提的是,以上给出的启发式信息 $\eta(i,j)$ 并不是通过蚂蚁觅食的行为自然产生的,实际上,蚂蚁在探索究竟应该选择哪条边行进之前绝不可能将启发式信息作为其中的一个参考依据来作决定(因为如果真是这样,就意味着蚂蚁至少具有类似于人类能够比较边的长短的智能行为,这是不合常理的)。因此,启发式信息只能由算法设计者提供。事实上,在许多智能算法的设计过程中,为了提高算法的运行效率,都或多或少地引入了一些启发式信息,这些信息的威力巨大,尤其是对于人工智能算法的设计来说更是如此。如果能够恰当地设计启发式信息并且将其合理引入智能算法的流程中,则能够对提升原有智能算法的运行效率和优化结果起到决定性的作用,反之,如果启发式信息设计得不恰当,或没有将其合理引入智能算法的流程中,将有可能导致原有算法的运行效率不但没有提升,反而会降低,甚至导致优化结果比原有的算法更差。总而言之,在智能算法中设计和引入启发信息具有相当的技巧和难度,需要设计者对于这个算法所模拟的对象及其工作机制有着相当深入的认识和理解。当然对于蚁群优化算法来说,也不例外。

由式(7-1)不难得出以下的结论,即长度越短、信息素浓度越大的边被当前蚂蚁选择行进的可能性(概率)越大。在这个公式中之所以要引入启发式信息,其主要目的是缩短信息素机制(即正反馈机制)形成的时间,提高蚁群优化算法的执行效率。当然,启发式信息的设计方法并不是唯一的,有兴趣的读者还可以进一步思考是否能够设计和引入更好的启发式信息。在上面的公式中还有两个非常重要的控制参数 α 和 β,这是两个预先设定的控制参数,用于控制启发式信息 $\eta(i,j)$ 和信息素浓度 $\tau(i,j)$ 之间的权重关系。可以看出,当控制参数 $\alpha=0$ 时,蚁群优化算法退化成为传统的随机贪心算法,也就是说,最邻近的城市被当前的蚂蚁选中行进的可能性(概率)最大;而当控制参数 $\beta=0$ 时,蚂蚁则只能完全依据信息素的浓度选定所要爬过的边,这样一来,蚁群优化算法将会迅速收敛,这样构建出来的近似最优路径通常与实际目标(即给定的网络中长度最短的汉密尔顿环)有着非常大的差异,因此算法的性能将无法保证。对于这个算法,经过大量的求解旅行商问题的仿真实验,其结果表明,在蚂蚁系统(基本蚁群优化算法)中通常应将控制参数 α 设置为 1,控制参数 β 设置在区间 $[2,5]$ 上的某个值较为有效。

2. 信息素机制的建构方法

由于蚁群优化算法中的信息素机制从本质上来说是正反馈机制,这种机制能够使系统整体从无序转化为有序。什么是无序呢?在物理学中,如果一个系统处于无序的状态意味着系统从整体(宏观尺度)上来说具有各向同性的性质,也就是说,该系统具有高对称性。因此,在蚁群优化算法的初始化阶段,必须通过某种计算方法来模拟这种系统整体处于无序状态的情形,显然,首先我们可以将待求解的旅行商问题等价为在一个带权图中求长度最短的带权汉密尔顿环的数学模型,在这个带权图(网络)中的每一条边上的信息素浓度(变量)均被初始化为相等的值 τ_0,在真实的蚂蚁觅食过程中,在初始时刻,由于在任何一条可以构成路径的边上都还没有蚂蚁爬过,因此,各条边上的信息素浓度皆应为 0,但是,对于蚁群优化算法来说,能将各条边上的信息素浓度的值也设定为 0 吗? 不行。这是因为如果将这个重要的变量 τ_0 的初始数值设定得太小(包括 0),那么通过仿真实验不难发现,在很短的时间内,几乎蚁群中的所有蚂蚁都集中在一条相对最优路径上,也就是说,可以在非常短的时间内产生一个自组织系统,为什么呢? 因为在这种情况下,可以迅速建立信息素机制(后面将会详细地分析),以至于蚂蚁系统在很短的时间内早熟,也就是说,优化算法将会过早地收敛(停滞)。在这里需要指出的是,当前通过蚁群优化算法构建的这条路径并非是绝对最优路径(针对旅行商问题客观存在的最短路径),因为到目前为止,人们尚未找到一种能够通过蚂蚁系统构建路径的策略得到绝对最优路径的方法。事实上,对于旅行商问题的绝大多数具体算例,特别是对于输入数据规模比较大的实际算例来说,通过蚁群优化算法构建的路径都只能得到相对最优路径。反过来,如果表示信息素浓度变量 τ_0 的初始值设定得太大,则将极有可能导致发生下面的现象,即蚁群优化算法执行了相当长的时间之后,网络中的不同边上信息素浓度的差别仍然不太明显,并且由此产生了不能将绝大多数蚂蚁聚集到一条特定的路径上来的糟糕结果,以至于不仅算法执行的效率低下,而且算法执行的结果也与绝对最优路径相去甚远。下面,我们对这一结果进行简要的分析。前面我们曾经提到,系统之所以能够通过内生动力从无序状态转化成为有序状态,必须通过系统中的构成要素之间的相互作用形成正反馈机制,因此,正反馈机制对自组织系统的产生起到了决定性的作用。换句话说,如果没有正反馈机制的形成方法,就不可能生成自组织系统。对于通过模拟蚂蚁觅食而设计的蚂蚁系统来说,其自组织系统体现在通过蚂蚁之间的间接通信——信息素机制构建出来的相对最优路径上。于是,形成该系统所必需的关键性因素,即正反馈机制只能是信息素机制。一旦系统缺少了正反馈机制,或者在相当长的时间以内不能建立这种机制,就几乎不可能转化为自组织系统。因此,导致这种结果的根本原因在于信息素机制在相当长的一段时间内都没有建立起来。

通过以上对信息素浓度变量 τ_0 的初始值设定的分析可以看出,必须将 τ_0 的初始值设定在合理的区间范围以内方可使得通过执行蚁群优化算法得到比较理想的相对最优路径,也就是说,如果 τ_0 的初始值能够保证蚁群在建立相对最优路径(形成自组织系统)所耗费的时间既不是太短也不是太长,那么这样的初始值就是比较理想的。当然,从理论上讲,对于特定的旅行商问题算例来说,满足以上条件的初始值 τ_0 并非只有一个,它应该位于一个合理的区间范围以内。因此,设定 τ_0 的初始值是一件既有技巧,又有难度的工作。具体来说,对于输入数据规模中等的旅行商问题的实际算例来说,在使用蚁群优化算法的初始化阶段,通常使用计算公式 $\tau_0 = m/C^{nn}$ 来设定变量 τ_0 的初始值即可,其中,m 表示蚁群中的所有蚂蚁数目,C^{nn} 是根据贪心算法(greedy algorithm)构造出的相对最短路径(贪心解)的长度。但是,对于输入数据规模比较大甚至相当大的旅行商问题的实际算例来说,通常可以通过多主体仿真中的多主体建模方法(需要熟悉和掌握 Netlogo 软件的使用方法)确定比较适当的数值作为 τ_0 的初始值。

当蚁群中的全体蚂蚁都构建完了路径之后,蚁群优化算法将对所有构建的路径的各条边上的信息素浓度进行更新操作。在这里需要强调指出的是,由于我们前面所提及的蚁群优化算法是蚂蚁圈系统(ant-cycle system)版本,因此,信息素浓度的更新操作是在所有的蚂蚁都已经完成了路径的构建工作之后才进行的,这样一来,信息素的浓度变化也就自然而然地与蚂蚁在这一轮中构建的路径长度有关,该算法通过仿真实验已经表明,ant-cycle system 版本无论是从计算性能还是从计算结果来看,都明显地优于 ant-density system 版本和 ant-quantity system 版本。由于根据前面对自然界中蚂蚁觅食的工作机制的介绍可以看出,当蚂蚁爬过某一条边时,必须在这条边上释放一定量的信息素,从而可以增加这条边上的信息素量;然而,经过一段时间以后,信息素将会部分耗散到周围的环境中去,使得这条边上的信息素量减少,因此,在蚁群优化算法设计的过程中,应该通过适当的方法来模拟自然界中的这种信息素浓度的变化,这个方法也就是接下来将要介绍的关于信息素浓度的更新操作。

信息素浓度的更新操作可以分为以下两个阶段。

(1)第一阶段,在算法进行每一轮迭代之后,由于在原旅行商问题经过转化之后的等价模型的带权图中的所有路径的每一条边上存留的信息素都将会不同程度地耗散,因此,我们为图中的每一条边上当前的信息素浓度值乘以一个小于 1 的常数。如前所述,信息素的耗散是自然界本身所固有的特征,在算法中之所以要对其进行模拟的另一个原因是它可以帮助避免在某条边上或某些边上信息素浓度的无限积累,同时,也使得算法能够迅速放弃之前由蚂蚁构建出的效果比较差的路径。

(2)第二阶段,蚁群中的各只蚂蚁分别根据自己构建的路径长度在它们本轮经过的边上释放一定量的信息素,释放信息素的量遵循以下两条规则:① 蚂蚁构建的路径越短,释放的信息素量越多;② 一条边被蚂蚁爬过的次数越多,这条边所得到的信息素量也就越多。将以上的规则转化为相应的数学公式即可融入信息素浓度的更新操作中,具体的转化方式如下:不失一般性,假设城市 i 和城市 j 互为相邻的城市,则连接这两座城市的边上的信息素浓度可以按照式(7-2)进行更新,即:

$$\tau(i,j): = (1-\rho)\tau(i,j) + \sum_{k=1}^{m}\Delta\tau_k(i,j)$$

$$\Delta\tau_k(i,j) = \begin{cases} \dfrac{1}{C_k}, (i,j) \in R^k \\ 0, \text{otherwise} \end{cases}$$

(7-2)

式(7-2)中,前一个式子是一条赋值语句,体现了对信息素浓度 $\tau(i,j)$ 不断更新的过程。其中,m 表示蚂蚁的数目;ρ 表示信息素的耗散率,一般规定耗散率 ρ 的取值范围在(0,1]上,在一群优化算法中,通常将 ρ 的数值设定为 0.5,也就是说,算法经过一轮迭代以后,一只蚂蚁在其爬过的边上所剩余的信息素量缩减为原来的一半。后一个式子中的 $\Delta\tau_k(i,j)$ 表示第 k 只蚂蚁在其经过的边上所释放出来的信息素量,它等于该蚂蚁 k 在本轮构建出来的路径长度的倒数。其中,C_k 表示路径长度,它即是集合 R^k 中所有边的长度之和。其中,R^k 表示第 k 只蚂蚁在这一轮所构建的路径中爬过的边的集合。

蚁群优化算法(蚂蚁系统)求解旅行商问题的算法核心代码描述如下。

```
/* 功能:蚂蚁系统核心代码 */
/* 说明:本例以求解旅行商问题为目标 */
/* 参数:N为城市规模 */
procedure AS
    for each edge
        set initial pheromone value τ₀
    end for
    while not stop
        for each ant k
            randomly choose an initial city
            for i=1 to n
choose next city j with the probability given by
```

$$p_k(i,j) = \begin{cases} \dfrac{[\tau(i,j)]^\alpha [\eta(i,j)]^\beta}{\sum_{u \in J_k(i)} [\tau(i,u)]^\alpha [\eta(i,u)]^\beta} \\ 0, \text{otherwise} \end{cases}$$

```
end for
    end for
  compute the length Cₖ of the tour constructed by the kth ant.
    for each edge
      update the pheromone value by
```

$$\tau(i,j) := (1-\rho) * \tau(i,j) + \sum_{k=1}^{m} \Delta\tau_k(i,j)$$

$$\Delta\tau_k(i,j) = \begin{cases} \dfrac{1}{C_k}, (i,j) \in R^k \\ 0, \text{otherwise} \end{cases}$$

```
    end for
  end while
  print result.
end procedure
```

3. 蚂蚁建构路径的主要方式

蚂蚁建构路径的主要方式有两种:顺序路径构建与并行路径构建。顺序路径构建指的是当一只蚂蚁完成了一轮完整的路径构建并且返回到初始的城市以后,下一只蚂蚁方可开始路径构建;而并行路径构建指的是蚁群中的全体蚂蚁同时开始路径构建,每次所有的蚂蚁皆各行进一步,即从当前的城市行进到下一座城市。虽然这两种路径构建方式对蚂蚁系统来说是等价的,但是对于以后将要介绍的一些改进的蚁群优化算法却不等价了。

◆ 7.3.2 蚂蚁系统的应用实例

下面,我们以一个简单(输入数据规模非常小)的旅行商问题作为应用实例,说明蚁群优化算法的运行过程。

现有四座城市 A、B、C 和 D,它们之间的连接关系和距离(边上的权值)如图 7-2 所示,将旅行商问题转化为求该有向带权图中长度最短的汉密尔顿环。

将蚁群中的蚂蚁数目 m 设定为 3,并且依次对其编号为 1、2、3。控制参数 $\alpha=1$,$\beta=2$,并且图 7-2 中的每一条边上信息素的耗散率 $\rho=0.5$。接下来,我们给出使用蚁群优化算法(蚂蚁圈系统)执行第一次全体蚂蚁构建路

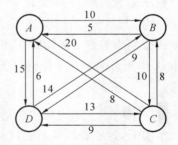

图 7-2 有向带权图 G

径以及执行在图中的每一条边上第一次信息素浓度更新操作的具体步骤如下。

步骤 1 初始化。

不失一般性,假定将城市 A 选为出发城市,首先运用贪心算法在图 7-2 中构建一个带权汉密尔顿环,即 $A \to B \to D \to C \to A$,这条路径的总长为 $C^m = f(A \to B \to D \to C \to A) = 10+9+13+8=40$,于是,将图中每一条边上的信息素浓度初始化为 $\tau_0 = m/C^m = 3/40 = 0.075$。

步骤 2 选择出发城市。

为蚁群中的每只蚂蚁随机地选择出发城市,不妨假设蚂蚁 1 选择城市 A,蚂蚁 2 选择城市 C,蚂蚁 3 选择城市 D。

步骤 3 选择下一座即将遍历的城市。

为蚁群中的每一只蚂蚁分别选择下一座即将遍历的城市，我们仅以蚂蚁 1 为例，它当前所在的城市 $i=A$，于是，这只蚂蚁可以访问的城市集合 $J_1(i)=\{B,C,D\}$，接下来，计算蚂蚁 1 分别选择城市 B、城市 C、城市 D 作为下一座即将遍历的城市的概率如下。

$$A \rightarrow B: \tau_{AB}^{\alpha} \cdot \eta_{AB}^{\beta} = \tau_{AB1} \cdot (1/d_{AB})^2 = 0.075^1 \times (1/10)^2 = 0.00075$$
$$A \rightarrow C: \tau_{AC}^{\alpha} \cdot \eta_{AC}^{\beta} = \tau_{AC1} \cdot (1/d_{AC})^2 = 0.075^1 \times (1/20)^2 = 0.00019$$
$$A \rightarrow D: \tau_{AD}^{\alpha} \cdot \eta_{AD}^{\beta} = \tau_{AD1} \cdot (1/d_{AD})^2 = 0.075^1 \times (1/15)^2 = 0.00033$$
$$P(B) = 0.00075/(0.00075+0.00019+0.00033) = 0.5905$$
$$P(C) = 0.00019/(0.00075+0.00019+0.00033) = 0.1496$$
$$P(D) = 0.00033/(0.00075+0.00019+0.00033) = 0.2598$$

然后，使用轮盘赌选择算法选择下一个即将遍历的城市，不妨设产生的伪随机数为 $q=$ random$(0,1)=0.75$，则蚂蚁 1 将选择城市 D 作为它的下一个即将遍历的城市。使用类似的方法分别为蚂蚁 2 和蚂蚁 3 选择下一个即将遍历的城市，不失一般性，不妨设蚂蚁 2 选择城市 B 作为它的下一个即将遍历的城市；而蚂蚁 3 选择城市 C 作为它的下一个即将遍历的城市。

由于当前蚂蚁 1 所在的城市标记 $i=D$，因此，它的当前路径记忆向量 $R^1=(AD)$，可以遍历的城市集合为 $\{B,C\}$。下面，计算蚂蚁 1 分别选择城市 B、城市 C 作为下一座即将遍历的城市的概率如下。

$$D \rightarrow B: \tau_{DB}^{\alpha} \eta_{DB}^{\beta} = \tau_{DB1}(1/d_{DB})^2 = 0.075^1(1/14)^2 = 0.00038$$
$$D \rightarrow C: \tau_{DC}^{\alpha} \eta_{DC}^{\beta} = \tau_{DC1}(1/d_{DC})^2 = 0.075^1(1/13)^2 = 0.00044$$
$$P(B) = 0.00038/(0.00038+0.00044) = 0.4634$$
$$P(C) = 0.00044/(0.00038+0.00044) = 0.5366$$

使用轮盘赌选择算法选择下一个即将遍历的城市，不妨设产生的伪随机数为 $q=$ random$(0,1)=0.56$，则蚂蚁 1 将选择城市 C 作为它的下一个即将遍历的城市。使用类似的方法分别为蚂蚁 2 和蚂蚁 3 选择下一个即将遍历的城市，不失一般性，不妨设蚂蚁 2 选择城市 A 作为它的下一个即将遍历的城市；蚂蚁 3 也选择城市 A 作为它的下一个即将遍历的城市。

步骤 4　第一轮构建路径过程结束。

事实上，这一轮的各只蚂蚁构建路径的活动已经结束，最终，蚂蚁 1 构建的路径是 $A \rightarrow D \rightarrow C \rightarrow B \rightarrow A$；蚂蚁 2 构建的路径是 $C \rightarrow B \rightarrow A \rightarrow D \rightarrow C$；蚂蚁 3 构建的路径是 $D \rightarrow C \rightarrow A \rightarrow B \rightarrow D$。

步骤 5　信息素浓度的更新。

(1) 分别计算每只蚂蚁这一轮构建的路径长度如下。

蚂蚁 1 构建的路径长度为 $C_1=15+13+8+5=41$

蚂蚁 2 构建的路径长度为 $C_2=8+5+15+13=41$

蚂蚁 3 构建的路径长度为 $C_3=13+8+10+9=40$

(2) 对每一条边上的信息素浓度的更新操作如下。

$$\tau_{AB} := (1-\rho)\tau_{AB} + \sum_{k=1}^{3} \Delta\tau_{AB}^k = (1-0.5) \times 0.075 + 1/40 = 0.0625$$
$$\tau_{AC} := (1-\rho)\tau_{AC} = (1-0.5) \times 0.075 = 0.0375$$

$$\tau_{AD} := (1-\rho)\tau_{AD} + \sum_{k=1}^{3}\Delta\tau_{AD}^{k} = (1-0.5)\times0.075 + (1/41+1/41) = 0.0863$$

$$\tau_{BA} := (1-\rho)\tau_{BA} + \sum_{k=1}^{3}\Delta\tau_{BA}^{k} = (1-0.5)\times0.075 + (1/41+1/41) = 0.0863$$

$$\tau_{BC} := (1-\rho)\tau_{BC} = (1-0.5)\times0.075 = 0.0375$$

$$\tau_{BD} := (1-\rho)\tau_{BD} + \sum_{k=1}^{3}\Delta\tau_{BD}^{k} = (1-0.5)\times0.075 + 1/40 = 0.0625$$

$$\tau_{CA} := (1-\rho)\tau_{CA} + \sum_{k=1}^{3}\Delta\tau_{CA}^{k} = (1-0.5)\times0.075 + 1/40 = 0.0625$$

$$\tau_{CB} := (1-\rho)\tau_{CB} + \sum_{k=1}^{3}\Delta\tau_{CB}^{k} = (1-0.5)\times0.075 + (1/41+1/41) = 0.0863$$

$$\tau_{CD} := (1-\rho)\tau_{CD} = (1-0.5)\times0.075 = 0.0625$$

$$\tau_{DA} := (1-\rho)\tau_{DA} = (1-0.5)\times0.075 = 0.0625$$

$$\tau_{DB} := (1-\rho)\tau_{DB} = (1-0.5)\times0.075 = 0.0625$$

$$\tau_{DC} := (1-\rho)\tau_{DC} + \sum_{k=1}^{3}\Delta\tau_{DC}^{k} = (1-0.5)\times0.075 + (1/41+1/41+1/40) = 0.1113$$

步骤6 判断蚁群优化算法（蚂蚁圈系统）是否终止。

如果满足结束条件，那么就输出近似全局最优路径并且终止算法，否则，转回到步骤2继续执行。

> **注意：**
> 结束条件可以根据算法执行的具体情况而定。例如，可以预先设定一个可被接受的汉密尔顿环路径的长度作为优化目标，只要通过蚁群优化算法构建出来的汉密尔顿环的路径长度小于它，就终止算法的执行；也可以根据各条边上的信息素浓度的差异值决定算法是否终止；当然，还可用网络中所有边上信息素浓度更新的总次数作为标准决定蚂蚁系统是否停止构建路径的工作。

7.4 蚁群优化算法的改进研究

在前面的章节中，我们已经介绍了关于蚂蚁系统算法的主要内容，蚂蚁圈系统仅仅只是蚁群优化算法的一个初级版本，它的性能和计算效率皆有待提高。在提出蚂蚁系统之后的十多年中，仿生学者和计算机科学家联合起来对蚁群优化算法进行了持续不断的深入探索和研究，使得蚁群优化算法较诞生初期在性能和计算效率上都有了显著的提高，而且，蚁群优化算法的应用领域也在此期间获得了长足的发展。各种改进版本的蚁群优化算法应运而生，它们具有各自的特点。在本节中，我们将介绍其中最为经典的几个改进型的蚁群优化算法，其中包括精华蚂蚁系统（elitist ant system，EAS）、基于排名的蚂蚁系统（rank-based ant system，AS_rank）、最大最小蚂蚁系统（max-min ant system，MMAS）以及蚁群系统（ant colony system，ACS）。这些算法基本上都是在 20 世纪 90 年代诞生的，尽管这些蚁群优化算法的性能在目前来说不一定是最优的，但是这些算法中所包含的思想却能够为全世界在智能信息处理方法领域的研究者源源不断地提供灵感的源泉。因此，掌握这些智能算法，尤其是深刻地理解这些算法背后的思想渊源不仅可以帮助我们更加深入地理解蚁群优化算法,而且使我们可以提出性能更加完善的群体智能优化算法。

◆ 7.4.1　精华蚂蚁系统

我们不妨首先回顾一下上一节中介绍过的蚂蚁圈系统。在基于该系统的蚁群优化算法中,任何一只人工蚂蚁在其爬过的边上都会释放一定量的信息素,而且释放的信息素的量与其构建路径的长度成反比,也就是说,蚂蚁构建的路径越好(路径长度越短),则包含在该路径中的每一条边上所得到的信息素量就越多,这些边在执行优化算法之后的迭代过程中被蚂蚁选择的可能性(概率)也就越大。但是,我们容易发现,对于求解旅行商问题,随着城市的数量逐渐增多,求解此优化问题的计算复杂度将呈指数量级的增长,如果仅仅只依据这样一个基础单一的信息素浓度的更新机制决定寻优路径搜索的方向,那么,搜索效率(计算性能)就会降低,最终甚至将极有可能导致搜索到效果不好的相对最优路径上。因此,能否在现有的信息素机制的基础之上通过添加一种所谓"特殊强化机制"将某些极有可能成为最优路径的边搜索出来,使得在算法中的人工蚂蚁搜索范围更加广泛,同时搜索效率也得到了保证,并且构建出更好的路径?

答案当然是肯定的,精华蚂蚁系统(elitist ant system,EAS)即是对基于蚂蚁圈系统的蚁群优化算法的第一次比较成功的改进,它在原始算法的信息素浓度的更新规则的基础上增加了一个对于截至目前为止的最优路径(亦可简化为至今最优路径)的强化手段。即在每一轮信息素浓度更新操作结束以后,搜索到至今最优路径的那只人工蚂蚁将会为这条路径上的每一条边再额外地添加一定量的信息素,这只人工蚂蚁通常也被形象地称为精华蚂蚁,在这里,至今最优路径通常用 T_b 表示。在精华蚂蚁系统中,相邻城市 i 与城市 j 的连接边上的信息素量 $\tau(i,j)$ 的更新方式通过式(7-3)给出。

$$\tau(i,j) := (1-\rho)\tau(i,j) + \sum_{k=1}^{m} \Delta\tau_k(i,j) + e\Delta\tau_b(i,j)$$

$$\Delta\tau_k(i,j) = \begin{cases} \dfrac{1}{C_k}, & (i,j) \in R^k \\ 0, & \text{otherwise} \end{cases}$$

(7-3)

$$\Delta\tau_b(i,j) = \begin{cases} \dfrac{1}{C_k}, & (i,j) \text{ 在路径 } T_b \text{ 上} \\ 0, & \text{otherwise} \end{cases}$$

在式(7-3)中,容易看出除了式(7-2)中已经用到的各种数学符号定义之外,又新增加了符号 $\Delta\tau_b(i,j)$,并且将参数 e 定义作为 $\Delta\tau_b(i,j)$ 的权值。C_b 是精华蚂蚁系统从算法开始执行一直到当前这一轮迭代结束时至今最优路径的长度。由此可见,精华蚂蚁系统在算法执行的每一轮迭代过程中,均为包含在至今最优路径 T_b 里的边,另外又增加了 e/C_b 的信息素浓度。一般来说,参数 e 的数值大小通常应设定为一个适当的常数。但是,对于一些旅行商问题的特殊算例,参数 e 的数值不一定是常数,在这种情况下,它的数值应该随着每一轮信息素浓度更新的过程中的不同而发生适当的变化,这种变化既可以是离散的,也可以是连续的(即可以通过一个函数来计算对于不同的自变量所对应的函数值)。

在精华蚂蚁系统中之所以引进这种额外的信息素浓度更新项,主要是为了更好地指导蚂蚁寻优路径的方向,因此从本质上来说,它也是作为一种启发式信息项加入到信息素浓度更新的公式中来的。这样可以使得蚁群优化算法能够更快地收敛。事实上,Dorigo 等学者对精华蚂蚁系统求解旅行商问题进行了大量的仿真实验。其结果表明,在一个比较合理的 e 值作用下(通常将 e 值设定为城市的数量 n),精华蚂蚁系统具有较之于前文所论述的蚂蚁圈系统更高的求解精度和更强大的搜索能力(计算效率)。

7.4.2　基于排名的蚂蚁系统

　　虽然精华蚂蚁系统较之于经典的蚂蚁圈系统来说,在计算性能上的确有了一些改善,但是,由于每次信息素浓度的更新操作过分依赖于精华蚂蚁所构建的特殊路径上,从而导致从属于这些路径上的边上的信息素浓度与网络中其余的边上的信息素浓度之间的差异很大,因此,使用基于精华蚂蚁系统的蚁群优化算法求解一些旅行商问题的具体算例时容易出现早熟,从而导致寻优结果(得到的近似最优路径)不太理想。于是,我们自然而然地想到蚁群优化算法在信息素浓度更新的操作中不能仅仅只增大精华蚂蚁所爬过的路径中所包含的边与其余边的信息素浓度,而且也需要将网络中其余的一些边上的信息素浓度进行显著地更新。

　　按照这个思路,我们就可以将精华蚂蚁系统中的单只精华蚂蚁更改为多只精华蚂蚁,从而得到了一种称为基于排名的蚂蚁系统(rank-based ant system,AS_{rank}),这个系统仅仅只是对于最初的蚂蚁圈系统的信息素浓度更新操作进行改进,即在每一轮人工蚂蚁构建路径的过程中不要求蚁群中的所有蚂蚁在其爬过的边上都释放信息素,而是仅仅只选择一些有代表性的蚂蚁按照不同的程度释放信息素,也就是说,这些有代表性的蚂蚁释放信息素量的大小和比例不尽相同,这些允许在其爬过的边上释放信息素的蚂蚁是执行优化算法经过一轮构建路径之后得到的路径长度相对较短的蚂蚁。这样做主要基于以下两点:一方面,不能使蚁群优化算法过于早熟,即不能在很短的时间内建立信息素机制,这一要求可以通过多只精华蚂蚁按照不同比例释放信息素实现;另一方面,不能使蚁群优化算法经过了相当长的时间仍然建立不了不可或缺的正反馈机制——信息素机制。而在蚂蚁系统中,信息素机制体现在不同边之间的信息素浓度的显著差异上,也就是说,全体蚂蚁必须经过一段时间的构建路径之后(算法执行了一段时间之后),各条边上的信息素浓度大小的分布应具有显著的差异。由于只是那些有代表性的精华蚂蚁在其爬过的边上释放信息素,而大部分的蚂蚁(非精华蚂蚁)在其爬过的边上不用释放信息素,因此,经过了若干轮(一段时间)信息素浓度的更新操作之后,这两类蚂蚁所爬过的边上的信息素浓度的差异将会比较显著地体现出来,并由此建立了作为正反馈机制的信息素机制。

　　具体来说,基于排名的蚂蚁系统给那些能够释放信息素的蚂蚁要释放的信息素大小 $\Delta\tau_k(i,j)$ 引入相应的权值。释放的信息素量越大,其权值就越大;释放的信息素量越小,其权值就越小。在每一轮全部蚂蚁构建完它们的路径之后,算法将根据各只蚂蚁所构建的路径长度按照由短到长的顺序进行排名,只有构建了至今最短路径的蚂蚁和优化算法在当前这一轮迭代结束时排名在前 $(w-1)$ 名的蚂蚁才被允许释放信息素,并且蚂蚁在边 (i,j) 上释放的信息素 $\Delta\tau_k(i,j)$ 的权值由蚂蚁的排名决定,即排名越靠前权值越大;反之,权值越小。基于排名的蚂蚁系统中的信息素浓度的更新操作规则可以通过式(7-4)描述。

$$\tau(i,j)：=(1-\rho)\tau(i,j)+\sum_{k=1}^{w}(w-k)\Delta\tau_k(i,j)+w\Delta\tau_b(i,j)$$

$$\Delta\tau_k(i,j) = \begin{cases} \dfrac{1}{C_k}, (i,j) \in R^k \\ 0, \text{otherwise} \end{cases} \tag{7-4}$$

$$\Delta\tau_b(i,j) = \begin{cases} \dfrac{1}{C_b}, (i,j) \text{ 在路径 } T_b \text{ 上} \\ 0, \text{otherwise} \end{cases}$$

构建至今最优路径 T_b（这条路径不一定出现在算法执行当前这一轮迭代人工蚂蚁构建的路径中，事实上，各种蚁群优化算法均假设人工蚂蚁具有路径记忆功能，即至今最优的路径总是能够被人工蚂蚁记住）的人工蚂蚁释放的信息素的权值大小为 w，它将在路径 T_b 所包含的每一条边上增加 w/C_b 的信息素量，也即是说，相对于其他的路径，在至今最优路径 T_b 上将获得最多的信息素量。其余的路径，即蚁群优化算法在当前这一轮迭代结束时排在第 $k(k=1,2,\cdots,w-1)$ 的蚂蚁将释放 $(w-k)/C_k$ 的信息素量。不难看出，排名越靠前的蚂蚁所释放的信息素量也就越大，其中，权值 $(w-k)$ 对于在不同路径上的信息素浓度的差异起到了一个放大的作用；而排在第 $w-1$ 名之后的蚂蚁由于不允许释放信息素，因此，它们所构建的路径上的信息素浓度将会因为已有信息素的耗散而减少。因此，基于排名的蚂蚁系统可以更加有力地引导人工蚂蚁搜索最优路径，经过大量的仿真实验，为了尽可能地获得最优路径，通常将 w 的值设置为 6。当然，对于旅行商问题的特殊算例，使用基于排名的蚂蚁系统的信息素浓度的更新操作规则中，对于 w 值的选择需要根据问题的输入数据及数据规模而定。

值得一提的是，式（7-4）并不一定是基于排名的蚂蚁系统所依据的信息素浓度的更新操作规则的唯一形式。有兴趣的读者完全可以根据蚁群优化算法中所必须满足的信息素机制产生的原则设计另外的信息素浓度的更新操作规则，但是，即使设计出了不同的信息素浓度的更新规则，必须通过仿真实验的结果（即与前面的蚁群优化算法从寻优能力和求解效率两个方面进行对比）来决定是否可以使用这样的操作规则。

以往的仿真实验结果已经表明了较之于蚂蚁圈系统和精华蚂蚁系统的蚁群优化算法，基于排名的蚂蚁系统的蚁群优化算法不仅具有更强的寻优能力，而且具有更高的求解效率。

◆ 7.4.3 最大最小蚂蚁系统

前面介绍的对精华蚂蚁系统进行改进之后得到的另一个改进型版本——基于排名的蚂蚁系统虽然在寻优能力和求解效率上相对于前一个系统有了明显的提升，但是这两个改进型版本仍然存在着下面的问题：对于输入规模比较大的旅行商问题，由于参与构建路径的蚂蚁数目有限，而在蚁群优化算法的初始化阶段，整个系统处于无序的状态，即人工蚂蚁在网络中每一条边上的分布是随机的，没有表现出明显的特征，这是否有可能导致蚂蚁由于只构建了全部可能路径的一小部分却以为获得了最优路径，也就是说，经过一段时间以后，几乎所有的蚂蚁都聚集在某一路径上，然而这条路径并不一定是真正的最优路径（绝对最优路径）。另外，当蚁群中的全体蚂蚁都在重复构建着相同的路径时，也就意味着系统已经凭借着信息素机制这种正反馈机制从无序状态转变为有序状态，从而自组织系统已经形成，因此，从这个意义上讲，蚁群优化算法已经进入了停滞状态，此时，无论是基于基本的蚂蚁圈系统、基于精华蚂蚁系统还是基于排名的蚂蚁系统的蚁群优化算法在以后的执行过程中都不再可能有更加理想的路径涌现出来，即不再可能构建比当前长度更短的汉密尔顿环。以上这些算法收敛的效果虽然是"简单并且快速的",但正如我们通常所谓的"欲速则不达",即对于输入数据规模更大的一些旅行商问题的算例来说,使用这些蚁群优化算法得到的结果并不尽如人意。在这种情况下,需要我们进一步地深入思考:是否有一种方法能够使用这些蚁群优化算法停滞之后的迭代过程能够进一步地寻找到更加接近于真正目标(即绝对最优路径)的解呢?

为了解决这些问题,最大最小蚂蚁系统(max-min ant system)在基于蚂蚁圈系统的蚁群优化算法的基础上做了以下四个方面的改进工作。

① 仅仅只允许优化算法在当前这一轮迭代中构建出最优路径(长度最短的汉密尔顿环)的蚂蚁或者已经构建了至今最优路径的蚂蚁释放信息素。

② 信息素浓度的大小取值范围被限制在一个区间以内。

③ 初始的信息素浓度值即为信息素浓度取值区间的上限,并且伴随着一个相对较小的信息素耗散速率。

④ 一旦形成了自组织系统,也就是说,当蚂蚁构建路径已经陷入了停滞状态时,首先将与旅行商问题所对应的网络模型中的边上的信息素浓度进行重新初始化(使所有边上的信息素浓度取相等的数值),然后根据蚁群优化算法的执行步骤重新建立一个新的自组织系统。

接下来,我们逐一地介绍为什么要进行以上这四个方面的改进。之所以提出改进方法①,主要是受到了精华蚂蚁系统思想的启发,但是又与精华蚂蚁系统有着细微的差异。在精华蚂蚁系统中,仅仅只允许构建了至今最优路径的蚂蚁释放信息素,而在最大最小蚂蚁系统中,允许释放信息素的蚂蚁不仅有可能是构建了至今最优路径的蚂蚁,而且还有可能是在当前这一轮迭代中构建出最优路径的蚂蚁。事实上,在最大最小蚂蚁系统中,至今最优更新规则和迭代最优更新规则通常会交替使用。使用这两种最优更新规则的相对频率将会影响基于最大最小蚂蚁系统的蚁群优化算法的整体寻优性能。如果仅仅只利用至今最优更新规则进行信息素浓度的更新操作,那么寻优过程的导向性就很强,也就是说,算法将会迅速地收敛到至今最优路径 T_b 的附近;反过来,如果仅仅只利用迭代最优更新规则进行信息素浓度的更新操作,那么算法的探索能力将会得到增强,从而导致降低算法的收敛速度。大量的仿真实验结果表明,对于输入数据规模比较小的旅行商问题,只需要使用迭代最优更新规则进行信息素浓度的更新操作就行了;但是,另一方面,随着待求解的旅行商问题的输入数据规模的逐渐增大,使用至今最优更新规则进行信息素浓度的更新操作就变得越来越重要了。因此,在蚁群优化算法的迭代过程中,逐渐增大使用至今最优更新规则的概率是一种比较好的处理方法。在这里需要强调的是,由于在人工智能领域中所使用的绝大多数算法是非确定性的搜索(寻优),因此,人们不能完全通过类似于数学证明这样的理论分析就判断出各种算法孰优孰劣。无论是对遗传算法、蚁群优化算法还是下一章将要介绍的粒子群优化算法的改进与研究,通常都是一个从理论设想到实验研究最后到理论分析总结的过程,需要注意的是,这里所说的理论分析总结与通过严格的数学理论进行证明是两回事。

在最大最小蚂蚁系统中,为了避免在网络中的少数边上的信息素浓度的增长过快,从而导致蚁群优化算法出现早熟的现象,也就是说,几乎全部的蚂蚁都集中在一条相对最优路径而并非在真正的最优路径,我们提出了改进方法② 。也就是说,信息素浓度的大小被约束在一个取值区间 $[\tau_{min}, \tau_{max}]$ 以内。大家知道,人工蚂蚁是根据启发式信息和信息素浓度选择下一座城市结点的，其中，启发式信息即是蚂蚁当前所位于的城市 i 到下一座可能作为待遍历的城市 j 之间的距离 d_{ij} 的倒数 $1/d_{ij}$。又由于任意两座相邻城市之间的距离 d_{ij} 是预先给定的（已经标记在网络中了），也就是说，d_{ij} 的取值范围已经预先确定好了，因此，当信息素浓度也被限制在一个确定的取值范围（区间）之后，位于城市 i 的人工蚂蚁 k 选择与其相邻的城市 j 作为下一个待遍历的城市的概率 $P_k(i,j)$ 也一定被限制在一个区间之内。不失一般性，假设概率 $P_k(i,j)$ 被限制的这个区间为 $[P_{min}, P_{max}]$，其中，区间的下界 P_{min} 和上界 P_{max} 可以通过数学方法得到，有兴趣的读者可以自行求解，我们在这里仅仅只确定以下关系，即 $0 < P_{min} \leqslant P_k(i,j) \leqslant P_{max} \leqslant 1$，值得一提的是，当且仅当仅仅只剩下一个可以被蚂蚁选择的城市时才会有 $P_{min} = P_{max} = 1$。事实上，我们根本没有必要计算 P_{min} 与 P_{max} 这两个值的大小，只要知道 $0 < P_{min} \leqslant P_k(i,j) \leqslant P_{max} \leqslant 1$ 就可以肯定蚁群优化算法已经有效地避免了陷入停滞状态的可能性。

根据改进方法③不难看出，基于最大最小蚂蚁系统的蚁群优化算法在初始化阶段，旅行商问题模型中的全部边上的信息素浓度均被初始化为 τ_{max} 的估计值，并且信息素耗散率非常小，在此算法中，通常将耗散率 ρ 的值设置为 0.02，由此使得不同边上的信息素浓度之间的差异不会迅速加大，而只会缓慢增加。因此，在蚁群优化算法的初始化阶段，最大最小蚂蚁系统具有较基本的蚂蚁系统（蚂蚁圈系统）、精华蚂蚁系统以及基于排名的蚂蚁系统更强的探索能力。

注意：
　　增强蚁群优化算法在初始化阶段的探索能力将特别地有助于打开人工蚂蚁的广阔视野，使其能够进行较大范围甚至能够扩展到全局范围内进行最优路径的探索，然后再逐渐缩小探索的范围，最终锁定在一条全局最优路径上或近似全局最优路径上。

之所以要提出改进方法④，主要是针对在这一小节开始所提出的最后一个值得思考的问题。如前所述，在本小节之前讨论的各种蚁群优化算法，无论是基于蚂蚁圈系统、基于精华蚂蚁系统还是基于排名的蚂蚁系统的蚁群优化算法，皆应被称为"一次性探索"蚁群优化算法，也就是说，当这些算法执行了一段时间以后，某些边上的信息素浓度将变得越来越小，也就意味着某些路径被选择的可能性越来越小，因此导致整个蚂蚁系统的探索范围变得越来越小直至陷入停滞状态。然而，在基于最大最小蚂蚁系统的蚁群优化算法中，当算法接近或者是进入停滞状态时，旅行商问题模型中的所有边上的信息素浓度都将被重新初始化为相等的值，这样一来，可以有效地借助于系统进入停滞状态以后的迭代周期继续进行寻优任务，从而可以跳出局部极值陷阱，使得算法具有更强的全局寻优能力。我们一般是根据对每一条边的信息素浓度值的统计或者观察算法在预先指定次数的迭代内至今最优路径是否被更新来判断当前的算法是否已经处于停滞状态。

最后，需要指出的是，基于最大最小蚂蚁系统的蚁群优化算法具有较之前的各种版本的蚁群优化算法更加优异的性能，是最受关注的蚁群优化算法之一。它对在最基本的蚁群优化算法基础上引入的四个方面的改进方法或思想经常被后续的各种蚁群优化算法加以借鉴。

7.4.4 蚁群系统

在本节中的前面三个小节,我们相继讨论了对于基本的蚂蚁系统即蚂蚁圈系统的三种改进算法,分别是基于精华蚂蚁系统、基于排名的蚂蚁系统以及基于最大最小蚂蚁系统的蚁群优化算法,这些算法皆是对基本蚂蚁系统中的信息素浓度的更新操作规则进行了少量的修改从而获得了更强的寻优能力和更高的计算效率。

1997 年,作为蚁群优化算法创始人之一的意大利仿生学者 Dorigo 在 *Ant colony system :a cooperative learning approach to the traveling salesman problem* 一文中提出一种具有全新机制的蚁群优化算法,即基于蚁群系统(ant colony system,ACS)的蚁群优化算法。该算法无论是在计算性能上还是在寻优能力上较之于以前各种版本的蚁群优化算法都有了显著的改善和提高。因此,蚁群系统的提出是蚁群优化算法发展历史上的又一具有里程碑意义的重大事件。我们将在这一小节里对基于蚁群系统的蚁群优化算法的工作流程展开较为详细的讨论。

蚁群系统(ACS)与蚂蚁系统(AS)相比较而论,其不同之处主要体现在下面这三个方面:① 蚁群系统使用一种伪随机比例规则(pseudorandom proportional rule)选择下一个待遍历的城市结点,建立开发(exploitation)当前的路径与探索(exploration)新的路径之间的平衡;② 仅仅只在属于至今最优路径的边上使用信息素浓度的全局更新规则增加(释放)或减少信息素(信息素的耗散);③ 新增一条信息素浓度的局部更新规则,即每次当蚂蚁在经过某一条边时,它都将会使该边上当前的信息素量减少,也就是说,它将会降低这条边上的信息素浓度,以便于增加后面的蚂蚁对网络中其余的边(路径)进行探索的可能性。

事实上,基于蚁群系统的蚁群优化算法的主要工作机制为:首先将 m 只人工蚂蚁随机地或均匀地分布到 n 个城市结点上,然后每只蚂蚁需要根据状态转移规则决定下一步将要访问的城市结点,一般来说,蚂蚁偏向于选择信息素浓度比较高并且相对距离比较短的路径(边)。在这里,蚂蚁通常被设定为是具有记忆功能的(有别于大自然中的动物蚂蚁),每只蚂蚁都配备有一张搜索禁忌表,并且在每一轮访问城市结点的过程中,它们不可能到达自己已经访问过的城市结点进行遍历。单只蚂蚁在访问城市结点的过程中将会在它们行进过

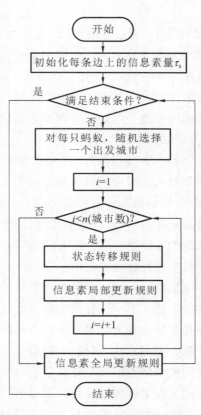

图 7-3 蚁群系统求解旅行商
问题的算法流程图

的边上根据信息素浓度的局部更新规则对其进行信息素浓度的局部更新操作。在每一轮全部的 m 只蚂蚁皆完成了汉密尔顿环的路径构建工作以后,需要保存这些环中长度最短的那条带权路径,并且根据信息素浓度的全局更新规则增加在这条路径上的各条边的信息素浓度。接下来,该算法将对以上的步骤进行反复迭代直到满足终止条件,最终算法停止执行。

基于蚁群系统的蚁群优化算法求解旅行商问题的整个执行过程可以通过以下的流程图（见图7-3）体现出来。与上一章介绍的遗传算法中具有选择算子、交叉算子和变异算子三大基本算子相似，在蚁群系统中也有状态转移规则、信息素浓度的全局更新规则以及信息素浓度的局部更新规则三大核心规则，下面，我们将分别对这些规则进行诠释。

1. 状态转移规则

在基于蚁群系统的蚁群优化算法中，位于某个城市结点 i 的某只蚂蚁 k 将会根据由如下的定义7.2所给出的伪随机比例规则选定下一个待访问的城市结点 j。

定义7.2　蚁群系统中的伪随机比例规则（pseudorandom proportional rule）。

对于蚁群系统中的某只人工蚂蚁 k，路径记忆向量 R^k 将会根据遍历城市结点的顺序依次记录已经被该蚂蚁访问过的所有城市结点的编号。假设蚂蚁 k 当前所在的城市结点编号为 i，则下一个将被此蚂蚁 k 选定作为访问的城市编号 j 的计算方法见式（7-5）。

$$j = \begin{cases} \underset{j \in J_k(i)}{\arg\max}\{[\tau(i,j)][\eta(i,j)]^\beta\}, & r \leqslant r_0 \\ J, & \text{otherwise} \end{cases} \tag{7-5}$$

其中，$J_k(i)$ 表示从城市结点 i 可以直接到达的并且又不在蚂蚁已经遍历过的路径记忆向量 R^k 中的所有城市结点组成的集合。$\eta(i,j)$ 的含义与式（7-1）相同，是一种启发式信息，通过 $\eta(i,j)=1/d_{ij}$ 进行计算。其中，d_{ij} 表示相邻的城市结点 i 与城市结点 j 之间的距离。$\tau(i,j)$ 表示连接城市结点 i 与城市结点 j 的边 (i,j) 上的信息素浓度大小。指数 β 是作为描述信息素浓度和路径（边）长度这两方面信息的相对重要性的控制参数。r_0 是一个取值范围在 $[0,1]$ 以内的参数。

当产生的随机数 $r \leqslant r_0$ 时，蚂蚁直接选定使启发式信息和信息素浓度的 β 指数这两项的乘积最大所对应的城市编号的那个城市结点作为下一个访问城市结点，以后为了论述方便起见，我们通常将这种选定下一个访问城市结点的方法称为开发（exploitation）。容易看出，开发是具有明确导向性（指导性）的搜索最优路径的过程，因为它受到启发式信息和信息素浓度的 β 指数这两个因素的共同影响（它们乘积的大小），因此这种选定下一个访问城市结点的方法是完全确定的，它体现出了一种完全有序性，或称其为秩序性。与之相反，当产生的随机数 $r > r_0$ 时，基于蚁群系统的蚁群优化算法将与前面已经介绍过的各种基于蚂蚁系统的蚁群优化算法一样使用轮盘赌选择方案确定当前的蚂蚁 k 即将访问的下一个城市结点，而轮盘赌选择方案是以下一个可能被作为当前蚂蚁 k 访问的城市结点的概率为基础设计的轮盘赌选择算法，式（7-6）即是位于城市结点 i 的人工蚂蚁 k 选择城市结点 j 作为其下一个访问城市结点的概率计算公式，在式（7-5）中给出的 $J(J \in J_k(i))$ 即是根据这一公式通过相应的轮盘赌选择算法选择的城市结点的编号。一般来说，我们将当 $r > r_0$ 时的基于蚁群系统的蚁群优化算法的执行方式称为偏向性探索（biased exploration）。很显然，与前面所论述的开发过程不同，探索（即使是带有偏向性的探索）过程仍然带有一种不确定性，也就是说，在这种情况下，搜索最优路径具有一定程度的随意性（无目的性或盲目性），这也可看成是一种混沌的状态。

$$p_k(i,j) = \begin{cases} \dfrac{[\tau(i,j)][\eta(i,j)]^\beta}{\sum\limits_{u \in J_k(i)}[\tau(i,u)][\eta(i,u)]^\beta}, & j \in J_k(i) \\ 0, & \text{otherwise} \end{cases} \tag{7-6}$$

在复杂系统科学中有一个非常重要的结论,即复杂诞生于秩序和混沌的边缘。换句话说,复杂是一个介于秩序和混沌之间的第三种存在形式。前面所讨论的蚁群系统恰恰可以被归结为一类称为自组织系统的复杂系统,因此诞生这种自组织系统(即将几乎所有蚂蚁都聚集在一条路径上)必须借助于两种力量——秩序(order)和混沌(chaos),秩序体现在开发过程中,而混沌则体现在偏向探索过程中,如果将这两种力量以一种比较巧妙的方式结合起来,就可以产生像蚁群系统这种类型的自组织系统了。而这种巧妙的方式自然就是对参数 r_0 的值的设置,也就是说,对于输入数据规模大的旅行商问题具体算例,只有当参数 r_0 的取值比较合理时,才能够将蚁群中的所有蚂蚁都聚集在一条路径上。

因此,参数 r_0 即是基于蚁群系统的蚁群优化算法设计中所必需的一个至关重要的控制参数,也就是说,在蚁群系统的状态转移规则中,蚂蚁选择当前最优移动方向的概率为 r_0,与此同时,蚂蚁也将以 $(1-r_0)$ 的概率有偏向地搜索蚂蚁可能到达的下一个城市结点与当前位于的城市结点之间所连接的所有边。通过对控制参数 r_0 的取值的适当控制和调整,即可较为合理地调节"开发"与"偏向探索"这二者之间的平衡,以决定算法在当前的这一轮迭代过程中是集中开发最优路径附近的区域还是探索其余更为广阔的区域。

2. 信息素浓度的全局更新规则

在蚁群系统的信息素浓度的全局更新规则中,能够被允许释放信息素的蚂蚁只有至今最优蚂蚁,即构建出了从蚁群优化算法开始直到当前这一轮迭代中长度最短的汉密尔顿环的蚂蚁。将这个规则和伪随机比例状态转移规则结合起来一起使用,将会大大地增强算法搜索最优路径的指导性,这样就能够确保算法只需要执行相对较少的迭代次数即可构建一条比较理想的最优路径。算法在每一轮的迭代过程中,直到所有的人工蚂蚁都成功地构建好了它们的带权汉密尔顿环以后,方能运用信息素浓度的全局更新规则,这个规则的具体操作形式可表示为式(7-7)。

$$\tau(i,j) := (1-\rho)\tau(i,j) + \rho\Delta\tau_b(i,j), \forall (i,j) \in T_b \qquad (7\text{-}7)$$

式中,$\Delta\tau_b(i,j) = 1/C_b$。

 注意:

无论是信息素的释放还是信息素的耗散,都只能在属于至今最优路径的边上进行,这体现出了该算法与基于蚂蚁系统的蚁群优化算法有非常大的区别。

由于在基本蚁群优化算法中,信息素浓度的更新操作应用到了蚂蚁系统的全部边上,并且当城市结点数目为 n 时,信息素浓度更新操作的计算复杂度为 $O(n^2)$,然而,在基于蚁群系统的蚁群优化算法中,使用所谓的信息素浓度的全局更新规则对至今最优路径上的每一条边进行信息素浓度的更新,其计算复杂度下降为 $O(n)$。在式(7-7)中,参数 ρ 表示信息素浓度的耗散率,新增加的信息素 $\Delta\tau_b(i,j)$ 乘以系数 ρ 以后,更新之后的信息素浓度被控制在原来的信息素量 $\tau(i,j)$ 与新释放出来的信息素量 $\Delta\tau_b(i,j)$ 之间,通过这个式子,使用了一种既隐蔽的又更加简单的方式成功地实现了在基于最大最小蚂蚁系统的蚁群优化算法中对信息素浓度取值范围的限制。

类似地,我们也应考虑在基于蚁群系统的蚁群优化算法中使用至今最优更新规则和迭代最优更新规则对该算法的计算效率和寻优结果造成的影响。经过大量的仿真结果表明,在使用蚁群系统对输入数据规模比较小的旅行商问题的具体算例进行优化求解时,无论是使用至今最优更新规则还是使用迭代最优更新规则对相关的路径所包含的边进行信息素浓度的更新操作,其计算效率和寻优结果大致相当;但是,随着城市结点的数目越来越多,使用至今最优更新规则对算法整体的计算效率和寻优结果将越来越体现出优势;特别地,当城市结点的数目超过 100 时,无论是从计算效率还是从寻优结果来看,使用至今最优更新规则将远远地优于使用迭代最优更新规则,这与基于最大最小蚂蚁系统的蚁群优化算法是非常相似的。

3. 信息素浓度的局部更新规则

蚁群系统在前面介绍的蚂蚁系统的基础上进行的另一项重大的改进即是在蚁群优化算法中引进了信息素浓度的局部更新机制。在人工蚂蚁构建最优路径的过程中,对每一只蚂蚁来说,每当其爬过一条边(i,j)时,它将立即对这条边上的信息素浓度进行更新操作,更新操作所依赖的更新规则可表示为式(7-8)。

$$\tau(i,j): = (1-\lambda)\tau(i,j) + \lambda\tau_0。 \tag{7-8}$$

该表达式中包含了两个重要的参数值:① 参数 λ,表示信息素浓度的局部耗散速率,并且 λ 的取值范围是开区间$(0,1)$;② 参数 τ_0,表示信息素浓度的基准值,需要注意的是,它不同于蚁群优化算法中每条边所预设的初始值。通过大量的仿真实验,我们发现,当将参数 λ 的值设置为 0.1,且将参数 τ_0 的值设置为 $1/(nC^{nn})$(其中,n 表示网络中的城市结点数目,C^{nn} 表示运用贪心算法构建的路径长度)时,蚁群优化算法对于旅行商问题的大部分具体算例都有着非常好的计算性能和寻优结果。

根据前面介绍的基本蚁群优化算法,在其初始化阶段,需要对每一条边上的信息素浓度设定相等的初始值 m/C^{nn},其中,m 表示参与构建路径的蚂蚁数目,显然,$\tau_0 = 1/(nC^{nn}) < m/C^{nn}$,根据式(7-8)可知,$\tau_0 \leqslant \tau(i,j)$,因此,根据这一赋值表达式不难看出,每一次所计算出来的信息素浓度值都小于前一次的信息素浓度值。换句话说,如果将信息素浓度的局部更新规则作用于刚被某只蚂蚁爬过的某条边上,那么,这条边上的信息素浓度将会减少,从而导致这条边被其余的蚂蚁选中作为行进的概率减少,很显然,信息素浓度的局部更新规则这种机制将有助于提升基于蚁群系统的蚁群优化算法的探索能力,即后续的蚂蚁倾向于探索未经前面的蚂蚁爬过的边,从而能够有效地避免算法过早进入停滞状态。

在前面对蚂蚁系统的介绍中我们曾经提及过关于蚂蚁的两种建构路径方式,即顺序路径构建(简称顺序构建)和并行路径构建(简称并行构建)。对基于蚂蚁系统(AS)的蚁群优化算法来说,不同的路径构建方式不会影响算法的行为。但是,对基于蚁群系统(ACS)的蚁群优化算法来说,由于引进了信息素浓度的局部更新规则,两种路径构建方式将会导致算法在行为上的差异。因此,为了方便起见,我们通常选择并行构建这种方式构建路径,也就是说,让所有参与路径构建的蚂蚁并行工作,如图 7-4 所示。

在这一小节的最后,需要指出的是,蚁群系统的前身是 1995 年由仿生学者 Dorigo 和 Gambardella 共同给出的 Ant-Q 算法,蚁群系统与 Ant-Q 算法区别仅仅只在于对参数 τ_0 值的设置上。在蚁群系统中,正如我们在上文中所指出的,将其设置为一个常数 $1/(nC^{nn})$,但是在蚁群系统问世以前,在 Ant-Q 算法中,对参数 τ_0 值的设置是根据剩余可被蚂蚁爬过的边中具有最高的信息素浓度定义出来的,当人们发现将参数 τ_0 的值设置为一个非常小的常

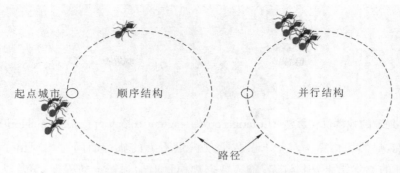

图 7-4 蚁群系统中的顺序构建方式和并行构建方式

数值也能使优化算法达到相当的性能时,就毫不犹豫地放弃了 Ant-Q 算法,我们在这里只想强调一点:对致力于科学研究的学者来说,KISS 是最基本的思考方法。在人工智能算法研究与设计的过程中,KISS 原则也是非常适用的。

> **注意:**
> KISS 方法来源于美国军队的用语,在美国军队中,当部下干活不尽人意时,长官将会对这个部下进行大声训斥"Keep It Simple,Stupid!",意思是"简单点,傻瓜!"。

7.4.5 蚁群优化算法的其他改进版本

从第一个蚂蚁圈系统诞生至今,蚁群优化算法已经走过了 30 多年的历程,从意大利的一个小小的实验室传播到了全球的千千万万个实验室中。作为一类新兴的仿生学算法的蚁群优化算法具有鲁棒性强、分布式并行计算以及比较容易与其他算法相结合等优势,但是由于这个算法同时也具有寻优时间比较长、易于早熟或限于局部最优解,因此,这种仿生学算法仍需作进一步地改进。在上一节,我们相继介绍了关于蚁群优化算法的四个改进版本,即基于精华蚂蚁系统、基于排名的蚂蚁系统、基于最大最小蚂蚁系统以及基于蚁群系统的蚁群优化算法,这些算法大多都是由蚁群优化算法的创立者 Dorigo 以及在蚁群优化算法研究领域做出了杰出贡献的 Stutzle 等学者提出,是基本蚁群优化算法的改进版本,也是全球的学者们源源不断的思想和灵感的源泉。在此以后,世界上又出现了许多新的对于蚁群优化算法的进一步的改进和完善,在这一小节里,我们将简要地向读者介绍这些改进的设计思想,包括一些在离散域蚁群优化算法的改进研究,以及一些在连续域蚁群优化算法的改进研究,以期对有兴趣并致力于更加深入地研究蚁群优化算法的读者或研究人员有所启发。

1. 近似不确定性树搜索算法(approximate nondeterministic tree search algorithm,ANTSA)

ANTS 算法的名称来源于这种算法与一种近似的不确定性树搜索比较相似,ANTS 算法主要在以下三个方面依次对基于蚂蚁系统的蚁群优化算法进行了改进:① ANTS 算法使用部分解的完全代价估计的下界来计算网络中的每一条边上的启发式信息;② ANTS 算法并非运用乘法而是使用加法来实现启发式信息和信息素机制的结合;③ 在 ANTS 算法中没有比较直观的体现信息素量耗散的操作步骤,此外,使信息素浓度增加的计算公式也与前面所介绍的各种版本的蚁群优化算法有着相当大的区别。

注意：

值得一提的是：ANTS算法在其第一篇文献以及在后续的研究过程中,很少有被用于求解旅行商问题,大多数与ANTS算法相关的研究文献都聚焦在对二次分配问题的求解上,也就是说,ANTS算法在该问题上以及在与其相关的领域得出了较为理想的计算结果。

2. 带聚类处理的蚁群优化算法(clustering processing ant colony optimization algorithm,CPACOA)

一般来说,蚁群优化算法对于求解数据规模量不大的旅行商问题体现出了良好的计算性能和非常好的寻优结果,但是随着输入数据规模量增加到一定的程度,该算法对求解旅行商问题无论是从计算性能还是从寻优结果来看,都会或多或少地不尽人意。因此,怎样通过对现有的蚁群优化算法进行改进使其能对数据规模量比较大的旅行商问题也能获得比较满意的结果就是摆在每一位研究者面前的难题。为此,有些学者提出了一些非常富有启发性的想法。他们设想：如果能够找到一种方法,使用该方法可以将输入数据规模量相当大的旅行商问题分解为较小规模的子问题,然后在这些子问题上分别使用蚁群优化算法来求解,接着再将这些小规模子问题上的解进行合并起来,就可以高效地求得原旅行商问题的解,而且这种方法尤其适用于并行计算。也就是说,如果使用并行计算将以上的方法实现出来,将会极大地提高计算性能。

CPACA算法就是这样一种算法,它对由城市结点以及相应的边构成的整个网络进行聚类处理。也就是说,首先在每一个簇中均使用蚁群优化算法求得这个簇内部的相对最优路径,然后再将每一个簇的中心组织在一起看作是一个旅行商问题也使用蚁群优化算法进行求解获得类间最短路径,最后确定每一个簇的边界城市结点,通过边界城市结点将各个簇连接在一起,通过一些仿真实验结果表明,CPACA的计算性能优于基本蚁群优化算法。

3. 多态蚁群优化算法(polymorphic ant colony optimization algorithm,PACOA)

事实上,大自然中的蚁群是有分工、有组织的群体,这种自组织分工方式对于蚁群圆满地完成复杂的任务将起着至关重要的作用。我国对该领域进行长期研究的学者提出了一种所谓多态蚁群优化算法,将人工蚁群中的蚂蚁分为三类：即侦察蚁、搜索蚁以及工蚁。其中,侦察蚁的主要任务是在算法的初始阶段以每一个城市结点为中心进行局部区域侦察,并且将观察的结果与原本已有的先验知识相结合,生成所谓侦察信息素,旅行商问题所对应的图模型中的每一条边上的初始信息素量与侦察信息素有关；搜索蚁是前面介绍的各类传统蚁群优化算法中所使用的蚂蚁,搜索蚁能够根据信息素浓度的更新规则以及启发式信息依次选择下一个待访问的城市结点,直到构建出一条相对最优路径；而工蚁则仅仅只负责从已经获得的最优路径上搬运食物,与算法中构建最优路径的过程毫不相干。

我们通过一些仿真实验,对多态蚁群优化算法与基本蚁群优化算法进行了计算效果方面的对比,实验结果表明,在搜索到相同结果的情况下,PACOA所需要的迭代次数比基本蚁群优化算法要少很多。

4. 连续正交蚁群优化算法(continuous orthogonal ant colony optimization algorithm,COACOA)

最近这些年以来,将应用领域从离散空间(如求解旅行商问题)扩展到连续空间的蚁群优化算法也在持续不断地发展,连续正交蚁群优化算法就是其中比较具有优势的一种算法。连续正交蚁群优化算法在待求解的优化问题空间内通过自适应地选择和调整一定数量的区域,并且使用人工蚂蚁首先在这些区域内进行正交搜索(寻优),然后在不同的区域之间进行状态转移,最终通过更新各个区域内的信息素浓度以便获得原问题的最优解。这个算法的基本思想即是利用正交试验的方法将待求解最优化问题连续空间进行离散化的处理。

目前,在蚁群优化算法研究领域还诞生了其他一些更新的算法,但是对于这些算法,不能一概而论究竟孰优孰劣,事实上,每一种改进的蚁群优化算法都有适应于各自的应用领域。在本章的最后,我们将主要讨论这些算法的各种不同应用领域,不过在介绍蚁群优化算法适用的应用领域之前,需要对在各种不同的蚁群优化算法中所涉及的控制参数的意义及其设置方式加以讨论,因为这些控制参数对算法的寻优能力和计算效率有着十分重要的影响甚至具有决定性的意义。为此,下一节我们将对此展开讨论。

7.5　蚁群优化算法的控制参数设置

在前面的章节中已经指出,控制参数的设置对蚁群优化算法的寻优能力和计算性能将发挥相当重要的作用。为此,在这一节中,我们将主要讨论在各种蚁群群优化算法中所涉及到的控制参数的意义以及设置方法。首先,介绍在绝大多数蚁群优化算法中所共有的控制参数的意义及其设置方法;然后,介绍在某些蚁群优化算法中所使用的特别的控制参数的意义和设置方法。

◈ 7.5.1　共同控制参数的设置方法

首先讨论与蚁群规模相对应的控制参数,即蚂蚁数目 m,蚁群优化算法的寻优能力和计算效率均受到这个参数的控制。具体来说,如果将控制参数 m 值设置得太大,也就意味着算法在每一轮迭代过程中的计算复杂度很高,并且在蚂蚁经过的边上的信息素浓度的差异较小,因此,在这种情况下,能够加强算法的全局随机寻优能力(全局探索能力),但是,也可能导致算法执行了相当长的时间之后尚不能收敛;反过来,如果将参数 m 值设置得太小,则将会限制算法的全局探索能力,因此将导致算法可能出现早熟现象,尤其是当最优化问题的数据规模非常大时,甚至将有可能会极大地削弱算法的全局探索能力,并进而导致得到的解与真正的最优解相去甚远。从意大利学者 Dorigo 等人的一些仿真实验结果来看,在使用基于蚂蚁系统、基于精华蚂蚁系统、基于排名的蚂蚁系统或基于最大最小蚂蚁系统的蚁群优化算法求解旅行商问题时,参数 m 的取值等于城市结点的数目 n 时,算法具有较好的寻优能力和计算效率;而对于蚁群系统来说,参数 m 的值通常应设置为 10。

接下来讨论反映信息素浓度权重的控制参数 α 和启发式信息权重的控制参数 β 应当怎样设置。不难发现,这两个参数是蚁群优化算法建立信息素机制的决定性参数,将直接影响整个算法的优化能力。具体来说,控制参数 α 的值越小,意味着当前蚂蚁选择最近邻城市作为其下一座访问城市的可能性(概率)越大,表明蚂蚁越注重局部利益(眼前利益),特别地,当参数 α 的值为 0 时,蚁群优化算法蜕变成为随机贪心算法;参数 β 的值越小,则意味着蚂蚁越倾向于根据信息素浓度的大小确定最优路径,因此,算法收敛的速度也就越快,特别地,当 β 的取值为 0 时,蚂蚁构建的最优路径与真正的最优路径将有较大的差距,算法的整体性能比较差。通过 Dorigo 等研究人员的仿真实验表明,对于各种蚁群优化算法而言,通常应将参数 α 的值设置为 1,参数 β 的取值范围是 $[2,5]$ 比较合适。

第三个需要设置的控制参数即为信息素浓度耗散率 ρ，这个参数将会影响不同蚂蚁个体之间的相互作用的强弱，并因此将影响蚁群优化算法的全局寻优能力以及收敛速度。具体来说，如果参数 ρ 的取值比较大，意味着信息素量的耗散速率大，由信息素浓度的更新规则不难看出，那些从未被蚂蚁选择经过的边上的信息素浓度将急剧下降直到接近于 0，极大削弱了算法的全局探索能力；反过来，如果将参数 ρ 的值设置得较小，虽然算法具有较高的全局探索能力，但是由于各个路径上的信息素浓度的差距拉大得比较慢，因此导致算法在相当长的执行时间内难以收敛。Dorigo 等研究人员的仿真实验指出，对于蚂蚁系统和精华蚂蚁系统，应将参数 ρ 的值设置为 0.5；对于基于排名的蚂蚁系统，应将参数 ρ 的值设置为 0.1；对于最大最小蚂蚁系统，应将参数 ρ 的值设置为 0.02；对于蚁群系统，应将参数 ρ 的值设置为 0.1，算法的综合性能较高。

最后一个需要设置的控制参数是初始的信息素浓度 τ_0，这个参数将对蚁群优化算法在初始阶段的探索能力起到决定性作用，并且影响算法整体的收敛速度。具体来说，如果参数 τ_0 的取值太小，则表明未被蚂蚁选择过的边上的信息素浓度太低，以至于随着算法的执行，蚁群中的绝大多数蚂蚁将很迅速地全部集中到一条相对最优路径上去，导致整个算法出现早熟现象；反过来，如果将参数 τ_0 的值设置得太大，意味着信息素浓度对寻优方向的指导作用很不显著，从而导致信息素机制在相当长的时间以内难以建立，因此，算法整体收敛效率很低。Dorigo 等研究人员的仿真实验指出，就蚂蚁系统而言，参数 $\tau_0 = m/C^m$；就精华蚂蚁系统而言，参数 $\tau_0 = (m+e)/(\rho C^m)$；就基于排名的蚂蚁系统而言，参数 $\tau_0 = 0.5 r(r-1)/(\rho C^m)$；就最大最小蚂蚁系统而言，参数 $\tau_0 = 1/(\rho C^m)$；就蚁群系统而言，参数 $\tau_0 = 1/(n C^m)$。其中，以上这些定义式中包含的每个变量符号的含义与 7.3 节和 7.4 节这两节里的相关论述一致。

最后，我们简要地说明一下蚁群优化算法的终止条件。事实上，可以选用不同的衡量标准作为算法的终止条件。例如，可以根据最优化问题的数据规模将蚁群优化算法的最大迭代次数设定为 1000、2000 或 5000 甚至更多，或选用最大的函数评估次数等；也可以使用算法求解得到一个可以被接受的解作为终止条件；或者当算法在经历了相当长一段时间的迭代之后，其寻优结果仍然没有得到任何的改进时，也可以终止算法的执行过程。

◆ 7.5.2　特定控制参数的设置方法

本小节我们将针对仅仅只包含在某些特定的蚁群优化算法中的特定控制参数的意义和设置方法进行简单的说明。第一个特定参数即是只出现在基于排名的蚂蚁系统中的关于释放信息素的蚂蚁数目 w，这个参数值的大小将会影响算法的全局寻优能力以及算法的收敛速度，在这个特定的蚁群优化算法中，通常将参数 w 的值设置为 6 比较合适；第二个特定参数即是只出现在最大最小蚂蚁系统中的进化停滞判定代数 r_s，这一参数值的大小将会影响该算法的全局搜索能力，在这个特定的蚁群优化算法中，通常将参数 r_s 的值设置为 25 比较合适。最后两个特定参数都仅仅只出现在蚁群系统中，它们分别是信息素浓度局部耗散率 λ 以及伪随机因子 r_0。其中，参数 λ 对于蚂蚁在搜索过程中的相互作用强度起着关键性的作用，因此这一参数影响算法的全局搜索能力；控制参数 r_0 对蚁群系统中的探索过程与开发过程这二者之间的平衡起着决定性的作用，因此，这一参数设置得是否合适将对算法的全局探索能力以及算法的收敛性决定性的作用。在蚁群系统中，通常将参数 λ 的值设置为 0.1，并

且将控制参数 r_0 的值设置为 0.9 比较合适。

最后,需要指出的是,以上我们给出的各种蚁群优化算法中所包含的共同的控制参数的设置方法仅仅只是经验之谈,并没有通过严格的数学理论加以证明,因此只能作为参考而已。读者在今后对实际应用优化问题的研究过程中仍然可能需要在此基础上做出相应的调整。

7.6 蚁群优化算法的应用现状

蚁群优化算法自 1991 年由意大利仿生学者 Dorigo 首次提出并且应用于求解旅行商问题以来,已经走过了 30 多年的发展历程。由于该算法具有全局搜索性能较好、较强的鲁棒性、易于使用分布式并行计算实现以及比较容易与其他算法相结合等诸多优点,故近年来,其应用领域不断扩展,如将其应用于车间作业调度问题、车辆路径问题、蛋白质空间构型预测问题、子集问题、网络路由问题、分配问题、模式识别问题、系统辨识问题以及数据挖掘等诸多热点问题或研究领域。这些问题大多数都是组合优化问题中的 NP-HARD 问题,使用传统的优化算法(如线性规划算法、动态规划算法等)难以求解(由于计算复杂度太高,导致数据规模大时计算效率太低)甚至无法求解。于是,各种蚁群优化算法及其改进版本的相继出现,为这些计算难题提供了既高效又有效的解决方法。

本节将依次介绍蚁群优化算法的几个典型的应用领域,有兴趣致力于蚁群优化算法应用研究的学生或研究人员可以此作为基础更加深入地阅读相关的参考文献。首先,我们介绍蚁群优化算法应用的一个领域——车间作业调度问题。

车间作业调度问题(job-shop scheduling problem,JSP)是生产和制造业的关键性问题,这个问题的实质是需要研究怎样在时间上合理分配系统的有效资源,以实现系统既定的目标。一个经典的车间作业调度问题包括一个待加工的零件集合,其中,每一个零件都包含一个工序集合,为了完成各个工序的任务要求,必需在多台机器上执行相应的操作。调度的目的即是为了保证每一个零件都能被合理地分配机床等资源,并且能够合理地安排加工时间,在满足一些实际约束条件的同时达到某些目标的最优化。事实上,车间作业调度问题属于一个典型的 NP-HARD 组合优化问题,其包括的种类非常多,如开放车间问题(open-shop scheduling problem,OSP)、排列流车间问题(permutation flow shop problem,PFSP)、单机器总延迟问题(single machine total tardiness problem,SMTTP)、单机器总权重延迟问题(single machine total weighted tardiness problem,SMTWTP)、资源受限项目调度问题(resource constrained project scheduling problem,RCPSP)、组车间调度问题(group-shop scheduling problem,GSP)、带序列依赖设置时间的单机器总延迟问题(single machine total tardiness problem with sequence dependent setup times,SMTTSDST)等。使用蚁群优化算法在求解不同类别的车间作业调度问题时所表现出来的性能也通常会有一定程度的不同。不过总体而论,蚁群优化算法是对于车间作业调度问题的各种解决方法中性能比较优异的一种,因此,JSP 在蚁群优化算法的应用研究中通常处于一个比较重要的地位。

接下来,我们再介绍蚁群优化算法应用的另一个领域——车辆路径问题。车辆路径问题(vehicle routing problem,VRP)是运输组织优化的关键性问题。这个问题的一般描述如下:对一系列指定的客户(超市),确定车辆配送行驶的路线,使得车辆从货仓(仓储)出发,能够有序地经过一系列客户点，最终返回货仓。要求在满足一定的约束条件下（如车辆载重、客户需求、时间窗口等），使得整个货物输运成本达到最小。从车辆路径问题的描述中，我们不难发现这一问题实际上已经包含了旅行商问题，也就是说，旅行商问题可以看作是车辆路径问题的一个子问题，因为旅行商问题本身就是一个 NP-HARD 问题，所以，车辆路径问题也同样是一个 NP-HARD 问题，而且相较于旅行商问题，这个问题涉及更多的约束条件，因此，车辆路径问题应比旅行商问题更难求解。最近这些年里，研究者和学者们对使用蚁群优化算法求解各种车辆路径问题进行了更加深入地研究，取得了许多丰硕的成果。

目前，蚁群优化算法除了在以上给出的两个领域进行了卓有成效地研究以外，这个群体智能算法还在更广泛的领域也得到了应用研究。这些领域包括分配问题（如二次分配问题、频率分配问题、冗余分配问题、广义分配问题等）、网络路由问题（如有向连接网络路由问题、无连接网络路由问题、光纤网络路由问题等）、子集问题（如集合覆盖问题、集合分离问题、带权约束的图树分割问题、多重背包问题、最大独立集合问题、带权边 l-基数树问题等）、二维格模型蛋白质折叠问题、最短公共超序列问题、模式识别问题、系统辨识问题以及数据挖掘等。

需要指出的是，虽然我们列举了许多能够使用蚁群优化算法求解的问题以及应用领域，但是，这个算法的应用范围绝不仅限于此。读者在解决新的实际应用问题（即使这个问题并不在以上所涉及的范围以内）时，也可以考虑是否可以使用该算法求解，在求解的过程中甚至还可以对原有的算法做进一步地改进，以便获得更好的计算性能。总之，蚁群优化算法的研究才刚刚起步，还远远没有达到成熟的阶段。

 习题7

1. 简述蚁群优化算法的基本思想来源。

2. 什么是自组织系统？谈谈你对自组织系统的理解。

3. 自组织系统在蚁群优化算法中是怎样体现出来的？

4. 蚁群系统在蚂蚁系统的基础上新添加的信息素局部规则有什么作用？

5. 为什么蚁群系统需要使用伪随机比例规则？它的意义何在？

6. 使用 Python 编程语言或 matlab 编程语言上机编写完整的基本蚁群优化算法所对应的程序，实现对 7.3.2 小节中所给出例子的求解。

7. （开放性问题）试设计一个群体智能算法（如蚁群优化算法）求解 $N(N>1000)$ 皇后问题。

第8章 粒子群优化算法

　　假设你和你的伙伴们正在进行寻找宝藏的任务,这个团队内的每一个人都携带着一个金属探测器,并且能够把自己的通信信号以及当前所在的位置传给 n 个与其最邻近的朋友。这样一来,每一个人都可以知道是否有一个邻近的朋友比他更加接近宝藏。如果是这种情况,你就可以朝着这个邻近的朋友移动。这样做的结果将不仅使得你发现宝藏的可能性会大大增加,而且,找到宝藏所需花费的时间和精力也将可能比单个人去找寻大大减少。上述的就是一个通过相互合作逐渐形成一个有机联系的团体,最终圆满完成一个既定目标的典型实例。人们经过大量的研究发现,不仅只是人类具有组建团队完成某项既定任务的能力,许多动物也同样具有形成一个团体去实现一个特定目标的能力。

　　事实上,对于某些动物种群,它们的小组或团体通常一个领导者所控制,这个控制者或领袖通常被称为 α(第一,元首)雄性或雌性。例如,一群狒狒、一群野牛、一群蜜蜂等。为了描述问题方便起见,通常将这些动物成群结队的方式称为群行为或群体行为(swarm behavior)。对于这种出现在许多动物种群中的群体行为的最早期研究来源于 Eugene N. Marais 在 20 世纪初对于南非野生大狒狒的研究。在这些动物种群中,单个个体的行为通常都要受到实施在所在群体等级制度的严格支配。

　　通常可以把群(swarm)定义为某种交互作用的组织或主体(agent)的结构集合。在群智能算法的研究中,需要对动物群体表现出的群行为进行仿真与模拟,因此,我们首先需要从总体上来把握和认识这种群行为。动物群体(如蜂群、鸟群)的全局群行为是由群内的个体的行为通过某种非线性方式形成的。于是,在个体行为与全局群行为之间存在着某种密切的关联。一方面,这些个体的集体行为在一定程度上构成和支配了群行为;另一方面,群行为又决定了个体执行其作用的条件。然而,这些作用甚至有可能会改变周围的环境,从而导致可能会改变这些个体自身的行为及其地位。由群行为决定的条件包括时间和空间这两种模式。群行为也不能仅由独立于其他个体的个体行为所决定。不同个体(主体)之间的相互作用在构建群行为中起到了不可忽视的作用。个体之间的相互作用可以帮助改善对环境的经验知识,增强了到达优化的群进程。个体之间的相互作用或合作是根据遗传学或通过社会交互确定的。例如,个体在解剖学上的结构差异可能分配到不同的任务。在这里,社会交互作用既可以是直接的,也可以是间接的。简单来说,直接交互作用是不同个体之间通过听觉、视觉进行接触;而间接交互作用则是在某一个体改变环境,而其余个体对新的环境做出反应时产生的。

　　群社会网络结构形成了这个群体存在的一个集合,它提供了个体之间交换经验知识的通信通道。群社会网络结构的一个惊人的结果即是它们在建立如最佳蚁巢结构、分配劳力以及收集食物等方面的组织能力。

为了帮助理解同样类别的动物社会的群体动力学,学者们进行了大量的模拟研究。其中,最特别的工作来自于 Reynolds 的 boid 人工鸟仿真模型(即一种典型的多主体仿真模型)。Reynolds 的鸟群仿真形象化地展示了将鸟群作为一个整体看待时的集群涌现行为,之所以能够产生这种行为,主要是由于鸟群作为一个动物社会,带有典型的复杂系统特性,它源自于一些简单规则的相互作用。对鸟群的模拟即是通过模拟单只飞鸟的行为来实现的,其中,每只飞鸟遵循以下三个简单的行为规则:① 群体集中(聚集)规则,其目的是使得每只飞鸟个体都试图保持与周围的同伴亲近;② 避免碰撞(分离)规则,其目的是避免每只飞鸟与邻近的同伴发生碰撞,这是可以通过单只飞鸟个体所在的不同位置来实现的;③ 速度匹配(队列)规则,其目的即使得每只飞鸟个体都与邻近的同伴的速度相匹配,这样即可避免碰撞。事实上,我们还可以从另外一个角度来理解以上这三个规则,具体分析如下。

规则①,即群体集中规则,体现了一种秩序的力量,它是使得一个鸟群这个群体的行为变得复杂必须依靠的力量。规则②,即避免碰撞规则,体现了另一种与秩序截然相反的力量,即无序(或混沌)的力量。在上一章中我们曾经介绍过一个结论:复杂处于秩序和混沌的边缘,也就是说,要想实现将多个个体整合起来建立一个复杂系统,就必须借助于秩序和混沌这两股力量,缺一不可。因此,秩序和混沌是产生复杂系统(或复杂行为)的必要条件,但毕竟还不是充要条件,也就是说,如果只有以上这两个规则,还不足以使鸟群的行为变得复杂,因此,必须增加规则③,即速度匹配规则,它的作用即是对于秩序和混沌这两种力量的平衡,也就是说,只有当秩序和混沌这两股势力处于一种均衡状态时,系统才能体现出一种复杂性,于是,才有可能产生涌现的现象或行为。速度匹配规则恰好体现出了对群体集中规则和避免碰撞规则的平衡,因此,将这三个规则作为基本规则对鸟群进行演化,最终即可使得鸟群产生一种集群涌现行为,这种行为通常对于目标搜索、单目标优化任务甚至多目标优化任务等都能起到非常精确地模拟作用。

粒子群优化(particle swarm optimization)算法的基本思想即是建立在对鸟群社会的集群涌现行为进行仿真模拟的基础之上的,它是一种模拟自然界中的生物活动以及群体智能的随机搜索算法。因此,从一方面来说,粒子群优化算法充分汲取了人工生命(artificial life)、鱼群学习(fish schooling)、鸟群觅食(birds flocking)以及群理论(swarm theory)等的思想,而在另一方面,又具有演化计算的特点,二者都试图在自然特性的基础之上对由个体构成的种群的适应性进行模拟,因此,它同遗传算法、演化策略、演化规划等算法一样具有相似的搜索过程和优化能力,尽管如此,粒子群优化算法的思想渊源毕竟还是具有一定的独特性,不可混同于这些演化计算方法。粒子群概念的最早期含义即是通过图形来模拟鸟群优美的舞蹈动作以及不可预知的飞行轨迹,发现鸟群支配同步飞机和以最佳队形突然调整飞行方向并且重新进行飞行编队的能力。这个概念后来已经被包含在一个简单的且有效的优化算法之中了。

本章我们将对粒子群优化算法展开讨论,从这个算法的思想起源、基本流程、改进方法、参数设置以及算法的应用研究等诸多方面、诸多层次向读者依次展现现阶段与粒子群优化算法相关的各种知识及研究前景。

粒子群优化算法概述

◆ 8.1.1 PSO 算法的思想来源

粒子群优化算法(particle swarm optimization algorithm,PSOA)作为演化计算的一个分支,是由 Kennedy(肯尼迪)与 Eberhart(埃伯哈特)这两位学者于 1995 年提出的一种全局搜索算法,同时它也是一种模拟大自然的生物活动以及群体智能的随机搜索算法。其中,Kennedy 是一位社会心理学家,Eberhart 是一名电子电气工程师。他们最初在合作研究粒子群优化算法的时候,其目标即是为了将社会心理学领域中的人体认知、社会影响以及群体智慧等诸多方面的思想融入规律性和组织性非常强的群体行为中去,以至于能够开发一种可以被应用于工程实践的优化工具和优化模型。

Kennedy 与 Eberhart 经过长期的探索研究,提出了一个基于社会心理学模型中的社会影响和社会学习的粒子群优化思想。粒子群(particle swarm,PS)中的任何一个个体皆遵循一种简单的行为方式,也就是分别效法它们各自邻居的成功经验,从而使得表现出来的集体行为(累积行为)是搜寻到一个高维空间的最佳区域。无独有偶,社会生物学家 Wilson 早在20 世纪 70 年代也曾经提出过下面的假说,即至少从理论的角度讲,在群体觅食的过程中,群体中的每一个个体都将会受益于全体成员在这个过程中所发现和累积的经验。甚至Kennedy 与 Eberhart 也曾指出,当他们在设计粒子群优化算法时,除了考虑模拟生物的群体活动以外,更重要的是融入了个体认知(self-cognition)和社会影响(social-influence)这些社会心理学的理论。由此可见,粒子群优化算法是 Kennedy 等学者在结合了自身研究领域的优势与受到了 Wilson 的早期假设启发之后而产生的成果。然而,粒子群优化模型的设计思想主要来源于 1987 年 Reynolds 的工作(前面已经简要地论述过)。一个经过简化的社会模型被发展出来实现了确定最近邻和速度匹配行为。最初建立仿真模型的意图即是要模拟一群鸟在空中进行优雅地飞行(群体集中规则)并且展示其不可预测的舞蹈之术(避免碰撞规则)。仿真模型在一个环形像素网格中随机初始化鸟群中各只鸟的位置,在每一次迭代的过程中,每一个个体确定出它的最近邻的邻居并且使用邻居速度取代它原来的速度。这种简单的行为将必定会导致鸟群的同步行动(行为),但是,这样一来立即将会产生一个问题:即作为一个整体的鸟群将会在很短的时间内集中到一个一致不变的飞行方向上,如果这个方向并非是寻找食物源的正确方向,就会引起严重的误差,从而导致最终无法实现既定目标,因此,为了更好地完成特定任务,必须在原有模型的基础上引进一种所谓的"疯狂因子",它的主要作用即是对各只鸟的当前速度起到随机调整的作用。

为了在原有仿真模型的基础上做进一步地发展,20 世纪 90 年代初,动物学家 Heppner和 Grenander 对动物的群体活动规律进行了长期深入的研究,包括大规模群体同步集合、突然改变方向以及规律的分散与重组等相关的机制和内在的规律。其中有许多的研究成果都为粒子群优化算法的发明奠定了思想来源和理论基础。例如,他们提出的"雄鸡"概念通过对个体经历的最优点和邻居经历的最优点的记忆的方式加入进来,称为"玉米田"。个体最优点表示从仿真开始,被这个个体经历过的最好的位置;而邻域最优点则表示被这个个体的所有邻居都经历过的最佳的位置。通常将这两个最优点作为吸引子。根据一些比较简单的规则,按照相应的比例利用最优点与当前点(当前位置)之间的距离来调整粒子的位置,就能够使得群体在一定的迭代次数内聚集到目标附近。这种行为的产生甚至可以不依赖于疯狂因子和速度匹配。最后合成的模型被称为粒子群优化模型(particle swarm optimization model)。

◆　**8.1.2　PSO算法的基本原理**

在上一小节提到的粒子群优化模型中,个体被称为"粒子"是一个折中的选择,理由是既需要将个体描述为没有体积、没有质量,同时又需要它的速度和加速飞行状态。粒子群中的"群"意指种群,种群被用于此主要是因为删除了速度匹配机制(如前所述,它是平衡秩序的力量和混沌的力量这两者的关键机制)的缘故,但是,这种机制对于系统能够通过自组织行为从一种无序的状态逐渐演化成为自组织系统(即所有的粒子都到达目的地这种涌现现象)是不可或缺的。因此,必须找到能够取代速度匹配机制并与之等效的机制。

为了后面叙述方便起见,我们可以将前面曾经提到过的群体行为从无序转化为自组织行为所必需依赖的三个规则,即群体集中规则、避免碰撞规则以及速度匹配规则分别对应为集中机制、分散机制和平衡机制。也就是说,对于任何由具有相同性质(单一同质)的个体所组成的群体(如鸟群、蜂群、鱼群等),要想使之产生涌现,即成为一个自组织系统,必需在这个群体内部有形成以上三种机制的内生动力,这种动力只能通过在群体中每一个个体的自身演化行为方式逐渐体现出来。仿生学家通过长期的探索与研究发现,如果要在由单一同质的个体组成的群体中通过个体的演化产生形成以上三种机制的动力机制,就必须符合下述五项原则:① 邻近原则,群体能够进行比较简单的时间和空间计算;② 品质原则,群体能够响应环境中的品质因子;③ 多样性响应原则,群体的行动范围不应太过狭小;④ 稳定性原则,群体不应在每次环境变化时都更改自身的行为;⑤ 适应性原则,在所需代价不太高的情况下,群体能够在适当的时候调整自身的行为。

以上这些原则也是在多主体建模时应当遵循的原则,具体来说,多维空间计算是在一系列时间点上进行的,这遵循了邻近原则;多主体对品质因子的响应是以个体最优位置和邻居最优位置表现出来的,这遵行了品质原则;个体最优位置和邻居最优位置之间的相应比例确保了响应的多样性;多主体只在个体最优点和整体最优点发生变化时才改变其状态,这遵行了稳定性原则;最后,多主体体现出了自适应的行为,因为其组成的群体的状态随着个体最优点和整体最优点的改变而做相应的改变。

粒子群优化算法的设计思想主要来源于对自然界中鸟群觅食现象的观察以及对多主体建模方法的借鉴。通过对大自然中鸟群捕食的过程进行观察,人们不禁会问:小鸟们是通过怎样的机制寻找食物的呢?生物学家给出了简单的回答,即捕食的鸟群都是通过每一只鸟自己的探索与群体的合作最终发现食物所在位置的。具体来说,我们可以设想如下情景,即一群分散的鸟在进行随机地飞行觅食活动,它们不知道食物所在的具体位置,但是有一种间接的机制(如食物香味的浓度等)会让小鸟知道它当前的位置距离食物源的距离。于是,每只小鸟将会在飞行的过程中不断记录和更新它曾经到达的距离食物源的最近的位置,与此同时,它们通过信息交流的方式来比较大家所找到的最佳位置,并且据此能够得到一个当前整个群体已经找到的最好位置。这样一来,各只小鸟在飞行的时候就有了一个引导的方向,同时它们也将会结合自己的经验(个体认知)和鸟群整体的经验(社会影响),通过不断地调整自己的飞行速度以及所在位置,从而使之不断找到更加接近食物的位置,最终使得整个群体聚集到食物源所在的位置。鸟群捕食现象的示意图如图 8-1 所示。

因此,从本质上来说,鸟群觅食行为仍然是一种自组织行为,对于鸟群中的每一只鸟来说,都要受到两种力量的制约:一种力量为群体的经验,这种力量根本上体现出了一种秩序的力量;另一种力量为自己的经验,这种力量从鸟群整个群体的角度来看则体现出了一种混沌(无序)的力量。从复杂系统的角度理解,对于鸟群这个群体来说,如果偏向于其中任何一种力量,都将意味着很有可能无法觅得食物源。因此,比较适当的做法是想方设法找到平衡这两种力量的最佳适应点。当然,在大自然中,参与捕食活动的鸟群中的每一只鸟都可以通过其本能很好地平衡有序和无序这两种力量,使鸟群整体经过一段时间之后形成一个自组织系统(既不是在很短的时间以内就建立起自组织系统,也不是在经历了相当长的时间之后仍然无法建立起自组织系统),从而最终可以捕获食物。

在粒子群优化算法中,首先将鸟群中的每一只小鸟都抽象化为一个"粒子",通过随机生成一定规模的粒子作为问题搜索空间的可行解,然后进行迭代寻优,获得优化结果。与单只小鸟类似,每个粒子都具有位置和速度,可以根据最优化问题定义的适应度函数确定当前每一个粒子的适应值,然后反复进行迭代,并且根据粒子自身的历史最优解和群体的全局最优解来调整粒子当前的飞行速度以及引导粒子在下一个时刻应该到达的位置,通过这一过程让粒子在搜索空间中不断地进行"探索"和"开发"的工作,最终获得全局最优解(或近似全局最优解)。执行粒子群优化算法的模拟示意图如图 8-2 所示。

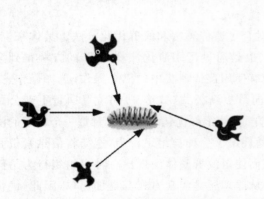

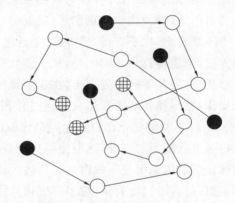

图 8-1　鸟群捕食现象的示意图　　　图 8-2　粒子群优化算法执行示意图

根据图 8-1 和图 8-2 不难看出,鸟群觅食活动与粒子群优化算法之间存在着某种内在的本质同构性,也就是说,可以使用粒子群优化算法来模拟鸟群觅食活动。下面,我们将鸟群觅食过程中所包含的六个要素分别与组成粒子群优化算法中的六个要素逐一对应起来:① 鸟群与搜索空间内的一组可行解(表现为种群规模 N)相对应;② 觅食空间与最优化问题的搜索空间(表现为维数 D)相对应;③ 第 $i(i=1,2,\cdots,N)$ 只鸟的飞行速度与可行解的速度向量 $v_i=(v_i^1,v_i^2,\cdots,v_i^D)$ 相对应;④ 第 i 只鸟的所在位置与可行解的位置向量 $x_i=(x_i^1,x_i^2,\cdots,x_i^D)$ 相对应;⑤ 第 i 只鸟的个体认知与社会影响与第 i 个粒子根据自身历史最优位置以及群体所处的全局最优位置不断地调整自己当前的速度和位置相对应;⑥ 鸟群觅到食物的结果与算法结束,并且输出(近似)全局最优解相对应。

粒子群优化算法的实现方式

◆ 8.2.1 PSO 算法的基本流程

粒子群优化(PSO)算法要求在粒子群(群体)中的每一个粒子(个体)在演化的过程中自始至终维护两个向量,即速度向量 $v_i=(v_i^1,v_i^2,\cdots,v_i^D)$ 和位置向量 $x_i=(x_i^1,x_i^2,\cdots,x_i^D)$,在这里,$i(i=1,2,\cdots,N)$ 表示粒子的编号,D 表示待求解问题的解向量的维数。一方面,粒子的速度决定了它的演化过程,即决定了该粒子的运动方向及其速率;另一方面,粒子的位置则体现出了该粒子所表示的解在 D 维解空间中的位置,据此,它也成为衡量这个解的质量优劣的基础。与此同时,粒子群优化算法还要求每一个粒子各自记录一个自身在演化过程中的历史最优位置向量,通常使用 PersonalBest 表示,或将其简记为 pBest。也就是说,每个粒子在各自的演化过程中,如果粒子到达了某个使得其适应值更好的更优位置,那么就将当前这个新的位置记录到该粒子的历史最优位置向量中,并且如果粒子能够不断找到适应值更好的更优位置,则该历史最优位置向量也将被不断更新。除此以外,粒子群作为一个整体还需要记录另一个位置向量,即全局最优位置向量,通常使用 GlobalBest 表示,或简记为 gBest,代表粒子群中全体粒子的 pBest 中最优的那个位置向量。每个粒子均是受到这两个位置向量的共同作用不断展开各自的演化过程,从而使得所有的粒子组成的群体最终能够到达正确的目的地,即找到全局最优解(或近似全局最优解)。

不难看出,粒子群优化算法在设计思想上融合了遗传算法和蚁群优化算法。具体来说,一方面,与遗传算法相同的是,粒子群优化算法也是通过运用演化计算(EC)的方法得到全局最优解,但其不同之处在于,在这个算法中没有使用遗传算法中的三个操作(选择操作、交配操作、变异操作),而仅仅只是通过使用速度向量更新公式(式 8-1)和位置向量更新公式(式 86-2)不断地演化而得到全局最优解;另一方面,粒子群优化算法通过对每一个粒子的演化行为进行适当的引导,逐渐使得整个粒子群涌现出了一种自组织行为,这与将信息素机制这种正反馈机制引进到蚁群优化算法设计中从而使得蚁群整体涌现出一种自组织行为是何其相似,与其不同之处是,粒子群优化算法无论从原理还是实现方式都更加简单,因此,优化性能更加强大。

$$v_i^k = wv_i^k + c_1\,\mathrm{random}_1^k(\mathrm{pBest}_i^k - x_i^k) + c_2\,\mathrm{random}_2^k(\mathrm{gBest}_i^k - x_i^k) \qquad (8\text{-}1)$$

$$x_i^k = x_i^k + v_i^k \qquad (8\text{-}2)$$

粒子群优化算法的具体实现步骤如下。

(1)对粒子群中的全体粒子(个体)进行初始化:① 随机设定各个粒子的速度和初值(在解向量空间的范围以内);② 将各个粒子的历史最优位置向量 pBest 对应设置为各个粒子当前所处位置;③ 通过适应度函数计算当前各个粒子的适应值;④ 根据适应值的大小选出最优位置向量的粒子,并且将其位置向量设定为当前的全局最优位置向量 gBest。

(2)在每一代的演化过程中,分别计算每一个粒子的适应度函数值。

(3)如果该粒子当前的适应度函数值优于其历史最优值,那么就将该粒子的历史最优值更新为当前最优值,并且将历史最优速度向量和历史最优位置向量分别用该粒子当前的速度向量和位置向量取代。

（4）如果某个粒子的历史最优值比当前的全局最优值还要好，那么全局最优值将被这个粒子的历史最优值所取代，并且将当前的全局最优速度向量和全局最优位置向量分别用这个粒子的历史最优速度向量和历史最优位置向量所替代。

（5）对于编号为 $i(i=1,2,\cdots,N)$ 的粒子的第 $k(k=1,2,\cdots,D)$ 维的速度和位置分别根据前面的速度更新公式（8-1）和位置更新公式（8-2）进行计算更新。

（6）如果还没有满足 PSO 算法的结束条件，就转回到步骤（2）；否则，输出当前的 gBest 并结束。

在前面的速度向量更新公式（8-1）中，控制参数 w 是惯性权重因子（inertia weight factor），就单个粒子而言，它表示每一个粒子保持当前飞行状态的程度，但是，如果将所有的粒子看成一个系统（实际上就是如此），那么，这个参数 w 实际上体现了粒子群作为一个系统无序的程度。事实上，由于在粒子群演化的初始阶段，各个粒子的飞行状态是完全随机设置的，因此，粒子群作为一个整体几乎处于完全无序的状态，随着粒子群演化过程的逐渐展开，即粒子群优化算法迭代的次数逐渐增多，无序的程度将会逐渐减小，因此，参数 w 的取值应该由大逐渐变小，但是不能为 0，因为这个参数的另一个作用是为整个粒子群系统逐渐形成分散机制提供依据，一般来说，在初始阶段通常将 w 的值设置为 0.9，然后，随着演化过程的逐渐深入，将其值线性递减到 0.4。

控制参数 c_1 和 c_2 是加速系数（acceleration coefficients），有时也称为学习率，它们分别表示向自己学习和向群体学习的程度，random_1^k 和 random_2^k 则分别是区间 $[0,1]$ 上的两个随机数（在后面讲到粒子群优化算法的执行步骤时将这两个随机数分别简记为 r_1 和 r_2）。通常将 $c_1\text{random}_1^k$ 称为自我认知因子（self-cognition factor），而将 $c_2\text{random}_2^k$ 称为社会影响因子（social influence factor）。这两个因子对粒子群的演化进程将起着至关重要的作用，对于粒子群整体来说，自我认知因子体现出来的是一定程度上的无序性，而与之相反，社会影响因子体现出来的则是一定程度上的有序（秩序）性。为此，当我们在设置参数的值时必须注意怎样在这两者之间保持一种平衡（形成一定的张力），也就是说，既不能使粒子群系统过于无序，也不能使之过于有序。因为如果过于无序，将会导致系统经过相当长时间的演化之后都很难成为一个自组织系统；反过来，如果过于无序，则将会导致粒子群系统还没有相当充分地遍历过所有可能出现的状态就形成了自组织系统，正因如此，这个自组织系统很有可能是极不完美的，即我们通过这个涌现生成的自组织系统所得到的解几乎不可能是全局最优解，甚至距离全局最优偏差很大。经过大量的仿真实验的结果表明，通常将 c_1 和 c_2 这两个参数值设置为 0.2 比较合适。

在这里需要强调指出的是，在对粒子当前的速度向量和位置向量进行更新操作的过程中，粒子群优化算法通常使用一个由用户自己设置的速度向量 $V_{\max}$ 限制每个粒子的飞行速度范围，一般来说，$V_{\max}$ 的任意第 k 维速度分量 $V_{\max}^k(k=1,2,\cdots,D)$ 可以取相应维速度分量的取值范围的 $10\%\sim20\%$。此外，位置向量更新公式（8-2）中的位置更新必须是合法的，在这里，合法是指位置向量中的每一个分量必须在解空间每一维规定的取值范围以内。因此，在每次进行位置向量更新操作之后，都必须检查更新之后的位置向量是否在待求解问题的解空间中，如果在，则不需要做任何额外的工作；否则，必须对经过更新之后的位置向量进行修正，为了简化起见，通常的修正方法可以是重新随机设置或者直接限制在解空间的边界上。当然，读者还可以根据实际情况选择其他的修正方法。

下面,我们给出粒子群优化算法的算法流程和伪代码描述如图 8-3 所示。

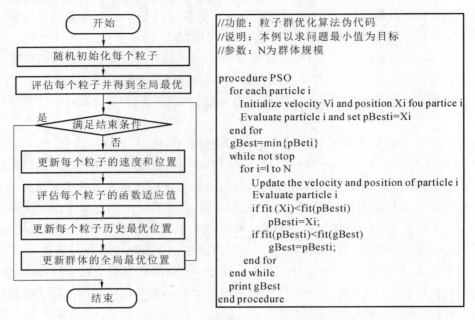

图 8-3　粒子群优化算法的流程图与伪代码描述

◆ 8.2.2　PSO 算法的应用实例

下面,我们通过一个最简单的关于函数优化的应用例子,说明粒子群优化算法的执行过程。

令多元连续函数 $y=f(x_1,x_2,x_3,x_4)=x_{12}+x_{22}+x_{32}+x_{42}$,其中,$-10 \leqslant x_1,x_2,x_3,x_4 \leqslant 10$,现在,使用粒子群优化算法求解多元函数 y 的最小值。

由于以上给出的函数 $y=f(x_1,x_2,x_3,x_4)$ 包含有四个自变量,因此,粒子群优化算法中所需要使用的速度向量和位置向量皆应是四维向量,也就是说,这个函数的最小值所对应的点应该是带有边界的四维空间里的点,这里的解空间由约束条件 $-10 \leqslant x_1,x_2,x_3,x_4 \leqslant 10$ 确定。为了描述简化起见,在这里我们仅仅只给出了粒子群中的各个粒子根据速度向量更新公式(式 8-1)和位置向量更新公式(式 8-2)进行第一轮演化计算的过程,相应的控制参数及取值方式如下:w 为惯性权重因子,通常将其设置为区间 $[0,1]$ 上的数,首轮演化计算时将其设置为 0.9;c_1 和 c_2 为加速系数,通常设置为固定值 2.0;r_1 和 r_2 为区间 $[0,1]$ 上的随机数,可以通过伪随机数生成函数 random(0,1) 进行设置。具体计算步骤如下。

步骤 1　初始化。

不失一般性,假设粒子群的规模 $N=6$;首先在搜索空间中随机地初始化每一个可行解的速度向量和位置向量;然后,计算适应度函数值;最后,求得每一个粒子的历史最优位置向量以及整个粒子群的全局最优位置向量,计算过程如下。

particle$_1$:$v_1=(3,1,-4,-5)$,$f_1=7^2+(-1)^2+2^2+(-3)^2=63$

$x_1=(7,-1,2,-3)$,pBest$_1=x_1=(7,-1,2,-3)$

particle$_2$:$v_2=(-1,4,-5,3)$,$f_2=(-6)^2+3^2+5^2+(-2)^2=74$

$x_2=(-6,3,5,-2)$,pBest$_2=x_2=(-6,3,5,-2)$

particle$_3$：$v_3 = (-5,-3,4,5)$，$f_3 = 8^2 + 0^2 + (-5)^2 + (-3)^2 = 98$

$x_3 = (8,0,-5,-3)$，pBest$_3 = x_3 = (8,0,-5,-3)$

particle$_4$：$v_4 = (2,-4,6,-3)$，$f_4 = (-5)^2 + 3^2 + (-4)^2 + 2^2 = 54$

$x_4 = (-5,3,-4,2)$，pBest$_4 = x_4 = (-5,3,-4,2)$

particle$_5$：$v_5 = (-6,1,2,-4)$，$f_5 = 6^2 + (-1)^2 + (-3)^2 + 4^2 = 62$

$x_5 = (6,-1,-3,4)$，pBest$_5 = x_5 = (6,-1,-3,4)$

particle$_6$：$v_6 = (4,-3,-5,3)$，$f_6 = (-4)^2 + (-3)^2 + 6^2 + 3^2 = 70$

$x_6 = (-4,-3,6,3)$，pBest$_6 = x_6 = (-4,-3,6,3)$

gBest $=$ pBest$_4 = (-5,3,-4,2)$

步骤 2　对各个粒子的速度向量和位置向量进行更新操作。

每个粒子根据自身的历史最优位置向量和全局最优位置向量，调整自己的速度向量和速度向量和位置向量。

particle$_1$：$v_1 = wv_1 + c_1 r_1 (\text{pBest}_1 - x_1) + c_2 r_2 (\text{gBest} - x_1)$

经过更新之后的速度向量为：

$$v_1 = 0.9 \times (3,1,-4,-5) + 2.0 \times 0.2 \times [(-5,3,-4,2) - (7,-1,2,-3)]$$
$$= (-2.1,2.5,-6.0,-2.5)$$

经过更新之后的位置向量为：

$$x_1 = x_1 + v_1 = (7,-1,2,-3) + (-2.1,2.5,-6.0,-2.5)$$
$$= (4.9,1.5,-4.0,-5.5)$$

particle$_2$：$v_2 = wv_2 + c_1 r_1 (\text{pBest}_2 - x_2) + c_2 r_2 (\text{gBest} - x_2)$

经过更新之后的速度向量为：

$$v_2 = 0.9 \times (-1,4,-5,3) + 2.0 \times 0.4 \times [(-5,3,-4,2) - (-6,3,5,-2)]$$
$$= (-0.1,3.6,-11.7,5.9)$$

经过更新之后的位置向量为：

$$x_2 = x_2 + v_2 = (-6,3,5,-2) + (-0.1,3.6,-11.7,5.9) = (-6.1,6.6,-6.7,3.9)$$

particle$_3$：$v_3 = wv_3 + c_1 r_1 (\text{pBest}_3 - x_3) + c_2 r_2 (\text{gBest} - x_3)$

经过更新之后的速度向量为：

$$v_3 = 0.9 \times (-6,1,2,-4) + 2.0 \times 0.7 \times [(-5,3,-4,2) - (8,0,-5,-3)]$$
$$= (-22.7,1.5,5.0,11.5)$$

经过更新之后的位置向量为：

$$x_3 = x_3 + v_3 = (8,0,-5,-3) + (-22.7,1.5,5.0,11.5) = (-14.7,1.5,0.0,8.5)$$
$$= (-10,1.5,0.0,8.5)$$

> **注意：**
> 对于越界的位置向量，需要进行合法性的修正（调整）。

particle$_4$：$v_4 = wv_4 + c_1 r_1 (\text{pBest}_4 - x_4) + c_2 r_2 (\text{gBest} - x_4)$

经过更新之后的速度向量为：

$$v_4 = 0.9 \times (2,-4,6,-3) = (1.8,-3.6,5.4,-2.7)$$

经过更新之后的位置向量为

$$x_4 = x_4 + v_4 = (-5,3,-4,2) + (1.8,-3.6,5.4,-2.7) = (-3.2,-0.6,1.4,-0.7)$$

particle$_5$: $v_5 = wv_5 + c_1 r_1 (\text{pBest}_5 - x_5) + c_2 r_2 (\text{gBest} - x_5)$

经过更新之后的速度向量为：

$$v_5 = 0.9 \times (-6,1,2,-4) + 2.0 \times 0.1 \times [(-5,3,-4,2) - (6,-1,-3,4)]$$
$$= (-7.6,1.7,1.6,-4.0)$$

经过更新之后的位置向量为：

$$x_5 = x_5 + v_5 = (6,-1,-3,4) + (-7.6,1.7,1.6,-4.0) = (-1.6,0.7,-1.4,0.0)$$

particle$_6$: $v_6 = wv_6 + c_1 r_1 (\text{pBest}_6 - x_6) + c_2 r_2 (\text{gBest} - x_6)$

经过更新之后的速度向量为：

$$v_6 = 0.9 \times (4,-3,-5,3) + 2.0 \times 0.6 \times [(-5,3,-4,2) - (-4,-3,6,3)]$$
$$= (2.4,4.5,-16.5,1.5)$$

经过更新之后的位置向量为：

$$x_6 = x_6 + v_6 = (-4,-3,6,3) + (2.4,4.5,-16.5,1.5) = (-1.6,1.5,-10.5,4.5)$$
$$= (-1.6,1.5,-10,4.5)$$

> **注意：**
> 对于越界的位置向量，需要进行合法性的修正。

■ **步骤 3**　对各个粒子的适应度函数值进行评价。

对每一个粒子的历史最优位置向量以及粒子群整个群体的全局最优位置向量进行更新操作。

particle$_1$: $f_1^* = 4.9^2 + 1.5^2 + (-4.0)^2 + (-5.5)^2 = 72.51 > f_1 = 63$

历史最优适应度函数值 $f_1 = 63$，历史最优位置向量 $\text{pBest}_1 = (7,-1,2,-3)$。

particle$_2$: $f_2^* = (-6.1)^2 + 6.6^2 + (-6.7)^2 + 3.9^2 = 140.87 > f_2 = 74$

历史最优适应度函数值 $f_2 = 74$，历史最优位置向量 $\text{pBest}_2 = (-6,3,5,-2)$。

particle$_3$: $f_3^* = (-10)^2 + 1.5^2 + 0.0^2 + 8.5^2 = 174.50 > f_3 = 98$

历史最优适应度函数值 $f_3 = 98$，历史最优位置向量 $\text{pBest}_3 = (8,0,-5,-3)$。

particle$_4$: $f_4^* = (-3.2)^2 + (-0.6)^2 + 1.4^2 + (-0.7)^2 = 13.05 < 54 = f_4$

历史最优适应度函数值 $f_4 = f_4^* = 13.05$，历史最优位置向量 $\text{pBest}_4 = (-3.2,-0.6,1.4,-0.7)$。

particle$_5$: $f_5^* = (-1.6)^2 + 0.7^2 + (-1.4)^2 + 0.0^2 = 5.01 < 62 = f_5$

历史最优适应度函数值 $f_5 = f_5^* = 5.01$，历史最优位置向量 $\text{pBest}_5 = (-1.6,0.7,-1.4,0.0)$。

particle$_6$: $f_6^* = (-1.6)^2 + 1.5^2 + (-10)^2 + 4.5^2 = 125.06 > f_6 = 70$

历史最优适应度函数值 $f_6 = 70$，历史最优位置向量 $\text{pBest}_6 = (-4,-3,6,3)$。

全局最优适应度函数值 5.01，全局最优位置向量 $\text{gBest} = \text{pBest}_5 = (-1.6,0.7,-1.4,0.0)$。

■ **步骤 4**　如果满足算法结束条件（迭代次数达到预先设定要求或优化结果已经满足预先设定的误差范围），就输出全局最优结果并结束粒子群优化算法的执行过程；否则，转回至步骤 2 继续执行算法。

8.3 粒子群优化算法的改进研究

由于粒子群优化算法具有高效实用性和简单易用性，因此，这个群智能算法自从提出以来，受到了广泛关注，科研人员对其进行了反复的改进和深入研究，与此同时也被运用到了越来越多的领域之中。

值得一提的是，Eberhart 等学者们于 2004 年在演化计算的国际顶级期刊 *IEEE Transactions on Evolutionary Computation* 上发起并组织了一个关于粒子群优化算法的研讨专刊（Special Issue）。在卷首语中，Eberhart 等人在描述粒子群优化算法研究与进展的时候提到了与粒子群优化算法相关的五个热点和难点问题。这五个问题分别是：PSO 算法的理论研究、PSO 算法的参数研究、PSO 算法的拓扑结构研究、PSO 算法与其他优化算法结合起来形成的混合算法的研究以及 PSO 算法的应用研究。

其中，PSO 算法的理论研究旨在针对现有的粒子群优化算法展开理论分析研究，试图从数学推导上证明这个群智能算法具有收敛性，并据此能够确保通过执行这个算法能够获得全局最优解（只要基本算法中的控制参数设置得合适）。这种理论研究已经从早期的静态分析，逐步发展到动态分析，因此，对保证算法的优化性能提供了比较可靠的理论依据，当前，需要进一步从理论上证明粒子群算法的寻优性能和收敛性能。由于粒子群优化算法中使用了惯性权重因子 w、加速系数 c_1 和 c_2、最大速度、粒子群规模等控制参数。参数分析试图通过研究这些参数对该算法的探索（exploration）性能（通常也称为全局搜索性能）和开发（exploitation）能力（通常也称为局部搜索性能）的影响，以便于找出更好的参数设置或者自适应调整参数的方法，提高算法的执行效率。总而言之，PSO 算法的参数研究希望从实验的角度理解粒子群优化算法的运行机制，从而达到提高算法性能的目标。粒子群优化算法有全局版本和局部版本的区别，二者的差别在于对单个粒子的速度向量进行更新的时候究竟是使用整个粒子群最优的粒子作为标准还是以局部邻居中最优的粒子作为标准。由这两种标准形成了两种不同的拓扑结构，并进而将影响粒子群优化算法的探索能力和开发能力。总之，PSO 算法的拓扑结构研究希望通过研究不同的粒子群拓扑结构，平衡该算法的探索能力和开发能力。尽管粒子群优化算法本身具有收敛速度快的优点，但是这个算法极易陷入局部最优（PSO 算法极易早熟）的情况。因此，混合算法引入了演化计算中的相关算子，如遗传算法中的选择算子、交叉算子以及变异算子等，或者引入其他一些增强算法多样性的技术，以提高算法的性能。总之，PSO 算法与其他优化算法结合起来形成的混合算法的研究希望通过在原本的 PSO 算法基础之上引进一些附加的算子，以便于提高粒子群的多样性，并借此提高粒子群优化算法的计算性能。由于 PSO 算法既有性能高效的特点，又有简单易用的优点，因此，这一算法目前已经得到了相当广泛的应用。传统的应用领域主要以求解连续领域的最优化问题居多。但是，近年来，有一种趋势是将 PSO 算法通过离散化的手段应用到研究离散组合优化问题中来，使得 PSO 算法的应用领域能够得到进一步扩展。总之，人们希望通过将粒子群优化算法应用到各种不同的实际应用领域，不断在实践中检验 PSO 算法的计算能力和寻优结果。

因此，我们可以这样说，2004 年的期刊 *Special Issue on Particle Swarm Optimization* 对粒子群优化算法的研究、发展及其应用起到了承前启后的作用。首先，它对 1995 年以来的有关 PSO 算法的研究进展以及研究成果逐一进行了比较全面和具体的综述和评价;其次,其上发表的七篇文献对 PSO 算法进行了比较全面和系统的拓展与完善,使得 PSO 算法的性能更加高效,并且其应用范围更加广泛;最后,它为粒子群优化算法的进一步发展和研究提供了更高的起点,并且指出了该算法未来的发展方向。

从 1995 年提出 PSO 算法至今,PSO 算法已经经过了 20 多年的发展和完善,无论是从有关的算法理论研究,还是从算法的改进和应用领域的拓展都已获得了非常多的成果和很大的进展。无论是从研究人员的规模、发表的论文数量还是相关网络上共享的信息资源,发展速度都颇为惊人。总而言之,粒子群优化算法已经得到了国际学术界的广泛承认和一致认可。例如,ACM 和 IEEE 等的国际学术期刊和国际会议都对 PSO 算法及其相关领域的发展和研究皆给予了高度关注。

与此同时,与粒子群优化算法相关的学术文章也层出不穷,其中,比较有代表性的文章分别在 2001 年和 2004 年的 IEEE 演化计算国际会议以及 2007 年的 ACM 遗传与演化计算国际会议上发表。同时,在 *Natural Computing* 和 *IEEE Transactions on Evolutionary Computation* 等国际著名期刊上也收录了与粒子群优化算法的理论研究进展和实际应用进展的相关文章。同时,与 PSO 算法的理论研究相关的著作也随之诞生。这些文献和著作的出现为广大研究人员、学者、甚至对人工智能算法有兴趣的读者们了解和掌握粒子群优化算法研究的最新进展、动态以及相关领域的应用和发展趋势提供了重要的参考资料。除此以外,关于 PSO 算法的网络资源也在日益增多。例如,Particle Swarm Central 即是一个专门对粒子群优化以及 PSO 算法的研究进展和最新研究动态进行跟踪的网站(http://www.particleswarm.info),并且这个网站收集和整理了许多与 PSO 算法研究相关的资源,包括对 PSO 算法研究中的热点和难点问题以及各种版本的 PSO 算法设计的源代码等。

◆ 8.3.1 PSO 算法的理论研究进展

关于粒子群优化算法(又称为传统粒子群优化算法,或简称为 TPSO 算法)的数学基础、稳定性以及收敛性的研究,最早出现的比较有权威性的研究成果有法国数学家 Clerc 和 Kennedy 于 2002 年合作的一篇文献 *The particle swarm-explosion, stability and convergence in a multidimensional complex space*。除此以外,Trelea 于 2003 年也针对 TPSO 算法的稳定性和收敛性进行了研究、分析与检验,并且指出 TPSO 算法可以最终稳定地收敛到可行解向量空间中的某一个点(只要将算法中的控制参数调整到合适的值),但是不一定能够确保收敛到全局最优值所对应的点,有时甚至连局部最优结果也很难保证(尤其对于一些特性比较怪异的函数),而是停滞在当前的最佳位置。到了 2006 年,两组研究人员对 TPSO 算法的研究和数学分析又更深入了一层,即由以前的静态分析深入到了动态的系统分析。具体来说,以 Kadirkamanathan 为首的研究小组在动态环境中对 PSO 的行为进行了研究,并由静态分析深入到了动态分析;以 F. van den Bergh 为首的研究团队对 PSO 的飞行轨迹进行了跟踪,并对其深入到了动态的系统分析和收敛性研究层面。

到了 2007 年,Bratton 和 Kennedy 在完成了对粒子群优化算法的诸多理论研究和改进方法的总结之后提出了标准粒子群优化算法(standard particle swarm optimization,SPSO)的计算模型,并且以此区别于传统的粒子群优化算法以及对其进行改进的各种改进版本的粒子群优化算法。传统 PSO 算法中,不仅粒子群(种群)的规模及其拓扑结构(下一小节将详细展开讨论)以及对粒子群的初始化策略等诸多要素是可以根据实际应用问题的需要做出相应的选择,而且惯性权重因子 w 以及加速系数 c_1 和 c_2 也可以根据实际应用问题的需要做出相应的选择。然而,在这种标准粒子群优化算法中,以上所有这些要素都不需要根据不同的实际应用问题做出调整,而是可以给出全套标准的设置方法,即不随待求解的实际应用问题的变化而改变的设置方法。具体来说,在 SPSO 算法中,将粒子群规模设置为 50,其拓扑结构设置为环形结构,对粒子群进行初始化时使用非均匀初始化策略,并且将惯性权重因子 w 设置为 0.72984,将加速系数 c_1 和 c_2 设置为 1.496172。他们宣称(后来给予了证明),这种设置方法可以保证粒子群优化算法的演化过程最终一定是收敛的。实践表明,使用这种设置方法对于求解很多实际应用问题都相当奏效(即演化过程都是收敛的)。因此,这是关于粒子群优化算法的理论研究上具有里程碑意义的事件。从此以后,人们对 PSO 算法的研究主要转向对标准 PSO 算法的研究,而不再对 TPSO 算法进行研究了。

后来,北京大学计算智能实验室的谭营教授以及他所带领的研究团队对标准 PSO 算法进行了更加深入的理论研究,并且在此基础上将标准粒子群优化算法(SPSO)进行了进一步的拓展,将其发展为分阶段标准 PSO(ASPSO)算法,并且做了统计分析,指出这种分阶段标准 PSO 算法对于 14 种标准函数求全局最优值的最终结果比标准 PSO 算法更好。

> **注意:**
> 对于 PSO(ASPSO)这种使用具有随机性因素的群智能算法进行优化性能的评价时必须给出统计学意义上的显著性分析。

实际上,ASPSO 算法仅仅只是在标准 PSO 算法的基础上对惯性权重因子和加速系数这两个控制参数进行了分阶段的调整。大体来说,将 SPSO 算法的演化计算过程分为三个阶段:第一阶段通过适当调整控制参数值,在一定程度上加强 SPSO 算法的开发能力;第二阶段通过适当调整控制参数值,在一定程度上对 SPSO 算法的开发能力和探索能力进行平衡;第三阶段通过适当调整控制参数值,在一定程度上加强 SPSO 算法的探索能力。事实上,通过以上这种分阶段调整参数,使得分阶段标准粒子群优化算法在大多数函数的性能上都超过了已有的计算模型(包括标准粒子群优化算法)。具体来说,可以归纳为以下三个方面:① ASPSO 算法从收敛速度和最终解的精度上相比于以往的 PSO 算法都有所提高;② 相对比于 SPSO 算法来说,ASPSO 算法的搜索能力并不弱于它,这是因为在 ASPSO 算法中,只是对控制参数(惯性权重因子和两个加速系数)给出了阶段性的调整方法,而演化计算过程没有做出任何更改;③ 控制参数设置的指导原则方便用户使用。

接下来,我们介绍另外两种对粒子群优化算法的改进方案——放大镜粒子群优化(magnifier particle swarm optimization,MPSO)算法和引入随机黑洞机制模型的粒子群优化(random black hole-particle swarm optimization,RBH-PSO)算法。首先,我们简要介绍一下放大镜粒子群优化算法的基本原理。在经典的粒子群优化算法中,全局最优粒子包含着引导粒子群搜索路线的重要信息,而且最终将成为粒子群优化算法所能提供的最优解。人们试图利用放大镜的原理,通过对每一代的粒子群中最优粒子附近的区域进行"放大"(将飞进这个区域的粒子的速度降低),从而使得粒子群优化算法能够在执行每一轮迭代的过程中都对这个人们有兴趣的,可能包含有更多的有用信息的区域进行更加细致地搜索。而为了保证粒子群的散度,以便于维持 PSO 算法的全局搜索能力,通常令不在这个特殊区域的粒子仍然保持(甚至加快)原有的速度。另外,由于引入的放大镜机制加入了一些额外的计算量,因此,为了保证粒子群优化算法的收敛速度,必需设置一种被称为放大镜自适应调节机制。放大镜的"尺寸"将随着PSO算法迭代的次数逐渐增多而线性递减,也就是说,人们有兴趣的区域将会随着搜索过程的逐渐展开而越来越小,因为最优粒子自身包含的信息越来越多。引入这种放大镜自适应调节机制的最大好处体现在它可以保证粒子群优化算法的收敛性能。

在MPSO算法中为了引入放大镜机制,需要引入一种新的操作——放大镜算子。放大镜算子集成于经典的粒子群优化算法中的操作如下:在每一次迭代过程中的最优粒子周围设置一个放大区域,根据预先设置的放大倍数对这个区域进行放大。在经典的粒子群优化算法的迭代过程中,这种放大操作仅仅只对那些原本搜索路径与这个区域有交集的粒子产生影响。对进入这个区域的粒子来说,由于区域的放大,等价于它们的速度变小了,因此,这些粒子将会以更大的概率继续落入到这个区域以内,从而导致PSO算法可以对这个区域展开更加细致的搜索。当粒子在下一代飞出这个区域后,粒子的速度将会返回正常值,以保证它能够继续搜索更加广泛的区域,继续保持PSO算法在一定程度上的探索能力。

放大镜粒子群优化(MPSO)算法增加了粒子群对于最优粒子周围区域的搜索的概率,并且保持了粒子飞出这个区域进行新的探索的速度,减少了粒子在最优粒子周围区域的近周边搜索的概率。这样的策略实际上是给粒子指明了更加明确的任务,即要么进入我们有兴趣的包含有用信息量更多的区域进行开发,要么飞到更远的地方进行探索。上面所提到的有兴趣的区域以及更远的地方是通过MPSO模型中的控制参数设置来完成的。这样一来,MPSO算法能够在仅仅只增加很小计算量的前提下(不需要增加适应度函数值的评价次数),通过改进粒子的搜索策略,提高粒子群整体的搜索效率。

最后,我们简要地介绍一下引入随机黑洞模型的粒子群优化(RBH-PSO)算法的基本原理。在函数搜索空间中,假设有一个black hole(黑洞),则粒子群中的每一个粒子的运动轨迹除了受到各个粒子自身的惯性、个体经验(历史最优位置)以及全局最优位置这三种因素的制约以外,还要受到这个black hole所在位置的吸引。因此,每一个粒子都将会以一定的概率受到这个black hole的吸引,从而在一定程度上改变自己原本的搜索路径。

◆ 8.3.2 PSO算法的拓扑结构研究进展

粒子群优化算法的拓扑结构即是描述PSO算法中的各个粒子之间进行相互作用的方法(形式),因此,拓扑结构有时也称为社会结构。根据前面介绍的PSO算法的演化计算过程不难发现,粒子群中的粒子之间都在相互学习,具体来说,除了基于自身的认知以外,还在不断向比自己更好的邻居或群体(子群体)学习(移动)。正是由于在整个粒子群中都充满着这种信息交流,因此整个群体最终将可以聚集到食物源所在之处,即一个全局最优解所对应的点(位置)。PSO算法的拓扑结构是由相互重叠的邻域形成的,并且粒子就是在这些邻域之内相互影响的。因此,不同的拓扑结构的定义将不仅影响粒子之间的信息交流方式,而且影响着信息流通的速度,并进而影响整个粒子群优化算法的计算性能。PSO算法的研究者普遍认为这种拓扑结构将对算法的性能起到至关重要的作用,并且因此提出了许多改进方案,希望设计出性能更好的算法。

驱动PSO算法工作的本质是粒子之间的社会交流,很显然,在粒子群优化算法中,在同一邻域内的粒子通过交换自己的成功经验信息来相互交流,这样一来,全部粒子将会或多或少地朝着它所认为更好的位置移动,因此,粒子群优化算法的计算性能非常依赖于社会网络的拓扑结构。一般来说,在一个社会网络中的信息流取决于以下三个方面,即网络中的结点(成员)的连接程度、聚类的数量(当一个结点的邻居结点也是其他结点的邻居结点时将会出现聚类)、以及结点之间的平均最短距离。

对于一个高度连接的社会网络而言,由于绝大多数的个体之间都可以相互交流,因此,已发现的最优信息可以迅速传遍整个社会网络。从最优化的角度来看,这就意味着这种网络比连接较少的网络能更快收敛到一个解上。但是,天下没有免费的午餐,这种稠密连接的网络结构的迅速收敛所付出的代价则是容易陷入局部最优值,这主要是因为高度连接的网络中的个体(粒子)对于搜索空间的覆盖程度比不上较少连接的网络结构。然而,对于稀疏连接的网络来说,如果在一个领域中存在着大量的聚类,也必然会导致粒子对于搜索空间覆盖程度的明显不足,从而不能有效得到最优解,因为在一个连接得非常紧密的邻域内的每个聚类都仅仅只能覆盖搜索空间中的一小部分。在这些网络结构中,一般来说都会存在着多个不同的聚类,并且这些不同的聚类之间的联系是非常少的,因此,在这种搜索空间中某一有限部分的信息将会非常缓慢的在这些聚类之间进行交流。接下来,我们将介绍一些在PSO算法研究历程的早期曾经提出的几种具有典型特征的拓扑结构(社会结构)。

(1) 星形(star)拓扑结构,在这种类型的网络中,所有的粒子(个体)都相互连接,并且可以彼此交流(传递信息),因此,每一个粒子都会受到全局最优解的吸引,并且效法这个最优解的移动。使用这种星形结构的PSO算法通常也被称为gBest PSO算法,这种PSO算法的收敛速度比具有其他网络拓扑结构的PSO算法更快,但是却极易陷入局部最优解上,因此,基于这种拓扑结构的粒子群优化算法在求解单峰问题(即只有一个极大值或只有一个极小值的问题)中表现较好。

(2) 环形(ring)拓扑结构,在这种类型的网络中,每个粒子仅仅只与其邻域内的 m 个直接邻居交流。当 $m=2$ 时,则意味着每个粒子只能与其两个毗邻的粒子进行交流。每个粒子都会受到其邻域内最好的粒子的吸引,并且不断地接近这个粒子。如果不同粒子的邻域之间有相互重叠,就将有利于邻域之间的信息交流并且最终将使得粒子群中几乎绝大部分的粒子都聚集到一个唯一的解所对应的位置上。由于这种拓扑结构必将使得信息流在其中的传递速率比较慢,从而导致PSO算法的收敛速度也会比较慢,但是,相对于第一种星形拓扑结构来说,粒子群可以覆盖更大部分的搜索空间。使用这种环形结构的PSO算法通常被称为lBest PSO算法。不难看出,基于这种拓扑结构的粒子群优化算法在求解多峰问题(即有多个极大值或有多个极小值的问题)时将极有可能找到比基于星形拓扑结构的PSO算法更好的解。

(3) 轮式(wheel)拓扑结构,在这种类型的网络中,每个邻域内的粒子之间都是孤立的,其中有一个粒子作为焦点粒子,所有信息的传递都要通过它来实现。焦点粒子需要通过对所有的粒子性能做出比较,并且挑选出性能最好的粒子,然后朝着它最好的邻居移动。如果焦点粒子的新位置具有更好的性能,则这个改进信息将会传递给邻域内的全体粒子。可以看出,轮式拓扑结构的唯一优点在于其降低了更加优秀解的位置信息在粒子群中的传递速度。

目前,对于大部分从事 PSO 算法研究的学者来说,由于他们把注意力集中在标准 PSO 算法的研究上,因此,他们都在使用基于环形拓扑的 PSO 算法。但是这并不意味着其他的拓扑结构就没有任何生命力了。事实上,对于求解一些特殊类型的最优化问题,其他两种类型的拓扑结构或许会对 PSO 算法优化能力的提升更有帮助。例如,线性下降的粒子群优化(LDWPSO)算法中使用的是星形拓扑结构类型中的全连接拓扑结构,对 PSO 算法中的控制参数进行相应的调整,同样可以达到标准粒子群优化算法一样的搜索能力和寻优结果。

◆ 8.3.3　混合算法研究进展

自从粒子群优化算法问世以来,研究者和学者就通过不断地将 PSO 算法与其他种类的优化算法或者思想技术结合起来,形成了丰富多彩的基于粒子群优化技术的混合算法改进版本。这些混合算法要么直接与其他一些优化算法相结合,如免疫算法、模拟退火算法、局部搜索算法、差分演化算法等;要么与经典演化计算中的相关算子,如选择算子、交叉算子、变异算子等相融合。除此以外,还有不少的改进方式是通过使用一些数学、物理学、生物学等相关基础学科领域的一些理论和技术手段对传统的粒子群优化算法进行改进和完善。

前面我们已经指出,粒子群优化算法(包括对其进行改进的各种版本)并不一定能够绝对保证得到全局最优解,也就是说,所得到的解很有可能仅仅只是一个局部最优解,而且这个解与全局最优解之间的差别也不得而知。如果通过优化算法能够得到多个解,即可就可以从中挑选出一个最佳的解,那么就将有更大的可能性得到全局最优解,或者说可以找到一个更好的局部最优解。事实上,对于很多优化问题来说,它们也不只拥有一个全局最优解。这些问题的一个典型例子就是线性规划问题或非线性规划问题,其目标即是求解方程组。方程组通常都不会只有一个解。对于这类问题,需要通过设计特殊的算法来确定所有的全局最优解。在演化计算领域,用于寻找多个解的算法通常称为小生境算法(niche algorithm)。寻找多个解(小生境)的过程称为物种形成。小生境算法是对另一个自然过程进行建模,即大量的个体为使用一个物理环境中的有限资源而展开竞争。对资源的竞争导致的行为模式是个体根据它们对资源的要求自组织为子群。因此,通常将小生境定义为有限资源条件下的一种合作形式,结果导致这些区域之间缺乏竞争,并且促使每个小生境中物种的形成。根据这个定义不难看出,小生境是环境的一部分,而物种则是种群中与环境竞争的一个部分。从计算优化的角度来看,小生境表示的是问题的一个解,而物种则是指一组收敛到单个小生境的个体,在粒子群优化算法中即指粒子。

由 Brits 等研究者提出的小生境粒子群优化(NichePSO)算法中,他们使用了一个大的种群开始在问题空间中展开寻优过程,当发现了一个可能的最优解或者一个局部最优解时,种群进入到自适应的分裂过程中,即让一小部分粒子(个体)在这个解的附近形成一个小生境继续优化,而剩余的部分则继续在可行解空间中寻优,直到发现下一个最优解的时候再进入自适应分裂的过程,通过这种方式,小生境粒子群优化算法可以比较高效地搜索到多个局部最优解。

◆ 8.3.4　离散 PSO 算法的研究进展

尽管粒子群优化算法是一个非常适合于求解连续领域优化问题的算法,并且已经在许多连续空间领域取得了相当成功的应用,但是仍然存在很多的实际应用问题都是定义在离散空间里的,如典型的离散组合问题就有整数规划问题、皇后问题、背包问题、调度问题、路由选择问题、旅行商问题等。为了将粒子群优化算法应用到上述这些离散组合优化问题从而得到更加优化的结果,研究者和学者们也在不断尝试将粒子群优化模型进行离散化之后再将相应的算法运用到离散领域(组合优化)之中。在众多的离散粒子群优化模型的改进版本中,二进制编码的粒子群优化模型和整数编码的粒子群优化模型是最为常见的两种形式,此外还有一些其他的改进方案也相继出现。

例如,Clerc 为粒子群优化模型定义了合适的"加减乘"法从而实现了离散化,并且将其应用于求解旅行商问题(TSP);接着,Schoofs 等研究者重新定义了粒子群优化模型的"加减乘"法,并且将其应用到了有约束的可满足问题(CSP)中;后来,以 Hu 为首的一批学者将粒子飞行的速度定义为位置变量相互交换的概率,从而成功地将原有的粒子群优化模型进行了离散化处理,最后成功地使用这种离散版本的粒子群优化算法求解了 n 皇后问题。

8.4 粒子群优化算法的应用现状

随着人们对粒子群优化算法进行着不断地改进和完善,PSO 算法已经被许多的学者和研究者应用到了越来越多的领域之中。作为求解连续领域问题的优化算法,粒子群优化算法(包括改进版本的 PSO 算法)基本上可以胜任所有这些方面的应用。甚至有许多已经在遗传算法中得到了比较好的应用的领域在使用了 PSO 算法作为其优化算法之后,都取得了更好的优化效果并且提高了优化速度,提升了优化性能,与此同时也降低了计算复杂度,使得这类群体智能优化算法在应用上能够更加高效。粒子群优化算法最早期被应用于优化人工神经网络中各个神经元之间的连接权重,目前的应用已经拓展到了应用数学、电力系统、医学图像配准、多目标优化、系统设计、博弈学习、离散组合优化、机器学习(深度学习)、信号控制、模式识别、序列识别、数据挖掘等诸多领域。

8.4.1 优化与设计应用

在现实生活和生产过程中,有很多实际的实践应用问题和工程应用问题从本质上来说都是函数优化问题(甚至是连续函数优化问题),或者说这些优化问题本身即是要求进行参数的设计和优化,因此都可以将其转化为函数优化问题进行求解,而粒子群优化算法对于求解这类优化问题是得天独厚的,也就是说,PSO 算法非常适合于对这类问题的求解。随着粒子群优化算法的不断完善和发展,它在越来越多的系统设计优化问题和工程应用优化问题上获得了相当成功的应用。这些优化问题主要包括:人工神经网络优化(neural network optimization,NNO)、无功功率与电压控制(reactive power and voltage control,RPVC)、电磁螺旋管优化(electromagnetic loney's solenoid optimization,ELSO)、电力系统稳定器参数优化(power system stabilizers optimization,PSSO)、相控阵控制器参数优化(phased-arrays control optimization,PACO)、天线设计优化(antenna design optimization,ADO)、放大器设计优化(amplifiers design optimization,ADO)、机翼设计优化(aircraft wing design optimization,AWDO)、组合逻辑电路设计(combinational logical circuits design,CLCD)、电力系统稳定器设计(power system stabilizers design,PSSD)等。

8.4.2 调度与规划应用

调度(scheduling)与规划(planning)问题是另一类对人们的日常生活产生重大影响的优化

问题。例如,课程安排问题、会议安排问题、公交线路规划问题、飞机调度问题等。目前,粒子群优化算法已经被相当成功地应用于求解这类调度与规划问题,这些问题主要包括:飞行任务线路规划问题、电力系统中的经济调度问题、发电机维修调度问题、操作规划问题、最优电力流问题、电力传送网络扩展规划问题、任务分配问题、旅行商问题、流车间调度问题等。

◆ 8.4.3 其他方面的应用

粒子群优化算法的应用领域相当广泛,当前,PSO 算法已经在机器学习(包括深度学习在内)、数据分类和聚类、数据挖掘、生物与医学等各个方面都取得了比较成功的应用。具体来说,Messerchmidt 与 Engelbrecht 合作使用粒子群优化模型对用于博弈的人工神经网络进行训练,并且在"零和博弈"游戏 tic-tack-toe 中获得了成功的应用;以 Papacostantis 为首的研究者们将基于粒子群优化模型的训练方法用于"概率博弈"的游戏 tic-tack-toe 中,并且获得了成功;Franken 与 Engelbrecht 合作将基于粒子群优化模型的训练方法用于"非零和博弈"游戏囚徒困境中。除此以外,在数据分类和聚类以及数据挖掘方面,粒子群优化算法也有着广泛的应用。例如,Sousa 等学者第一次将粒子群优化模型应用于数据挖掘领域,他们的目标即是根据一个给定的数据集(data set)使用粒子群优化模型提取一组最简约的用于分类的规则。同样,基于粒子群优化模型的数据聚类方法和图像分类算法也在持续不断地发展和完善。

随着研究者和学者们对 PSO 算法自身逐步地改进和不断地完善以及对 PSO 算法的应用领域的持续不断地探索,粒子群优化算法将会在未来更多的实践领域中发挥它的重要作用和价值。

习题8

1. 简述粒子群优化算法的基本思想来源。

2. 试写出粒子群优化算法执行过程的基本步骤。

3. 粒子群优化算法有哪些典型的拓扑结构? 各有什么特点?

4. 谈谈你对求解不同的优化问题应当怎样选择相应的 PSO 模型的拓扑结构的认识和体会。

5. 粒子群优化算法中的惯性权重因子 w 以及加速系数 c_1 和 c_2 分别起什么作用? 并且分析这些控制参数对 PSO 算法搜索性能的影响。

6. 谈谈你对标准粒子群优化算法(SPSO)基本思想的理解和认识。

7. 使用 Python 编程语言或 Matlab 编程语言上机编写完整的基本粒子群优化算法所对应的程序,实现对 8.2.2 小节中所给出例子的求解。

8. 使用 Python 编程语言或 Matlab 编程语言上机编写完整的标准粒子群优化算法所对应的程序,实现对 8.2.2 小节中所给出例子的求解。

9. (开放性问题)请自己找一个连续函数优化问题,分别使用传统的 PSO 算法与标准 PSO 算法进行求解,并从中对这两种算法进行比较(主要从寻优结果和搜索性能这两个方面展开分析)。

第**9**章　复杂网络方法

在前面的两章内容中,我们分别介绍了以一种类型的复杂系统——自组织系统的建立为思想来源的两种群体智能算法,即蚁群优化算法和粒子群优化算法。由此可见,从人们对复杂系统的运作机制的认识和理解到对复杂系统的构建对促进人工智能这门学科的不断发展和完善将起着十分重要的作用。但是,人工智能毕竟是一门新兴的学科,它的理论基础还不是非常牢固和完善,因此,要想使这个学科能够保持比较良好的发展态势,首先需要做的工作就是要进一步地夯实其理论基础。通过前面各章的论述,我们已经看到,人工智能这个学科所涉及的范围非常广泛,可以说是一个跨学科的交叉领域,因此,要想建立起一个比较完善的理论体系绝非易事。幸运的是,对复杂系统的理解和研究或许能对其提供一些思想上的启发和借鉴。正是出于这种考虑,本章将主要对复杂系统的本质进行探讨和研究,以期达到逐步夯实和完善人工智能这门学科的理论基础这一目标。

事实上,在大千世界中我们可以观察到的复杂系统不胜枚举,从单细胞的生物体到整个星系,从一个家庭到一个村落或一个社区,再从一个企业(如腾讯、微软、沃尔玛等)到一个国家甚至整个世界。如果将上述这些列举出来的例子都看成是系统,那么这些系统将无一例外的全都应该归属于复杂系统。这就势必会引出下面这个问题,既然现实中存在着这么多的复杂系统,怎样来对复杂系统的本质进行研究呢? 答案是显而易见的,即必需且只能通过将这些各不相同的复杂系统的共性从它们的个性中抽离出来这种方法来实现。要想将这些复杂系统的共性揭示出来,应找到一种能够描述所有这些复杂系统的共同结构(模型),这个结构即是被称为复杂网络模型(complex networks model)的结构。本章主要是针对复杂系统的这种结构——复杂网络模型展开比较深入的分析和探讨,主要包括以下五个方面的内容:复杂网络理论的研究和发展历程、复杂网络的基本模型、两种典型的复杂网络模型(即小世界网络模型和无标度网络模型)的理论架构、复杂网络方法的应用现状以及复杂网络的发展前景。

9.1　复杂网络理论概述

将复杂系统作为研究对象的学科通常被称为复杂性科学,而复杂网络理论是目前复杂性科学的最新理论分支。尽管这一理论是最近这些年才被提出并且正在展开探讨和研究的新理论,但其已经成为复杂性科学的必不可少的重要组成部分。特别值得一提的是,小世界网络(small world network)模型和无标度网络(scale-free network)模型的提出不但开创了复杂网络研究这个新的研究领域,而且对系统科学(尤其是对复杂性科学)特别是复杂性研究也具有十分重要的意义。如前所述,复杂网络模型不仅是很多复杂系统的结构形态,而且也是复杂系统结构所共有的拓扑结构模型。根据复杂网络理论,作为复杂系统的现实事物,其结构可以抽象为网络(或图),所构成复杂系统的任何一个要素均可以被抽象成为网络中的相应结点,要素之间的相互作用可以被抽象成为网络中相应结点之间的连线(或边),然后,我们就可以运用复杂网络分析的理论、方法以及工具对复杂系统的拓扑性质进行研究了。因此,从这种意义上来说,可以将复杂网络看成是复杂系统的图形。总而言之,复杂网络理论及其使用方法已经为复杂系统的结构分析提供了一种比较科学的分析工具,并且也为科学方法的理论宝库增添了新的内容。

9.1.1 复杂网络理论的兴起

或许很多人都曾经有过这样一种经历,当你偶尔遇到一个陌生人,并且与他聊了一段时间之后,忽然发现你认识的某一个人居然他也认识,然后,你们可能就会异口同声地发出"这个世界真小啊!"这样的感叹。那么,对于世界上的任何两个人来说,借助于第三者,第四者……这样一种间接关系建立起他们两人之间的联系,平均需要经过多少人呢?早在 20 世纪 60 年代,美国哈佛大学的心理学家米尔格兰(Milgram)的著名的小世界实验(即一种形式的社会调查)给出的结论是:世界上任何两个人之间的平均距离是 6。换句话说,如果一个人想要与世界上的任何一个角落的另一个人建立联系,中间仅仅只需要通过平均 5 个人的传递。这即是著名的六度分隔(six degrees of separation)结论。虽然这个平均数 6 不一定十分确切,但是其毕竟反映了世界上任何两个人之间的平均距离,并且令人感到惊奇的是,这个平均距离与全球人口的总数量(约 70 亿)相比较而言是一个非常非常小的数。

在大自然中存在的很多复杂系统都可以通过各式各样的网络加以描述。一个典型的网络即是由很多结点与连接两个结点之间的一条边构成的,其中,结点用于表示构成真实复杂系统中的各个不同的要素(生成主体);而边则用于表示构成复杂系统的诸要素之间的关系。一般来说,当两个结点之间具有某种特定的关系时,这两个结点之间就用一条边连接起来,否则就没有边相连接。在网络中,有边相连接的两个结点称为相邻的结点。例如,计算机网络可以看成是由自主工作的计算机通过一些通信介质(如双绞线、同轴电缆等)相互连接而形成的网络;神经系统可以看成是由大量的神经细胞通过神经纤维相互连接形成的网络。与以上这两个例子相类似的还有社交网络、交通网络、输运网络、电力网络等。

一般来说,当数学家、物理学家甚至包括生物学家(如神经学家)在使用复杂网络模型对其研究的复杂系统进行建模时,通常只考察复杂网络中的结点之间是否有边相连接,至于结点究竟在什么位置,连接的边是平直或是弯曲,是短还是长以及边与边之间是否相交等问题都不需要考虑。在这里,我们通常将网络不依赖于结点的具体位置以及网络不依赖于边的具体形态就能够体现出来的性质称为网络的拓扑性质,与之相应的结构称为网络的拓扑结构。那么,究竟哪一种网络的拓扑结构比较适合于描述现实中存在的复杂系统呢?两百多年以来,针对这个问题的研究与探索经历了以下三个阶段。

(1)在最初的一百多年时间里,绝大多数科学家都认为在现实的复杂系统中的各个要素之间的关系可以使用一些规则的结构来表示。

(2)到 20 世纪 50 年代末,以埃尔德什(Erdos,1913—1996)为首的数学家们发明出了一种全新的构造网络的方法,即两个结点之间是否有边相连接不再是一件确定的事情,而是取决于一种可能性(或概率)。埃尔德什将通过这种方式形成的网络称为随机网络(stochastic network),有时亦被称为随机图(random graph)。在接下来的将近40年时间里,随机网络模型曾经一度被许多科学家公认为是描述现实的复杂系统最适宜的网络模型。

(3)近年来,由于计算机的计算性能和数据处理能力取得了长足的进展,越来越多的科学家们发现,事实上,大量的现实存在的复杂系统既不能用规则网络模型进行模拟和分析,也不能使用纯粹的随机网络模型进行模拟和分析,而只能使用具有与这两者都不同的统计特性的网络来进行模拟和分析。因此,科学家们将这种具有统计特性的网络(当然,不同的网络可能具有不同的统计特性)称为复杂网络(complex networks)。而对于这些复杂网络的研究标志着第三阶段的到来。

20世纪末,对复杂网络的科学研究方向已经产生了重大的转变,也就是说,对于复杂网络的理论研究不再仅仅只局限于纯数学领域。越来越多的学者开始把眼光转向结点数量众多、连接结构复杂的实际网络的整体特性,在从物理学到生物学的诸多学科甚至到社会科学的相关领域中掀起了研究复杂网络的一轮高潮,甚至将其命名为网络的新科学。在其中尤其值得关注的是,在国际上有两项开创性的工作掀起了一轮不可低估的复杂网络理论研究的高潮。一项工作即是在1998年6月,美国康奈尔(Cornell)大学的理论和应用力学系的博士生瓦兹(Watts)与其导师斯特罗盖茨(Strogatz)在英国的《Nature》杂志上发表了一篇题为《"小世界"网络的群体动力行为》的论文,首次提出了小世界网络(small world network)模型,进一步地揭示了存在着一种复杂网络,其具有小世界特性,并且创建了一个小世界网络模型。小世界网络描述从完全规则网络到完全随机网络的转变:一方面,小世界网络具有与完全规则网络相类似的聚类特征;另一方面,小世界网络也具有与完全随机网络相类似的较小平均路径长度特征。Strogatz是长期从事非线性动力学理论研究的学者,尤其是在耦合振子同步方面做出了许多重要和开创性的工作,耦合振子同步的一个典型例子即是夏天在户外蟋蟀叫声的共鸣。Strogatz和他的博士生Watts起初正是通过对大量耦合振子构成的网络系统的同步问题进行研究从而受到启发,并据此转向关注社会网络(社交网络)中的小世界现象的。另一项工作则是1999年10月,美国圣母(Notre Dame)大学物理系的巴拉巴斯(Barabasi)教授和他的博士生阿尔伯特(Albert)在美国的《Science》杂志上发表了一篇题为《随机网络中标度的涌现》的文章,揭示了存在着的另一种复杂网络具有无标度(scale-free)特性,并且首次建立了一个无标度网络(scale-free network)模型。这篇文章还指出了下面这个极为重要的结论,即许多在现实中真实存在的复杂网络的连接度分布服从幂律分布(这种分布形式在后文中将会详细加以讨论)。由于幂律分布没有明显的特征长度,因此,这类复杂系统所对应的复杂网络模型也被称为无标度网络模型。这两篇文章分别揭示出了复杂网络的两种类型,即具有小世界特征的复杂网络以及具有无标度特征的复杂网络。与此同时,这两篇文章分别通过建立相应的网络模型解释了这两种不同的特征的产生机制。以这两篇论文的发表作为标志,复杂网络的理论研究从此迈入了一个崭新的时代,也就是说,复杂网络的理论研究再也不局限于数学的范畴,而是开始受到了从物理学到生物学,从工程应用技术到经济管理和社会科学的许多学科的研究者和广大学者们越来越多地关注,并且在此基础上探索和研究了各类复杂网络所具有的各种有代表性的特征。

从另一个角度看,国际上关于复杂网络的理论研究很快在我国引起了强烈的反响。21世纪伊始,我国学者和研究人员对复杂网络陆续地开展了一系列的探索和研究工作。从

2001 年春季开始,汪小帆、陈关荣、李翔等学者以研究具有小世界特征的复杂网络以及具有无标度拓扑结构的动态网络的同步化问题作为切入点,开始进入复杂网络理论研究的领域;从 2002 年起,在短短的几年之中,国内不同学科的研究人员和青年学者对复杂网络的研究兴趣逐渐提升,至今国内已经召开了多次以复杂网络为主题的学术会议和论坛。具体来说,2004 年 4 月在江苏无锡召开了首届全国复杂动态网络学术论坛;2005 年 10 月在北京召开的由中国高等学术研究中心组织的第二届全国复杂网络学术论坛会议的参加人数已经超过了 150 人。除此以外,武汉大学率先在国内成立了校级复杂网络研究中心,并且于 2005 年春季组织召开了全国复杂网络学术会议;中国系统工程学院于 2004 年 10 月在浙江大学组织了全国复杂网络研究讨论班;中国数学学会于 2005 年 1 月在上海交通大学成立了复杂网络学习班;上海理工大学还成立了上海系统科学研究院并且编辑出版了复杂网络文集。

复杂网络的理论研究在国内外正在如火如荼地进行,其理论和应用都得到了飞速地发展。但是,令人感到遗憾的是,就目前的研究情况而论,科学家们还尚未给出关于复杂网络的精确严格的定义。从这些年的具体研究情况而言,之所以称其为复杂网络,大体上包含下面三层含义:① 它是大量真实复杂系统的拓扑抽象;② 它至少在表面上比规则网络和随机网络更加复杂,这主要是由于我们可以比较容易地生成规则网络与随机网络,但就目前而论,还没有一种简单的方法能够生成完全符合真实统计特征的复杂网络;最后,由于复杂网络是大量复杂系统得以存在的拓扑基础,因此对它的研究被认为有助于理解"复杂系统之所以复杂"这一至关重要的问题。在通常情况下,复杂网络的复杂性主要表现在下面三个方面。

(1) 复杂网络的复杂性表现为网络结构的复杂性。复杂网络的网络连接结构不仅看上去极其错综复杂,非常混乱,而且可能是随着时间的变化而不断地变化。例如,在万维网(world wide web,WWW)上每天都不断地有网页(web page)和超链接(superlink)的创建和删除。此外,复杂网络中结点之间的连接可能具有不同的权重或方向。例如,在神经系统中的突触有强有弱,表示当前的神经元既可以处于兴奋状态,也可以处于抑制状态。

(2) 复杂网络的复杂性表现为网络中结点的复杂性。复杂网络中的结点可能是具有分岔或混沌等复杂的非线性行为的动力系统。例如,约瑟夫森(Josephson)结阵列或基因网络中的各个结点都具有复杂的时间演化行为。此外,在一个复杂网络中甚至允许存在多种不同类型的结点。例如,在控制哺乳动物中细胞分裂的生化网络中就包含了形形色色的基质与酶(一种催化剂)。

(3) 复杂网络的复杂性表现为各种复杂性因素的相互作用以及相互影响。事实上,复杂网络会受到不同种类因素的影响和作用。例如,倘若耦合神经元持续不断地被同时激活,那么这些神经元之间的连接就会增强,这一点恰好被人们理解为是人类大脑之所以具有记忆和学习功能的主要根据。另外,由于各种网络之间也存在着十分紧密的联系,因此,这将导致对复杂网络和研究和探索变得更加困难。例如,电力网络的故障将极有可能会导致互联网(Internet)的流量减小,并有可能进而导致运输系统失控,甚至可能导致金融体系崩溃等一系列不同复杂网络之间的连锁反应(蝴蝶效应)。

以前关于现实存在的复杂网络的研究通常都是聚焦于具有几十个、至多几百个结点的复杂网络。但是,最近这些年关于复杂网络的研究中通常可以发现存在着从包含有几万个结点的复杂网络到包含有上百万个结点的复杂网络。因此,对于复杂网络的分析方法将随着复杂网络规模尺度上的变化进行相应的调整,甚至于对很多关于复杂网络中出现的问题的提法都应做出相应的变更。复杂网络研究的发展历程见表 9-1。

表 9-1　复杂网络研究的历程列表

时间/年	研究者	代表性事件
1736	Euler	哥尼斯堡七桥问题
1959	Erdos & Renyi	随机网络理论
1967	Milgram	小世界实验
1973	Granovetter	弱连接的强度
1998	Strogatz & Watts	小世界网络模型
1999	Barabasi & Albert	无标度网络模型

◆ 9.1.2　复杂网络理论的组成

自从复杂网络理论研究成为一个新科学领域而被国内外研究者们开展广泛的研究以来,复杂网络理论的基本范式就逐渐表现出来了,随着复杂网络的基本模型、基本概念、基本理论以及基本方法的基本建立,这个新兴的网络的应用领域也越来越广泛,其影响力也越来越深远,最终导致越来越多的人投入到这一新科学的研究以及推广普及中来。

1. 复杂网络的研究内容

复杂网络模型是对各种现实中存在的复杂系统进行一般化抽象和描述的方式,它特别突出地强调了复杂系统结构的拓扑特性。从本质上讲,对于任何包含有大量组成要素(或生成主体)的复杂系统来说,当我们把各个构成要素抽象成为网络中的结点时,要素之间的相互作用抽象成为网络中的结点之间相连接的边时,这些复杂系统即可以被当成复杂网络来研究。例如,复杂网络可以被用于描述计算机之间的网络链接、神经元之间的通信反馈作用、单词之间表现出的语义联系、蛋白质之间的相互作用、物种之间的捕食关系以及人类社会中人与人之间的社会关系等。自从复杂网络理论提出以来,世界上相关领域的科学家们迅速开展相关的科研工作,对其从理论、方法到应用等各个不同的层面开展了深入的研究,取得了一批有重大意义和价值的理论研究成果,并且为今后复杂网络的应用实践打下了坚实的理论基础。

就当前的研究情况而言,复杂网络的研究可以大致概括为既密切关联又层层深入的三个层面的内容:第一个层面是通过实证方法度量复杂网络的统计特性;第二个层面是通过建立相应的复杂网络模型来理解这些统计特性;第三个层面是在已知复杂网络结构特征及其形成规则的基础上,预测复杂系统网络模型所对应的现实的复杂系统的行为。详细内容展开之后可以归结为以下四个阶段。

(1)第一阶段需要发现隐藏在复杂网络背后的统计规律,即需要找到能够用于描述复杂网络系统结构的统计特性,以及度量这些特性的定量化方法。这方面的研究内容属于复杂网络拓扑结构的静态统计分析,其中还包括更为广泛的实证研究以及更加深入的理论描述。例如,给定在度分布基础上的匹配模式、各种相关关联特性、网络的聚类、加权网络的统计特性和描述形式等。其中,在自然科学领域,复杂网络研究的基本测度包括结点的度(degree)及其分布特性、结点的度的相关性、集聚程度及其分布特性、最短距离及其分布特性、介数(betweenness centrality)及其分布特性、复杂网络中的社区结构以及社区规模分布特征等。

（2）第二阶段是创建复杂网络模型阶段，即构建适当的复杂网络模型以助于人们能够更加深入地理解和认识这些统计特征的产生机理以及它们所具有的意义。通过使用复杂网络的演化和机制模型可以模拟或研究真实的复杂网络演化的统计特性，如检验 BA 模型（即由 Barabasi 与 Albert 合作创立的一个无标度网络模型）的连接偏好假设。理论上则能够进一步发展和完善具有形成特定几何特征的复杂网络机制模型。

（3）第三阶段的主要工作是对所建立的复杂网络模型进行分析，也就是说，基于单个结点的特征和整个复杂网络的结构特征分析与预测复杂网络的行为。其主要内容包括复杂网络上的传播机制及其动力学分析、复杂网络的容灾分析、复杂网络中的社区结构以及搜索算法等。

（4）第四阶段的主要任务是控制走向，即对于当前已经构建好的复杂网络的性能（尤其是对于复杂网络在稳定性、数据流通性及同步性等网络性能）进行改进，甚至提出构建新的复杂网络模型的有效方法。具体来说，应该根据复杂网络的有关理论，尤其是对于复杂网络的抗攻击性以及容错性，以及复杂网络上的信息传递、同步与共振等各种动力学过程，提出复杂系统的设计方案，最终实现改善复杂系统性能的目标。

总而言之，复杂网络研究的主要内容包括复杂网络的结构与功能以及构成网络的各个结点之间的相互关系这两个方面。其中，复杂网络的结构与功能之间的相互作用（尤其是对复杂网络演化的影响）是复杂网络理论研究所必须解决的重要问题。

为了顺利完成对以上列举的关于复杂网络的各项研究内容，首先应准确理解和认识在复杂网络理论研究中经常涉及的以下三个概念。

（1）小世界的概念，它用一个简单的名词叙述了一种类型的复杂网络。其最主要的特点是，虽然这个网络的规模相当大，但是网络中的任意两个结点之间却有一条长度相当小的路径。如果使用通俗的语言来对其进行描述，即这个复杂网络所反映的相互关系的数目可以非常小但却能够连接世界这样的事实。例如，在社会网络中，尽管人与人之间相互认识的关系数目非常少，但是，人们却可以通过为数不多的关系间接联系上很远的毫无关系的另一个人。正如麦克卢汉发出的感叹那样，即我们居住的这个星球已变得越来越小了，甚至变成了一个地球村。也就是说，整个世界已经变成了一个小世界。

（2）集聚程度（clustering coefficient）的概念。例如，在一个社会网络中总是存在着朋友圈（微信群）或熟人圈，其中的每个成员都认识圈内的其余成员。集聚程度的主要意义在于它是对于网络集团化的程度的一种定量化的描述方式，它体现了一种复杂网络的内部聚集倾向。社区结构的概念表现出来的是在一个规模比较大的复杂网络中各个集聚的小网络（子网络）的分布特征以及这些小网络之间彼此相互联系的情况。例如，它可以反映在一个社会网络（社交网络）中两个不同的人分别构成的不同朋友圈之间相互关系。

（3）幂律（power-law）的度分布概念。一个结点的度是指（复杂）网络中的结点（对应于构成复杂系统的一个要素）与结点关系（用网络中连接不同结点的边表示）的数量；而度的相关性则是指网络中结点之间关系的联系紧密性；介数（betweenness centrality）即是描述网络性质的一个非常重要的全局几何量。结点 v 的介数含义即为在一个网络中的全部的最短路径之中，经过该结点 v 的数量，这个量揭示了网络中的某个结点 v（即网络中与其他结点有关系的个体）的影响力，也就是说，结点 v 的介数越大，则该结点的影响力就越强；反之，则该结点 v 的影响力也就越弱。无标度网络的主要特征集中体现出了集聚的集中性，也就是说，一个无标度网络的集聚程度非常高。

2. 复杂网络的基本参数

最近这些年以来,人们在描述复杂网络结构的统计性质上提出了很多新的概念和新的方法,其中包括下面这三个最基本的概念:度分布(degree distribution)的概念、平均路径长度(average path length)的概念以及聚类系数(clustering coefficient)的概念。事实上,一方面,Strogatz 和 Watts 最初构建出小世界网络(small world network)模型的最初想法即是考虑创建出一个既具有类似于随机网络(随机图)的较小的平均路径长度,又具有类似于规则网络的具有较大的聚类系数的复杂网络结构模型。另一方面,Barabasi 和 Albert 建立的无标度网络(scale-free network)结构模型则是基于实际网络的度分布具有幂律(power-law)分布的特征的事实。下面,我们参考相关著作中对描述复杂网络的三个基本参数进行定义。

在对三个基本参数展开讨论之前,我们首先来介绍四个描述复杂网络的相关概念:结点、边、向、权。一个实际的复杂网络有可能会十分错综复杂,但是我们都可以把它们抽象为一个由所有的结点形成的结点集合 V 和由所有的边形成的边集 E 所组成的图(网络)$G=(V,E)$。其中,结点表示在现实中具体事物的个体,而边则用于表示不同个体之间的关系。以后为了叙述方便起见,通常将图中的结点数目记作 $N=|V|$,将图中的边的数目记作 $M=|E|$。另外,边集 E 中的每一条边都有结点集 V 中的一对元素(结点)与其相对应。如果任意点对(i,j)与(j,i)与同一条边相对应,那么就称该图(网络)为无向图(undirected graph),否则称为有向图(directed graph)。无向图和有向图也可以分别称为无向网络和有向网络。如果给网络中的每一条边都赋予相应的权值,那么该网络就称为带权网络(weighted network),否则称为不带权网络(unweighted network),不带权网络通常也简称为无权网络。不难看出,无权网络也可以看成是各条边的权值都是 1 的等权值网络。另外,一个网络中也有可能包含有多种不同类型的结点。例如,在社会关系网络中,可以使用权值代表两个人之间的亲疏程度,而不同类型的结点则可以表示具有不同的年龄、国籍、地区、性别以及收入的人。

下面,我们简单介绍一下关于平均路径长度、集聚程度、结点的度与度的分布以及介数的定义及其基本性质。

一般来说,我们将无权网络中的两个结点 i 与结点 j 之间的距离 d_{ij} 定义为连接这两个结点的最短路径上的边数。通常将网络中任意两个结点之间的距离的最大值称为网络的直径(diameter),并将其记作 D,即 $D=\max\limits_{(i,j)\in V^2} d_{ij}$。网络的平均路径长度 L 定义为网络中任意两个结点之间的平均值,表示为式(9-1)的形式。

$$L = \frac{\sum\limits_{i \geqslant j} d_{ij}}{\frac{1}{2}N(N+1)} \tag{9-1}$$

其中,N 表示在网络中的结点数。网络的平均路径长度通常也被称为网络的特征路径长度(characteristic path length)。为了便于数学上的处理,在式(9-1)中包含了网络中的每一个结点到其自身的距离(很显然,这个距离为 0)。如果不考虑每一个结点到其自身的距离,那么就应在式(9-1)的右端乘以因子$(N+1)/(N-1)$。可以看出,当网络中的结点数目非常大时,因子$(N+1)/(N-1)$的值趋近于 1,因此,从这个意义上来说,在实际的应用过程中,这么小的差别完全是可以忽略不计的。另外,一个具有 N 个结点和 M 条边的网络的平均路径长度可以使用计算复杂度为 $O(MN)$ 的广度优先搜索算法进行确定。最近的研究已经表明，虽然在现实中存在的复杂网络中，其结点数目可能非常大，但是，网络的特征路径长度却小得惊人。具体来说，如果对于固定的网络结点平均度 k 而言，网络的平均路径长度 L 的增加速度至多与网络的规模尺度 N 的对数（数量级为 $O(\log N)$）成正比，那么这个复杂网络通常被称为是具有小世界性质的复杂网络。

在你的朋友关系网络中，你的两个朋友之间也有可能仍然是朋友，这种网络属性通常也被称为网络的集聚性质。一般来说，如果网络中的一个结点 i 有 k_i 条边，将其与其他结点相连接，那么，这 k_i 个结点就被称为与该结点 i 的相邻的结点。如果规定网络中的任意两个结点之间最多只能连接一条边（这种网络通常也被称为简单网络），那么，不难看出，在这 k_i 个结点之间最多可能连接有 $k_i(k_i-1)/2$ 条边。一般来说，我们将这 k_i 个结点之间实际存在的边数与 k_i 个结点总体可能相互连接的边数之比定义为结点 i 的集聚度 C_i，在网络中，任意一个结点 i 的集聚度 C_i 的计算公式如下：

$$C_i = 2E_i/(k_i(k_i-1)) \tag{9-2}$$

从几何特征上看，与式（9-2）所反映的集聚度 C_i 的一个等价定义为与结点 i 相连接的三角形的数目和与结点 i 相连的三元组的数目的比值。其中，与结点 i 相连的三元组是指把结点 i 包括在内的三个结点，并且至少存在从结点 i 到另外两个结点相连接的两条边。

通常将网络中的所有结点 i 的集聚度 C_i 的平均值定义为整个网络的集聚程度 C。可以看出，$C \in [0,1]$。当且仅当网络中没有边，也就是说，当且仅当网络中的每个结点都是孤立结点，$C=0$；当且仅当网络中的任意两个结点之间都有边相连接时，也就是说，当且仅当网络是全连接形式，$C=1$。对于具有 N 个结点的完全随机的网络来说，当网络的规模 N 非常大时，该网络的集聚程度 C 的数量级为 $O(1/N)$。但是，在现实中真实存在的很多规模相当大的复杂网络（如互联网）都具有显著的集聚性质，也就是说，虽然这些实际的复杂网络的集聚程度小于 1，但是，它们却比 $O(1/N)$ 这个数量级要大得多。事实上，在许多类型的复杂网络（如社交关系网络或微信朋友圈中），你的朋友的朋友也是你的朋友的概率将会随着复杂网络规模的增加而趋向于某个非零常数，即当复杂网络的规模 N 趋向于无穷大时，网络的集聚程度 C 趋向于数量级 $O(1)$。这就表明了这些现实中存在的复杂网络并不是完全的随机网络，而是在一定程度上具有类似于社会关系网络中所谓的"物以类聚，人以群分"的性质。

度（degree）是用于刻画网络中的每一个结点的属性中既重要又处于核心地位的一个基本概念。结点 i 的度 k_i 被定义为与该结点相连接的其余结点的数目。对于一个有向网络中的每一个结点来说，其度分为入度（in-degree）与出度（out-degree）。其中，结点 i 的入度指的是从其余结点指向该结点的边的数目；而结点的出度指的是从该结点指向其余结点的边的数目。从直观上看，一个结点的度越大意味着这个结点在某种意义上讲就越"有影响力"。一般来说，网络中所有结点 i 的度 k_i 的平均值称为该网络的（结点）平均度，并将其简记为 $<k>$。通常，人们使用分布函数 $P(k)$ 表示网络中结点的度的分布情况，其中，$P(k)$ 表示的是一个随机选定的结点的度正好是 k 的概率。规则的格子具有比较简单的度序列，由于所有的结点都具有相等的度，因此其度分布服从 Delta 分布，这个分布函数图像的特征是只具有唯一的一个尖峰。这就意味着，网络中的任何一种随机化的倾向都将会导致这个尖峰的形状变宽。完全随机网络的度的分布近似为 Poisson 分布（泊松分布）。其分布函数图像的形状在远离峰值 $<k>$ 处呈指数将衰减。这也就表明，度 k 远远大于 $<k>$ 的结点在网络中

几乎是不存在的。正是从这个意义上讲,人们通常把这种完全随机的网络称为均匀网络
(homogeneous network)。

　　近年来的大量研究已经指出,许多现实中存在的网络的度分布与这种均匀网络的度的
分布(Poisson 分布)是大相径庭的。事实上,许多现实中存在的网络的度的分布是幂律分
布,换句话说,对于这些已经存在的大多数网络来说,它们的度的分布可以使用下面这种幂
律形式 $P(k) = Ck^{-\gamma}$ 来描述。其中,C 与 γ 皆为大于 0 的常数,事实上,这两个常数可以通过
曲线拟合的方式确定出来,因此,这两个常数通常也被称为拟合参数。将以上这个幂律形式
两边同时取对数可得到式(9-3)。

$$\ln P(k) = \ln C - \gamma \ln k \tag{9-3}$$

　　由式(9-3)可以看出,$\ln k$ 与 $\ln P(k)$ 之间的关系呈现出的是一种线性关系,也就是说,如
果以 $\ln k$ 作为自变量,$\ln P(k)$ 作为因变量进行曲线拟合,那么所得到的拟合曲线一定是一条
直线。即如果将 $\ln k$ 作为横坐标、$\ln P(k)$ 作为纵坐标建立直角坐标系(通常将这样的坐标系
简称为双对数坐标系),那么所有的坐标点几乎位于同一条直线上,这就是幂律分布的典型
特征。值得一提的是,与 Poisson 分布不同的是,幂律分布函数曲线的衰减速度要缓慢很多,
因此,通常人们也将 Poisson 分布称为"短尾"分布,而将幂律分布称为"长尾"分布。另一方
面,高斯分布(正态分布)的方差是有限的数值,而幂律分布的方差是无穷大。这就意味着,
如果一个连续随机变量所服从的分布是幂律分布,那么无法根据随机变量的取值大小判断
它出现的概率,很显然,里氏 8 级以上的地震发生的可能性和一个在地球上的成年人的身高
超过 5 米的可能性不是同一性质的,这是因为在地球上居住的成年人的身高超过 5 米的概
率一定是 0,因为在地球上的成年人的身高是受到诸多因素制约的,其中一个重要的因素就
是地球引力,因此,他不能一直向上增长。一般来说,在地球上人类的身高通常是在 1 米～3
米之间。因此,通常将这种尺度称为地球上人类身高的特征尺度,有时也将其简称称为标度
(scale)。但是,尽管目前来看,发生里氏 8 级以上的地震的可能性很小,但是仍然是可能发
生的,因此,地震的级数具有某种不确定性,从而不能作为衡量地震大小的特征尺度(标度)。
类似的,在证券交易市场中,所谓的"黑天鹅"事件尽管在一段时间以内(甚至有可能在相当
长的时间之内)发生的概率非常小,但是其概率绝不可能小到为 0,也就是说,这种事件的发
生也仍然具有一定程度的不确定性。通常当且仅当一个随机变量在其区间范围内的任何一
个点上的概率均不为 0 时,我们把这个随机变量所服从的分布称为无标度分布。因此,幂律
分布通常也被称为无标度分布。具有幂律分布特征的复杂网络也被称为无标度复杂网络,
简称为无标度网络(scale-free network)。

　　在一个度分布为具有适当的幂指数(即式 9-3 中的幂指数 γ 取区间 $[2,3]$ 中的值)的幂
律形式的大规模无标度网络中,尽管绝大部分结点的度相对非常低,但是,仍然存在着少数
(甚至极少数)的结点,它们的度相对非常高。因此,人们有时也习惯于将这种类型的复杂网
络称为非均匀网络(inhomogeneous network),特别地,将在这类复杂网络中那些具有相对
度数非常高的结点称为复杂网络中的"集线器(hub)"。例如,在德国,由于绝大部分城市的
居住环境和资源供给差别不大,因此,不可能出现有非常多的高速公路都经过同一座城市,
而另一些城市只有非常少的高速公路经过这种现象。这样一来,德国的高速公路网络就可
以近似地看成是一个均匀网络(即完全随机网络)。然而,德国的航空网络则可以近似地看
成是一个非均匀网络(即无标度网络),这是因为在德国,尽管大部分的机场都是小型机场,

但是却存在着连接许多小型机场的大型机场,如柏林机场、法兰克福机场、慕尼黑机场等。

以上介绍的三个参数都是用于描述复杂网络的最重要的三个参数,一般来说,复杂网络的特性都是通过这三个参数(即平均路径长度、集聚程度、结点的度与度的分布)来描述。但是,对于一些具有比较独特性质的复杂网络来说,仅仅只使用以上这些参数来描述还不足以反映其全部特性,因此,研究者们引入了第四个用于描述复杂网络的重要参数——介数(betweenness centrality)。这个参数主要用于描述复杂网络的拓扑性质,引入了介数这个参数以后,人们可以更加细致地描述复杂网络的性质。下面,我们对介数进行简要介绍。

一般来说,一个复杂网络中的某一个结点的介数被定义为在这个网络全部的最短路径中通过该结点的数目比例,它反映了通过网络中某个结点的最短路径的数目。对于一个复杂网络来说,结点 k 的介数 g_k 的计算公式见式(9-4)。

$$g_k = \sum_{i \neq j} g_k(i,j) = \sum_{i \neq j} \frac{C_k(i,j)}{C(i,j)} \tag{9-4}$$

其中,$C_k(i,j)$ 表示在复杂网络中结点 i 与结点 j 之间的最短路径中经过结点 k 的数目;$C(i,j)$ 则表示结点 i 与结点 j 之间的最短路径的总数目。引入介数这一参数主要用于指出复杂网络中的各个结点分别在整个网络中所起到的作用和影响力,具有很强的现实意义。例如,在计算社会科学中,通常使用介数这个指标来描述指定的人在社会中所具有的影响力,并且将其解释为其在社会关系中起作用的分量。在社会关系网络中或在技术网络中,介数的分布特征反映出不同的社会成员(或不同类型的社会成员)、各类资源以及各种技术在相应的生产关系中所处的地位,这对于在各种不同类型的实际复杂网络中发现人才以及保护关键资源和核心技术都具有非常重要的价值和意义。

在 Strogatz 和 Watts 关于复杂网络的小世界现象的研究,以及 Barabasi 与 Albert 关于复杂网络的无标度性质的研究工作以后,许多研究者对于来自于各种不同领域(专业)中存在的大量实际的复杂网络的拓扑特征进行了比较广泛和深入的实证性研究,经过这些研究所得出的部分结论列入了表 9-2 中。其中,测量的参数包括:无向或有向、结点总数 N、边的总数 M、平均度数 $<k>$、平均路径长度 L 和集聚程度 C 等。如果网络具有幂律分布特征,那么就给出幂指数 γ(对于有向网络,则分别给出入度指数与出度指数);否则,相应的幂指数 γ 标记为"—"。表 9-2 中的空格表示目前还没有可靠的数据。

表 9-2 各种实际的复杂网络的基本统计数据表

复杂网络		类型	N	M	$<k>$	L	γ	C
社会领域	电影演员	无向	449913	25516482	113	3.48	2.3	0.78
	公司董事	无向	7673	55392	14.4	4.60	—	0.88
	合作数学家	无向	253339	496489	3.92	7.57		0.34
	合作物理学家	无向	52909	245300	9.27	6.19		0.56
	合作生物学家	无向	1520251	11803064	15.5	4.92		0.6
	电话呼叫图	无向	47000000	8000000	3.16	—		
	电子邮件	有向	59912	86300	1.44	4.95	1.5/2.0	0.16
	电子邮件地址	有向	16881	57029	3.38	5.22		0.13
	学生关系	无向	573	477	1.66	16.0	—	0

	复杂网络	类型	N	M	$\langle k \rangle$	L	γ	C
信息领域	WWW(nd.edu)	有向	269504	1497135	5.55	11.3	2.1/2.4	0.29
	引用网络	有向	783339	6716198	8.57	—	3.0/—	—
	罗氏词典	有向	1022	5103	4.99	4.87	—	0.15
	单词搭配网络	无向	460902	$1.7E+07$	70.1	—	2.7	0.44
技术领域	自治层 Internet	无向	10697	31992	5.98	3.31	2.5	0.39
	电力网络	无向	4941	6594	2.67	19.0	—	0.08
	铁路网络	无向	587	19603	66.8	2.16	—	0.69
	软件包	有向	1439	1723	1.2	2.42	1.4/1.6	0.08
	软件类	有向	1377	2213	1.61	1.51	—	0.01
	电子线路	无向	24097	53248	4.34	11.1	3.0	0.03
	对等网络	无向	880	1296	1.47	4.28	2.1	0.01
生物领域	代谢网络	无向	765	3686	9.64	2.56	2.2	0.67
	蛋白质网络	无向	2115	2240	2.12	6.80	2.4	0.07
	海洋食物网络	有向	135	598	4.43	2.05	—	0.23
	淡水食物网络	有向	92	997	10.8	1.90	—	0.09
	神经网络	有向	307	2359	7.68	3.97	—	0.28

3. 复杂网络的基本模型

要理解复杂网络结构与复杂网络行为之间的关系,并进而考虑改善网络的行为,就需要对现实中存在的复杂网络的结构特征能够有充分地认识和理解,并且在此基础上建立起合适的网络结构模型。在 Strogatz 和 Watts 关于小世界网络以及 Barabasi 与 Albert 关于无标度网络所做的开创性工作之后,人们对存在于不同的实际应用领域的大量真实网络的拓扑特性进行了较为广泛的实证性研究。

其中,最简单的复杂网络模型被称为规则网络模型,所谓规则网络即是完全按照确定性的规则来连接结点的复杂网络,其特点是各个结点的邻居结点数目皆相同。例如,一维链、二维晶格、完全图等属于规则网络;另外,全局耦合网、最邻近耦合网以及星形网络也都属于规则网络。

与完全规则网络相反的是完全随机网络,其中一个经典的模型即是 20 世纪 50 年代由爱多士(Erdos)和仁伊(Renyi)提出的完全随机网络模型,即所谓的 ER 模型。完全随机网络即是网络中的任意两个结点之间皆以一定的概率 p 相连接,也就是说,如果在一个完全随机网络中有 N 个结点,那么,该网络中就有近 $pN(N-1)$ 条边相连接。

实证结果表明,虽然规则网络具有集聚性,但是它的平均最短路径却比较长;随机网络则刚好相反,其具有小世界性,也就是说,平均最短路径比较短,但是集聚程度却比较低。不管怎样,无论是规则网络模型还是随机网络模型仍然都不能反映出现实中实际存在的复杂网络的一些重要特征,因为毕竟绝大部分的实际网络既不是完全意义上的规则网络,也不是完全随机网络。事实上,现实中存在的大量真实网络既具有较短的最短路径(即所谓的小世界性)又具有比较高的集聚程度(相对较大的集聚度)。例如,在现实生活中,一般来说,人们通常认识他们的邻居或同事,但也有可能有少量远在异国他乡的朋友。而因特网上的网页也绝不可能像 ER 随机网络模型那样完全随机地超链接在一起。事实上,更能真实地反映现实中存在的大部分网络所具有的相关性质的复杂网络模型是被称为小世界网络模型(small world network model)和无标度网络模型(scale-free network model)。下面,我们将用两节的篇幅系统地介绍这两种典型的复杂网络模型。

9.2 小世界网络模型

完全规则网络和完全随机网络都不能够很好地体现出实际中存在的网络的特征,这就意味着大自然或现实世界中的绝大多数复杂网络既不是完全确定的也不是完全随机的。Watts 和 Strogatz 在 1998 年提出了一个既具有小世界性又具有较高集聚程度的复杂网络模型,它标志着复杂网络这一新兴研究领域中的重大突破。他们主要是通过将规则网络中的每一条边以概率 p 随机地连接到该网络的一个新结点上,并由此构造出了一种介于规则网络和完全随机网络之间的另一种复杂网络模型(简称为 WS 网络)。通过进一步研究发现,这个网络模型同时还具有较短的平均路径长度和较大的集聚程度,而规则网络模型和完全随机网络模型则可以被看成是这个复杂网络分别在概率 p 为 0 时和概率 p 为 1 时的特殊情况。

下面,我们简要地介绍一下 WS 小世界网络模型的构造算法。

● 第 1 步:从规则网络开始。考虑一个包含有 N 个结点的最近邻耦合网络,它们围成一个环,其中,每一个结点都与其左右相邻接的 $K/2$ 个结点相连接,在这里,K 为偶数。

● 第 2 步:随机化重连。以概率 p 随机地重新连接原规则网络中的两个结点形成一条新的边,也就是说,将原规则网络中的各条边的一个端点保持不变,而另一个端点取为网络中随机选择的一个结点,并且规定:任意两个不同的结点之间最多只能有一条边,并且网络中的每一个结点都不能有边与其自身相连接。

由以上关于小世界网络模型的构造算法所得到的网络模型的集聚程度 $C(p)$ 以及平均路径长度 $L(p)$ 的性质,都可以被看成是重连概率 p 的函数。事实上,一个完全规则的最近邻耦合网络(即对应于重连概率 $p=0$ 的网络)是具有高集聚程度($C(0) \approx 0.75$)但其平均路径长度却很长($L(0) \approx N/2K$,当网络规模 N 相当大时,由于 K 是有限数,因此,$N/2K$ 远远大于 1);当重连概率 p 非常小,但不为 0 时,由于重新连线之后得到的网络与原来的随机网络之间的局部属性差异很小,因此,网络的集聚程度的变化程度也不大,$C(p)/C(0) \approx 1$,即 $C(p)$ 与 $C(0)$ 的差异非常小;然而,其平均路径长度却下降得很快,$L(p)/L(0) \approx 0$,即 $L(p)$ 远远小于 $L(0)$。通常,人们将这类既具有较高的集聚程度又具有较短的平均路径长度的复杂网络称为小世界网络(small world network,SWN)。

自从 WS 小世界网络模型提出以后,很多学者在此基础上进行了进一步改进。其中,应用得最为广泛的小世界网络模型是由纽曼(Newman)和瓦茨(Watts)提出的被称为 NW 小世界网络模型。该复杂网络模型不同于 WS 小世界网络模型之处在于它不用切断规则网络中的原始边,而是以概率 p 重新连接一对结点,也就是说,NW 小世界网络模型是通过使用"随机化添加边"的方法替代了 WS 小世界网络模型构造中所使用"随机化重连"的方法而得到的。该复杂网络的具体构造算法如下。

● 第 1 步：从规则网络开始。考虑一个包含有 N 个结点的最近邻耦合网络，它们围成一个环，其中，每一个结点都与其左右相邻接的 $K/2$ 个结点相连接，在这里，K 为偶数。

● 第 2 步：随机化添加边。以概率 p 在随机选取的一对结点之间添加一条边，并且规定：任意两个不同的结点之间最多只能有一条边，并且网络中的每一个结点都不能有边与其自身相连接。

相较之于 WS 小世界网络模型，NW 小世界网络模型的优点在于该网络模型简化了理论分析，这主要是由于在 WS 小世界网络中有可能存在着孤立结点，然而在 NW 小世界网络中则不可能存在孤立结点。

在 NW 小世界网络模型中，概率 $p=0$ 对应于原来的最近邻耦合网络，而概率 $p=1$ 则对应于全局耦合网络。当概率 p 足够小并且网络规模 N 足够大时，NW 小世界网络模型从本质上来看与 WS 小世界网络模型是完全等价的。

综上所述，小世界网络模型反映了一种社会关系网络——朋友关系网络的一种性质，也就是说，一般而言，大多数人的朋友们都是与他们住在同一条街上的邻居或是在同一单位工作的同事。然而，从另一个方面来说，也有些人的朋友距离他们是相对距离比较远的，甚至还可能有极少数朋友是远在异国他乡的，这种情况通常对应于 WS 小世界网络模型中通过重新连线或者在 NW 小世界网络模型中通过添加新的连线产生的远程连接。

下面，我们简要地介绍一些关于小世界网络模型的统计性质。

WS 小世界网络模型的集聚程度大小的计算公式如下：

$$C(p) = \frac{3(K-2)}{4(K-1)}(1-p)^3 \tag{9-5}$$

NW 小世界网络模型的集聚程度大小的计算公式如下：

$$C(p) = \frac{3(K-2)}{4[(K-1)+Kp(p+2)]} \tag{9-6}$$

尽管我们已经得到了小世界网络模型的集聚程度的精确计算公式，但是，到目前为止，人们仍然没法获得关于 WS 小世界网络模型的平均路径长度 L 的精确计算公式，尽管如此，我们仍然可以借助于量子场论中使用的数学工具——重整化群方法可以得到式(9-7)。

$$L(p) = \frac{2N}{K} \cdot f(NKp/2) \tag{9-7}$$

其中，函数 $f(x)$ 是一个普适标度函数，且满足式(9-8)。

$$f(x) = \begin{cases} \text{constant}, x \ll 1 \\ (\ln x)/x, y \gg 1 \end{cases} \tag{9-8}$$

Newman 等学者则使用平均场方法给出了以下的近似表达式：

$$f(x) \approx \frac{1}{2\sqrt{x^2+2x}}\text{arctanh}\sqrt{\frac{x}{2+x}} \tag{9-9}$$

但是，直到目前为止人们仍然没有找到函数 $f(x)$ 的精确显式表达式。

在基于"随机化加边"机制的 NW 小世界网络模型中，网络中每一个结点的度至少为 K。因此，当 $k \geqslant K$ 时，一个随机选取的结点的度为 k 的概率可以按照式(9-10)给出的计算公式进行计算。

$$P(k) = C_N^{k-K}(\frac{Kp}{N})^{k-K}(1-\frac{Kp}{N})N-k+K \tag{9-10}$$

而对于基于"随机化重连"机制的 WS 小世界网络模型而言,当 $k \geqslant K/2$ 时,一个随机选取的结点的度为 k 的概率根据式(9-11)给出的计算公式进行计算。

$$P(k) = \sum_{n=0}^{\min(k-K/2,K/2)} C_{K/2}^n (1-p)^n p^{(K/2)-n} \frac{(pK/2)k-(K/2)-n}{(k-(K/2)-n)!} e^{-pK/2} \qquad (9\text{-}11)$$

而当 $k < K/2$ 时,$P(k) = 0$。

与 ER 随机网络模型相似,WS 小世界网络模型也是所有结点的度都近似相等的均匀网络。除了以上给出的两个经典的小世界网络模型以外,人们又更进一步地提出了小世界网络模型的其他一些变形,有兴趣的读者可以参考一些相关文献做进一步地了解,在此不再赘述。

9.3 无标度网络模型

虽然小世界网络模型能够非常好地描述现实世界的小世界性和较高程度的集聚性,但是,对于小世界网络模型的理论分析表明,在该复杂网络模型中,其结点的度的分布状况仍然为指数分布形式。根据前面的分析,不难看出,无论是 ER 随机网络模型还是 WS 小世界网络模型都具有一个共同特征,即这两种类型的复杂网络的连接度分布近似地服从 Poisson 分布(泊松分布)。这种分布有一个显著特征,即在度平均值 $<k>$ 处出现一个峰值,并且经过了这个峰值之后呈指数形式地迅速衰减。这种特征也就意味着当 $k \gg <k>$ 时,网络中度为 k 的结点几乎不存在,换句话说,在小世界网络中,几乎不存在连接度非常大的结点。因此,这类复杂网络通常亦被称为均匀网络或指数网络(exponential network)。然而,事实上,在现实中的大部分大规模的真实网络(如互联网)中的结点的连接度分布却与 Poisson 分布有很大的差异,也就是说,在真实的网络中,尽管连接度非常大的结点数量很少,但是,它们的数量并不能忽略不计,换句话说,这些结点是具有显著特征的少数群体。事实上,在这些真实网络中的结点的连接度分布服从的是幂律分布(这个结论在后面的内容中会给予详细的说明)形式。

近年来在对复杂网络研究的过程中的另一个重大发现即是在现实中存在的绝大多数网络(如因特网、万维网以及新陈代谢网络等)的连接度分布函数具有所谓幂律形式的特征。由于在这类复杂网络中的结点的连接度没有明显的特征长度,因此通常将其称为无标度网络(scale-free network)。与服从指数分布的连接度分布函数有显著区别的特征即是,服从幂律分布的连接度分布函数图像没有峰值,也就是说,在这种类型的复杂网络中的绝大多数结点仅仅只有少量的边与其余结点相连接,而只有极少数的结点拥有大量的连接边与其余结点相连接,并且不存在随机网络中的特征标度。为了解释无标度网络的形成机制,Barabasi 和 Albert 提出了著名的 BA 模型,在他们看来,以前提出的各种复杂网络模型没有考虑到现实世界中真实存在的网络具有两个重要性质,即增长性和连接倾向性(优先连接性)。前者意味着现实中存在的真实网络的规模是不断增大的,也就是说,网络中不断会有新的结点加入进来,后者则意味着加入到网络中的新结点将会以很大的概率选择与当前网络中连接度比较大的结点进行连接。他们不仅给出了 BA 模型的生成算法并且进行了模拟分析,而且甚至使用统计物理中的平均理论得出了该模型的解析解,其结果指出,复杂网络经过相当长时间的演化之后,BA 网络模型的连接度分布将不再随时间而变化,即连接度分布稳定地服从指数为 3 的幂律分布。下面,我们对此展开详细论述。

为了进一步地解释幂律分布的产生机理,Barabasi 与 Albert 提出了一个无标度网络模型,通常称为 BA 模型。他们认为以前提出的很多复杂网络模型都完全没有考虑到现实网络所具有的下面这两个非常重要的特征:

(1) 增长(growth)特征:即现实网络的规模是不断扩大的。例如,在因特网上几乎每天都有大量新的网页产生,每个月(或每年)几乎都将有大量的新的科研论文发表。

(2) 优先连接(preferential attachment)特征:即新的结点将会更加倾向于与那些拥有较高连接度的"大"结点相连接。这种现象有时也被形象地称为"赢者通吃(winner-take-all)"或"马太效应(Matthew effect)"。例如,一个新的个人主页上的超文本链接将更有可能指向腾讯、新浪、搜狐等著名的门户网站;最新发表的文章将更加倾向于引用一些被广泛引用的重要文献等。

基于这种 BA 模型所能描述的复杂网络的增长特征和优先连接特征,BA 无标度网络模型的构造算法如下。

① 增长特征的算法模拟:从一个具有 m_0 个结点的复杂网络开始,每次(每经过一个固定时间段)将一个新的结点加入到当前的网络中来,并且连接到 m 个已经存在于网络中的结点上,在这里,$m \leqslant m_0$。

② 优先连接特征的算法模拟:一个新加入到网络中的结点与任何一个在当前网络中已有的结点 i 相连接的概率 P_i 与当前结点 i 的度 k_i 以及网络中其他当前结点 j 的度之间应满足以下关系,即 $P_i = \dfrac{k_i}{\sum\limits_j k_j}$。

可以看出,在该算法经过了 t 步执行以后,这种算法将会产生一个具有 $N = t + m_0$ 个结点、mt 条边的网络。因此,在此时,如果有一个新结点加入到当前的网络中,则它与任何一个在当前网络中已有的结点 i 相连接的概率 P_i 与当前结点 i 的度 k_i 之间的关系为 $P_i = \dfrac{k_i}{2mt}$。由于新结点进入当前网络可以看成是一个动态过程,因此,我们可以将某个新结点 i 进入网络的时刻记作 t_i(即以上算法执行到第 t_i 步),可以看出,t_i 应满足式(9-12)。

$$t_i = \begin{cases} 0, i \leqslant m_0 \\ i - m_0, i \geqslant m_0 \end{cases} \tag{9-12}$$

下面,我们讨论当 t 达到相当大的数值时,基于 BA 模型的复杂网络中所有结点的连接度所应服从的概率分布。首先,将在时刻 t(t 是一个相当大的正整数)时在网络中编号为 i 的结点的连接度的均值记为 $k_i(t)$。若相邻两次将新结点引入到已有网络中所经历的时间非常短,则可将时刻 t 近似看成连续量。因此,网络中编号为 i 的结点的连接度的增量可以按式(9-13)计算。

$$\frac{\mathrm{d}k_i(t)}{\mathrm{d}t} = m \cdot \frac{k_i(t)}{\sum\limits_j k_j(t)} = m \cdot \frac{k_i(t)}{2mt} = \frac{k_i(t)}{2} \tag{9-13}$$

事实上,式(9-13)从形式上看是一个常微分方程。并且不难看出,当第 i 个结点作为新的结点加入到已有的网络时,与其相连接的边恰为 m,于是应有 $k_i(t_i) = m$,这即可作为上面这个常微分方程的初始条件。于是,可以解得该方程的解为式(9-14)。

$$k_i(t) = m \cdot \sqrt{\frac{t}{t_i}} \tag{9-14}$$

接下来，我们讨论在网络中每一个结点的连接度服从怎样的概率分布。由于编号为 i 的结点是在网络中任意选取的，因此，可以将其在 $t(t$ 相当大$)$ 时刻的连接度 $k_i(t)$ 作为一个随机变量。于是可得式(9-15)。

$$P(k_i(t) \leqslant k) = P\left(m \cdot \sqrt{\frac{t}{t_i}} \leqslant k\right) = 1 - P\left(t_i < \frac{m^2}{k^2}t\right) \tag{9-15}$$

容易看出，$P(t_i < \frac{m^2}{k^2}t)$ 可以表示为式(9-16)。

$$P\left(t_i < \frac{m^2}{k^2}t\right) = \frac{m_0 + m^2\,t/k^2}{m_0 + t} \tag{9-16}$$

于是，可得式(9-17)：

$$P(k_i(t) \leqslant k) = 1 - \frac{m_0 + m^2\,t/k^2}{m_0 + t} \tag{9-17}$$

根据式(9-17)，即可得到在 t 时刻，网络中一个随机选定的结点的连接度恰好为 k 的概率，见式(9-18)。

$$p(k) = \frac{d\left(1 - \dfrac{m_0 + m^2\,t/k^2}{m_0 + t}\right)}{d} = \frac{t}{m_0 + t} \cdot \frac{2m^2}{k^3} \tag{9-18}$$

特别地，当 t 趋向于无穷大时，$p(k) \approx 2m^2 k^{-3}$。在这里，t 体现了 BA 模型的网络规模。不难看出，当 t 相当大时，即当复杂网络的规模很大时，概率 $p(k)$ 与网络的规模几乎无关，这一特性恰恰说明了这种基于 BA 模型的复杂网络是一种无标度网络(scale-free network)，也就是说，当已有的网络具有了相当大的规模时，如果继续扩大网络的规模(继续增加新的结点以及增加新的边)，网络中结点的连接度的分布情况几乎不可能发生变化。另一方面，根据式(9-18)可知，当网络处于 t 时刻，由于 $2m^2 \dfrac{t}{m_0 + t}$ 为一常数，因此，当前网络中的结点的连接度的分布恰好服从幂律分布。

对基于 BA 模型的无标度网络中的各个结点的连接度分布研究之后发现，在现实中真实存在的复杂网络中各个结点的连接度分布指数不小于 1；在连接度分布指数处于 1~2 之间的复杂网络中存在着数量较多的 HUB 结点，并且其边数和结点数之间的关系是非线性关系，也就是说，结点数的增加将会导致边数的大幅度增多；连接度分布指数处于 2~3 之间的复杂网络仅仅只存在一定数量的 HUB 结点，其中的边数与结点数之间的关系是线性关系，绝大多数受到成本制约的技术类型网络一般都属于这种类型；然而，连接度分布指数大于 3 的复杂网络则类似于随机网络，近似于均质网络。

任何复杂网络在遭受外力的作用时，无外乎将会产生以下这两种情况：即要么复杂网络的抗干扰能力较弱从而导致该网络被毁坏；要么复杂网络的抗干扰能力很强从而可以继续地保持其网络结构。通常将前一种情况称为复杂网络的脆弱性(fragility)，而将后一种情况称为复杂网络的鲁棒性(robustness)。就这两种的特性而言，基于 BA 模型的无标度网络对网络中出现的随机结点故障具有极强的鲁棒性，这主要归因于在基于 BA 模型的无标度网络中结点的连接度分布服从幂律分布，因此，这种复杂网络具有极端的非均匀性，也就是说，网络中的绝大多数结点的连接度都相对较小，而只有极少数的结点的连接度相对非常大，因此,对于发生随机性的故障或随意性的攻击,能够命中网络中关键结点(连接度相对非常大的结点)的可能性比较小。但是,对于蓄意的攻击,基于 BA 模型的无标度网络却表现出了极大的脆弱性。这主要是由于只要是有针对性地选择攻击网络中那些连接度相对很大的极少数的结点,网络的连通性将会受到极大地削弱,甚至有可能导致整个网络的通信崩溃。事实上,我们完全可以随机地去掉网络中大量的连接度相对较小的结点(去掉结点时也要去掉与其相连接的边),无标度网络仍然可以保持基本的连通性,然而,如果在随机网络中去掉数量相等的大量结点,则该随机网络将极有可能被分离成许多孤立的子网;但是,如果在一个无标度网络中蓄意去掉极少数的连接度相对很大的结点就极有可能大大地削弱该网络的连通性,甚至有可能破坏其连通性。总而言之,对随机故障的鲁棒性以及对蓄意攻击的脆弱性是无标度网络的两大基本特性,其根源即在于这种复杂网络中结点连接度分布的不均匀性。因此,鲁棒却又脆弱(robust yet fragile)是复杂系统的最重要和最根本的特征之一。

无标度网络是分析复杂网络结构的一种重要方法,具有一般科学方法的意义。面对需要研究的复杂系统,我们首先可以将组成这个系统的各个要素及其直接相互作用分别对应转换为组成复杂网络的结点和边,也就是说:① 将其转化为与之等价的复杂网络问题;② 通过分析和计算复杂网络中结点的连接度及其度分布规律来确定其是否是无标度网络,如果其连接度分布服从幂律分布,那么该复杂网络必定是无标度网络;③ 根据无标度网络的特征,我们可以发现该网络的增长规律以及优先连接规律;④ 根据网络的连接度分布服从的分布规律,可以找到该网络中连接度最大的结点,并进而研究和分析复杂网络的脆弱性和鲁棒性,并且据此给出该复杂网络的传播规律和控制规律等。

由于无标度网络模型是复杂网络的一般化模型,因此它具有普遍性和广泛性。在过去的近二十年中,研究者们在许多复杂系统中都发现了无标度网络结构。例如,万维网、因特网、通信网、电力网、国际航空网、生命科学中的新陈代谢网络等诸多复杂网络都是典型的无标度网络。在研究因特网的物理结构时,研究人员专门对网络中的路由器的连接情况进行了长期深入的研究,结果发现,这个网络的拓扑结构也具有无标度特性。此外,瑞典斯德哥尔摩大学和美国波士顿大学的科学家们共同研究表明,瑞典民众的性关系网络也遵循幂次定律:即虽然绝大部分人终其一生也仅仅只有少数几个性伴侣,但是仍然还有极少数人的性伴侣数量相对较多,甚至多达数百人。波士顿大学的勒德纳(Redner)则证实,由科学论文之间引用关系所连接形成的网络,一样也遵循幂次定律。美国密歇根大学安娜堡分校的纽曼(Newman)教授研究了包括计算机和物理等一些学科在内的科学家群体之间的合作关系网络,结果发现这些网络也同样具有无标度特性。另外,好莱坞的演员关系网络、美国生物技术产业联盟网络以及细胞中蛋白质的交互网络等诸多网络也都具有无标度特征。

上述这些不同系统之间,在网络拓扑结构上的相似之处,以及无标度网络的形成原因,已经成为当下复杂网络结构研究的焦点和热点。许多不同专业领域的科学家分别从各自不同的专业角度出发对无标度网络进行了更加深入的研究和分析。其中,Barabasi 和 Albert 在对随机网络 ER 模型进行深入细致的研究和分析的基础上,建立起来的基于 BA 模型的无标度网络尤为经典,该复杂网络模型不仅能够正确地解释无标度网络的成因,而且还能够说明无标度网络的产生机制。总之,这个模型既具有深刻的理论内涵,又具有较高的实际应用价值。因此,无标度网络分析方法目前已经成为研究和认识复杂系统结构的一种非常重要的科学方法。

9.4 复杂网络方法的应用现状与发展前景

自从瓦茨（Watts）等人和巴拉巴斯（Barabasi）等人在世纪之交分别发表了小世界网络模型和无标度网络模型的研究成果以来，在复杂网络领域中的理论研究不仅已经获得了举世瞩目的成就，而且其中得到的许多结论取得了国际学术界的一致认可并且引起了国际科学界的广泛关注。

小世界网络模型与无标度网络模型的发现不仅开启了对于复杂网络研究的新局面，而且对系统科学的研究尤其是对复杂系统结构的研究也具有重要的意义，与此同时，它也为未来人工智能领域的深入发展打下了坚实的理论基础。复杂网络不仅成为许多复杂系统的结构形态，而且还可以作为研究复杂系统结构拓扑特性的模型。一切事物都是处于相互作用之中，所有学科的研究对象无一例外都是某种要素和层次的相互作用。例如，物理学主要研究物体之间最基本的相互作用；化学主要研究分子之间或原子之间的相互作用；生命科学主要研究各个生命体之间的相互作用；计算机科学主要研究计算机软件和计算机硬件之间的相互作用；社会科学主要研究人与人以及人与社会组织之间的相互作用。事物作为系统，其结构可以抽象成为网络。其中，各类相互作用的主体可以抽象成为结点，相互作用可以抽象成为网络中的相邻结点之间的连接线或边。这样一来，我们即可通过对复杂网络分析的一整套理论、方法以及技术对复杂系统的结构进行拓扑性质的分析与研究。

因此，从某种意义上讲，小世界网络模型和无标度网络模型的发现无疑是深入开展对复杂系统结构研究的一个契机，甚至有可能以研究复杂网络的拓扑特性作为切入点，深入展开对复杂系统结构的研究。系统结构既是系统科学的一个基本概念，又是系统科学的一个核心概念，但是，由于人们目前尚未对其进行充分、深入和比较系统全面地理解、认识和研究，因此，还未找到能够对其进行解释的一套严密的逻辑理论体系。事实上，尽管各门具体的学科对其自身研究领域内部的相关复杂系统结构做了比较具体的应用研究，并且甚至在某些学科内部获得了颇为丰富的研究成果，但是就一般层次的系统科学而论，对于系统结构研究的理论成果还乏善可陈，尤其是对于复杂系统来说，进行结构分析则更是无能为力。随着小世界网络模型和无标度网络模型的相继提出，为我们打开了复杂系统结构研究的新思路和新视野，并且实现了研究方法论的根本性转变，也就是说，从以前的还原论思维和方法转换成了整体论（系统论）思维和方法。系统结构可以描述成与之相应的网络结构。但是，在传统的图论中的规则图以及完全随机图理论与现实中真实存在的网络结构及其行为不太相符合，它们只反映了两个相对极端的情况。事实上，当前现实中存在的绝大多数复杂网络都是介于这两种类型的极端网络之间，即将规则性和随机性集于一身，表现出来两个主要特征，即动态演化性以及开放自组织性。于是，单纯的规则网络和随机网络理论对于普遍存在的现实的复杂系统不能进行实质性的分析和研究。而小世界网络模型和无标度网络模型的提出为复杂网络的研究与复杂系统结构的研究开启了一扇全新的大门，其研究成果与大多数复杂系统的实际行为的基本特征相符合，由此说明，对复杂系统的结构研究获得了实质性的突破，同时也为人们观察和分析复杂世界提供了一种新的理论视角并给予了与之相应的新的思维和方法。

在很长时间以来，面对纷繁复杂的网络世界，人们通常只能束手无策，即要么使用还原论的思维和方法将其进行彻底地还原解剖，要么就只能归咎于神秘。随着复杂网络理论的兴起（尽管这一理论体系目前还远未达到成熟和完善的程度），使得人们又有了一种新的认识世界的全新视角和新方法，我们可以将其形象地称为"以网观之"。从本质上讲，"以网观之"即是将复杂网络理论提升成为一种全新的网络世界观、认识论和方法论，简单地说，就是以网络的观念理解整个大千世界，以整体论的思维和方法去认识复杂系统并且解决与之相关的各种问题。

当前，小世界和无标度理论等复杂网络理论已经被作为一种新颖的世界观来重新认识和理解人类所赖以生存的这个复杂网络世界，并且将这种新的研究方法应用到许多与网络连通性以及复杂系统的一般行为相关的问题中。例如，在因特网上从一个网页到另一个网页平均需要点击多少次鼠标；千变万化的计算机病毒是怎样在网络上进行传播的；谣言（或疾病）是怎样通过聊天软件（或社会网络）流行起来的；在巨大的电力网络或者金融系统中，故障或震荡是怎样传播的；在大规模的团体中，合作是怎样演化的；对一个组织或者一个通信网络而言，设计怎样的系统结构能够使其最为高效的运作等。总而言之，复杂系统理论已经引起了诸多领域的研究者和科学家极大的兴趣，并且在物理学、数学、计算机科学（尤其是人工智能领域）甚至生命科学、经济学、社会科学等背景大相径庭的诸多领域产生着越来越深远的影响。

附录

部分章节实验
参考源程序

在这里,我们给出部分章节相关算法设计的参考实验例程(使用 Python 语言编程实现),仅供读者参考。

附录A 机器学习算法参考源程序

```python
import random
import math
import time
import matplotlib.pyplot as plt
def BPNN4(a,b,train):
    for i in range(len(b)):
        exec(a[i]+ "= "+ str(b[i]))
    o1,o2,o3,sc= train
    m= []  # 权值列表
    for i in range(4,11):
        exec("e"+ str(i)+ "= 0")
        exec("o"+ str(i)+ "= 0")
        exec("s"+ str(i)+ "= 0")
    for i in range(4,8):# 1到2
        for j in range(1,4):
            exec("s"+ str(i)+ "= "+ "s"+ str(i)+ "+ o"+ str(j)+ "* w"+ str(j)+ str(i))
        exec("s"+ str(i)+ "= "+ "s"+ str(i)+ "+ c"+ str(i)+ "")
        exec("o"+ str(i)+ "= 1/(1+ math.exp(- s"+ str(i)+ "))")
        # print("s"+ str(i)+ "= ",eval("s"+ str(i)),"o"+ str(i)+ "= ",eval("o"+ str(i)))
    for i in range(8,10):# 2到3
        for j in range(4,8):
            exec("s"+ str(i)+ "= "+ "s"+ str(i)+ "+ o"+ str(j)+ "* w"+ str(j)+ str(i))
        exec("s"+ str(i)+ "= "+ "s"+ str(i)+ "+ c"+ str(i)+ "")
        exec("o"+ str(i)+ "= 1/(1+ math.exp(- s"+ str(i)+ "))")
        # print("s"+ str(i)+ "= ",eval("s"+ str(i)),"o"+ str(i)+ "= ",eval("o"+ str(i)))
    for i in range(10,11):# 2到3
        for j in range(8,10):
            exec("s"+ str(i)+ "= "+ "s"+ str(i)+ "+ o"+ str(j)+ "* w"+ str(j)+ str(i))
        exec("s"+ str(i)+ "= "+ "s"+ str(i)+ "+ c"+ str(i)+ "")
        exec("o"+ str(i)+ "= 1/(1+ math.exp(- s"+ str(i)+ "))")
        # print("s"+ str(i)+ "= ",eval("s"+ str(i)),"o"+ str(i)+ "= ",eval("o"+ str(i)))
        exec("e"+ str(i)+ "= o"+ str(i)+ "* (1- o"+ str(i)+ ") * (sc- o"+ str(i)+ ")")
```

```
    for i in range(8,10):
        for j in range(10,11):
            exec("e"+ str(i)+ "= w"+ str(i)+ str(j)+ "*e"+ str(j))
        exec("e"+ str(i)+ "= e"+ str(i)+ "*o"+ str(i)+ "*(1- o"+ str(i)+ ")")
    for i in range(4,8):
        for j in range(8,9):
    exec("e"+ str(i)+ "= w"+ str(i)+ str(j)+ "*e"+ str(j))
        exec("e"+ str(i)+ "= e"+ str(i)+ "*o"+ str(i)+ "*(1- o"+ str(i)+ ")")
    # print("e10= ",eval("e10"))
    for i in range(1,4):
        for j in range(4,8):
            exec("w"+ str(i)+ str(j)+ "= w"+ str(i)+ str(j)+ "+ l*e"+ str(j)+ "*o"+ str(i))
            m.append(eval("w"+ str(i)+ str(j)))
            # print("w"+ str(i)+ str(j)+ "= ",eval("w"+ str(i)+ str(j)))
    for i in range(4,8):
        for j in range(8,10):
            exec("w"+ str(i)+ str(j)+ "= w"+ str(i)+ str(j)+ "+ l*e"+ str(j)+ "*o"+ str(i))
            m.append(eval("w"+ str(i)+ str(j)))
            # print("w"+ str(i)+ str(j)+ "= ",eval("w"+ str(i)+ str(j)))
    for i in range(8,10):
        for j in range(10,11):
            exec("w"+ str(i)+ str(j)+ "= w"+ str(i)+ str(j)+ "+ l*e"+ str(j)+ "*o"+ str(i))
            m.append(eval("w"+ str(i)+ str(j)))
            # print("w"+ str(i)+ str(j)+ "= ",eval("w"+ str(i)+ str(j)))
    for i in range(4,11):
        exec("c"+ str(i)+ "= c"+ str(i)+ "+ l*e"+ str(i))
        m.append(eval("c"+ str(i)))
        # print("c"+ str(i)+ "= ",eval("c"+ str(i)))
        return m,eval("e10"),eval("o10") # 权值、误差、输出
a= ["w14","w15","w16","w17",
    "w24","w25","w26","w27",
    "w34","w35","w36","w37",
    "w48","w49",
    "w58","w59",
    "w68","w69",
    "w78","w79",
    "w810","w910",
    "c4","c5","c6","c7","c8","c9","c10"]
b= []
for i in a:                              # 权重、偏置随机取值
```

```
        exec(i+ "= random.uniform(- 1,1)")
        b.append(eval(i))
e10= 0
t= 1                      # 次数记录
l= 0.9                    # 学习率
train= [[1,0,0,0],[0,1,1,1],[1,1,0,1],[0,1,0,0],[0,0,0,0],[1,1,1,1]]    # 训练样本
test= [[1,0,1,1],[0,0,1,0]]                        # 测试样本
tu= [] # 训练样本每次迭代的输出列表
num= [] # 迭代次数记录
for i in range(len(train)):
    tu.append([])
file =  open('E:/wf/神经网络/后向前馈神经网络/训练数据4.txt','w')
file.write("初始值:")
for i in a:
    file.write(i+ "= "+ str(eval(i))+ "\n")
n1= time.time()
# while t< = 1000:
while abs(e10)> = 0.0001 or t= = 1:
    print("第",t,"次......")
    file.write("\n 第"+ str(t)+ "次\n")
    n= []
    for i in range(len(train)):
        n.append(BPNN4(a,b,train[i]))
        tu[i].append(n[i][2])
        for j in range(len(n[i][0])):
            file.write(a[j]+ "= "+ str(n[i][0][j])+ "  ")
        file.write("\n e6= "+ str(n[i][1])+ "\n")
    b= n[0][0]
    e10= n[0][1]
    o= n[0][2]
    for i in range(len(train)- 1):
        if abs(e10)< = abs(n[i+ 1][1]):
            b= n[i+ 1][0]
            e10= n[i+ 1][1]
            o= n[i+ 1][2]
    file.write("终选误差:"+ str(e10)+ "\n")
    file.write("终选权值:\n")
    for i in range(len(b)):
        file.write(a[i]+ "= "+ str(b[i])+ "  ")
    file.write("\n")
    print("终选误差:",e10)
    num.append(t)
    t= t+ 1
```

```
n2= time.time()
n= n2- n1
print("迭代次数:",t- 1)
file.write("迭代次数:"+ str(t- 1))
file.write("用时:"+ str(n))
print("用时:",n)
for i in range(len(train)):
    plt.plot(num,tu[i])
print("测试:")
s= []
for i in range(len(test)):
    print("\n",test[i])
    file.write(str(test[i])+ "\n")
    s.append(BPNN4(a,b,test[i]))
    print("输出:",s[i][2])
    print("误差:",s[i][1])
    file.write("输出:"+ str(s[i][2])+ "\n 误差:"+ str(s[i][1])+ "\n")
file.close()
plt.show()
```

附录B　遗传算法参考源程序

```python
# encoding= utf- 8
import numpy as np
population= 50
cross_rate= 0.65
mutation_rate= 0.1
genetic_num= 4
max_generation= 50
# 初始化种群里的染色体,每染色体有四个基因,用一个数组表示,种群用列表 cc 表示
cc= []
for i in np.arange(0,population,1):
    cc.append(np.random.randint(- 500,501,genetic_num))   #   [- 500,501)的随机整数
for i in np.arange(0,population,1):
    cc[i]= cc[i]/100
print("init population:",cc)
crosstag = np.zeros(population,dtype= np.int)
fit = np.zeros(population)
# 计算初始适应值
totalfit = 0
bestindex = 0;
bestfit = 0;
for i in np.arange(0,population,1):
    fit[i] = 1 / (1 + cc[i][0] * * 2 + cc[i][1] * * 2 + cc[i][2] * * 2 + cc[i][3] *
* 2)
    totalfit + = fit[i]
    if (bestfit < = fit[i]):
        bestindex = i;
        bestfit = fit[i]
fit = fit / totalfit;
generation= 0;
while generation< max_generation:
    # 选择操作,产生新的种群,轮盘赌方式
    newcc= []
    for i in np.arange(0,population,1):
```

```python
            r= np.random.rand()
            tmp= 0
            for j in np.arange(0,population,1):
                tmp+ = fit[j]
                if(tmp> = r):
                    newcc.append(cc[j])
                    break
# print("selected individuals:",newcc)
    # 确定哪些个体参加交配
    for i in np.arange(0,population,1):
        r= np.random.rand()
        if(r< cross_rate):
            crosstag[i]= 1
        else:
            crosstag[i]= 0
    # 执行交配操作,从前到后扫描列表,参加交配的个体两两配对,如果是单数,则最后一个放弃
    i= 0;
    while i< population:
        if crosstag[i] > 0:
            j= i+ 1
            while j< population:
                if crosstag[j]> 0: # 凑齐一对,执行交叉操作
                    r= np.random.randint(0,genetic_num- 1)   #  [0,gen_num- 1)的随机
整数,作为交叉点位
                    for k in np.arange(r+ 1,genetic_num,1): #  交换基因
                        tmpgen= newcc[i][k]
                        newcc[i][k]= newcc[j][k]
                        newcc[j][k]= tmpgen
                    i= j
                    break
            j+ = 1
        if i! = j:
            break   # 没找到可交叉的另一个染色体,退出外循环
        i+ = 1
    # 执行变异操作
    for i in np.arange(0,population,1): # 每个染色体
        for k in np.arange(0,genetic_num,1):  # 每个基因
            r= np.random.rand()
            if r< mutation_rate:
                newcc[i][k]= np.random.randint(- 500,501)/100   # 基因合法值为[- 5,5]
之间的浮点数
    # 计算适应值
    totalfit= 0
```

```
        bestindex= 0;
        bestfit= 0;
        for i in np.arange(0,population,1):
            fit[i]= 1/(1+ cc[i][0] * * 2+ cc[i][1] * * 2+ cc[i][2] * * 2+ cc[i][3] * * 2)
            totalfit+ = fit[i]
            if(bestfit< = fit[i]):
                bestindex= i;
                bestfit= fit[i]
        fit= fit/totalfit;
        generation+ = 1
print("final population:",newcc)
print("best index:",bestindex,";best fit:",bestfit)
print("best individual:",newcc[bestindex])
```

附录C 蚁群优化算法参考源程序

```python
# encoding= utf- 8
import numpy as np
ANT_NUMBER= 3  # 蚂蚁种群大小
ALPHA= 1
BETA= 2
RHO= 0.5
CITY_NUMBER= 4  # 城市数
P0= 0.3  # 每条边的初始信息素都是 P0
MAX_GENERATION= 20  # 最大循环次数
# 一共四个城市,假设用编号来索引 0,1,2,3
CITY_SET= set(np.arange(CITY_NUMBER))  # 全部城市编号集合,用于求集合差,找出蚂蚁没去
过的城市
# 城市间距离矩阵赋值
Dij= np.array([[0,3,1,2],[3,0,5,4],[1,5,0,2],[2,4,2,0]])
# 各条边的信息素初始化
# 4×4 的数组,初始值都是 P0,注意,必须用 numpy 把列表转为数组,因为 [[x]*m]*n 定义的二位
列表实际上只有一行,其他各行只是引用。
# 除非用这种方式定义就没问题,[[x]*m for i in range(n)],结果是足量存储的 n 行 m 列
PI= np.array([[P0]*CITY_NUMBER]*CITY_NUMBER)
generation= 0
while generation< MAX_GENERATION:
    ants = []  # 用列表记忆每个蚂蚁经过的每个节点,每个蚂蚁一个列表
    # 每只蚂蚁选择一个随机出发城市
    for i in range(ANT_NUMBER): # range(m) - - > 0,...,m- 1
        ants.append([np.random.randint(CITY_NUMBER]) # randint(0,m) or randint(m)
- - > random integer in [0,m- 1]
    # 构建路径,让每个蚂蚁走一遍各个城市
    while len(ants[0])< CITY_NUMBER:
        # 为每个蚂蚁选择下一个城市
        for i in range(ANT_NUMBER):
            # 当前蚂蚁没去过的城市还有哪几个,用集合运算可以简单求差得到
```

```
            city= list(CITY_SET- set(ants[i]))
            # 求下一步可走的每一个城市的选择概率
            currentcity= ants[i][len(ants[i])- 1] # 表尾元素
            probability= []
            totalp= 0
            for next in range(len(city)):
                tmpp= （PI[currentcity][city[next]] * * ALPHA）*（（1/Dij[currentcity]
[city[next]])* * 2)
                probability.append(tmpp)
                totalp+ = tmpp
            for k in range(len(city)):
                probability[k]/= totalp  # 列表不支持直接除的操作,只有数组和矩阵支持,
所以得单个元素除
            if len(city)> 1:
                # 轮盘赌选择下一个城市,如果可选城市还有超过一个的话
                r= np.random.rand()  #  [0,1)浮点随机数
                totalp= 0;
                for k in range(len(city)):
                    totalp+ = probability[k]
                    if totalp> = r:
                        ants[i].append(city[k])  # 下一步城市的编号加入蚂蚁前进路径中
                        break
            elif len(city)= = 1: # 只剩一个城市,直接加入蚂蚁前进路径
                ants[i].append(city[0])
    # 一轮寻路完成,更新各个路径信息素
    # 闭合路径,让每个蚂蚁回到出发城市,即在路径末端追加一个结点(出发城市),方便后续操作
    for i in range(ANT_NUMBER):
        ants[i].append(ants[i][0])
    # 需要找出每段路径有哪几个蚂蚁经过
    # 注意:a到b与b到a按不同的路段来算的
    # 按斜对角线两个对称元素信息素会不同
    # 用元组操作,因为1- > 2和2- > 1是不同的路段。元组的元素有先后,集合的元素是没有顺
序的
    # 每个蚂蚁经过的路段集合及路径总长度
    antps= []
    pathlen= []
    for i in range(ANT_NUMBER):
        antps.append([])
        pathlen.append(0)
        for j in range(len(ants[i])- 1):
            path= (ants[i][j],ants[i][j+ 1])
            antps[i].append(path)
            pathlen[i]+ = Dij[ants[i][j]][ants[i][j+ 1]]
```

```python
    # 计算并更新信息素
    for i in range(CITY_NUMBER):
        for j in range(CITY_NUMBER):
            p01= (1- RHO) * PI[i][j]
            path= (i,j)   # 用城市对元组来表示一段路径
            for k in range(ANT_NUMBER):
                if path in antps[k]:   # 第 k 个蚂蚁曾经经过（i- > j）这条路径
                    p01+ = (1/pathlen[k])   # 路径总长的倒数
            PI[i][j]= p01
    generation+ = 1
# 迭代结束，输出最优路径
minlen= 99999999
minant= 0
for i in range(ANT_NUMBER):
    # 求第 i 个蚂蚁的路径总长
    pl= 0
    for j in range(len(ants[i])- 1):
        pl+ = (Dij[ants[i][j]][ants[i][j+ 1]])
    print(i,"th Ant Path:",ants[i],";Cost:",pl)
    if(minlen> = pl):
        minlen= pl
        minant= i
print("Best Ant:",minant)
print("Best Path:",ants[minant])
```

附录D 粒子群优化算法参考源程序

```python
# encoding= utf- 8
import numpy as np
PARTICLE_NUMBER= 5   # 粒子种群大小
DIMENSION_NUMBER= 2  # 空间维度,每个粒子的位置和速度都是这个维度
MAX_GENERATION= 30   # 最大迭代次数
OMIGA= 0.5   # 惯性权重
AC1= 2       # 学习因子/加速系数
AC2= 2       # 学习因子/加速系数
MAX_POS= 10    # 速度和位置的合法上边界
MIN_POS= - 10  # 速度和位置的合法下边界
# 随机初始化种群粒子的位置和速度  位置各维度[- 10,10],速度各维度 也用 [- 10,10]
pposs= np.random.randint(- 1000,1000,size=(PARTICLE_NUMBER,DIMENSION_NUMBER))
pposs= pposs/100;
pvils= np.random.randint(- 1000,1000,size=(PARTICLE_NUMBER,DIMENSION_NUMBER))
pvils= pvils/100
# 每个粒子的历史最佳位置
pbests= np.zeros((PARTICLE_NUMBER,DIMENSION_NUMBER))
gbestfit= 99999999
gbestindex= 0
for i in range(len(pposs)):   # 注意 len()求的是第一维的长度,此处为 PARTICLE_NUMBER
    fit= pposs[i][0] * * 2+ pposs[i][1] * * 2
    if gbestfit> = fit:
        gbestfit= fit
        gbestindex= i
    pbests[i]= pposs[i].copy()
# 全局最佳位置
gbest= pposs[gbestindex].copy()
print("Initial Particles Pos:")
print(pposs)
print("Max Generation: ",MAX_GENERATION)
print("- - - - - - - - - - - - - - - - - - - - - - - - - - - - - - - - - - ")
```

```python
print("Initial Minimum Value(Fit):",gbestfit)
print("Initial Best Particle:",gbest)
generation =  0
while generation <  MAX_GENERATION:
    # 各个粒子的速度和位置更新
    for i in range(PARTICLE_NUMBER):
        r1= np.random.rand()
        r2= np.random.rand()
        for k in range(DIMENSION_NUMBER):
            pvils[i][k]= OMIGA * pvils[i][k]+ AC1 * r1 * (pbests[i][k]- pposs[i][k])+
AC2 * r2 * (gbest[k]- pposs[i][k])
    pposs[i][k]= pposs[i][k]+ pvils[i][k]    #  先计算速度,后用速度加原来的位置得到新
位置
            if pposs[i][k]< MIN_POS:        # 检查位置是否越出问题边界非法
                pposs[i][k]= MIN_POS
            elif pposs[i][k]> MAX_POS:
                pposs[i][k]= MAX_POS
    # 各个粒子适应值计算,并更新各粒子的最佳历史纪录,和全局最佳纪录
    gbestindex = - 1
    for i in range(PARTICLE_NUMBER):
        fit =  pposs[i][0] * * 2 +  pposs[i][1] * * 2
        bestfit= pbests[i][0] * * 2+ pbests[i][1] * * 2
        if(bestfit> = fit):  # 记录粒子 i 的最好历史记录
            pbests[i]= pposs[i].copy()
    if gbestfit > =  fit:  # 全局最佳纪录比较
            gbestfit =  fit
            gbestindex =  i
    if gbestindex! = - 1: # 需要更新全局最优
        gbest= pposs[gbestindex].copy()
    generation+ = 1
print("- - - - - - - - - - - - - - - - - - - - - - - - - - - - ")
print("Final Minimum Value(Fit):",gbestfit)
print("Final Best Particle:",gbest)
```

参考文献

[1] 蔡自兴,刘丽珏,蔡竞峰,等.人工智能及其应用[M].5 版.北京:清华大学出版社,2016.

[2] Engelbrecht A P.计算群体智能基础[M].谭营,等译.北京:清华大学出版社,2009.

[3] 张军,詹志辉等.计算智能[M].北京:清华大学出版社,2009.

[4] 周志华.机器学习[M].北京:清华大学出版社,2016.

[5] 欧阳莹之.复杂系统理论基础[M].田宝国,等译.上海:上海科技教育出版社,2002.

[6] 黄欣荣.复杂性科学方法及其应用[M].重庆:重庆大学出版社,2012.

[7] 汪小帆,李翔,陈关荣.复杂网络理论及其应用[M].北京:清华大学出版社,2006.

[8] 毛国君,段立娟.数据挖掘原理与算法[M].3 版.北京:清华大学出版社,2016.